过程控制系统

主　编　付　华　阎　馨　杜忠波

副主编　杜晓坤　徐耀松　任志玲

電子工業出版社
Publishing House of Electronics Industry
北京·BEIJING

内容简介

本书共分 11 章，包括绪论、被控过程的数学模型、过程控制参数检测与变送、过程控制仪表、过程控制系统设计、简单控制系统的设计、常用高性能控制系统、实现特殊要求的过程控制系统、复杂过程控制系统、网络化过程控制系统、典型生产过程控制与工程设计等。

本书借助二维码技术，给出大量的视频、图片、Word 文档等资料，对相关知识点内容进行扩充。

本书可作为高等院校自动化、测控技术、电气信息类专业本科学生的教材，也可供研究生及相关技术领域的专业人员学习参考。

图书在版编目(CIP)数据

过程控制系统/付华，阎馨，杜忠波主编. —北京：电子工业出版社，2018.1
普通高等教育仪器类“十三五”规划教材
ISBN 978-7-121-33375-0

Ⅰ. ①过…　Ⅱ. ①付…　②阎…　③杜…　Ⅲ. ①过程控制－自动控制系统－高等学校－教材　Ⅳ. ①TP273

中国版本图书馆 CIP 数据核字（2017）第 323020 号

策划编辑：赵玉山
责任编辑：刘真平
印　　刷：北京捷迅佳彩印刷有限公司
装　　订：北京捷迅佳彩印刷有限公司
出版发行：电子工业出版社
　　　　　北京市海淀区万寿路 173 信箱　邮编　100036
开　　本：787×1 092　1/16　印张：19.75　字数：505.6 千字
版　　次：2018 年 1 月第 1 版
印　　次：2024 年 8 月第 7 次印刷
定　　价：49.00 元

凡所购买电子工业出版社图书有缺损问题，请向购买书店调换。若书店售缺，请与本社发行部联系，联系及邮购电话：（010）88254888，88258888。

质量投诉请发邮件至 zlts@phei.com.cn，盗版侵权举报请发邮件至 dbqq@phei.com.cn。

本书咨询联系方式：（010）88254556，zhaoys@phei.com.cn。

前　　言

过程控制是将自动控制理论、工艺知识、计算机技术和仪器仪表等知识相结合而构成的一门应用科学。本书结合当前工程实际、目前教学及过程控制的最新发展，详细介绍被控过程的数学模型、被控过程参数检测与变送、执行器及过程控制系统设计等基础内容，并结合实例对串级、预测、网络化过程等复杂控制系统进行深入阐述，注重实践，适用于工程人才的培养。

本书共分 11 章，第 1 章概述过程控制系统，第 2 章介绍被控过程数学模型的建立方法，第 3 章介绍过程控制参数检测与变送，第 4 章介绍过程控制仪表，第 5 章重点介绍过程控制系统设计中的被控变量确定、控制方案确定、系统硬件选择、节流元件计算及调节阀选择，第 6 章介绍简单控制系统的设计，第 7 章介绍串级控制系统、前馈控制系统和大滞后过程控制系统，第 8 章介绍比值控制系统、均匀控制系统、分程控制系统和自动选择性控制系统，第 9 章介绍多变量解耦控制系统、适应过程参数变化的控制系统、推理控制系统、预测控制系统和模糊控制系统，第 10 章介绍网络化过程控制系统，第 11 章介绍以电厂锅炉和精馏塔为例的典型生产过程控制及过程控制系统的工程设计。

本书由浅入深地介绍过程控制系统的被控过程参数检测与变送、执行器选择、被控过程建模、控制器设计方法等内容。内容上注重与工程实践的联系，每部分内容均结合实例分析；借助二维码技术，对相关知识点内容进行扩充，通过扫描二维码，可学习相关知识点的视频、图片、文档等二维码资料，加深对知识点的理解，拓展知识面。

本书第 1 章由付华执笔；第 2 章由杜晓坤执笔；第 3 章由徐耀松执笔；第 4 章由孙鑫执笔；第 5 和 9 章由任志玲执笔；第 6 章由杜忠波执笔；第 7 和 8 章由阎馨执笔；第 10 和 11 章由刘昕明执笔。全书的写作思路及统稿工作由付华和阎馨完成。此外，邱微、于翔、郭玉雯、梁漪、齐晓娟、费剑尧、高振彪、林冬、夏博文等也参加了本书的编写。在此，向对本书的完成给予了热情帮助的同行们表示感谢。

由于作者的水平有限，加上时间仓促，书中的错误和不妥之处在所难免，敬请读者批评指正。

编　者

2017 年 10 月

目　　录

第1章 绪论

本章知识点：

- 过程控制系统的发展过程
- 过程控制系统的特点、任务和目标
- 过程控制系统的组成和分类
- 过程控制系统的性能指标

基本要求：

- 了解过程控制系统的发展过程、特点、任务和目标
- 掌握过程控制系统的组成和分类及性能指标

能力培养：

通过对过程控制系统的发展过程、特点、任务、目标、组成、分类及性能指标等知识点的学习，能明确过程控制系统的学习目的、内容与要求，初步建立过程控制系统的概念体系。

1.1 过程控制系统发展概述

多年以来，随着科学技术的大力发展，工业自动化也在突飞猛进地发生着变化。事实上，生产过程自动化的程度已经成为衡量工业企业现代化水平的重要标志。

碎石生产线流程

过程控制技术是自动化技术的重要应用领域，伴随生产技术水平的提高和生产规模的不断扩大，对控制算法与控制策略的要求逐步提高，促使过程控制理论的研究不断深入。其中，过程控制的发展大致可以分为如下五个阶段或方面。

1. 仪表化与局部自动化系统

其主要特点是：采用的过程检测控制仪表为基地式仪表和部分单元组合式仪表，而多数是气动式仪表。其结构方案大多数是单输入一单输出的单回路定值系统。

仪表化与局部自动化系统运行设计分析的理论基础是以频域法和根轨迹法为主体的经典控制理论。它在控制性能上一般只能实现简单参数的 PID 调节和简单的串级、前馈控制，主要任务是稳定系统，实现定值控制；无法实现如自适应控制、最优化控制等复杂的控制形式。

钢铁冶炼过程控制流程

2. 计算机集中式数字控制系统

由于生产过程的强化、控制对象的复杂和多样，即高维、大时滞、严重非线性、耦合及严重不确定性对象，上述简单的控制系统已经无能为力。随着计算机技术的发展，人们试图用计算机控制系统替代全部模拟控制仪表，即模拟技术由数字技术来替代。计算机集中式数字控制系统主要经历了两个阶段：直接数字控制系统 DCC（Direct Digital Control）和计算机集中监督控制系统 SCC（Supervisory Computer Control System）。

计算机集中式数字控制系统所采用的主要理论基础是现代控制理论。各种改进或者复合 PID 算法大大提高了传统 PID 控制的性能与效果。多输入—多输出的多变量控制理论、克服对象特性时变和环境干扰等不确定影响的自适应控制、消除因模型失配而产生不良影响的预测控制，以及保证系统稳定的鲁棒控制等新理论与策略的应用，为计算机集中控制奠定了坚实的理论基础。

3. 集散式控制系统 DCS（Distributed Control System）

集中式计算机控制系统在将控制集中的同时，也将危险集中，因此可靠性不高，抗干扰能力较差，并且随着现代工业生产的迅速发展，不仅要求完成生产过程的在线控制任务，而且还要求实现现代化集中式管理。DCS 既有计算机控制系统控制算式先进、精度高、响应速度快的优点，又有仪表控制系统安全可靠、维护方便的特点。集散式控制系统的数据通信网络是连接分级递阶结构的纽带，是典型的局域网。它传递的信息以引起物质、能量的运动为最终目的。因而，它强调的是其可靠性、安全性、实时性和广泛的适用性。

对于那些工艺复杂、建模困难的过程控制对象，传统控制理论难以解决。而对于基于知识、仿人脑推理、学习、记忆能力的智能控制系统，不需要建立对象模型，通过获取有关信息，按仿人智能直接进行决策与控制即可。此外，还可以利用智能技术的特征提取、模式分类和聚类分析，建立较为精确的对象模型，再用传统的控制方法实施控制。智能控制方法有以下几种：分级递阶智能控制、专家控制、人工神经网络控制、拟人智能控制理论等。

4. 现场总线控制系统 FCS（Field Control System）

集散系统大多采用网络通信体系结构，采用专用的标准和协议，加之受到现场仪表在数字化、智能化方面的限制，它没能将控制功能彻底地分散到现场。而现场总线控制系统是计算机技术、通信技术、控制技术的综合与集成。通过现场总线，将工业现场具有通信特点的智能化仪器仪表、控制器、执行机构等现场设备和通信设备连接成网络系统。连接在总线上的设备之间可直接进行数控传输和信息交换。同时，现场设备和远程监控计算机也可实现信息传输。这样，将现场控制站中的控制功能下移到网络的现场智能设备中，从而构成虚拟控制站。通过现场仪表就可构成控制回路，故实现了彻底的分散控制。FCS 系统较好地解决了过程控制的两大基本问题，即现场设备的实时控制和现场信号的网络通信。它不仅实现了智能下移，数据传输从“点到点”发展到采用“总线”方式，而且用大系统的概念来看整个过程控制系统，即整个控制系统可以看作一台巨大的计算机按总线方式运行。故全数字化、全分散式、全开放、可互操作和开放式互联网络是其主要特点和发展方向。

基于人工神经网络、模式识别、模糊理论基础而开发的软测量技术，为 FCS 系统提供了强大的信息监测功能。过程优化即稳态优化和最优控制等各种先进控制理论，以及多学科和技术的交叉与融合，为FCS系统提供了坚实的理论基础。而计算机网络技术的发展和成熟又为FCS系统的实现提供了技术。

5. 计算机集成过程系统CIPS（Computer Integrated Process System）

尽管各种先进的控制系统能明显提高控制质量和经济效益，但是它们仍然只是相互孤立的控制系统。从过程控制系统的发展必要性和可能性来看，过程控制系统必将向综合化、智能化的方向发展。因此，CIPS作为一种全集成自动化系统，既是对设备的集成，也是对信息的集成。CIPS覆盖操作层、管理层、决策层，涉及企业生产全过程的计算机优化。它的最大特点是多重技术的综合与全企业信息的集成。它表现的最大特征是仿人脑功能，这一点在某种程度上是回复到初级阶段的人工控制，但更多是在人工控制基础上的进步和飞跃。

计算机集成过程系统的实现与发展依赖于计算机网络技术、数据库管理系统、各种接口技术、过程操作优化技术、先进控制技术、远距离测量技术等的发展，分布式控制系统、先进过程控制及网络技术、数据库技术是实现CIPS的重要技术和理论基础。

综观过程控制系统的发展，从仪表化与局部自动化系统到刚刚形成的计算机集成系统CIPS，过程控制系统无论在结构组成上，还是在控制策略与方法上都有了质的变革和飞跃。过程控制系统的最新发展，如CIPS，代表着信息时代自动化的总方向，它的发展必将带动各种学科理论的交叉、综合与发展，必将大大促进自动化水平和生产技术的进步。

1.2 过程控制系统的特点、任务及目标

1.2.1 过程控制系统的特点

1. 过程控制系统的多样性

过程控制系统中，被控对象是核心，由于生产工艺不同，被控变量表现出的性质也不同，即使是同一个被控变量，对控制品质的要求也不会完全相同，有的过程原理简单，有的则很复杂。比如，具有多变量、大惯性、大滞后、强非线性等复杂特点的过程就难以实现稳定控制，有些过程的被控参数变化缓慢，有的则变化迅速，如流量、压力等参数。正是由于被控对象的多样性，各自的要求不一样，使得相应的过程控制系统也是种类繁多。

2. 控制方案的多样性

由于工业生产过程的特点及被控过程的多样性，决定了过程控制系统的控制方案必然是多样的。早期的控制器采用的是模拟调节仪表。随着现代工业生产的发展，工业过程越来越复杂，对过程控制的要求也越来越高，传统的模拟式过程检测控制仪表已经不能满足控制要求，因而采用计算机作为控制器组成计算机过程控制系统。从控制方法的角度看，有单变量过程控制系统，也有多变量过程控制系统。同时，控制算法多种多样，有PID控制、复杂控制及包括智能控制的先进控制方法等。另外，有为提高控制品质而出现的串级控制系统、补偿控制系统、解耦控制系统等；还有为满足工艺特殊要求的比值控制系统、均匀控制系统、分程控制系统、选择性控制系统等。

3. 物理参数控制

过程控制系统中，为了连续、稳定地生产，经常涉及大量的物料及能量储存，这直接导致了过程对象常常是一些缓慢的过程，也就是说，过程对象常常是一些有纯滞后或者大时间常数的过程。并且其间涉及大量的传热、传质及复杂的物理、化学变化，就会对许多相关参数有一定的要求，如温度、压力、流量、物位、成分等，只有在这些物理参数被控制在要求的范围内时，生产过程的目标才有可能实现。

4. 定值控制

在大多数过程控制系统中，设计的目标之一是要求被控变量稳定在预先设定好的变化范围内，即稳定在设定值的目标范围内。因此，大多数过程控制系统属于定值控制系统。定值控制系统的特点是系统对给定的跟踪能力的要求低于运动控制系统，但要求有较高的抗干扰能力。

1.2.2 过程控制系统的任务及目标

工业自动化涉及的范围极广，过程控制是其中最重要的一个分支。它覆盖了许多工业部门，如电力、石油、化工、冶金、纺织、陶瓷及食品等。因而，过程控制在国民经济中占有极其重要的地位。

生产过程是指物料经过若干加工步骤而成为产品的过程。该过程中通常会发生物理化学反应、生化反应、物质能量的转换与传递等。伴随这一系列变化的信息包括体现物流性质（物理特性和化学成分）的信息和操作条件（温度、压力、流量、液位或物位等）的信息。生产过程的总目标，应该是在可能获得的原料和能源条件下，以最经济的途径将原物料加工成预期的合格产品。为了达到该目标，必须对生产过程进行监视与控制。

过程控制主要针对六大参数，即温度、压力、流量、液位（或物位）、成分和物性等参数的控制问题。但进入 20 世纪 90 年代后，随着工业和相关科学技术的发展，过程控制已发展到多变量控制，控制的目标也不再局限于传统的六大参数，尤其是复杂工业控制系统，它们往往把生产中最关心的诸如产品质量、生产效益、能量消耗、废物排放等作为控制指标来进行控制。工业生产对过程控制的要求是多方面的，最终可以归纳为安全性、稳定性和经济性。

过程控制的任务就是在了解、掌握工艺流程和生产过程的静态和动态特性的基础上，根据生产工艺的要求，应用相关理论对控制系统进行分析和综合，最后采用适宜的技术手段加以实现。值得指出的是，为适应当前工业生产对控制的要求越来越高的趋势，必须充分注意现代控制技术在过程控制中的应用，其中过程模型化的研究起着举足轻重的作用，因为现代控制技术的应用在很大程度上取决于对过程静态和动态特性认识及掌握的广度与深度。因此可以说，过程控制是控制理论、工艺知识、计算机技术和仪器仪表等知识相结合而构成的一门应用科学。有人认为在研究探索的实践中，可能会形成一门更适合工业过程控制特点的新的控制理论，从而使过程控制迅速提高到一个新的水平。

1.3　过程控制系统的组成及分类

1.3.1　过程控制系统的组成

图 1-1 所示的储液罐液位控制系统就是一个典型的简单过程控制系统。

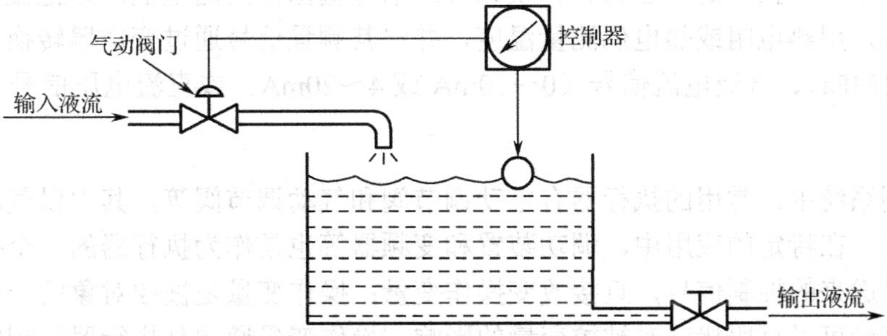

水位自动控制器

图 1-1　储液罐液位控制系统

如图 1-1 所示的系统中，悬浮球对储液罐中的液位高度进行检测，把被控量（即液位高度）转换成电信号（电流或电压）再反馈到控制器中。控制器将此液位测量值与给定的液位值进行比较，并按照一定的控制规律产生相应的控制信号驱动执行器（即气动阀门）工作，通过调节气动阀门的开度，来使测量液位值跟踪给定液位值，从而使液位稳定在给定值附近，实现过程控制的目的，原理如图 1-2 所示。

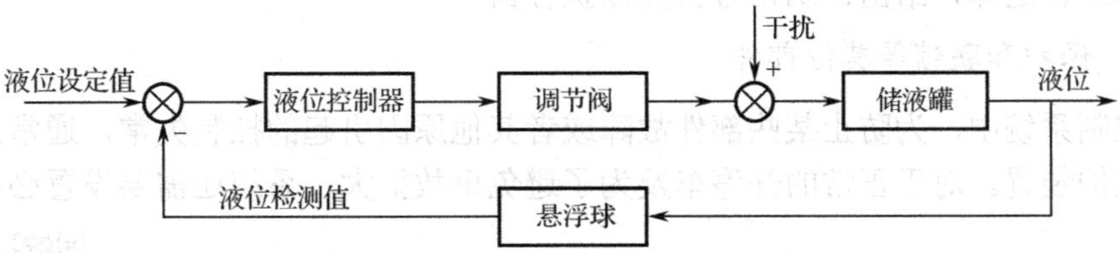

图 1-2　储液罐液位控制系统方框图

由此可以看出，过程控制系统由被控对象、检测变送装置、控制器（调节器）、执行器等部分组成，可以表达成如图 1-3 所示的系统框图。

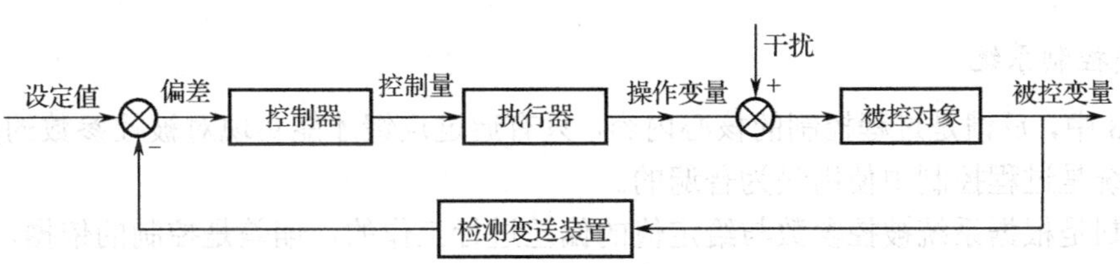

图 1-3　反馈控制系统方框图

1）被控对象

被控对象也称被控过程，是指被控制的生产设备或装置。工业生产中的各种反应器、换热器、泵、塔器和压缩机及各种容器、储槽都是常见的被控对象，甚至一段管道也可以是一个被控对象。在复杂的生产设备中，经常有多个变量需要控制。例如，锅炉系统中的液位、压力和温度等也均可作为被控参数；又比如，反应塔系统中的液位、进出流量和某一层塔板的温度等也均可作为被控参数，这时一个装置中就存在多个被控对象和多个控制系统。对这样的复杂系统在确定被控对象时，就不一定是生产设备的整个装置，而只有该装置的某一个与控制有关的相应部分才是某一个控制系统的被控对象。

2）检测变送装置

检测变送装置（又称检测变送仪表或测量变送器）一般由测量元件和变送单元组成。其作用是测量被控变量，并按一定算法将其转换为标准信号输出作为测量值，即把被控变量转化为其测量值。例如，用热电阻或热电偶测量温度，并将其测量信号通过变送器转换为统一的气压信号（0.02～0.1MPa）、直流电流信号（0～10mA 或 4～20mA）或直流电压信号（1～5V）。

3）执行器

在过程控制系统中，常用的执行器有电动调节阀和气动调节阀等，其中以气动薄膜调节阀最为常用。另外，在特定的应用中，调功装置和变频器等也常作为执行器的一个执行部件。执行器接收控制器送来的控制信号，直接改变操作变量；操作变量是被控对象的一个输入变量，通过操作这个变量可以克服扰动对被控变量的影响，操作变量通常是执行器控制的某一工艺变量。

在过程控制系统中，往往把被控对象、检测变送装置和执行器三部分串联在一起统称为广义被控对象。

4）控制器

控制器也称调节器，它将被控变量的测量值与设定值进行比较得出偏差信号，并按某种预定的控制规律进行运算，给出控制信号去操纵执行器。

5）报警、保护和联锁等其他部件

在过程控制系统中，为防止某些部件故障或者其他原因引起的控制失常，通常还要采用必要的报警及保护装置。对于正常的开停车及为了避免事故扩大，系统还需要设置必要的联锁逻辑及部件。

1.3.2 过程控制系统的分类

过程控制系统分类树

1．按系统结构特点划分

1）反馈控制系统

在图 1-3 中，反馈是过程控制的核心内容，只有通过反馈才能实现对被控参数的闭环控制，所以这类系统是过程控制中使用最为普遍的。

反馈控制是根据系统被控参数与给定值的偏差进行工作的，偏差是控制的依据，最后目的是减小或消除偏差。反馈信号也可能有多个，从而可以构成串级等多回路控制系统。

2）前馈控制系统

前馈控制系统是根据扰动量的大小进行工作的，扰动是控制的依据，属于开环控制。前馈控制系统方框图如图 1-4 所示。鉴于前馈控制的种种局限性，所以在实际生产中不能单独采用。

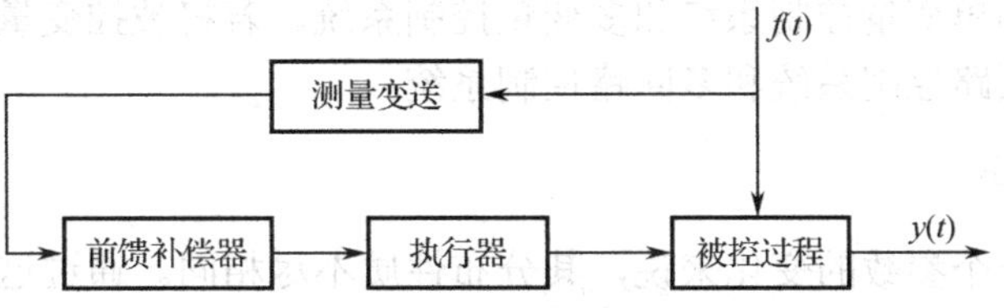

图 1-4 前馈控制系统方框图

3）前馈-反馈复合控制系统

为了充分发挥前馈和反馈的各自优势，可将两者结合起来，构成前馈-反馈复合控制系统，如图 1-5 所示。这样可以提高控制系统的动态和静态特性。

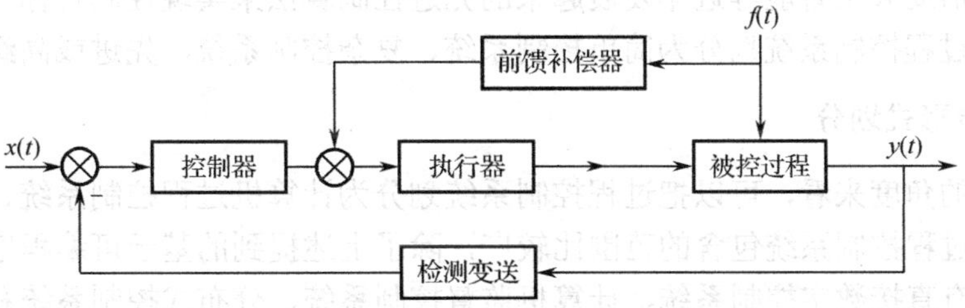

图 1-5 前馈-反馈复合控制系统方框图

2. 按设定值划分

1）定值控制系统

定值控制系统是工业生产过程中应用最多的一种过程控制系统。在运行时，系统被控量的给定值是不变的。有时根据生产工艺要求，被控量的给定值保持在规定的小范围附近波动。定值控制系统在于恒定，要求克服干扰，使系统的被控参数能稳、准、快地保持接近或等于设定值。

2）随动（伺服）控制系统

随动（伺服）控制系统是一种被控量的给定值随时间任意变化的控制系统。它的主要作用是克服一切扰动，被控量随时跟踪给定值。随动（伺服）控制系统的主要目标是跟踪，即稳、准、快地跟踪设定值。

3）程序控制系统

程序控制系统的给定值按预定的时间程序来变化。如机械工业中的退火炉的温度控制系统，其给定值是按升温、保温、逐次降温等程序变化的。家用电器中应用程序控制系统的也很多，如电脑控制的洗衣机、电饭煲等。

3. 按被控变量类型划分

工业生产过程的被控量种类不一样，有温度、压力、流量、物位、成分等参数，根据对参数的控制要求，过程控制系统可以划分为温度控制系统、压力控制系统、流量控制系统、物位控制系统、成分控制系统等。

4. 按被控变量数目划分

有的生产过程只需要控制某一个参数，有的则需要同时控制彼此联系的多个参数，相应的过程控制系统则划分为单变量控制系统和多变量控制系统。若将被控变量数对应于控制回路的数量，则可理解为单回路控制系统和多回路控制系统。

5．按参数性质划分

就生产过程中某一个参数的变化来说，其分布性质不尽相同。通过这个特点可以把过程控制系统划分为集中参数控制系统、分布参数控制系统。

6．按控制算法划分

就控制器的算法实现来说，需要根据被控对象的特点来设计。当被控对象的特点并不复杂，工作机理比较简单时，常常采用常规控制算法，如PID控制器就可以满足要求；当被控对象过于复杂，就需要借助人工智能等近年发展起来的先进控制算法来实现控制目标。根据控制算法的不同，可以将过程控制系统划分为简单控制系统、复杂控制系统、先进或高级控制系统。

7．按控制器形式划分

从控制设备的角度来看，可以把过程控制系统划分为计算机过程控制系统、常规仪表控制系统等。计算机过程控制系统包含的范围比较广，除了上述提到的基于可编程序逻辑控制器的控制系统外，还有直接数字控制系统、计算机监督控制系统、分布式控制系统和现场总线控制系统等。

1.4 过程控制系统的性能指标

过程控制系统的性能是由组成系统的结构、被控过程与过程仪表（检测变送装置、执行器和控制器）各个环节特性所共同决定的。在运行中系统有两种状态。一种是稳态，此时系统没有受到任何外来干扰，同时设定值保持不变，因而被控变量不会随着时间而变化，整个系统处于平稳的工况。另一种是动态，当系统受到外来干扰的影响或者设定值发生改变时，使得原来的稳态遭到破坏，系统中各组成部分的输入、输出量都相继发生变化，被控变量也将偏离原来的稳态值而随时间变化，这时就称系统处于动态过程。经过一段调整时间后，如果系统是稳定的，被控变量将会重新回到稳态值，或者到达新的稳定值，系统又恢复到稳定平衡工况。这种从一个稳态到达另一个稳态的历程称为过渡过程。一个性能良好的过程控制系统，在受到外来扰动作用或给定值发生变化后，应能平稳、准确、迅速地回复（或趋近）到给定值上。过程控制系统性能的评价指标可概括如下：

（1）系统必须是稳定的。

（2）系统应能提供尽可能好的稳态调节（静态指标）。

（3）系统应能提供尽可能好的过渡过程（动态指标）。

稳定是系统性能中最重要、最根本的指标，只有在稳定的前提下，才能讨论系统静态和动态指标。

控制系统性能指标是根据生产工艺过程的实际需要来确定的，特别需要注意的是，不能不切实际地提出过高的控制性能指标要求。

1．单项控制性能指标

评价控制系统的性能指标应根据工业生产过程对控制的要求来制定，这种要求可概括为稳定性、准确性和快速性，这三方面的要求在时域上体现为若干性能指标。图 1-6 表示一个闭环控制系统在设定值变化下被控变量的阶跃响应。该曲线的形态可以用一系列单向性能指标来描述，下面来分别讨论这些指标。

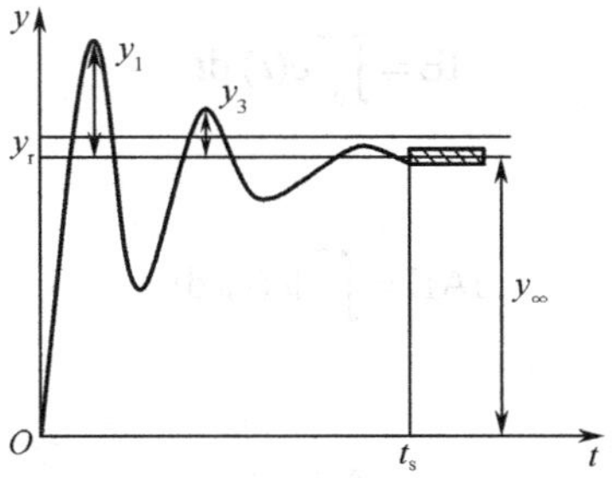

图 1-6 闭环控制系统在设定值阶跃扰动下的响应

1）衰减比和衰减率

它们是衡量一个振荡过程衰减程度的指标，衰减比 n 是阶跃响应曲线上两个相邻的同向波峰值（见图 1-6）之比，即衰减比 $n=y_1:y_3$。衡量振荡过程衰减程度的另一个指标是衰减率，它是指每经过一个周期以后，波动幅度衰减的百分数，即衰减率 $\psi=(y_1-y_3)/y_1$。n 为 4∶1 就相当于衰减率 $\psi=0.75$。为了保证控制系统有一定的稳定裕度，在过程控制中一般要求衰减比为 4∶1～10∶1，这相当于衰减率为 75%～90%。这样，大约经过两个周期以后系统就趋于稳态，看不出振荡了。

2）最大动态偏差和超调量

最大动态偏差 y_p 是指设定值发生阶跃变化下，过渡过程在 $t>0$ 后第一个波峰超过其新稳态值的幅度，如图 1-6 中的 y_1，即为 y_p。最大动态偏差占被控变量稳态变化幅度的百分数称为超调量。对于二阶振荡过程而言，可以证明，超调量与衰减率之间有严格的对应关系。一般来说，图 1-6 所示的阶跃响应并不是典型的二阶振荡过程，因此超调量只能近似地反映过渡过程的衰减程度。最大动态偏差更能直接反映在被控变量的生产运行记录曲线上，因此它是控制系统动态准确性的一种衡量指标。

3）残余偏差

残余偏差是指过渡过程结束后，被控变量新的稳态值 y_∞ 与设定值 y_r 之间的差值，它是控制系统稳态准确性的衡量指标。

4）调节时间和振荡频率

调节时间是从过渡过程开始到结束所需的时间。理论上它需要无限长的时间，但一般认为当被控变量已进入其稳态值的±5%范围内，就可以认为过渡过程已经结束。因此，调节时间就是从扰动开始到被控变量进入新稳态值的±5%范围内的这段时间，在图 1-6 中以 t_s 表示。调节时间是衡量控制系统快速性的一个指标。过渡过程的振荡频率也可以作为衡量控制系统快速性的指标。

2. 误差积分性能指标

根据实际的需要，还有一种误差积分指标，可以用来衡量控制系统性能的优良程度。它是过渡过程中被控变量偏离其新稳态值的误差沿时间轴的积分（这里用 $e(t)$ 来表示这种偏差）。

无论是偏差幅度大还是时间拖长都会使误差积分增大，因此它是一类综合指标，希望它越小越好。误差积分有几种不同的形式，常用的有以下几种。

1）误差积分（IE）

$$\mathrm{IE}=\int_0^{\infty} e(t)\,\mathrm{d}t$$

2）绝对误差积分（IAE）

$$\mathrm{IAE}=\int_0^{\infty} |e(t)|\,\mathrm{d}t$$

3）平方误差积分（ISE）

$$\mathrm{ISE}=\int_0^{\infty} e^2(t)\,\mathrm{d}t$$

4）时间与绝对误差乘积积分（ITAE）

$$\mathrm{ITAE}=\int_0^{\infty} t\,|\,e(t)\,|\,\mathrm{d}t$$

以上各式中，$e(t)=y(t)-y(\infty)$，见图 1-6。

采用不同的积分公式意味着估计整个过渡过程优良程度时的侧重点不同。例如，ISE 着重于抑制过渡过程中的大误差，而 ITAE 则着重抑制过渡过程拖得过长。人们可以根据生产过程的要求，特别是结合经济效益的考虑来加以选用。

误差积分指标有一个缺点，它不能保证控制系统具有合适的衰减率，而后者则是人们首先关注的。特别是，一个等幅振荡过程是人们不能接受的，然而它的 IE 却等于零。如果用它来评价过程的控制性能，显然极不合理。为此，通常的做法是首先保证衰减率的要求。在这个前提下，系统仍然可能有一些灵活的余地，这时再考虑使误差积分为最小。

习题

1-1 什么是过程控制？它的特点是什么？

1-2 简述过程控制系统的分类。

1-3 简述过程控制系统的发展概况。

1-4 过程控制系统的性能指标有哪些？

1-5 试举出 2～3 个过程控制的例子，并分别指出它们的被控量和操作量。

第2章 被控过程的数学模型

本章知识点：

- 建模的两种基本方法及步骤
- 单容过程与多容过程
- 自衡过程与非自衡过程
- 阶跃响应曲线法建模
- 矩形脉冲法测定阶跃响应曲线
- 最小二乘法建模

基本要求：

- 了解解析法和测试法的建模概念与特点
- 掌握解析法建模步骤
- 掌握单容及多容自衡过程的建模方法
- 理解自衡过程、非自衡过程与模型的关系
- 掌握阶跃响应曲线法测定的注意事项
- 掌握矩形脉冲法测定被控过程阶跃响应曲线的方法
- 理解阶跃响应曲线确定被控过程传递函数的方法
- 理解最小二乘法建模的方法

能力培养：

本章的学习内容可以帮助学生建立过程控制系统建模的概念，有利于学生将抽象的理论分析、控制算法设计等与具体的被控过程联系起来，加深对过程控制课程的理解，同时使学生了解解析法和测试法建模的理论基础。学生能运用本章所学知识对简单的系统进行建模，包括用测试法对复杂系统进行建模和分析，从而更好地进行后续的控制系统设计工作，也可以为深入研究系统建模问题打下扎实的基础。

2.1 被控过程的数学模型简介

2.1.1 数学模型的要求

实际生产过程的动态特性是非常复杂的，为了得到实用的模型，在建立其数学模型时不得不突出主要因素，忽略次要因素。根据用途的不同，过程动态数学模型的具体要求也有所不同，但总的原则一是尽量简单，二是正确可靠。这主要是基于以下考虑：

（1）如果模型参数是用估计方法根据输入、输出数据计算得到的，则选用数学模型越复杂，需要计算的模型参数就越多。由于计算过程的近似处理和误差积累，难以保证所得到的参数的精度及数学模型的准确性。

（2）如果数学模型用于前馈控制、解耦控制、预测控制、推理控制等，模型过于复杂则控制规律和算法也会比较复杂，很难实现。

（3）如果模型太复杂，控制系统进行在线参数整定与系统优化的计算量就会很大。为了保证实时性，必须配置高速在线运算设备，增加控制系统的复杂性和投资。

鉴于以上原因，在实际应用中，被控过程的传递函数或其他动态数学模型的阶次一般不高于三阶，经常采用具有纯滞后的一阶和二阶模型，最常用的是带纯滞后的一阶形式。

2.1.2 建立被控过程数学模型的方法

建立被控过程数学模型的基本方法有两种，即解析法和测试法。

1. 解析法

解析法又称机理法，是根据生产过程中实际发生的变化机理，写出相关的平衡方程，如物质平衡方程、能量平衡方程、动量平衡方程，以及反映流体流动、传热、化学反应等基本规律的运动方程、物性参数方程和某些设备的特性方程，从中获得所需的数学模型。

解析法建模的首要条件是必须对生产过程的机理有充分的了解，并且能够比较准确地用数学语言加以描述。解析法建模需要充分而可靠的先验知识，如果先验知识不充分，就无法得到正确的数学模型。解析法的最大优点是能在还没有系统设备之前就得到被控过程的数学模型，这对于控制系统方案的设计与比较十分有利。

解析法建模的基础是物质与能量平衡关系，利用物质与能量平衡的基本关系及相应的物理、化学定理，列出相应的（代数、微分）方程，并进行一定的运算、变换即可得到需要的传递函数。由于原始的机理方程往往比较复杂，需要进行简化才能获得实用的数学模型。常用的简化方法有以下三种：一是一开始就引入简化假定，使复杂的方程简化；二是在得到较复杂的高阶方程后，用低阶方程去近似；三是对得到的原始模型进行仿真，得到一系列响应曲线（如阶跃响应曲线或频率特性曲线），再用低阶模型近似。

许多被控过程内在机理比较复杂，人们对过程的变化机理知之甚少，很难用解析法得到简洁的数学模型。在计算机普遍应用以前几乎无法用解析法建立复杂过程的动态数学模型。随着计算机技术的发展和普及，被控过程数学模型的研究有了迅速的发展。只要机理清楚，就可以利用计算机求解出几乎任何复杂过程的数学模型。

用解析法建模时也会出现模型中有些参数难以确定的情况，这时可以用辨识方法把这些参数估计出来，最后得到被控过程实用的数学模型。

2. 测试法

测试法建模通过对被控过程输入、输出的实测数据进行数学处理后求得其数学模型，这种方法也称为系统辨识。用测试法建模时，可以在不十分清楚内部机理的情况下，把被研究的对象视为一个黑匣子，完全通过外部测试来描述它的特性。

被控过程的动态特征只有当它处于被动状态下才对外表现出来。为了获得过程的动态特性，必须使被控过程处于被激励的状态，如对被控过程施加阶跃扰动或脉冲扰动等。为了有效地进行这种测试，对被控过程内部机理有一定程度的了解，有助于掌握哪些因素起主要作用，以及各种因素之间存在的因果关系等。掌握关于被控过程丰富的先验知识，有助于用测试法建立被控过程数学模型的顺利进行和取得好的结果。那些内部机理尚未被人们充分了解的过程，如复杂的生化过程，由于缺乏基本的先验知识，也就难以用测试法建立其动态数学模型。

用测试法建模一般比解析法简单、通用性强，尤其对复杂生产过程，其优势更为明显。如果解析法和测试法两者都能达到同样的目的，一般优先选用测试法建模。

测试法建模又可分为经典辨识法和现代辨识法两大类。经典辨识法不考虑测试数据中偶然性误差的影响，只需要对少量的测试数据进行比较简单的数学处理，数据处理与计算工作量较小。现代辨识法的特点是可以消除测试数据中的偶然性误差（噪声）的影响，因而需要用特定的方法处理大量的测试数据，计算机是必不可少的工具。现代辨识法所涉及的内容相当丰富，已经成为现代控制理论一个专门的学科分支。

用单一的解析法和实验测试法建立复杂被控过程的数学模型比较困难。综合解析法和测试法两种基本方法特点的混合法是建立复杂被控过程数学模型的有效方法。混合法通常有两种处理方式：对被控过程工作机理已经非常熟悉的部分，采用解析法推导出相应的数学模型；对于尚不十分熟知或不很肯定的部分，则采用测试法得出其数学描述，这样可以减少全部采用实验辨识的工作难度。另一方式是先通过机理分析，确定模型的结构形式，再通过实验数据确定模型中各个参数的具体数值。

2.2　解析法建立过程的数学模型

关于工业窑炉和反应器的介绍

2.2.1　解析法建模的基本原理和一般步骤

工业生产中的工业窑炉、反应器、精馏塔、物料输送装置等设备都是过程控制的被控对象。被控参数通常为温度、压力、流量、物位、成分、湿度、pH 值等。尽管过程控制中所涉及的对象千差万别，被控过程内部的物理、化学过程各式各样，但从控制的观点来看，它们在本质上又有许多相似之处。其中最重要的特点是它们都涉及物质和能量的流动与转换，而被控参数与控制变量的变化都与物质和能量的流动与转换有密切关系，这一点是解析法建模的重要依据。

1．基本概念

1）流入量与流出量

如果把被控过程看作一个独立的隔离体，从外部流入被控过程的物质或能量流量称为流入量，从被控过程流出的物质或能量流量称为流出量，与之相关的基本关系是能量与物质的平衡关系。

2）静态平衡与动态平衡

单位时间内只有被控过程的流入量等于流出量，过程才可能处于稳定工况。被控过程处于稳定工况时，其各种状态变量与参数都稳定不变。把这种状态和参数不变，被控过程流入量等于流出量的平衡状态称为静态平衡。

如果流入量不等于流出量，被控过程物质与能量的静态平衡遭到破坏，这时能量与物质的平衡关系则由动态平衡表示：单位时间内被控过程流入量与流出量之差等于被控过程内部存储量的变化率：

单位时间内物质/能量流入量−单位时间内物质/能量流出量
=被控过程内部物质/能量存储量的变化率 (2-1)

被控过程内部存储量的变化率必然导致某一个状态变化，并通过对应的参数体现出来，如被控过程物质储量变化或能量储量变化，或二者同时发生变化等。

被控过程的流入量与流出量是过程控制中的重要概念，通过这些概念能正确理解被控过程动态特性的实质。物质与能量的平衡关系是反应过程特性的基本关系，也是测试法建立被控过程数学模型的基础。要特别注意流入量、流出量的概念与控制系统的输入变量、输出变量概念之间的区别。在控制系统原理图——系统框图上，由于外部原因引起的流入量、流出量变化，都是引起被控参数变化的原因，都是控制系统的（扰动）输入量。

2．解析法建模的步骤

解析法建模物理概念清楚，不但可以得到过程输入、输出变量之间的关系，也能得到一些内部状态和输入、输出之间的关系，使人们对被控过程有一个比较清晰的了解，故称为“白箱模型”。解析法建模在工艺过程尚未建立时（如在设计阶段）也可进行，对尺寸不同的设备也可类推。用解析法建模的首要条件是生产过程的机理已经被充分掌握，并且可以比较确切地加以数学描述。用解析法建模的基本步骤如下：

1）根据建模过程和模型使用目的做出合理假设

任何数学模型都有一定的假设条件，不可能完全精确地用数学公式把客观实际全部描述出来。由于模型的应用场合与要求不同、假设条件不同，同一个被控过程最终所得的模型可能不同。例如，对一加热炉系统，若加热炉中每一点温度一致，则可得到用微分方程描述的集中参数模型；若假设加热炉中的温度非均匀，则得到用偏微分方程描述的分布参数模型。

2）根据被控过程内在机理建立数学模型

被控过程建模的主要依据是物料、能量的动态平衡关系，最基本的关系式就是式（2-1），其次还有被控过程内部发生物理、化学变化应遵守的基本定律和相关的动量平衡方程、相平衡方程，以及反映流体流动、传热、化学反应等基本规律的运动方程、物性参数方程和某些设备的特性方程等方程式，通过这些方程式就可得到描述被控过程动态特性的方程组。

消去原始方程组中的中间变量，就可得到反映输出变量 y 与输入变量 u 之间动态关系的微分方程或传递函数。在建立被控过程动态数学模型时，输出变量 y 与输入变量 u 之间的关系可有三种不同的形式，既可用实际值 y 与 u 表示，也可用增量形式 Δy 与 Δu 表示，或用无因次形式的 y^* 与 u^* 表示。

3）简化

在满足控制工程要求的前提下，对动态模型进行必要的简化处理，从工程应用的角度讲，尽可能简单是十分必要的。常用的方法有忽略次要参数、模型降阶处理等。

用解析法建模时，有时也会出现模型中某些参数难以确定的情况，这时可用实验数据来确定这些参数，这已属于混合法的范畴。

2.2.2 自衡过程的数学模型建立

所谓自衡是指处于平衡状态的过程被施加一定的干扰后在不需要人为干预的前提下，经过一段时间后可以达到新的平衡状态的能力，也就是自平衡能力。下面通过实例直观地了解自衡过程的特性。

1. 单容过程建模

单容过程指只有一个储蓄容量的过程。图 2-1 所示单容液位过程只有一个储液箱。流入量为 Q_1，由阀门 1 的开度控制 Q_1 的大小；流出量为 Q_2，随下游工序的需要而变化，其大小由阀门 2 的开度控制；在阀门 2 开度不变的情况下，液位 h 越高，储液箱底静压越大，流出量 Q_2 越大。液位 h 的变化反映了 Q_1 与 Q_2 不等而引起水箱中蓄水或泄水的过程。下面以 Q_1 作为被控过程的输入量，h 为输出量，则该被控过程的数学模型就是 h 与 Q_1 之间的数学表达式。

根据动态物料平衡关系有

$$Q_1 - Q_2 = A\frac{\mathrm{d}h}{\mathrm{d}t} \tag{2-2}$$

将式（2-2）表示成增量形式为

$$\Delta Q_1 - \Delta Q_2 = A\frac{\mathrm{d}\Delta h}{\mathrm{d}t} = C\frac{\mathrm{d}\Delta h}{\mathrm{d}t} \tag{2-3}$$

式中　ΔQ_1、ΔQ_2、Δh ——分别为偏离某一平衡状态 Q_{10}、Q_{20}、h_0 的增量；

A ——水箱截面积；

C ——液位过程的容量系数，或称过程容量。

被控过程都具有一定储存物料或能量的能力，其储存能力的大小称为过程容量或容量系数。其物理意义是：引起单位被控量变化时被控过程储存量变化的大小。在静态时，$Q_1 = Q_2$，$\frac{\mathrm{d}h}{\mathrm{d}t} = 0$；当 Q_1 发生变化时，液位 h 随之变化，水箱出口处的静压也随之变化，Q_2 也发生变化。由流体力学可知，流体在紊流情况下，液位 h 与流量之间为非线性关系。但为了简化起见，经线性化处理，则可近似认为在工作区域内，Q_2 与 h 成比例关系，而与阀门 2 的阻力 R_2 成反比，即

$$\Delta Q_2 = \frac{\Delta h}{R_2} \quad 或 \quad R_2 = \frac{\Delta h}{\Delta Q_2} \tag{2-4}$$

式中　R_2 ——阀门 2 的阻力，称为液阻。

为了求单容过程的数学模型，将式（2-2）、式（2-3）进行拉氏变换后，画出如图 2-2 所示的框图。

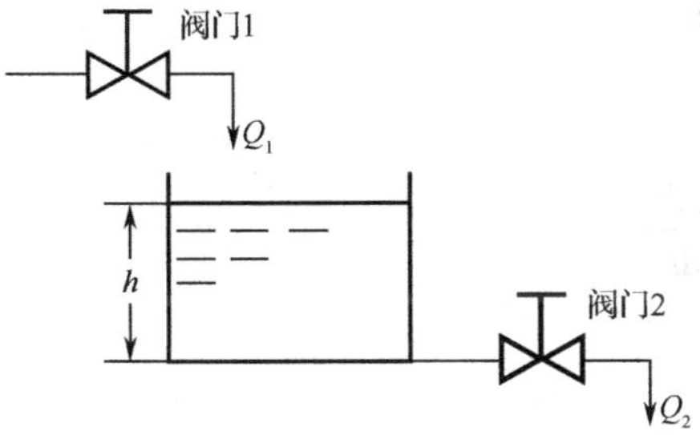

图 2-1　单容液位过程

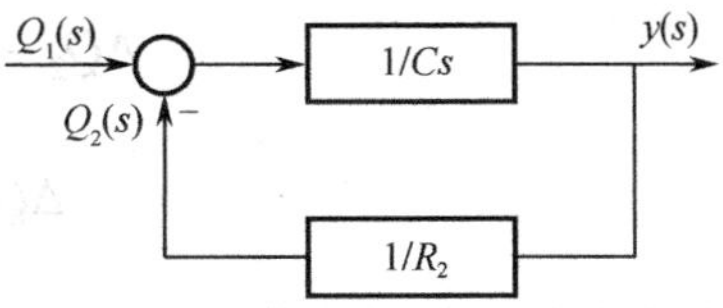

图 2-2　框图

单容过程的传递函数为

$$W_0(s) = \frac{H(s)}{Q_1(s)} = \frac{R_2}{R_2Cs+1} = \frac{K_0}{T_0s+1} \tag{2-5}$$

式中　T_0——液体过程的时间常数，$T_0 = R_2 C$；

K_0——液体过程的放大系数，$K_0 = R_2$。

图 2-3 所示为单容液位过程的阶跃响应曲线。

从上面的分析可知，液阻 R_2 不但影响过程的时间常数 T_0，而且影响过程的放大系数 K_0，而容量系数 C 仅影响过程的时间常数。结合其传递函数和阶跃响应曲线可知，对于图 2-1 的液位系统当输入量有一阶跃变化时，过程输出量——液位的变化最后会到达新的稳态。新稳态的建立是由于在液位变化的作用下，流出量 Q_2 发生变化的结果。在扰动作用破坏其平衡工况后，被控过程在没有外部干预的情况下自动恢复平衡的特性，称为自衡特性。

2. 多容过程建模

前面讨论了只有一个储蓄容量的被控过程，实际生产中被控过程要复杂一些，大多具有一个以上的储蓄容量。有一个以上储蓄容量的过程称为多容过程。下面以具有自平衡能力的双容过程为例，讨论建立数学模型的方法。

图 2-4 所示的液位过程由管路分离的两个水箱串联组成，它有两个储水的容量，称为双容过程。不计两个水箱之间管路所造成的时间延迟，以阀门 1 的流量 Q_1 为输入，第二个水箱的液位 h_2 为输出，建立液位过程的数学模型。

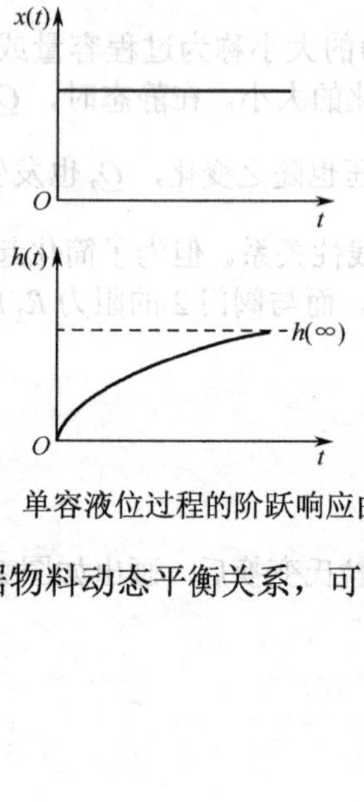

图 2-3　单容液位过程的阶跃响应曲线

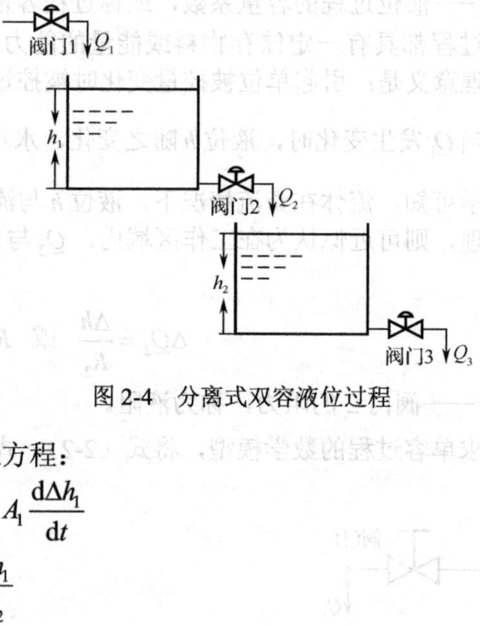

图 2-4　分离式双容液位过程

根据物料动态平衡关系，可以列出增量化方程：

$$\Delta Q_1 - \Delta Q_2 = A_1 \frac{\mathrm{d}\Delta h_1}{\mathrm{d}t} \tag{2-6}$$

$$\Delta Q_2 = \frac{\Delta h_1}{R_2} \tag{2-7}$$

$$\Delta Q_2 - \Delta Q_3 = A_2 \frac{\mathrm{d}\Delta h_2}{\mathrm{d}t} \tag{2-8}$$

$$\Delta Q_3 = \frac{\Delta h_2}{R_3} \tag{2-9}$$

根据上述方程的拉氏变换可以画出双容过程框图，如图 2-5 所示。

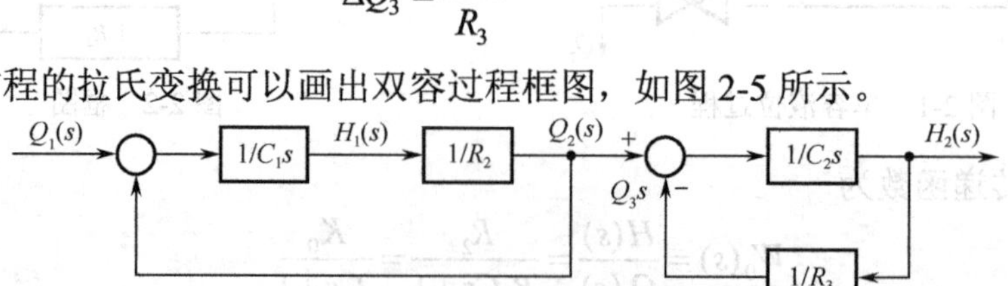

图 2-5　双容过程框图

双容过程的数学模型为

$$W_0(s)=\frac{H_2(s)}{Q_1(s)}=\frac{K_0}{(T_1s+1)(T_2s+1)} \tag{2-10}$$

式中　T_1——第一只水箱的时间常数，$T_1=R_2C_1$，其中 C_1 为第一只水箱的容量系数；

T_2——第二只水箱的时间常数，$T_2=R_3C_2$，其中 C_2 为第二只水箱的容量系数；

K_0——过程的放大系数，$K_0=R_1$。

图 2-6 所示为流量 Q_1 有一阶跃变化时，被控量 h_2 的响应曲线。与单容过程相比，多容过程受到扰动后，被控量的变化速度并不是一开始就最大，而是要经过一段滞后时间之后才达到最大值。即多容过程对于扰动的响应在时间上存在滞后，被称为容量滞后。产生容量滞后的原因主要是两个容积之间存在着阻力，所以使 h_2 的响应时间向后推移。容量滞后时间可用作图法求得，即通过 h_2 响应曲线的拐点作切线，与时间轴相交于 A，与 $h_2(\infty)$ 相交于 C，C 点在时间轴上的投影为 B，OA 即为容量滞后时间 τ_c，AB 即为过程的时间常数 T_0。

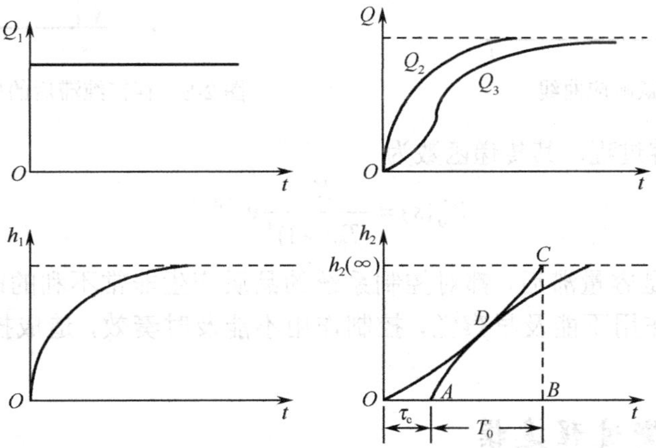

图 2-6　双容过程阶跃响应曲线

过程的容量越大，则容量滞后时间 τ_c 也越大。图 2-7 所示为多容过程（$n=5$）的阶跃响应曲线。过程的特性参数可以用 K_0、T_0、τ 来描述。

多容过程的传递函数为

$$W_0(s)=\frac{K_0}{(T_1s+1)(T_2s+1)\cdots(T_ns+1)} \tag{2-11}$$

3．滞后过程

除了前面讨论的容量滞后之外，在生产过程中还经常遇到由（物料、能量、信号）传输延迟引起的纯滞后 τ_0。例如，皮带运输机、输送管道的传输距离导致的物料、能量输送延迟引起的滞后就是纯滞后。由于纯滞后 τ_0 大都是由传输延迟产生的，所以也称为传输滞后或纯时延。

图 2-8 所示为存在纯滞后的单容液位过程，与图 2-1 所示的单容液位控制过程相比，除了流入的流量 Q_1 要经过长度为 l 的水槽延迟之外，其余部分完全相同，假设从阀门 1 开度变化到流入储液箱的流量 Q_1 变化之间的时间延迟为 τ_0。仿照自衡单容储液箱液位控制过程的建模方法，对图 2-8 存在纯滞后的单容液位控制过程可写出下列增量方程组：

$$T_0\frac{\mathrm{d}\Delta h}{\mathrm{d}t}+\Delta h=K_0\Delta Q_1(t-\tau_0) \tag{2-12}$$

$$W_0(s)=\frac{H(s)}{Q_1(s)}=\frac{K_0}{T_0s+1}e^{-\tau_0 s} \tag{2-13}$$

式中 T_0——过程的时间常数，$T_0=R_2C$；

K_0——过程的放大系数，$K_0=R_2$；

τ_0——过程的纯滞后时间。

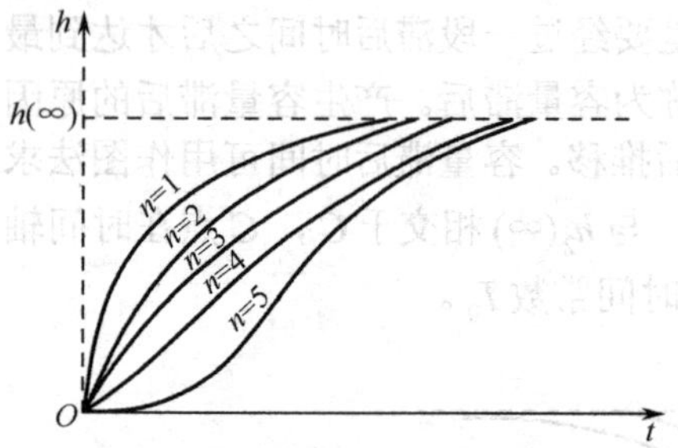

图 2-7　多容过程阶跃响应曲线

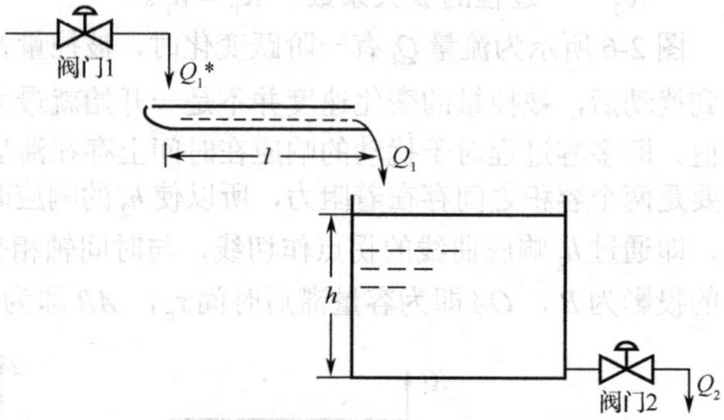

图 2-8　存在纯滞后的单容液位过程

对于纯滞后的多容过程，其传递函数为

$$W_0(s)=\frac{K_0}{(T_0s+1)^n}e^{-\tau_0 s} \tag{2-14}$$

不论是纯滞后还是容量滞后，都对控制系统的品质产生非常不利的影响。由于滞后的存在，往往会导致扰动作用不能及早察觉，控制作用不能及时奏效，造成控制效果不好甚至无法控制。

2.2.3 非自衡过程建模

1．单容过程

并不是所有被控过程都具有自衡特性。图 2-9 所示的液位过程就是一个不具有自衡特性的例子。它与图 2-1 的不同之处是其流出量由一台恒流泵确定，与液位无关，这样，当流入量 Q_1 出现一个阶跃变化 ΔQ_1 后，流出量 Q_2 保持不变。流入量和流出量的差额并不会随液位的改变而逐渐减小，而是始终保持不变，液位将以恒定速度不断上升（或下降），直至储液箱顶部溢出（或抽空）。对于这类被控过程，由于输出量不能对扰动作用施加反作用，只要被控过程的平衡工况被破坏，就无法自行重建平衡，这就是无自衡特性的本质。

下面是无自衡单容液位过程数学模型的建立方法。根据物料动态平衡关系，式（2-3）必须满足。储液箱在液位变化过程中，流出量 Q_2 始终保持不变，则 $\Delta Q_2\equiv 0$，可得

$$\Delta Q_1=A\frac{d\Delta h}{dt}=C\frac{d\Delta h}{dt} \tag{2-15}$$

过程的传递函数为

$$W_0(s)=\frac{1}{T_a s} \tag{2-16}$$

式中 T_a——过程的积分时间常数，$T_a=C$。

2. 多容过程

对于无自衡能力的多容过程，以图 2-10 所示的双容过程为例，来讨论其建立数学模型的方法。图中，h_2 为过程的被控量，Q_1 为其输入量。当 Q_1 产生阶跃变化时，液位 h_2 并不立即以最大的速度变化，由于中间水箱具有容积和阻力，h_2 对扰动 Q_1 的响应有一定的滞后和惯性。

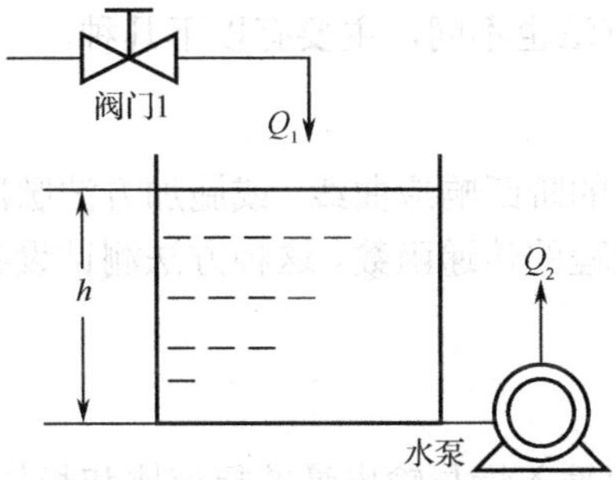

图 2-9　无自衡单容液位过程

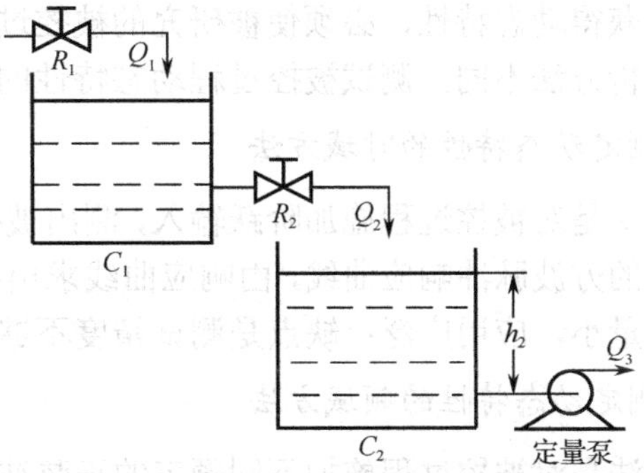

图 2-10　双容液位过程

同上所述，图 2-10 所示过程的数学模型为

$$W_0(s)=\frac{H_2(s)}{Q_1(s)}=\frac{1}{T_a s(Ts+1)} \tag{2-17}$$

式中　T_a——双容过程积分时间常数，$T_a=C_2$；

T——第一只水箱的时间常数。

双容液位过程的阶跃响应曲线如图 2-11 所示。

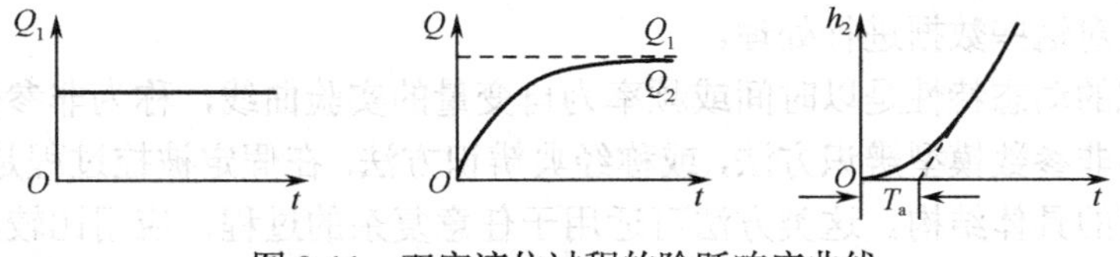

图 2-11　双容液位过程的阶跃响应曲线

同理，无自衡多容过程的数学模型为

$$W_0(s)=\frac{1}{T_a s(Ts+1)^n} \tag{2-18}$$

2.3　测试法建立过程的数学模型

倒立摆建模分析

前一节讨论的解析法建模，主要是通过分析过程的工作机理、物料或能量平衡关系，求得被控过程的微分方程式。许多工业过程内部的工艺过程复杂，按解析法建立被控过程的微分方程非常困难，即使可以用解析法建模，在推导时，也要进行一些假设和近似，与实际情况势必有一些差距，使所建模型的精度受到影响；用解析法得到数学模型，仍然希望通过实验来进行验证和改进。尤其当实际被控过程比较复杂，无法用解析法得到可用的数学模型时，就只有依靠实验测试方法来获得。

实验测试法建模是根据工业过程输入、输出的实测数据进行某种数学处理后得到数学模型。其主要特点是把被研究的工业过程视为一个黑匣子，完全从外部特性上测试和描述其动态性质，由于系统内部运动不得而知，故称为“黑箱模型”。

与解析法相比，测试法建模的主要特点是不需要深入了解被控过程机理，但必须预先设计一个合理的测试方案，通过试验数据以获得尽可能多的信息量，对于那些复杂的工业过程，测试方案设计尤为重要。

为了获得动态特性，必须使被研究的被控过程处于被激励的状态。根据加入的激励信号和数据的分析方法不同，测试被控过程动态特性的实验方法也不同，主要有以下几种。

1）测定动态特性的时域方法

该方法是对被控过程施加阶跃输入，测出被控过程的阶跃响应曲线，或施加方波脉冲输入，测出过程的方波脉冲响应曲线，由响应曲线求出被控过程的传递函数。这种方法测试设备简单，测试工作量小，应用广泛；缺点是测试精度不够高。

2）测定动态特性的频域方法

该方法是对被控过程施加不同频率的正弦波，测出输入量与输出量的幅值比和相位差，获得被控过程的频率特性，最后由频率特性求得被控过程的传递函数。这种方法在原理和数据处理上都比较简单，测试精度比时域法高；但此法需要用专门的超低频测试设备，测试试验的工作量较大。

3）测定动态特性的统计相关法

该方法是对被控过程施加某种随机信号或直接利用被控过程输入端本身存在的随机噪声进行观察和记录，采用统计相关分析获得被控过程的动态特性。这种方法可以在生产过程正常运行状态下进行，可以在线辨识，精度也较高；但统计相关分析法要求积累大量数据，并要用相关仪表或计算机对这些数据进行处理。

上述方法测试的动态特性是以时间或频率为自变量的实验曲线，称为非参数模型。因此上述三种方法也称为非参数模型辨识方法，或称经典辨识方法。在假定被控过程是线性的前提下，不必事先确定模型的具体结构。这类方法可适用于任意复杂的过程，应用比较广泛。此外，还有一些参数模型辨识方法，称为现代辨识方法。该方法必须假定一种模型结构，通过极小化模型与被控过程之间的误差准则函数来确定模型的参数。这类辨识方法又可分为最小二乘法、梯度校正法、极大似然法三种类型。本节仅对最小二乘法做简单介绍。

2.3.1 阶跃响应曲线法建模

阶跃响应曲线法对处于开环、稳态的被控过程，使其输入量做相应变化，测得被控过程的阶跃响应曲线，然后再根据阶跃响应曲线，求出被控过程输入与输出之间的动态数学关系——传递函数。

1. 阶跃响应曲线的测定

1）阶跃响应曲线的直接测定

直接测定阶跃响应曲线的原理很简单，即在被控过程处于开环、稳态时，通过手动或遥控装置使被控过程的输入量（一般是调节阀）做阶跃变化，用记录仪或数据采集系统记录被控过程输出的变化曲线，直至被控过程进入新的稳态，所得到的记录曲线就是被控过程的阶跃响应曲线。现场试验往往会遇到许多问题，例如，不能因测试使正常生产受到严重干扰，还要尽量设法减小其他随机扰动的影响及避免系统中的非线性因素等。为了得到可靠的测试结果，应注意以下事项：

（1）合理地选择阶跃输入信号的幅度。

过小的阶跃输入幅度可能导致响应信号被其他干扰淹没难以识别，而过大的扰动幅度则会使正常生产受到严重干扰甚至危及生产安全。一般阶跃扰动量取为被控过程正常输入信号的5%～15%。

（2）试验时被控过程应处于相对稳定的工况。

试验期间应设法避免出现其他偶然性的扰动，避免其他扰动引起的动态变化与试验时的阶跃响应混淆在一起影响辨识结果。

（3）要仔细记录阶跃曲线的起始部分。

这一部分数据的准确性对确定被控过程动态特性参数的影响很大，要准确记录。对有自衡能力的被控过程，试验过程应在输出信号达到新的稳定值时结束；对无自衡能力的被控过程，则应在输出信号变化速度不再改变时结束。

（4）多次测试，消除非线性。

考虑到被控过程的非线性，应选取不同负荷，在不同设定值下进行多次测试。即使在同一负荷和同一设定值下，也要在正向和反向扰动下重复测试，以求全面掌握被控过程的动态特性。完成一次试验测试后，应使被控过程恢复到原来的工况并稳定一段时间，再做第二次试验测试。

2）矩形脉冲法测定被控过程的阶跃响应曲线

阶跃响应曲线直接测定法简单易行，但当扰动输入信号幅度较大并较长时间存在时，被控参数变化幅度可能超出允许范围而影响生产过程的正常进行，可能造成产品产量与质量下降，甚至引发安全事故。为了能够施加比较大的扰动幅度而又不至于严重干扰生产，可用矩形脉冲输入代替阶跃输入，测出被控过程的矩形脉冲响应曲线，再根据矩形脉冲响应曲线求出对应的阶跃响应曲线，具体方法如下。

图 2-12（a）所示的矩形脉冲输入信号 $x(t)$ 可以看作是幅值与 $x(t)$ 相等的两个阶跃信号 $x_1(t)$ 和 $x_2(t)$ 的叠加，一个是时刻 $t=0$ 时输入被控过程的正阶跃信号 $x_1(t)$，另一个是在 $t=\Delta t$ 时输入被控过程的负阶跃信号 $x_2(t)=-x_1(t-\Delta t)$，即

$$x(t)=x_1(t)+x_2(t)=x_1(t)-x_1(t-\Delta t) \tag{2-19}$$

如果被控过程是线性的，则其矩形脉冲 $x(t)$ 的响应 $y(t)$ 是阶跃输入 $x_1(t)$ 和 $x_2(t)=-x_1(t-\Delta t)$ 的响应 $y_1(t)$ 及 $y_2(t)=-y_1(t-\Delta t)$ 的叠加，有

$$y(t)=y_1(t)+y_2(t)=y_1(t)-y_1(t-\Delta t) \tag{2-20}$$

由上式可知其阶跃响应为

$$y_1(t)=y(t)+y_1(t-\Delta t) \tag{2-21}$$

利用式（2-21），可通过矩形脉冲 $x(t)$的响应 $y(t)$ 求得其阶跃响应 $y_1(t)$。用作图法可从测得的矩形脉冲响应曲线 $y(t)$ 作出阶跃响应 $y_1(t)$ 的曲线。在 0～ Δt 这段时间范围内，阶跃响应曲线与矩形脉冲响应曲线重合；Δt 以后的阶跃响应曲线为该段的矩形脉冲响应 $y(t)$ 加上其 Δt 时段之前的阶跃响应曲线值 $y_1(t-\Delta t)$。作图时，先把时间轴分成间隔为 Δt 的等分时段，在第一时段（$0<t<\Delta t$），$y_1(t-\Delta t)=0$ 故 $y_1(t)=y(t)$；Δt 之后每一时段的 $y_1(t)$，则是该段中的 $y(t)$ 与相邻前一段的阶跃响应 $y_1(t-\Delta t)$ 之和。依次类推，就可以由矩形脉冲响应曲线求得完整的阶跃响应

曲线。图 2-12（c）是通过作图法得到自衡过程阶跃响应曲线的方法，通过作图法得到非自衡过程阶跃响应曲线的方法与自衡过程的方法相同（如图 2-12（d）所示）。

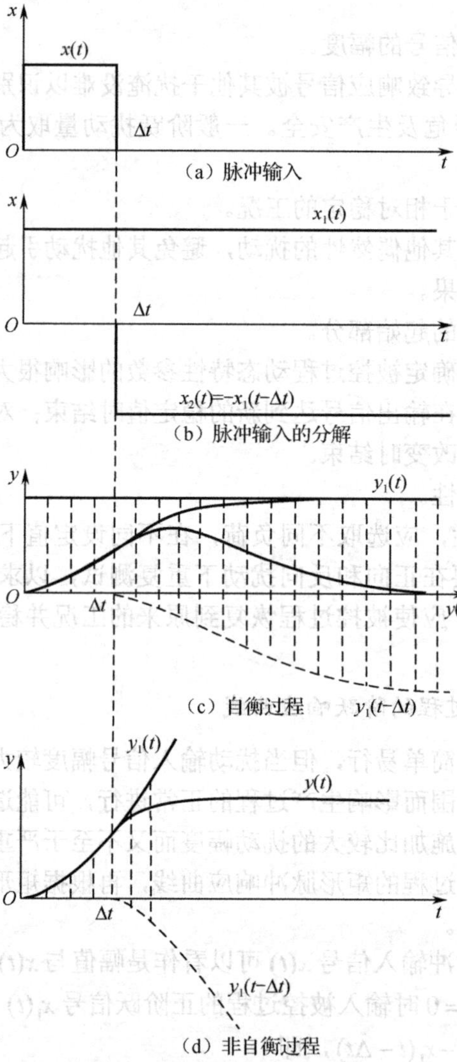

图 2-12　矩形脉冲输入 $x(t)$与矩形脉冲响应曲线 $y(t)$、阶跃响应曲线 $y_1(t)$

2．由阶跃响应曲线确定被控过程传递函数

对过程控制系统进行分析、设计或参数整定时，仅有被控过程的阶跃响应曲线是不够的，一般都要用到被控过程的传递函数，因此，还需要通过阶跃响应曲线，求出被控过程的传递函数。

由阶跃响应曲线求出传递函数，首先要根据被控过程阶跃响应曲线的形状，选定模型传递函数的形式，然后再确定具体参数。在工业生产中，大多数过程的过渡过程都是有自衡能力的非振荡衰减过程，其传递函数可以用一阶惯性环节加滞后、二阶惯性环节加滞后或 n 阶惯性环节加滞后几种形式来近似：

$$G(s)=\frac{K}{Ts+1}\mathrm{e}^{-\tau s} \tag{2-22}$$

$$G(s)=\frac{K}{(T_1s+1)(T_2s+1)}e^{-\tau s} \tag{2-23}$$

$$G(s)=\frac{K}{(Ts+1)^n}e^{-\tau s} \tag{2-24}$$

对于无自衡特性的被控过程，可以选用以下传递函数近似：

$$G(s)=\frac{K}{Ts}e^{-\tau s} \tag{2-25}$$

$$G(s)=\frac{K}{T_1s(T_2s+1)}e^{-\tau s} \tag{2-26}$$

$$G(s)=\frac{K}{T_1s(T_2s+1)^n}e^{-\tau s} \tag{2-27}$$

对于具体的控制对象，传递函数形式的选用一般从以下两方面考虑：

- 根据被控过程的先验知识选用合适的传递函数形式。
- 根据建立数学模型的目的及对模型的准确性要求，选用合适的传递函数形式。

在满足精度要求的情况下，尽量选用低阶传递函数的形式，实际工作中，大量的工业过程都采用一、二阶传递函数的形式。

确定了传递函数的形式之后，只要能由阶跃响应曲线求得被控过程动态特性的特征参数（即放大系数 K 、时间常数 T_i、迟延时间 τ 等），被控过程的数学模型（传递函数）就可以确定。实际生产过程的阶跃响应曲线呈现 S 形单调曲线是最常见的，下面就被控过程的阶跃响应为 S 形单调曲线的情况，给出几个确定传递函数参数的方法。

1）由阶跃响应曲线确定一阶惯性加滞后环节的特性参数

若被控过程的阶跃响应曲线是一条如图 2-13 所示的 S 形单调曲线，则可以选用式（2-22）有纯滞后的一阶环节作为该过程的传递函数。

阶跃响应曲线的稳态值 $y(\infty)$ 与阶跃输入的幅值 x_0 之比为被控过程的静态放大系数，即

$$K=\frac{y(\infty)}{x_0} \tag{2-28}$$

确定被控过程时间 T 与滞后时间 τ 的常用方法有作图法和（两点）计算法。

（1）确定被控过程时间 T 与滞后时间 τ 的作图法。在图 2-13 中阶跃响应曲线变化速度最快的拐点（D 点）处作一条切线，该切线与时间轴交于 A 点，与 $y(t)$ 的稳态值 $y(t)$ 交于 C 点，C 点在时间轴上的投影为 B 点，AB 即为被控过程的时间常数 T，OA 即为被控过程的滞后时间 τ 。

由于阶跃响应曲线的拐点不易找准，切线的方向也有较大的随意性，通过作图法求得的 T 、τ 值因人而异，误差较大。

（2）确定被控过程时间 T 与滞后时间 τ 的计算法。计算法是利用阶跃响应 $y(t)$ 上两个点的数据计算 T 和 τ 。为了计算方便，首先将 $y(t)$ 转换成无量纲形式 $y^*(t)$，如图 2-14 所示，即

$$y^*(t)=\frac{y(t)}{Kx_0}=\frac{y(t)}{y(\infty)} \tag{2-29}$$

与式（2-21）相对应的阶跃响应无量纲形式为

$$y^*(t)=\begin{cases}0 & t<\tau \\ 1-e^{-\frac{t-\tau}{T}} & t\geqslant\tau\end{cases} \tag{2-30}$$

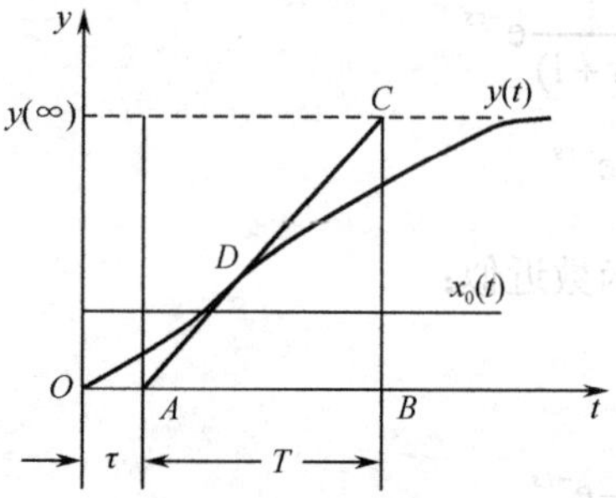

图 2-13　由阶跃响应曲线作图确定一阶滞后环节的 T、τ

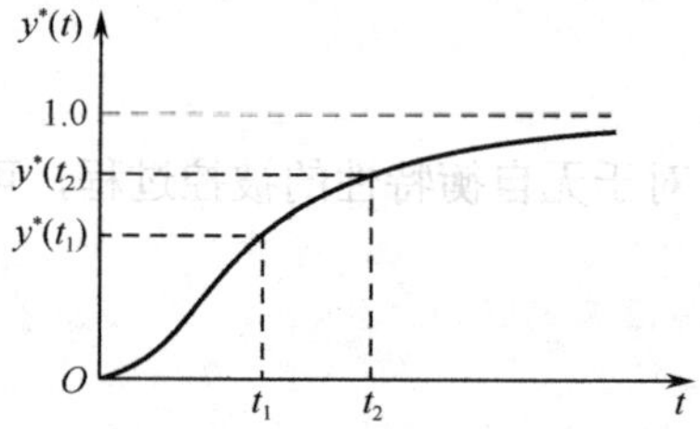

图 2-14　两点法确定一阶滞后环节的 T、τ

上式中只有两个参数即 T 和 τ。为了确定 T 和 τ，在图 2-14 取两个不同时刻 t_1 和 t_2，以及对应的 $y^*(t_1)$ 和 $y^*(t_2)$，其中 $t_2>t_1>\tau$，代入式（2-30）得

$$\left.\begin{aligned} y^*(t_1)&=1-\mathrm{e}^{-\frac{t_1-\tau}{T}} \\ y^*(t_2)&=1-\mathrm{e}^{-\frac{t_2-\tau}{T}} \end{aligned}\right\} \tag{2-31}$$

由式（2-31）可解出

$$T=\frac{t_2-t_1}{\ln[1-y^*(t_1)]-\ln[1-y^*(t_2)]} \tag{2-32}$$

$$\tau=\frac{t_2\ln[1-y^*(t_1)]-t_1\ln[1-y^*(t_2)]}{\ln[1-y^*(t_1)]-\ln[1-y^*(t_2)]} \tag{2-33}$$

为了计算方便，选 $y^*(t_1)=0.39$，$y^*(t_2)=0.632$，代入式（2-32）、式（2-33）可得

$$\left.\begin{aligned} T&=2(t_2-t_1) \\ \tau&=2t_1-t_2 \end{aligned}\right\} \tag{2-34}$$

计算出 T、τ 后，还可应用式（2-30）的计算结果与实测曲线进行比较，以检验所得模型的准确性。t_3、t_4、t_5 时刻的计算结果如下：

$$t_3<\tau,\qquad y^*(t_3)=0$$
$$t_4=0.8T+\tau,\qquad y^*(t_4)=0.55$$
$$t_5=2T+\tau,\qquad y^*(t_5)=0.865$$

若计算结果与实测值的差距可以接受，表明所求得的一阶惯性加滞后环节传递函数满足要求。否则，表明用一阶惯性加滞后环节近似被控过程的传递函数不合适，应选用高阶传递函数。

2）由阶跃响应曲线确定二阶及高阶模型特性参数 K、τ、T_1、T_2

用一阶惯性加滞后环节近似被控过程传递函数，若检验结果不满足精度要求，则应选用高阶模型作为被控过程的传递函数。

若用式（2-23）二阶惯性加滞后环节近似图 2-13 所示的阶跃响应曲线，静态放大系数 K 仍用式（2-28）直接计算。纯滞后时间 τ 可根据阶跃响应曲线开始出现变化的时刻来确定，见图 2-15；然后在时间轴上截去纯滞后时间 τ，化为无量纲形式的阶跃响应 $y^*(t)$。

式（2-23）截去纯滞后时间并化为无量纲形式后，可用下式表示：

$$G(s)=\frac{1}{(T_1s+1)(T_2s+1)},\quad T_1>T_2 \tag{2-35}$$

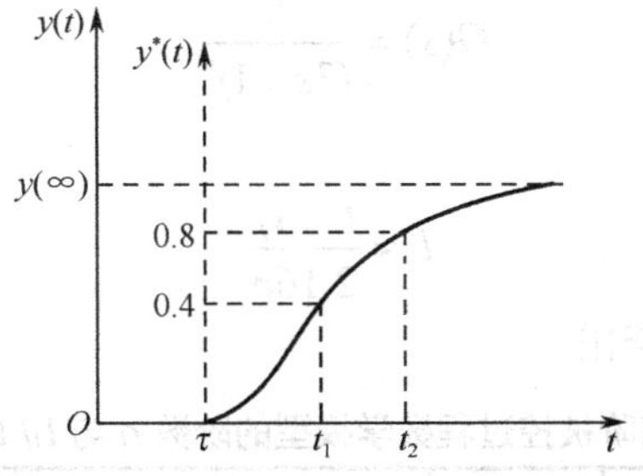

图 2-15　根据阶跃响应确定二阶滞后环节时间常数 T_1、T_2

与上式对应的单位阶跃响应为

$$y^*(t)=1-\frac{T_1}{T_1-T_2}\mathrm{e}^{-\frac{t}{T_1}}+\frac{T_2}{T_1-T_2}\mathrm{e}^{-\frac{t}{T_2}}$$

或

$$1-y^*(t)=\frac{T_1}{T_1-T_2}\mathrm{e}^{-\frac{t}{T_1}}-\frac{T_2}{T_1-T_2}\mathrm{e}^{-\frac{t}{T_2}} \tag{2-36}$$

根据式（2-36），可以利用阶跃响应曲线上两个点的数据$[t_1, y^*(t_1)]$、$[t_2, y^*(t_2)]$确定T_1和T_2。一般可选取$y^*(t_1)=0.4$、$y^*(t_2)=0.8$两点，再从曲线上确定对应的t_1和t_2，如图 2-14 所示，即可得到方程组：

$$\left.\begin{aligned}\frac{T_1}{T_1-T_2}\mathrm{e}^{-\frac{t_1}{T_1}}-\frac{T_2}{T_1-T_2}\mathrm{e}^{-\frac{t_1}{T_2}}=0.6\\ \frac{T_1}{T_1-T_2}\mathrm{e}^{-\frac{t_2}{T_1}}-\frac{T_2}{T_1-T_2}\mathrm{e}^{-\frac{t_2}{T_2}}=0.2\end{aligned}\right\} \tag{2-37}$$

由式（2-37）可以求出近似解：

$$T_1+T_2\approx\frac{1}{2.16}(t_1+t_2)$$

$$\frac{T_1T_2}{(T_1+T_2)^2}\approx\left(1.74\frac{t_1}{t_2}-0.55\right) \tag{2-38}$$

当$0.32<t_1/t_2<0.46$时，被控过程$y^*(t)$可近似为二阶惯性环节，时间常数T_1和T_2可由式（2-37）或式（2-38）求出。

当$t_1/t_2<0.32$时，被控过程数学模型可近似为一阶惯性环节，可按前面的方法确定T、τ。

当$t_1/t_2=0.32$时，被控过程数学模型可近似为一阶惯性环节，时间常数为

$$T_1=\frac{t_1+t_2}{2.12},\quad T_2=0$$

当$t_1/t_2=0.46$时，被控过程数学模型可近似为

$$G(s)=\frac{K}{(Ts+1)^2}$$

时间常数为

$$T_1=T_2=T=\frac{t_1+t_2}{2\times2.18}$$

当$t_1/t_2>0.46$时，被控过程数学模型应用高于二阶的环节近似，即

$$G(s)=\frac{K}{(Ts+1)^n}$$

时间常数为

$$T\approx\frac{t_1+t_2}{2.16n}$$

式中，n 可根据 t_1/t_2，由表 2-1 查出。

表 2-1　高阶被控过程数学模型的阶数 n 与 t_1/t_2 的关系

n	1	2	3	4	5	6	8	10	12	14
t_1/t_2	0.32	0.46	0.53	0.58	0.62	0.65	0.685	0.71	0.735	0.75

3）由阶跃响应曲线确定无自衡被控过程数学模型的特性参数

无自衡被控过程的阶跃响应随时间 $t\to\infty$ 将无限增大，但其变化速度会逐渐趋于一个常数，其阶跃响应曲线如图 2-16 所示。无自衡被控过程的传递函数可选用式（2-25）、式（2-26）或式（2-27）来近似。

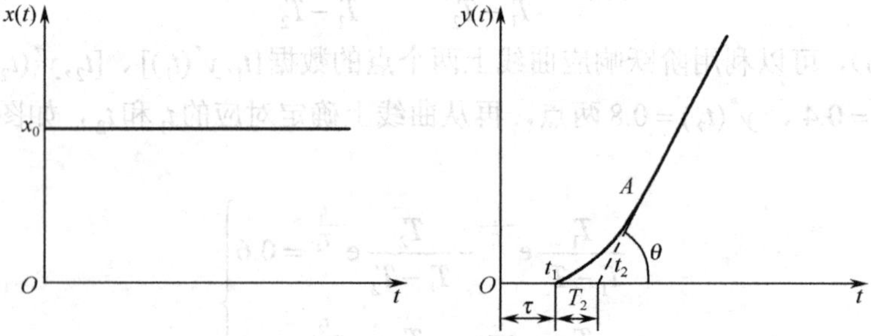

图 2-16　无自衡过程的阶跃响应曲线

若用式（2-25）来近似图 2-16 的阶跃响应曲线，为了由曲线确定时间常数 T，作阶跃响应曲线的渐近线（稳态部分的切线）与时间轴交于 t_2，与时间轴的夹角为 θ，如图 2-16 所示，可得

$$\tau=t_2,\quad y'(\infty)=\tan\theta=\frac{y(t)}{t-\tau},\quad t>\tau$$

则有

$$T=\frac{x_0}{\tan\theta}$$

x_0 是阶跃输入的幅值，这样就得到了被控过程的传递函数：

$$G(s)=\frac{1}{Ts}e^{-\tau s}$$

用式（2-25）近似图 2-16 的阶跃响应曲线方法简单，但是在 $t_1\sim A$ 这一段误差较大。若要求这一部分也较准确，可采用式（2-26）来近似被控过程的传递函数。

从图 2-16 可以看出，在 $0\sim t_1$ 之间 $y(t)=0$，可取纯滞后时间 $\tau=t_1$。在阶跃响应达到稳态后，主要是积分作用为主，则有

$$T_1=\frac{x_0}{\tan\theta}$$

在 $t_1\sim A$ 时间段，惯性环节起主要作用，可取 $T_2=t_2-t_1$，则被控过程的传递函数为

$$G(s)=\frac{1}{T_1 s(T_2 s+1)}\mathrm{e}^{-\tau s}$$

为了检验其准确性，设阶跃输入为 $x(t)=x_0 u(t)$，则

$$Y(s)=G(s)X(s)=\frac{x_0}{T_1 s^2(T_2 s+1)}\mathrm{e}^{-\tau s}$$

$$y(t)=\frac{x_0}{T_1}\left[(t-\tau)-T_2\left(1-\mathrm{e}^{-\frac{t-\tau}{T_2}}\right)\right]u(t-\tau)=\tan\theta\left[(t-\tau)-T_2\left(1-\mathrm{e}^{-\frac{t-\tau}{T_2}}\right)\right]u(t-\tau)$$

在 $t=0\sim t_1$ 之间，$y(t)=0$；当 $t\to\infty$ 时，可得

$$y(t)\to\tan\theta(t-\tau-T_2)=\tan\theta(t-t_1-t_2+t_1)=\tan\theta(t-t_2)=\frac{x_0}{T_1}(t-t_2)$$

在 $t=t_2$ 时，

$$y(t_2)=\frac{x_0}{T_1}\left[(t_2-\tau)-T_2\left(1-\mathrm{e}^{-\frac{t_2-\tau}{T_2}}\right)\right]=\frac{x_0}{T_1}[T_2-T_2(1-\mathrm{e}^{-1})]=\frac{x_0 T_2}{T_1}\mathrm{e}^{-1}=0.368T_2\tan\theta=0.368(t_2-t_1)\tan\theta$$

显然要比用式（2-25）的结果更精确一些。如果对 $t_1\sim A$ 时间段有更高的精度要求，则可选用式（2-27）的高阶环节作为被控过程的传递函数。

2.3.2　最小二乘法建立被控过程的数学模型

基于测试法建立单容水箱的数学模型

1．线性系统特性的差分方程描述

前面讨论的都是建立被控过程的连续时间数学模型，如微分方程或传递函数。连续时间模型描述了被控过程的输入、输出信号随时间连续变化的特性。为了适应计算机控制技术的发展，需要建立被控过程的离散时间数学模型。这是因为基于计算机的控制系统，其输入、输出信号在时间上是离散的序列。对于计算机控制系统，描述被控过程的离散时间数学模型对于系统分析与设计更为直接和便捷。

对于一个单输入、单输出（SISO）线性定常系统，可以用连续时间模型描述，如微分方程、传递函数 $G(s)=\dfrac{Y(s)}{U(s)}$；也可以用离散时间模型来描述，如差分方程、传递函数 $G(z)=\dfrac{Y(z)}{U(z)}$。如果对被控过程的连续输入信号 $u(t)$、输出信号 $y(t)$ 进行采样，则可得到一组输入序列 $u(k)$ 和输出序列 $y(k)$。输入序列和输出序列之间的关系可用下面的差分方程进行描述（不考虑纯滞后）：

$$\begin{aligned}&y(k)+a_1 y(k-1)+a_2 y(k-2)+\cdots+a_n y(k-n)\\&=b_1 u(k-1)+b_2 u(k-2)+\cdots+b_n u(k-n)\end{aligned}\tag{2-39}$$

式中，k 为采样次数；u 为被控过程输入序列；y 为被控过程输出序列；n 为模型阶数；$a_1,a_2,\cdots,a_n$ 及 $b_1,b_2,\cdots,b_n$ 为常系数。

被控过程建模（辨识）的任务，一是确定模型的结构，即确定模型的阶数 n 和滞后时间 τ_0（在差分方程中用 d 表示，$d=\tau_0/T$，T 为采样周期）；二是确定模型结构中的参数。最小二乘法是在 n 和 τ_0 已知的前提下，根据输入、输出数据推算模型参数 $a_1,a_2,\cdots,a_n$ 及 $b_1,b_2,\cdots,b_n$ 常用的方法之一。

2．最小二乘法参数估计原理

在 n 和 τ_0 已知的前提下，最小二乘法是根据已获得的被控过程输入、输出数据，求出 $a_1, a_2, \cdots, a_n$ 及 $b_1, b_2, \cdots, b_n$ 的估计值 $\hat{a}_1, \hat{a}_2, \cdots, \hat{a}_n$ 及 $\hat{b}_1, \hat{b}_2, \cdots, \hat{b}_n$，使系统按照式（2-39）模型描述时，对输入、输出数据拟合的误差平方和最小。

将式（2-39）写成如下形式：

$$y(k) = -a_1 y(k-1) - a_2 y(k-2) - \cdots - a_n y(k-n) + b_1 u(k-1) + b_2 u(k-2) + \cdots + b_n u(k-n) \tag{2-40}$$

考虑到测量误差、模型误差和干扰的存在，如果将实际采集到的被控过程的输入、输出数据代入上式，同样存在一定的误差。如果用 $e(k)$ 表示这一误差（称为模型残差），则上式变为如下形式：

$$y(k) = -a_1 y(k-1) - a_2 y(k-2) - \cdots - a_n y(k-n) + b_1 u(k-1) + b_2 u(k-2) + \cdots + b_n u(k-n) + e(k) \tag{2-41}$$

若通过试验或现场监测，采集到被控过程或系统的 $n+N$ 对输入、输出数据

$$\{u(k), y(k); k = 1, 2, \cdots, n+N\}$$

为了估计模型中的 $2n$ 个参数 $a_1, a_2, \cdots, a_n$ 及 $b_1, b_2, \cdots, b_n$，将采集的 $n+N$ 对输入、输出数据代入式（2-41），得到 N 个方程：

$$\begin{aligned} y(n+1) &= -a_1 y(n) - a_2 y(n-1) - \cdots - a_n y(1) + b_1 u(n) + b_2 u(n-1) + \cdots + b_n u(1) + e(n+1) \\ y(n+2) &= -a_1 y(n+1) - a_2 y(n) - \cdots - a_n y(2) + b_1 u(n+1) + b_2 u(n) + \cdots + b_n u(2) + e(n+2) \\ &\cdots \\ y(n+N) &= -a_1 y(n+N-1) - \cdots - a_n y(N) + b_1 u(n+N-1) + \cdots + b_n u(N) + e(n+N) \end{aligned} \tag{2-42}$$

式中，$N \geqslant 2n+1$。

将方程组（2-42）表示成矩阵形式：

$$\boldsymbol{Y}(N) = \boldsymbol{X}(N)\boldsymbol{\theta}(N) + \boldsymbol{e}(N) \tag{2-43}$$

或

$$\boldsymbol{Y} = \boldsymbol{X}\boldsymbol{\theta} + \boldsymbol{e} \tag{2-44}$$

式中，

$$\boldsymbol{Y} = \boldsymbol{Y}(N) = \begin{bmatrix} y(n+1) \\ y(n+2) \\ \vdots \\ y(n+N) \end{bmatrix}$$

$$\boldsymbol{X} = \boldsymbol{X}(N) = \begin{bmatrix} \boldsymbol{X}_1 \\ \boldsymbol{X}_2 \\ \vdots \\ \boldsymbol{X}_N \end{bmatrix} = \begin{bmatrix} -y(n) & -y(n-1) & \cdots & -y(1) & u(n) & u(n-1) & \cdots & u(1) \\ -y(n+1) & -y(n) & \cdots & -y(2) & u(n+1) & u(n) & \cdots & u(2) \\ \vdots & \vdots & \cdots & \vdots & \vdots & \vdots & \cdots & \vdots \\ -y(n+N-1) & -y(n+N-2) & \cdots & -y(N) & u(n+N-1) & u(n+N-2) & \cdots & u(N) \end{bmatrix}$$

$$\boldsymbol{\theta} = \boldsymbol{\theta}(N) = \begin{bmatrix} a_1 \\ \vdots \\ a_n \\ b_1 \\ \vdots \\ b_n \end{bmatrix} \qquad \boldsymbol{e} = \boldsymbol{e}(N) = \begin{bmatrix} e(n+1) \\ e(n+2) \\ \vdots \\ e(n+N) \end{bmatrix}$$

最小二乘法参数估计是指选择参数$\hat{a}_1,\hat{a}_2,\cdots,\hat{a}_n$及$\hat{b}_1,\hat{b}_2,\cdots,\hat{b}_n$，使模型误差尽可能小，即要求估计参数$\hat{\boldsymbol{\theta}}^{\mathrm{T}}=\left[\hat{a}_1,\hat{a}_2,\cdots,\hat{a}_n,\hat{b}_1,\hat{b}_2,\cdots,\hat{b}_n\right]$使方程组（2-42）的残差平方和（损失函数）

$$\boldsymbol{J}=\sum_{k=n+1}^{n+N}\boldsymbol{e}^2(k)=\boldsymbol{e}^{\mathrm{T}}\boldsymbol{e} \tag{2-45}$$

取最小值。

将基于参数估计值

$$\hat{\boldsymbol{\theta}}=[\hat{a}_1,\hat{a}_2,\cdots,\hat{a}_n,\hat{b}_1,\hat{b}_2,\cdots,\hat{b}_n]^{\mathrm{T}}$$

的残差值

$$\boldsymbol{e}=\boldsymbol{Y}-\boldsymbol{X}\hat{\theta}$$

代入式（2-45），可得损失函数

$$\boldsymbol{J}=[\boldsymbol{Y}-\boldsymbol{X}\hat{\boldsymbol{\theta}}]^{\mathrm{T}}[\boldsymbol{Y}-\boldsymbol{X}\hat{\boldsymbol{\theta}}] \tag{2-46}$$

为了求得使$\boldsymbol{J}$达到最小值的参数值$\hat{\boldsymbol{\theta}}=[\hat{a}_1,\hat{a}_2,\cdots,\hat{a}_n,\hat{b}_1,\hat{b}_2,\cdots,\hat{b}_n]^{\mathrm{T}}$，可通过对$\boldsymbol{J}$求极（小）值，即

$$\left.\frac{\partial \boldsymbol{J}}{\partial \boldsymbol{\theta}}\right|_{\hat{\theta}}=0$$

求得。对式（2-46）求导并代入上式，可得矩阵方程

$$\frac{\partial J}{\partial \hat{\boldsymbol{\theta}}}=\frac{\partial}{\partial \hat{\boldsymbol{\theta}}}[\boldsymbol{Y}-\boldsymbol{X}\hat{\boldsymbol{\theta}}]^{\mathrm{T}}[\boldsymbol{Y}-\boldsymbol{X}\hat{\boldsymbol{\theta}}]=-2\boldsymbol{X}^{\mathrm{T}}[\boldsymbol{Y}-\boldsymbol{X}\hat{\boldsymbol{\theta}}]=0$$

$$\boldsymbol{X}^{\mathrm{T}}\boldsymbol{X}\hat{\boldsymbol{\theta}}=\boldsymbol{X}^{\mathrm{T}}\boldsymbol{Y}$$

若$\boldsymbol{X}^{\mathrm{T}}\boldsymbol{X}$为非奇异矩阵（通常情况下这一点可以满足），可得唯一的最小二乘参数估计值

$$\hat{\boldsymbol{\theta}}=[\boldsymbol{X}^{\mathrm{T}}\boldsymbol{X}]^{-1}\boldsymbol{X}^{\mathrm{T}}\boldsymbol{Y} \tag{2-47}$$

3. 参数估计的递推最小二乘法

式（2-47）是在采集一批输入、输出数据（$n+N$对）后进行计算，求出参数的估计值$\hat{\boldsymbol{\theta}}$。如果新增加一对（或数对）数据，按照式（2-47），就要把新数据加到原先的数据中再重新计算$\hat{\boldsymbol{\theta}}$。随着数据的不断增加，不仅计算工作量加大，而且要保存所有的数据，内存的占用量会越来越大，不适合在线辨识。如果利用新增加的数据对原先已计算出的参数估计值$\hat{\boldsymbol{\theta}}$进行适当的修正，使其不断刷新，这样就不需要对全部数据进行重新计算和保存，可减少内存占用量和计算量，提高计算速度，这就是递推最小二乘法估计参数的思路。递推最小二乘法计算速度快、占用内存少，适合进行在线辨识。

把由$n+N$对数据获得的最小二乘参数估计记为$\hat{\boldsymbol{\theta}}(N)$，由$n+N+1$对数据获得的最小二乘参数估计记为$\hat{\boldsymbol{\theta}}(N+1)$。

在$n+N$对数据的基础上再增加一对实测数据$[u(n+N+1),y(n+N+1)]$时，输出矢量$\boldsymbol{Y}$增加一个元素，矩阵$\boldsymbol{X}$增加一行，记为

$$\boldsymbol{Y}(N+1)=\begin{bmatrix}\boldsymbol{Y}(N)\\ y(n+N+1)\end{bmatrix};\qquad \boldsymbol{X}(N+1)=\begin{bmatrix}\boldsymbol{X}(N)\\ \boldsymbol{X}_{N+1}\end{bmatrix}$$

式中，$\boldsymbol{X}_{N+1}=[-y(n+N),-y(n+N-1),\cdots,-y(N+1),u(n+N),u(n+N-1),\cdots,u(N+1)]$。

由式（2-47）可知由$n+N$对数据求得的最小二乘参数估计值为

$$\hat{\boldsymbol{\theta}}(N)=[\boldsymbol{X}^{\mathrm{T}}(N)\boldsymbol{X}(N)]^{-1}\boldsymbol{X}^{\mathrm{T}}(N)\boldsymbol{Y}(N)$$

将$\boldsymbol{Y}(N+1)$、$\boldsymbol{X}(N+1)$代入式（2-47），可得$n+N+1$对数据求出的最小二乘参数估计

$$\hat{\boldsymbol{\theta}}(N+1)=[\boldsymbol{X}^{\mathrm{T}}(N+1)\boldsymbol{X}(N+1)]^{-1}\boldsymbol{X}^{\mathrm{T}}(N+1)\boldsymbol{Y}(N+1) \quad (2\text{-}48)$$

令$\boldsymbol{P}(N)=[\boldsymbol{X}^{\mathrm{T}}(N)\boldsymbol{X}(N)]^{-1}$，则有

$$\begin{aligned}\boldsymbol{P}(N+1)&=[\boldsymbol{X}^{\mathrm{T}}(N+1)\boldsymbol{X}(N+1)^{-1}]=\left[\begin{bmatrix}\boldsymbol{X}(N)\\ \boldsymbol{X}_{N+1}\end{bmatrix}^{\mathrm{T}}\begin{bmatrix}\boldsymbol{X}(N)\\ \boldsymbol{X}_{N+1}\end{bmatrix}\right]^{-1}\\ &=[\boldsymbol{X}^{\mathrm{T}}(N)\boldsymbol{X}(N)+\boldsymbol{X}_{N+1}^{\mathrm{T}}\boldsymbol{X}_{N+1}]^{-1}\\ &=[\boldsymbol{P}^{-1}(N)+\boldsymbol{X}_{N+1}^{\mathrm{T}}\boldsymbol{X}_{N+1}]^{-1}\end{aligned} \quad (2\text{-}49)$$

由矩阵求逆引理

$$(\boldsymbol{A}+\boldsymbol{BCD})^{-1}=\boldsymbol{A}^{-1}-\boldsymbol{A}^{-1}\boldsymbol{B}(\boldsymbol{C}^{-1}+\boldsymbol{DA}^{-1}\boldsymbol{B})^{-1}\boldsymbol{DA}^{-1}$$

令$\boldsymbol{A}=\boldsymbol{P}^{-1}(N)$，$\boldsymbol{B}=\boldsymbol{X}_{N+1}^{\mathrm{T}}$，$\boldsymbol{C}=1$，$\boldsymbol{D}=\boldsymbol{X}_{N+1}$，则

$$\boldsymbol{P}(N+1)=\boldsymbol{P}(N)-\boldsymbol{P}(N)\boldsymbol{X}_{N+1}^{\mathrm{T}}[1+\boldsymbol{X}_{N+1}\boldsymbol{P}(N)\boldsymbol{X}_{N+1}^{T}]^{-1}\boldsymbol{X}_{N+1}\boldsymbol{P}(N) \quad (2\text{-}50)$$

将式（2-48）中的变量代换可得

$$\begin{aligned}\hat{\boldsymbol{\theta}}(N+1)&=[\boldsymbol{X}^{\mathrm{T}}(N+1)\boldsymbol{X}(N+1)^{-1}]\boldsymbol{X}(N+1)^{\mathrm{T}}\boldsymbol{Y}(N+1)=\boldsymbol{P}(N+1)\begin{bmatrix}\boldsymbol{X}(N)\\ \boldsymbol{X}_{N+1}\end{bmatrix}^{\mathrm{T}}\begin{bmatrix}\boldsymbol{Y}(N)\\ y(n+N+1)\end{bmatrix}\\ &=\boldsymbol{P}(N+1)\boldsymbol{X}^{\mathrm{T}}(N)\boldsymbol{Y}(N)+\boldsymbol{P}(N+1)\boldsymbol{X}_{N+1}^{\mathrm{T}}y(n+N+1)\end{aligned}$$

为了将$\hat{\boldsymbol{\theta}}(N)$与$\hat{\boldsymbol{\theta}}(N+1)$联系起来，将上式写成如下形式：

$$\begin{aligned}\hat{\boldsymbol{\theta}}(N+1)&=\boldsymbol{P}(N+1)\boldsymbol{P}^{-1}(N)\boldsymbol{P}(N)\boldsymbol{X}^{\mathrm{T}}(N)\boldsymbol{Y}(N)+\boldsymbol{P}(N+1)\boldsymbol{X}_{N+1}^{\mathrm{T}}y(n+N+1)\\ &=\boldsymbol{P}(N+1)\boldsymbol{P}^{-1}(N)\hat{\boldsymbol{\theta}}(N)+\boldsymbol{P}(N+1)\boldsymbol{X}_{N+1}^{\mathrm{T}}y(n+N+1)\end{aligned} \quad (2\text{-}51)$$

由式（2-49）可得

$$\boldsymbol{P}^{-1}(N)=\boldsymbol{P}^{-1}(N+1)-\boldsymbol{X}_{N+1}^{\mathrm{T}}\boldsymbol{X}_{N+1}$$

将上式代入式（2-51）得

$$\hat{\boldsymbol{\theta}}(N+1)=\hat{\boldsymbol{\theta}}(N)+\boldsymbol{P}(N+1)\boldsymbol{X}_{N+1}^{\mathrm{T}}[y(n+N+1)-\boldsymbol{X}_{N+1}\hat{\boldsymbol{\theta}}(N)] \quad (2\text{-}52)$$

式（2-50）与式（2-52）共同组成参数估计最小二乘法的递推公式。对两式的含义简要说明如下：

（1）$n+N$对数据获得参数估计为$\hat{\theta}(N)$，若再增加一对新的实测数据，则由式（2-52）可知新的估计值$\hat{\theta}(N+1)$为$\hat{\theta}(N)$加上一个修正项：

$$P(N+1)X_{N+1}^{\mathrm{T}}[y(n+N+1)-X_{N+1}\hat{\theta}(N)]$$

（2）$y(n+N+1)\neq X_{N+1}\hat{\theta}(N)$，必须对$\hat{\theta}(N)$进行修正以获得新的参数估计值$\hat{\theta}(N+1)$。修正项与$y(n+N+1)-X_{N+1}\hat{\theta}(N)$成正比，$P(N+1)X_{N+1}^{\mathrm{T}}$为修正因子，$y(n+N+1)$（实测值）与$X_{N+1}\hat{\theta}(N)$（预报值）的差值越大，或者修正因子越大，修正项越大。

（3）修正因子中的X_{N+1}^{T}由实测数据确定，$P(N+1)$根据式（2-50）递推得到。

（4）式（2-50）中的$[1+X_{N+1}P(N)X_{N+1}^{\mathrm{T}}]$实际上是一个标量，因此$[1+X_{N+1}P(N)N_{N+1}^{\mathrm{T}}]^{-1}$只是求倒数运算。由式（2-50）和式（2-52）构成的递推算法并不需要进行矩阵求逆运算，算法简单，运算速度快。

4．模型阶次n和纯滞后τ_0的确定

以上讨论都是假定模型阶次n已知，而且没有考虑纯延迟时间（即认为$\tau_0=0$），实际上n未

必能事先知道，τ_0 也不一定为 0，需要根据实验数据加以确定。

1）模型阶次 n 的确定

确定模型阶次的方法很多，最为简单的方法是拟合度检验法，也称损失函数检验法，它是通过比较不同阶次的模型输出与实测输出的拟合好坏，决定模型阶次。其具体做法是：先依次设定模型的阶次 $n=1,2,3\cdots$，再计算不同阶次时的最小二乘参数估计值 $\hat{\theta}_n$ 及其相应的损失函数 J，然后比较相邻的不同阶次 n 的模型与实测数据之间拟合程度的好坏，确定模型的阶次。

若 J_{n+1} 较 J_n 有明显的减小，则阶次 n 上升到 $n+1$，直至阶次增加后 J 无明显变化，$J_{n+1}-J_n<\varepsilon$，最后选用 J 减小不明显的阶次作为模型的阶次。拟合好坏的指标可以用误差平方和函数或损失函数 J 来评价，即

$$J=e^{\mathrm{T}}e=[Y-X\hat{\theta}]^{\mathrm{T}}[Y-X\hat{\theta}] \tag{2-53}$$

式中，$\hat{\theta}$ 为某一给定阶次 n 的模型参数的最小二乘估计值。

一般情况下，刚开始时，随着模型阶次 n 的增加，J 值有明显减小。当设定的阶次比实际的阶次大时，J 值就无明显的下降，可以应用这一原理来确定合适的模型阶次。下面用一个实例来说明这一方法的具体应用。

设被控过程模型可用如下差分方程所示：

$$y(k)=-\sum_{i=1}^{n}a_i y(k-i)+\sum_{i=1}^{n}b_i u(k-i)+e(k) \tag{2-54}$$

在式（2-54）中，首先假设 $n=1,2,3$，对模型进行仿真，然后对不同的模型噪声水平，根据输入、输出数据来估计不同阶次时的参数 $\hat{\theta}$，并计算出 $n=1,2,3$ 所对应的 J 值。计算结果如表 2-2 所示。

表 2-2　不同阶次 n 时的 J 值比较

噪声水平	损失函数 J		
	n=1	n=2	n=3
σ=0	265.863	0.00	—
σ=0.1	248.447	0.987	0.983
σ=0.5	335.848	24.558	24.451
σ=1.0	308.132	99.863	98.898
σ=5.0	5131.905	2462.220	2440.245

由表 2-2 可知，不管噪声大小，$n=2$ 时的 J 值都比 $n=1$ 时的 J 值有明显减小；$n=2$ 时的 J 值与 $n=3$ 时的 J 值相差不大，故选择模型的阶次为 $n=2$。

在表 2-2 中，当 $\sigma=0$、$n=2$ 时，$J=0$；当 $\sigma=0$、$n>2$ 时，由于 $X^{\mathrm{T}}X$ 为奇异矩阵，最小二乘参数估计值 $\hat{\theta}$ 不存在。当 $\sigma\neq0$ 时，对于 $n=1,2,3$，$X^{\mathrm{T}}X$ 均为非奇异矩阵，参数估计值 $\hat{\theta}$ 均存在。

2）纯滞后时间 τ_0 的确定

在以上的最小二乘估计算法中，为了简化，均未考虑纯滞后时间，即 $\tau_0=0$。但在实际生

产过程中，纯滞后时间不一定为零，所以必须加以辨识。对于离散时间模型，只要采样时间间隔不是很大，纯滞后时间 τ_0 一般取采样时间间隔的整数倍，如 $\tau_0 = mT$，$m = 1, 2, 3\cdots$。

被控过程有纯滞后时的差分方程为

$$y(k) = -\sum_{i=1}^{n} a_i y(k-i) + \sum_{i=1}^{n} b_i u(k-m-i) + e(k) \qquad (2\text{-}55)$$

式（2-55）与前面所用计算式的不同之处，仅在于输入信号从 $u(k-i)$ 变为 $u(k-m-i)$。所以，对应的最小二乘估计算法也只需将数据矩阵中的 $u(k-i)$ 换成 $u(k-m-i)$ 即可，其他部分不需要做任何变动。

被控过程纯滞后时间 τ_0 通常是可以事先知道的。当 τ_0 大小未知时，可以通过前面所述的阶跃响应曲线实验法获得，或者通过比较纯滞后时间的损失函数 J 的方法来求取，具体做法与模型阶次 n 的确定方法相同，即设定 $\tau_0 = mT$，$m = 1, 2, 3\cdots$，给定不同的 n 和 m 反复进行最小二乘估计，使损失函数 J 为最小值的 n 和 m 就是所研究的最终 n 和 m 值，很明显，n 和 τ_0 完全可以结合起来同时确定。

习题

2-1 什么是被控过程的数学模型？

2-2 建立被控过程数学模型的目的是什么？过程控制对数学模型有什么要求？

2-3 建立被控过程数学模型的方法有哪些？各有什么要求和局限性？

2-4 什么是流入量？什么是流出量？它们与控制系统的输入、输出信号有什么区别与联系？

2-5 机理法建模一般适用于什么场合？

2-6 什么是自衡特性？具有自衡特性被控过程的系统框图有什么特点？

2-7 什么是单容过程和多容过程？

2-8 什么是过程的滞后特性？滞后有哪几种？产生的原因是什么？

2-9 对图 2-17 所示的液位过程，输入量为 Q_1，流出量为 Q_2、Q_3，液位 h 为被控参数，水箱界面为 A，并设 R_2、R_3 为线性液阻。

（1）列写液位过程的微分方程组；

（2）画出液位过程的框图；

（3）求出传递函数 $H(s)/Q_1(s)$，并写出放大倍数 K 的时间常数 T 的表达式。

2-10 以 Q_1 为输入、h_2 为输出列写图 2-10 所示串联双容液位过程的微分方程组，并求出传递函数 $H_2(s)/Q_1(s)$。

2-11 已知图 2-18 中气罐的容积为 V，入口处气体压力 P_1 和气罐内气体温度 T 均为常数。假设罐内气体密度 ρ 在压力变化不大的情况下可以视为常数，等于入口处的气体密度；R_1 在进气量变化不大时刻近似为线性气阻。试求以送气量 Q_0 为输入变量、气罐压力 P 为输出的传递函数 $P(s)/Q_0(s)$。

2-12 何为测试法建模？它有什么特点？

2-13 应用直接法测定阶跃响应曲线时应注意哪些问题？

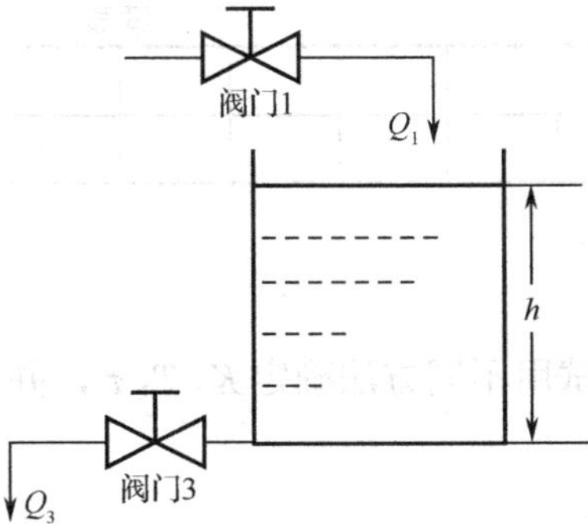

图 2-17 习题 2-9 图

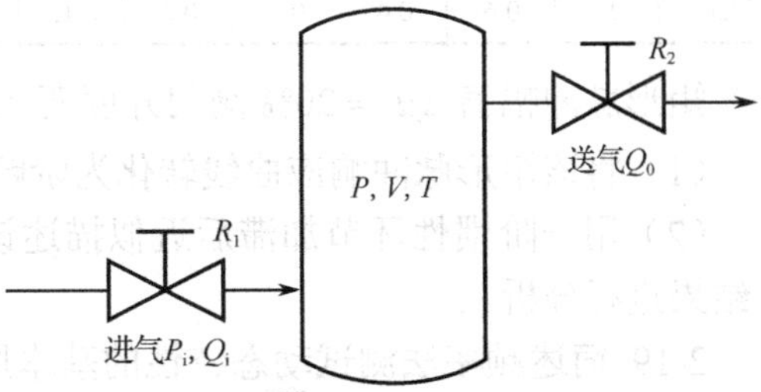

图 2-18 习题 2-11 图

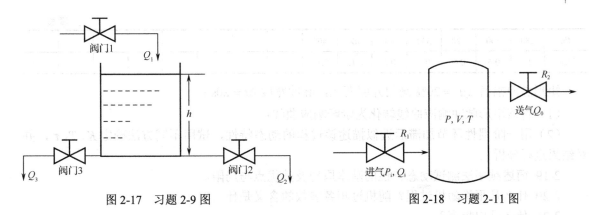

2-14 简述将矩形脉冲转换为阶跃响应曲线的方法；说出矩形脉冲法测定被控过程的阶跃响应曲线的优点是什么。

2-15 实验测得某液位过程的阶跃响应数据如表 2-3 所示。

表 2-3 阶跃响应数据

t/s	0	10	20	40	60	80	100	140	180	250	300	400	500	600	…
h/cm	0	0	0.2	0.8	2.0	3.6	5.4	8.8	11.8	14.4	16.6	18.4	19.2	19.6	…

当阶跃扰动 $\Delta\mu = 20\%$ 时：

（1）画出液位的阶跃响应曲线；

（2）用一阶惯性环节加滞后近似描述该过程的动态特性，确定 K、T、τ 。

2-16 某一流量对象，当调节阀气压改变 0.01MPa 时，流量变化数据如表 2-4 所示。

表 2-4 流量变化数据

t/s	0	1	2	4	6	8	10	…	…
ΔQ/m³·h	0	40	62	100	124	140	152	…	180

用一阶惯性环节近似该被控对象，确定其传递函数。

2-17 某温度过程矩形脉冲响应实测数据如表 2-5 所示。

表 2-5 矩形脉冲响应实测数据

t/min	1	3	4	5	8	10	15	16.5	20	25	30	40	50	60	70	80
θ/℃	0.46	1.7	3.7	9.0	19.0	26.4	36	37.5	33.5	27.2	21	10.4	5.1	2.8	1.1	0.5

矩形脉冲幅值为 $2t/h$，脉冲宽度 $\Delta t = 10\,\text{min}$。

（1）将该矩形脉冲响应曲线转化为阶跃响应曲线；

（2）用二阶惯性环节表述该温度过程的传递函数。

2-18 实验测得某液位过程的矩形脉冲响应数据如表 2-6 所示。

表 2-6 矩形脉冲响应数据

t/s	0	10	20	40	60	80	100	120	140	160	180	200	220	240	260
h/cm	0	0	0.2	0.6	1.2	1.6	1.8	2.0	1.9	1.7	1.6	1	0.8	0.7	0.7

续表

t/s	280	300	320	340	360	380	400							
h/cm	0.6	0.6	0.4	0.2	0.2	0.15	0.15							

矩形脉冲幅值 $\Delta\mu = 20\%$ 阀门开度变化，脉冲宽度 $\Delta t = 20\text{s}$：

（1）将该矩形脉冲响应曲线转化为阶跃响应曲线；

（2）用一阶惯性环节加滞后近似描述该过程的动态特性，试用不同方法确定 K、T、τ，并对结果进行分析。

2-19 简述频率法测试动态特性的基本原理及其优点与局限。

2-20 什么是平稳随机过程？随机过程各参数的含义是什么？

2-21 什么是白噪声？

2-22 相关分析辨识过程动态特性的优点是什么？

2-23 什么是 M 序列？M 序列与白噪声有何区别与联系？

2-24 用 M 序列辨识过程的动态特性时，选择 M 序列的周期 N、脉冲宽度 Δt 的原则是什么？电平幅值怎样确定？

2-25 估计模型参数最小二乘法的一次完成算法与递推算法的区别是什么？

2-26 递推最小二乘法递推公式中的 $X_{N+1}\hat{\theta}(N)$ 的含义是什么？ $y(n+N+1)-X_{N+1}\hat{\theta}(N)$ 的含义是什么？ $y(n+N+1)=X_{N+1}\hat{\theta}(N)$ 意味着什么？

2-27 用最小二乘法估计模型参数时怎样确定模型的阶次 n 和纯滞后时间 τ？

第3章 过程控制参数检测与变送

本章知识点：

- 过程控制系统中参数检测与变送的作用
- 温度、压力、流量、物位的检测与变送方法

基本要求：

- 理解过程参数检测与变送的概念、特性
- 掌握温度、压力、流量、物位检测与变送的方法

能力培养：

通过本章的学习，对过程控制系统中的参数检测与变送的作用进行深入学习，掌握常见参量的检测与变送方法，理解检测与变送环节在过程控制系统中的地位。

3.1 过程参数检测与变送概述

在工业生产中，为了正确地指导生产，确保生产过程安全、稳定，使生产过程实现最优化，必须及时、准确地掌握描述生产过程特性的各种参数。因此，要想对过程参数实行有效的控制，首先要对它们进行有效的检测，而如何实现有效的检测，则由检测仪表来完成。

检测仪表是过程控制系统的重要组成部分，它可以实现对温度、压力、流量、物位等过程参数的实时、可靠检测。检测仪表的检测精度直接影响系统的控制精度，而检测仪表的基本特性和各项性能指标又是衡量检测精度的基本要素。因此，掌握检测仪表的基本特性和构成原理，分析和计算检测仪表的性能指标等是正确使用检测仪表，更好地完成检测任务的重要前提。

3.1.1 基本概念

过程参数检测仪表通常由敏感元件和变送单元组成，如图 3-1 所示。敏感元件直接感受被测参数变化，并将其转换为相应的物理量提供给变送单元，经变送单元转化为标准信号输出。

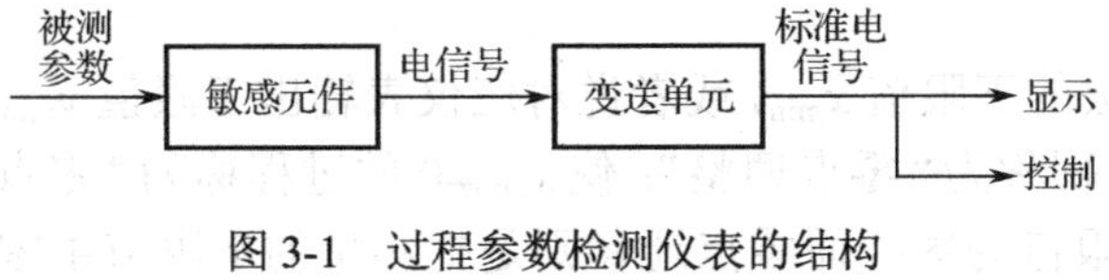

图 3-1 过程参数检测仪表的结构

变送器和传感器的区别与联系

敏感元件也称传感器，是与人的感觉器官相对应的元件。按照国家标准 GB 7665—1987 的规定，定义传感器为“能感受规定的被测量并按照一定的规律将其转换成可用输出信号的器件或装置，通常由敏感元件与转换元件组成”。它利用物理或化学敏感的部件或材料，直接与被测

过程发生联系，感受被测参数的变化，并按照一定的规律将其转换为可用输出信号（一般是电信号，即电压、电流、电阻、电感、电容等）。传感器通常具有以下基本特性：独立，即被测物理量不会受到传感器的影响；敏感，即被测参数的微小变化就可以引起传感器输出信号的明显变化；稳定，即传感器的输出信号与被测参数之间是稳定的单值比例关系。

变送单元也称变送器。在过程控制系统中，它常常和传感器组合在一起，共同完成对温度、压力、物位、流量等被控参数的检测并转换为统一标准的输出信号。该标准输出信号一方面被送往显示记录仪进行显示记录，另一方面则送往控制器实现对被控参数的控制。所以从某种意义上来说，变送器是将输出信号变成统一标准信号的传感器。这里所说的统一标准信号主要包括标准电动信号（如 DDZ-Ⅱ型电动组合仪表采用的 DC 0～10mA 和 DC 0～20V 标准；DDZ-Ⅲ型电动组合仪表采用的 DC 4～20mA 和 DC 1～5V 标准）和标准气动信号（如 QDZ 型气动组合仪表采用的 0.02～0.1MPa 标准）等。预计在今后相当一段时间内，电动模拟式变送器的设计、生产与使用可能还会按此标准进行。但同时我们还要看到，由于计算机网络与通信技术的迅速发展，数字通信被延伸到现场，传统的 4～20mA 模拟信号的通信方式将逐步被双向数字式的通信方式所取代。可以看出，信号的数字化与功能不仅是变送器发展的必然趋势，也是其他自动化仪表发展的必然趋势。

3.1.2 自动化单元仪表的工作特性

自动化单元仪表即检测仪表的工作特性是指能适应参数测量和系统运行的需要而具有的输入/输出特性，它可以通过零点调整与迁移及量程调整而改变。

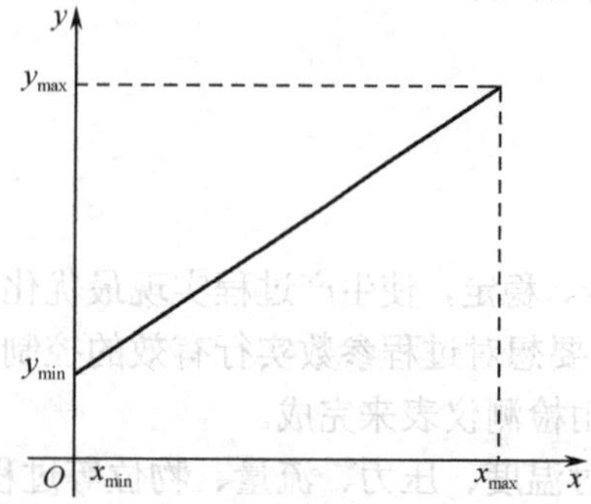

图 3-2 自动化单元仪表的理想工作特性

1．自动化单元仪表的工作特性

自动化单元仪表的理想工作特性为图 3-2 所示的线性特性。

图中，x_{max} 和 x_{min} 分别为被测参数的上限值和下限值，y_{max} 和 y_{min} 分别为检测仪表输出信号的上限值和下限值。对于模拟式变送器，y_{max} 和 y_{min} 为统一标准信号的上限值和下限值；对于智能变送器，y_{max} 和 y_{min} 为输出的数字信号范围的上限值和下限值。由图 3-2 可得仪表输出的一般表达式为

$$y=\frac{x-x_{min}}{x_{max}-x_{min}}(y_{max}-y_{min})+y_{min} \tag{3-1}$$

式中，x 为仪表的输入信号；y 为对应于 x 时仪表的输出信号。

2．零点调整与迁移

所谓检测仪表的零点是指被测参数的下限值 x_{min}，或者说对应仪表输出下限值 y_{min} 的被测参数最大值。在仪表中，让 $x_{min}=0$ 的过程称为“零点调整”；使 $x_{min}\neq 0$ 的过程称为“零点迁移”。就是说，零点调整是指仪表的测量下限值为零，而零点迁移则是把测量的下限值由零迁移到某一数值（正值或负值）。当将测量的下限值由零变为某一正值时，称为正迁移；反过来，将测量的下限值由零变为某一负值时，称为负迁移。图 3-3 为某仪表零点迁移前后的输入/输出特性。

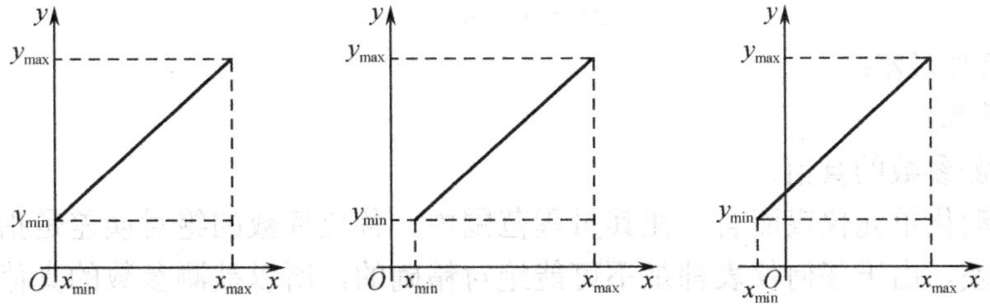

（a）未迁移　（b）正迁移　（c）负迁移

图 3-3　零点迁移前后的输入/输出特性

3. 量程调整

量程是指与检测仪表规定的输出范围相对应的输入范围。量程调整是指在零点不变的情况下将仪表的输出信号上限值 y_{max} 与被测参数的上限值 x_{max} 相对应。图 3-4 即为某仪表量程调整前后的输入/输出特性。

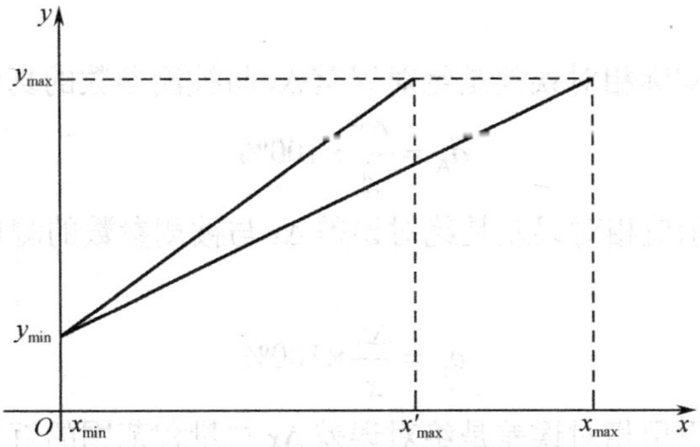

图 3-4　量程调整前后的输入/输出特性

由此可见，量程调整相当于改变了仪表的输入/输出特性的斜率，也就是改变了仪表的输出信号 y 与输入信号 x 之间的比例关系。

具有零点迁移、量程调整功能的仪表使其应用范围得到了扩大，并增加了适应性和灵活性。但是，在什么条件下可以进行零点迁移和量程调整，迁移量与调整量有多大，这就需要结合具体仪表的结构和性能而决定，并不是没有约束的。

3.1.3 误差概念

在测量过程中，由于所选仪表精度和检测技术水平限制、实验手段不完善、环境中各种干扰的存在，会导致仪表测量值与真实值之间存在一定的差值，这就是误差的概念。任何测量过程都存在误差。通过研究测量误差，一方面有利于制造测量精度更高的仪表，另一方面可以指导仪表的合理选择和使用。

1. 按表达方式不同分类

测量误差按照表达方式不同，可以划分为绝对误差和相对误差。

1）绝对误差

绝对误差是指测量值与被测参数真值之间的差值，即

$$\Delta x = x - A \tag{3-2}$$

式中 Δx——绝对误差；

x——测量值；

A——被测参数的真值。

对于一个自动化单元仪表而言，在其量程范围内，各点读数的绝对误差是指各点的仪表实际读数与真值之差。由于任何仪表都是不可能绝对精确的，所以被测参数的真值是无法通过测量得到的。于是，真值一般采用约定真值来替代。例如，用法定计量机构的设备检测值作为工业应用级检测仪表的约定真值。

在各读数的绝对误差基础上，可以得到该仪表的最大绝对误差 Δx_{max} 为

$$\Delta x_{max} = \max(x - A) \tag{3-3}$$

2）相对误差

绝对误差不能确切地反映测量值偏离真值程度的大小，为此引入相对误差。相对误差是指绝对误差与真值的百分比。根据所引用的约定真值不同，相对误差有以下三种表示方法：

（1）实际相对误差。实际相对误差是绝对误差 Δx 与被测参数的真值 A 的百分比值，即

$$\delta_A = \frac{\Delta x}{A} \times 100\% \tag{3-4}$$

（2）示值相对误差。示值相对误差是绝对误差 Δx 与被测参数的测量值（即示值）x 的百分比值，即

$$\delta_x = \frac{\Delta x}{x} \times 100\% \tag{3-5}$$

（3）引用相对误差。引用相对误差是绝对误差 Δx 与量程范围的百分比值，即

$$\delta_B = \frac{\Delta x}{B_x} \times 100\% \tag{3-6}$$

若仪表测量下限为零，则引用相对误差为绝对误差与仪表测量上限的百分比。

2. 按性质不同分类

测量误差按照其性质的不同，可以划分为系统误差、随机误差和粗大误差。

（1）系统误差。系统误差是指对同一被测参数进行多次重复测量时，按一定规律出现的误差。例如，仪表的组成元件不可靠、定位标准及刻度不准确、零值误差（如零点漂移）、测量方法不当等引起的误差均属于系统误差。

系统误差可以通过实验的方法或引入修正值的方法来修正；也可以通过重新调整仪表来消除系统误差；还可以通过求多次测量的平均值来消除。

（2）随机误差。当对同一被测参数进行多次重复测量时，误差绝对值的大小和符号不可预知地随机变化，但总体而言具有一定的统计规律性，通常将这种误差称为随机误差。

随机误差的发生无法预知，它服从一定的统计规律，因此可以通过增加测量次数，利用概率论和统计学方法，对测量结果进行统计处理，从而减小其对测量结果的影响。

（3）粗大误差。粗大误差又称疏忽误差。这类误差是由于测量者疏忽大意、环境条件的突然变化或仪表发生故障所引起的显著偏离实际值的误差。该误差对测量结果影响较大。对于粗大误差，首先应设法判断其是否存在，然后将其作为异常值剔除。

3.2 温度检测与变送

温度是表征物体冷热程度的物理量，也是工业生产过程中极为重要的参数之一。许多物理反应和化学反应都与温度密不可分，大多数工业生产过程都是要求在一定的温度范围内进行的。因此，对温度的检测和控制是保证工业过程控制正常进行的重要任务之一。

3.2.1 温度检测方法

温度检测方法有很多，按照测温元件是否与被测物质接触，可分为接触式测温和非接触式测温两大类。

温度检测及变送

1. 接触式测温

接触式测温是指测温元件直接与被测介质接触，通过热交换达到热量平衡，此时通过测温元件的某一物理量与被测介质温度相对应。这种测温方法简单、可靠、精度高，但测量时常伴有时间上的滞后，测温元件有时可能会破坏被测介质的温度场或与被测介质发生化学反应。另外，因受到耐高温的限制，测温上限有界。因此，接触式测温不适于温度太高的场合，以及运动物体和腐蚀性介质的温度测量。

常用的接触式测温仪表有膨胀式温度计、压力式温度计、热电偶测温及热电阻测温。现将几种接触式测温方法、原理及特点的分类综合比较列于表3-1中。

表3-1 常用接触式温度检测仪表的分类及其特点

类型	形式	原理	测温范围/°C	准确度/°C	特　点	常用种类
接触式	膨胀式	膨胀	−200～650	0.1～5	结构简单，响应速度慢，适于就地测量	汞温度计、双金属式温度计
	压力式	压力	−20～600	0.5～5	具有防爆能力，响应速度慢，测量精度低，适于远距离传送	液体压力温度计、蒸汽压力温度计
	热电阻	热阻效应	−200～850	0.01～5	响应速度较快，测量精度较高，适于低、中温测量，输出信号能远距离传送	铂电阻温度计、铜电阻温度计、热敏电阻温度计
	热电偶	热电效应	−200～1800	2～10	响应速度快，测量精度较高，线性度差，适于中、高温测量，输出信号能远距离传送	N型、K型、E型、J型、T型、B型等

1）膨胀式温度计

膨胀式温度计是基于物体受热时体积产生膨胀的原理构成的，包括液体膨胀式和固体膨胀式两大类。U形管、体温计等都属于液体膨胀式温度计，双金属式温度计属于固体膨胀式温度计。

如图3-5所示，双金属式温度计是用两种膨胀系数不同的金属片叠焊在一起，再制成螺旋形状，一端固定不动的双金属片受热后，由于两金属片的膨胀长度不同而在另一端产生弯曲，从而将热能转化为机械能，并带动连接着螺旋形双金属片的指针旋转，最终在刻度盘上显示出相应的温度值。温度越高，产生的膨胀长度差越大，因而引起的弯曲角度也就越大。

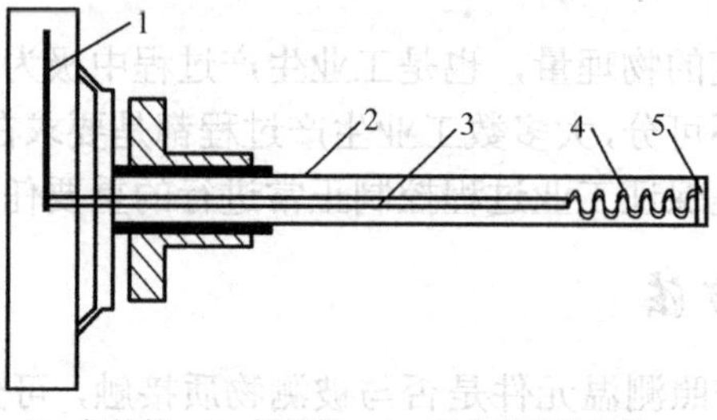

1—指针；2—保护管；3—指针轴；4—双金属感温元件；5—固定端

图 3-5 双金属式温度计

2）压力式温度计

压力式温度计是基于处于封闭系统中的液体或气体受热后，体积或压力会产生变化这个原理制成的。它简单可靠、抗震性好，而且具有良好的防爆性；但其动态性能差，测量滞后较大，不宜测量迅速变化的温度。

压力式温度计由温包、毛细管和弹簧管组成，在其组成的封闭系统中充以液体或气体。温包直接接触被测介质以感知温度的变化，封闭系统中的压力随被测介质的温度变化而变化。弹簧管内腔与毛细管相通，随着压力的变化，其自由端产生角位移，通过拉杆、齿轮机构带动指针偏转，从而在刻度盘上指示出被测介质的温度。

3）热电偶及其测温原理

热电偶作为温度传感元件，能将温度信号转换成电动势（mV）信号，再配以测量毫伏的指示仪表或变送器，就可以完成温度的测量指示或温度信号的转换。该法具有测量精度高、测温范围宽、性能稳定、复现性好、响应时间较短等优点，适合远距离测量和自动控制。常用热电偶可测温度范围为-50～1600℃，若采用特殊材料时，测温范围可扩大为-200～2800℃。

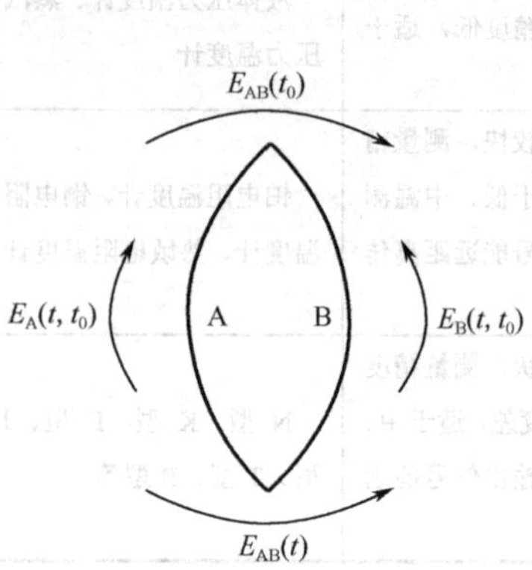

图 3-6 热电效应示意图

（1）热电偶的测温原理。将两种材质不同的导体（或半导体）A、B 连接成一个闭合回路就构成了热电偶。热电偶的测温原理是基于热电效应，即热电偶两端的温度不同时，就会在热电偶闭合回路中产生热电动势，这种现象称为热电效应。热电偶回路中的热电动势由接触电动势和温差电动势两部分组成，如图 3-6 所示。

图中，两种不同材质的导体 A、B 在接触时产生的电子扩散就形成了接触电动势。假设导体 A 中自由电子的浓度大于导体 B 中自由电子的浓度，在开始接触的瞬间，导体 A 向导体 B 扩散的电子数将多于导体 B 向导体 A 扩散的电子数，因而使导体 A 失去较多的电子而带正电荷，导体 B 则带负电荷，结果导致接触面处产生电场，该电场将阻碍电子在导体 B 中的进一步累积，最后达到平衡。平衡时在 A、B 两个导体间形成的电位差就称为接触电动势，其大小与两种导体的材质和接点的温度有关。温差电动势则是指同一导体由于两端温度不同而导致电子具有不同的能量所产生的电动势。由此可知，热电偶闭

合回路中的热电动势为接触电动势与温差电动势之和，即可表示为

$$E_{AB}(t,t_0)=E_{AB}(t)-E_{AB}(t_0)+E_B(t,t_0)-E_A(t,t_0) \tag{3-7}$$

式中，等式右边前两项为接触电动势，后两项为温差电动势。理论表明，温差电动势比接触电动势小很多，所以热电动势通常是以接触电动势为主，式（3-7）可以近似为

$$E_{AB}(t,t_0)=E_{AB}(t)-E_{AB}(t_0) \tag{3-8}$$

由式（3-8）可知，当材质一定且冷端温度 t_0 不变时，热端温度与热电动势成单值对应的反函数关系，即

$$t=E_{AB}^{-1}(t,t_0)\big|_{t_0=\text{constant}} \tag{3-9}$$

式（3-9）表明，只要测出热电动势的大小，即可确定被测温度的高低，这就是热电偶测温的原理。

根据上述分析可以得到三点重要的结论：

- 若组成热电偶的电极材料相同，则无论热电偶冷、热两端的温度如何，总热电动势为零。
- 若热电偶冷、热两端的温度相同，则无论电极材料如何，总热电动势也为零。
- 热电偶的热电动势除了与冷、热两端的温度有关外，还与电极材料有关。也就是说，由不同电极材质制成的热电偶在相同温度下产生的热电动势是不同的。

（2）热电动势的检测和中间导体定律。在实际使用时，为了检测热电动势，必须在热电偶回路中接入检测仪表与导线（简称第三导体），如图 3-7 所示。

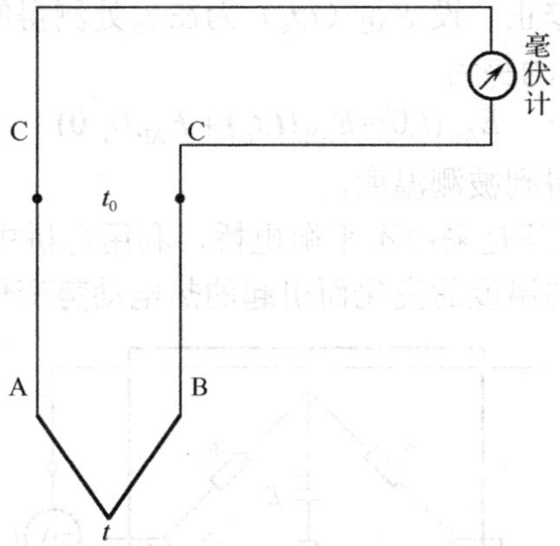

图 3-7　接入第三导体的热电偶

接入第三导体后是否会对热电偶的热电动势产生影响呢？分析如下：

由图 3-7 可知，在热电偶回路中接入第三导体时，其总热电动势为

$$E_{ABC}(t,t_0)=E_{AB}(t)+E_{BC}(t_0)+E_{CA}(t_0) \tag{3-10}$$

若 $t=t_0$，则有

$$E_{ABC}(t,t_0)=E_{AB}(t_0)+E_{BC}(t_0)+E_{CA}(t_0)=0 \tag{3-11}$$

合并式（3-10）和式（3-11），可得

$$E_{ABC}(t,t_0)=E_{AB}(t)-E_{AB}(t_0)\approx E_{AB}(t,t_0) \tag{3-12}$$

显然，只要第三导体的两个接点温度相同，则接入第三导体对热电偶回路中的总热电动势没有影响。这一性质称为中间导体定律。中间导体定律为实际应用时热电偶回路中各种仪表和导线的连接提供了理论依据。

（3）冷端温度补偿。热电偶只有在冷端温度保持不变时，才能保证热电动势与被测温度之

间呈单值函数关系。另外，热电偶的分度通常是在冷端温度 t_0=0℃情况下测定的。因此，热电偶的冷端必须保持恒定（0℃）以避免测量误差。一般采用冷端补偿来实现上述目的。常用的冷端补偿方法有以下几种。

① 冷端恒温法。将热电偶的冷端置于能保持恒温的冰水混合物中，或将冷端补偿导线引至电加热的恒温器内，以保证冷端温度稳定在 0℃或某一恒定温度，如图 3-8 所示。

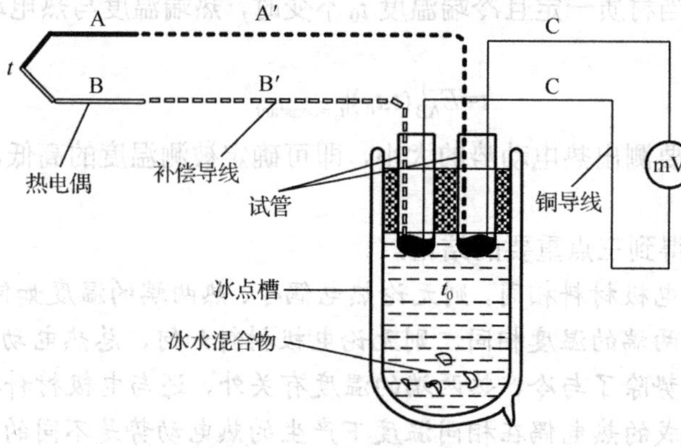

图 3-8　热电偶冷端恒温法

若 t_0=0℃，则可以在测得热电动势后，直接查分度表，从而计算出被测温度。若 $t_0 \neq$0℃，则先要对测得的热电动势加以修正。设 E_{AB}（t,t_c）为在 t_c 处测得的热电动势，通过查分度表求得 E_{AB}（t_c,0），从而获得总热电动势为

$$E_{AB}(t,0)=E_{AB}(t,t_c)+E_{AB}(t_c,0) \qquad (3\text{-}13)$$

通过查阅分度表，就可以得到被测温度。

② 电桥补偿法。此法的原理是采用不平衡电桥，利用电桥中某桥臂电阻随温度变化而产生的附加电压，补偿热电偶冷端温度的变化而引起的热电动势变化，如图 3-9 所示。

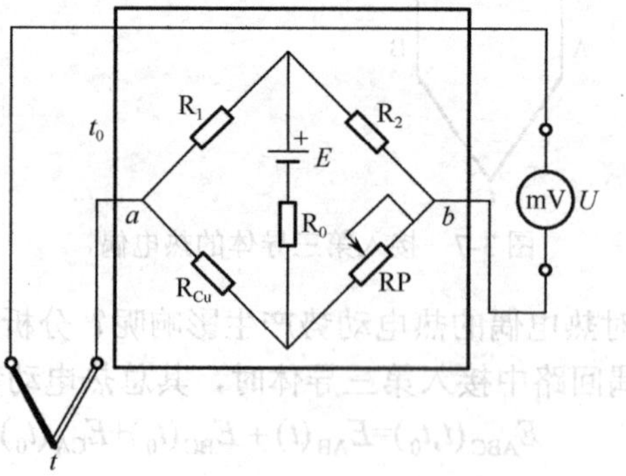

图 3-9　热电偶冷端补偿电路

图 3-9 中，R_0 为电源内阻；E 为桥路直流稳压电源；桥臂电阻 R_1 和 R_2 为阻值恒定的锰铜电阻；RP 为可调电阻；R_{Cu} 为铜电阻，其阻值随温度变化而变化，测量时将其置于与热电阻冷端相同的温度场中，即

$$R_{Cu}=R_0[1+\alpha(t_0-\tilde{t}_0)] \qquad (3\text{-}14)$$

式中，$R_0=R_{Cu}(t_0)|_{t_0=0}$，$\tilde{t}_0=0$℃。

设置电桥在 t_0 时平衡，输出为 U_{ab}=0；当 t_0 发生变化时，电桥不平衡，输出不平衡电压

$$U_{ab}=\frac{E}{2R_0}[R_0(1+\alpha t_0)-RP] \tag{3-15}$$

此时，回路中总电动势为

$$U=E_{AB}(t,t_0)+U_{ab}(t_0) \tag{3-16}$$

选取铜电阻，使$U_{ab}=E_{AB}(t_0,0)$，则无论冷端温度如何变化，电桥产生的不平衡电压均正好补偿冷端温度变化引起的热电动势变化值，使回路电动势$U=E_{AB}(t,0)$只与被测温度t有关，从而实现冷端温度的自动补偿。

③ 补偿导线法。补偿导线是用热电性质与热电偶极其相近的材料制成的导线。基于中间导体定律，用补偿导线将热电偶的冷端延长至控制室等需要的地方，可以使热电偶的冷端远离热源，以此保证冷端稳定，不会对热电偶回路引入超出允许的附加测量误差。

补偿导线法在使用时要注意：补偿导线只能与相应型号的热电偶配套使用，可以参考国际电工委员会制定的标准；补偿导线与热电偶连接处的两个接点温度要相同；连接补偿导线时要注意区分正、负极，让其分别与热电偶的正、负极对应连接；补偿导线的连接端工作温度范围不能超过 0～100℃，否则会给测量带来误差。

按照 IEC 国际标准，我国设计了统一标准化热电偶，其中一部分如表 3-2 所示。

表 3-2　我国部分标准化热电偶及其补偿导线

热　电　偶				配套的补偿导线（绝缘层着色）		
分　度　号	热电偶材料	测温范围/℃		型　　号	正 极 材 料	负 极 材 料
		长　　期	短　　期			
S	铂铑 10-铂	0～1300	1600	SC	铜（红）	铜镍（绿）
B	铂铑 30-铂铑 6	0～1600	1800	BC	铜（红）	铜（灰）
K	镍铬-镍硅	-50～1000	1300	KX	镍铬（红）	镍硅（黑）
T	铜-康铜	-200～300	350	TX	铜（红）	康铜（白）

4）热电阻及其测温原理

大多数电阻的阻值随温度的变化而变化，如果某材料具备电阻温度系数大、电阻率大、化学及物理性能稳定、电阻与温度的关系接近线性等条件，就可以作为温度传感元件用来测温，称为热电阻。热电阻适用于 500℃以下的中、低温度测量。其测量精度高、性能稳定、灵敏度高，不用进行冷端补偿；输出为电信号，可以实现远距离传送和自动控制。

（1）热电阻测温原理

热电阻是利用金属导体或半导体的电阻值随温度变化而变化的性质来实现温度测量的。热电阻阻值随温度变化的大小可用电阻温度系数来表示，定义为

$$\alpha=\frac{R_t-R_{t_0}}{R_{t_0}(t-t_0)}=\frac{1}{\Delta t}\frac{\Delta R}{R_{t_0}} \tag{3-17}$$

式中，R_t、R_{t_0}是温度t、t_0时热电阻的电阻值。

由此可见，电阻温度系数α描述温度每变化 1℃时热电阻阻值的相对变化量。对于金属热电阻，$\alpha \geqslant 0$，即电阻值随着温度的升高而增大。工业上常用的金属热电阻有铜电阻和铂电阻。而对于半导体热电阻，其温度系数α可正可负，且线性度差。

目前，测温元件主要有金属热电阻和半导体热敏电阻两类。下面分别进行介绍。

① 金属热电阻的测温。选作热电阻温度传感器的金属导体需要具有以下特性：电阻温度系数较大且稳定，以提高对温度的灵敏度；电阻率大，从而在相同灵敏度下减小元件的尺寸；电阻值与温度之间呈单值关系；具有化学稳定性和耐热性。

工业上常用的金属热电阻有铂电阻、铜电阻、镍电阻等，其材质、分度号及测温范围如表 3-3 所示。

表 3-3　工业常用金属热电阻

材　质	分　度　号	测量温度范围/℃
铂	Pt10	0～850
	Pt100	-200～850
铜	Cu50	-50～150
	Cu100	
镍	Ni100	-60～180
	Ni300	
	Ni500	

● 铂电阻

铂电阻的结构如图 3-10 所示，以云母片和石英玻璃柱作为骨架，将铂丝用双线法绕在骨架上，以消除电感。铂丝直径为 0.03～0.07mm，用直径为 1.0±0.05mm 的银丝焊在铂丝两端作为引出线，引至保护管的接线端处。

热电阻结构如图 3-10 所示。

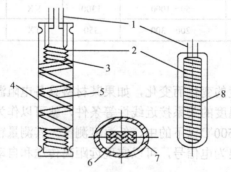

1—引出银线；2—铂丝；3—锯齿形云母骨架；4—保护用云母片；5—银绑带；6—铂电阻横截面；7—保护套管；8—石英骨架

图 3-10　铂电阻的结构

铂电阻由贵金属铂构成，它具有精度高、稳定性好、性能可靠、测温范围宽、耐氧化能力强等特点。但是其电阻温度系数比较小，电阻值与温度之间呈非线性关系，且价格较贵。

$$R_t = R_0[1 + At + Bt^2 + C(t-100)t^3] \tag{3-18}$$

在 0～−850℃温度范围内，铂电阻与温度的关系为

$$R_t = R_0(1 + At + Bt^2) \tag{3-19}$$

式中，$A=3.90802\times10^{-3}$/℃；$B=-5.802\times10^{-7}$/℃；$C=-4.2735\times10^{-12}$/℃；R_t、R_0 为温度是 t℃、0℃时的电阻值。

铂电阻的阻值和温度的关系特性曲线如图 3-11 所示，是略带弯曲的非线性关系，一般在后级电路处理时采取线性化措施。

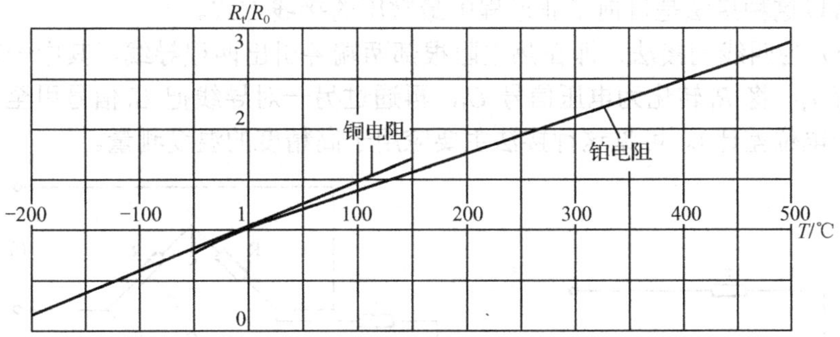

图 3-11　热电阻的温度特性曲线

由于铂电阻具有非线性特性，因此在设计测温电路时要能进行温度补偿。

● 铜电阻

铜电阻价格便宜，具有较高的电阻温度系数，而电阻值与温度之间是线性关系。其电阻与温度的关系描述为

$$R_t = R_0(1+\alpha t) \tag{3-20}$$

式中，α=(4.25～4.29)×10^{-3}/℃，一般取 α=4.28×10^{-3}/℃。

由于铜容易氧化，电阻率较小，铜电阻的体积大，热惯性大，因而适宜在测量精度要求不高、温度较低、无水分及无腐蚀性的环境下工作。

② 半导体热敏电阻的测温。半导体热敏电阻是由多种金属氧化物按比例烧结成的半导体构成的。根据材质及工艺技术的不同，可以分为正温度系数（PTC）、负温度系数（NTC）和临界温度系数（CTR）三种，其特性曲线如图 3-12 所示。

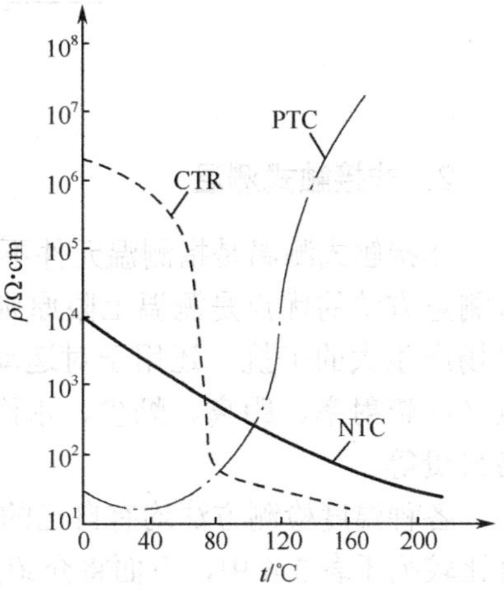

图 3-12　半导体热敏电阻特性曲线

NTC 型热敏电阻在 0～200℃测温范围内接近线性，适用于测量较宽范围内连续变化的温度。CTR 型和 PTC 型热敏电阻在某个温度段内其电阻随温度上升而急剧下降或上升，利用其在特定温度下的高度灵敏度特性，可以构成温度开关元件。

半导体热敏电阻的电阻温度系数较大、灵敏度高、响应快、热惯性小。但是由于元件的稳定性和互换性不够理想，非线性较严重，且测温范围在−50～300℃左右，所以通常较多地用于家电和汽车的温度检测与控制。

（2）热电阻的接线方式

工业用热电阻需要安装在生产现场，而显示记录仪则一般安装在控制室内，生产现场与控制室之间存在一定的距离。因此热电阻的连线对测量结果会有较大的影响。目前，热电阻的接线方式有三种，如图 3-13 所示。

图 3-13（a）为二线制接法，即在热电阻的两端各接一根导线引出电阻信号。这种接法最为简单，但由于连接导线存在导线电阻 r，r 的大小与导线的材质、粗细及长度有关（图中的 $R_i=R_t+2r$）。因此，此种接法只适用于测量精度要求较低的场合。

图 3-13（b）为三线制接法，即在热电阻根部的一端引出一根导线，而在另一端引出两根

导线，分别与电桥中的相关元件相接。这种接法可利用电桥平衡原理较好地消除导线电阻的影响。这是因为当电桥平衡时有 $R_1(R_3+r)=R_2(R_t+r)$，若 $R_1=R_2$，则 $R_1R_3=R_2R_t$，可见电桥平衡与导线电阻无关。所以这种接法是目前工业过程中最常用的接线方式。

图 3-13（c）为四线制接法，即在热电阻根部两端各引出两根导线，其中一对导线为热电阻提供恒定电流 I_s，将 R_t 转化为电压信号 U_i，再通过另一对导线把 U_i 信号引至内阻很高的显示仪表（如电子电位差计）。可见这种接法主要应用于高精度的温度测量。

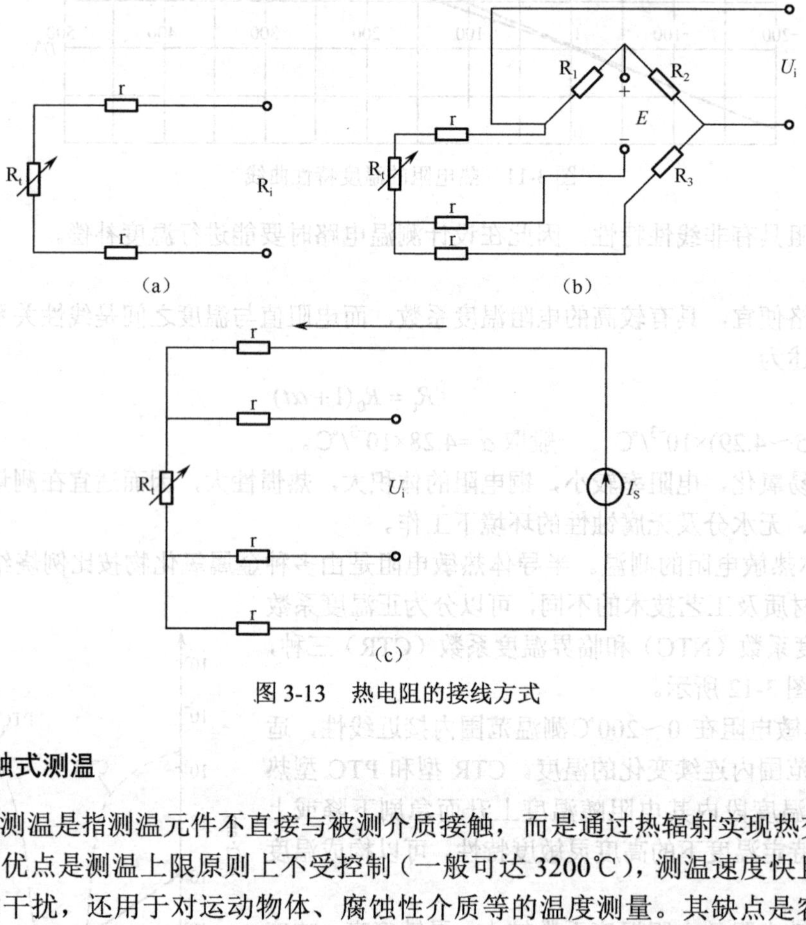

图 3-13　热电阻的接线方式

2. 非接触式测温

非接触式测温是指测温元件不直接与被测介质接触，而是通过热辐射实现热交换。因此，该测量方法的优点是测温上限原则上不受控制（一般可达 3200℃），测温速度快且不会对被测热场产生大的干扰，还用于对运动物体、腐蚀性介质等的温度测量。其缺点是容易受外界因素（如辐射率、距离、烟尘、水汽等）的干扰导致测量误差大、标定困难，且结构复杂、价格昂贵等。

各种温度检测方法均有自己的特点与应用场合，现将接触式测温与非接触式测温的分类综合比较列于表 3-4 中，下面将介绍几种常用的测温方法、工作原理及其特点。

表 3-4　常用温度检测仪表分类及其特点

类型	形式	原理	测温范围/℃	准确度/℃	特　点	常 用 种 类
接触式	膨胀式	膨胀	−200～650	0.1～5	结构简单，响应速度慢，适于就地测量	汞温度计、双金属式温度计
	压力式	压力	−20～600	0.5～5	具有防爆能力，响应速度慢，测量精度低，适于远距离传送	液体压力温度计、蒸汽压力温度计

续表

类型	形式	原理	测温范围/℃	准确度/℃	特　点	常用种类
接触式	热电阻	热阻效应	−200～850	0.01～5	响应速度较快，测量精度高，适于低、中温测量，输出信号能远距离传送	铂电阻温度计、铜电阻温度计、热敏电阻温度计
	热电偶	热电效应	−200～1800	2～10	响应速度快，测量精度高，线性度差，适于中、高温测量，输出信号能远距离传送	N 型、K 型、E 型、J 型、T 型、B 型等
非接触式	辐射式	热辐射	100～3000	1～20	响应速度快，线性度差，适于中、高温测量，测量精度易受环境影响	辐射温度计、光电高温计、红外测温计

辐射式温度检测仪表利用辐射原理，不需要直接接触就可以实现物体之间的热能传递。其优缺点如表 3-4 所示。

辐射式温度检测仪表主要由光学系统、检测元件、转换电路和信号处理电路等组成。根据物体的热辐射特性，物体的辐射能通过光学系统中的透镜聚焦到检测元件，再通过热敏元件或光敏元件将其转换成电信号，经过信号处理电路的放大、修正后，输出与被测温度相对应的响应信号，从而实现对不同温度范围的测量。工业上常用的有高温辐射温度计、低温辐射温度计、光电温度计及红外测温计等。

1）高温辐射温度计

高温辐射温度计由光学玻璃透镜实现能量聚集，通过硅电池完成信号转换。光学透镜的光通带波长为 0.7～1.1μm，测温范围为 700～2000℃，硅光电池接收辐射能产生的电压信号为 0～20mV。其基本误差在 1500℃以下时为±0.7%，在 1500℃以上时为 1%，到达 99%稳态值的响应时间小于 1ms。因此，此种温度计适合测量高温。

2）低温辐射温度计

该类温度计由锗滤光片或锗透镜和半导体热敏电阻构成。它接收波长为 2～15μm 的辐射能，测温范围为 1～200℃。基本误差为±1%，响应时间为 1s。

3）光电温度计

光电温度计由光学玻璃与硫化铅光敏电阻构成。光学透镜的光通带波长为 0.6～2.7μm，测温范围为 400～800℃。基本误差为±1%，响应时间为 1.5s。

4）红外测温计

温度在绝对零度以上的物体，都会因自身的分子运动而辐射出红外线，而且温度越高，分子运动越剧烈，辐射的热红外能越大；反之，辐射的能量越小。红外测温计就是利用红外线这种电磁波辐射，通过红外探测器将物体辐射的功率信号转换成电信号。

3．测温仪表的选用

由于温度检测范围较宽且应用较广，所以如何选用合适类型的测温仪表就显得特别重要。因此，要注意以下几方面：

（1）仪表精度等级符合工艺参数的误差要求。

（2）选用的仪表应操作方便、运行可靠、经济、合理，在同一工程中应尽量减少仪表的品种和规格。

（3）仪表的测温范围应大于工艺要求的实际测温范围。工程上一般要求测温范围为仪表测温范围的90%。但测温仪表的测温范围也不能过大，若实测温度低于仪表刻度的30%，会使实际运行误差高于仪表精度等级。

（4）由于热电偶的优良性能，所以它是温度检测仪表的首选。但是由于热电阻在低温范围线性特性较优，且无须冷端补偿，所以在低温测量时多选用热电阻。

（5）测温元件的保护套管耐压等级应不低于所在管线或设备的耐压等级，其材料应根据最高使用温度及被测介质特性来选取。

一般工业用测温仪表的选用原则如图3-14所示。

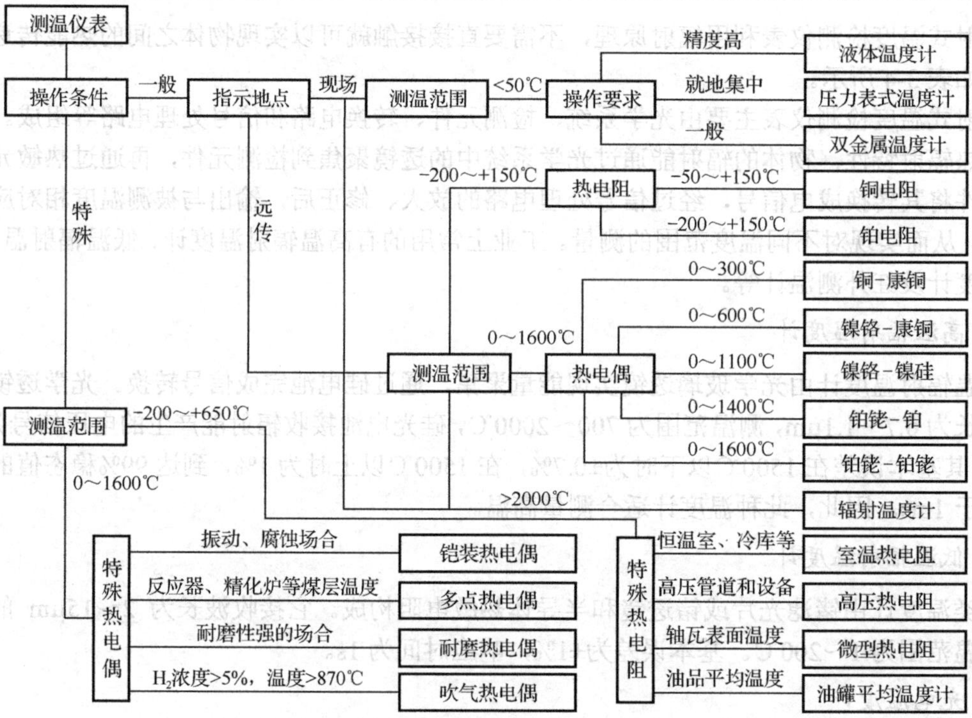

图3-14 工业用测温仪表的选用原则

3.2.2 典型模拟式温度变送器

如前所示，变送器的功能是将检测元件的输出信号转换为统一的标准信号。典型模拟式温度变送器是气动或电动单元组合仪表中变送单元的主要品种，都经历了从Ⅰ型、Ⅱ型到Ⅲ型的发展历程。目前，国内外主流变送器为输出信号采用DC 4～20mA的DDZ-Ⅲ型温度变送器。现以DDZ-Ⅲ型温度变送器为例进行讨论。

该类变送器具有以下特点：

（1）采用低漂移、高增益的线性集成运算放大器，提高了仪表的可靠性、稳定性和其他性能指标。

（2）采用通用模块与专用模块相结合的单元体系结构，使用灵活、方便。

（3）在热电偶和热电阻的接入模式中，设置了线性化电路，从而使变送器的输出信号和被测温度之间呈线性关系，方便了变送器与系统的配接。

（4）采用统一的 DC 24V 集中供电，变送器内无电源，实现“二进制”接线方式。

（5）采用安全火花防爆措施，适用于具有爆炸危险场所的温度计直流毫伏信号的检测。

1. DDZ-Ⅲ型温度变送器的结构原理

如图 3-15 所示为国产 DDZ-Ⅲ型温度变送器的构成框图。

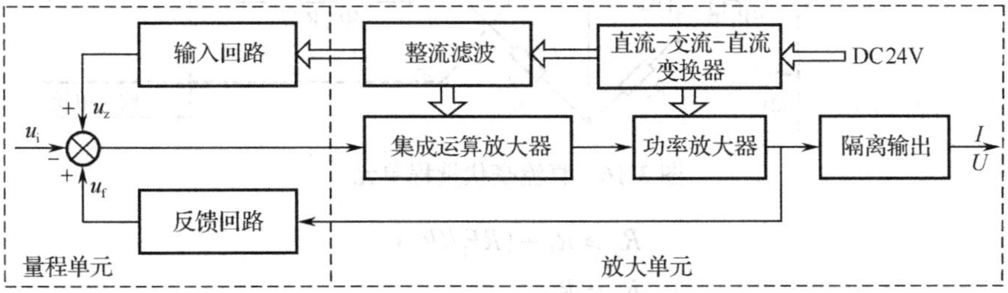

图 3-15　DDZ-Ⅲ型温度变送器的构成框图

该变送器主要由量程单元和放大单元两部分构成，每一单元又包含若干具体组成部分。图中空心箭头表示供电回路，实心箭头表示信号回路；毫伏输入信号 u_i 来自于传感器，为反映温度大小的输入信号，它与桥路部分的输出信号 u_z 及反馈信号 u_f 相叠加，送入集成运算放大器进行电压放大，再由功率放大器和隔离输出电路转换成统一的 DC 4～20mA 的电流输出和 DC 1～5V 的电压输出。

根据与传感器配接电路的不同，量程单元具有热电偶、热电阻和毫伏输入三种形式。量程单元包括输入回路和反馈回路。输入回路实现热电偶的冷端补偿、热电阻的三线制接入、零点迁移及量程调整等功能；反馈回路实现热电偶和热电阻的非线性校正等。放大单元主要由集成运放、功率放大和隔离输出等电路构成，具有通用性。DC 24V 外部电源经直流-交流-直流变换器和整流滤波，分别向输入回路、集成运算放大器和功率放大器供电。

2. 量程单元的结构及工作原理

量程单元包括直流毫伏量程单元、热电偶量程单元和热电阻量程单元三种，分别适用于不同的传感器件。

1）直流毫伏量程单元

直流毫伏量程单元如图 3-16 所示，它由虚线隔开的三部分电路构成：①输入电路；②零点调整迁移电路；③反馈电路。图中输入电路是一个限流、滤波电路。直流毫伏信号 u_i 可以由任何检测元件提供；电阻 R_1、R_2 和稳压管 VD_1、VD_2 起限流作用，使进入生产现场的能量限制在安全限额以下；R_1、R_2 和 C_1 组成低通滤波器，用以滤去输入信号 u_i 中的交流分量，减小交流干扰；电桥四臂电阻为 R_3～R_7；电位器 RP_1（与 R_4 并联）用于零点迁移，u_z' 为 RP_1 滑动点所取得电压；u_z 为电桥的供电电源（由集成稳压电源提供）。

反馈电路由 R_{f1}、R_{f2} 和电位器 RP_f 组成，其输入电压 u_f 由放大单元的输出经隔离输出电路提供。RP_f 用于量程调整，其滑动点所取得电压 u_f' 作用于集成运放 A_2 的反相输入端 u_F。

放大电路的输出 u_0 与输入信号 u_i 及电桥电源 u_z 的定量关系可以很方便地导出。设有关元件满足如下条件：

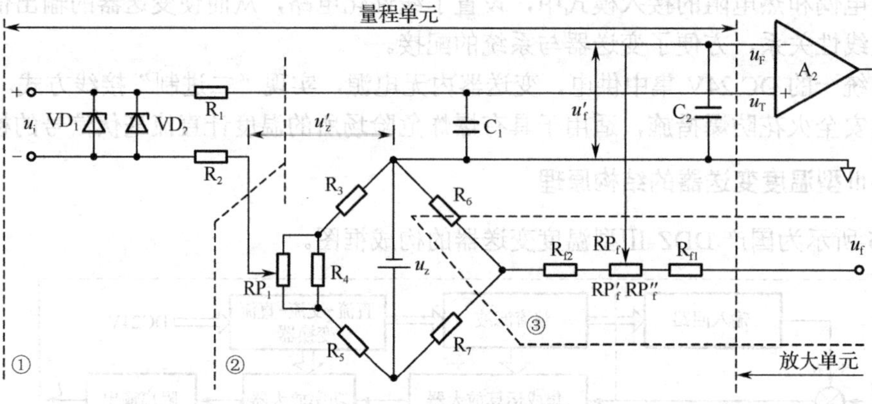

图 3-16 直流毫伏量程单元

$$
\begin{aligned}
&R_5 \geqslant R_3 + (RP_1 // R_4) \\
&R_5 = R_7 \\
&R_7 \geqslant R_6 \\
&R_1 \geqslant R_2 + RP_f
\end{aligned}
\tag{3-21}
$$

式中，“//”为并联符号。则有

$$u_F = \frac{R_6 + R_{f2} + RP_f'}{R_6 + R_{f2} + RP_f + R_{f1}} u_f + \frac{R_6}{R_5} u_z \tag{3-22}$$

$$u_T = u_i + \frac{R_5 + RP_1'}{R_5} u_z \tag{3-23}$$

假设集成运放 A_2 为近似理想的，即 $u_F=u_T$；且令 $\frac{R_5 + RP_1'}{R_5} = u$，$\frac{R_6 + R_{f2} + RP_f'}{R_6 + R_{f2} + RP_f + R_{f1}} = \beta$，$R_6/R_5=r$，将其代入式（3-22）和式（3-23）中，并根据放大单元的输出电压 u_0 与反馈输入电压 u_f 之间的关系，整理得到

$$u_0 = 5u_f = 5\beta[u_i + (u - r)u_z] \tag{3-24}$$

由式（3-24）可知：

（1）根据统一标准信号的规定，当 $u_i=u_{imin}\sim u_{imax}$ 时，u_0=DC 1～5V。若 r 确定，则可以通过联合调节 RP_1 和 RP_f，实现零点迁移和量程调整。

（2）式（3-24）中的 $(u-r)u_z$ 项为调零项。若 $u>r$，则 $R_3 + RP_1' > R_6$，实现负迁移；反之，若 $R_3 + RP_1' < R_6$，为正迁移。

（3）调节 RP_f，可以改变比例系数 β，实现量程调整。

2）热电偶量程单元

热电偶量程单元如图 3-17 所示。

其中，RP_1 和 RP_f 实现零点迁移和量程调整。但也存在三点不同：

（1）输入电路的电桥中增加了铜电阻 R_{Cu}，用于实现热电偶的冷端温度补偿。

（2）输入信号为热电偶的热电动势信号 E_i。

（3）在反馈电路中增加了由集成运放 A_2、稳压管 VD_3～VD_5 等构成的线性化电路，以补偿热电偶的温度-热电动势特性之间的非线性关系，实现输入温度 t 与输出电压和电流之间的线性关系。

热电偶量程单元采用分段线性化拟合其非线性特性和负反馈的方法实现线性化，原理如

图 3-18 所示。

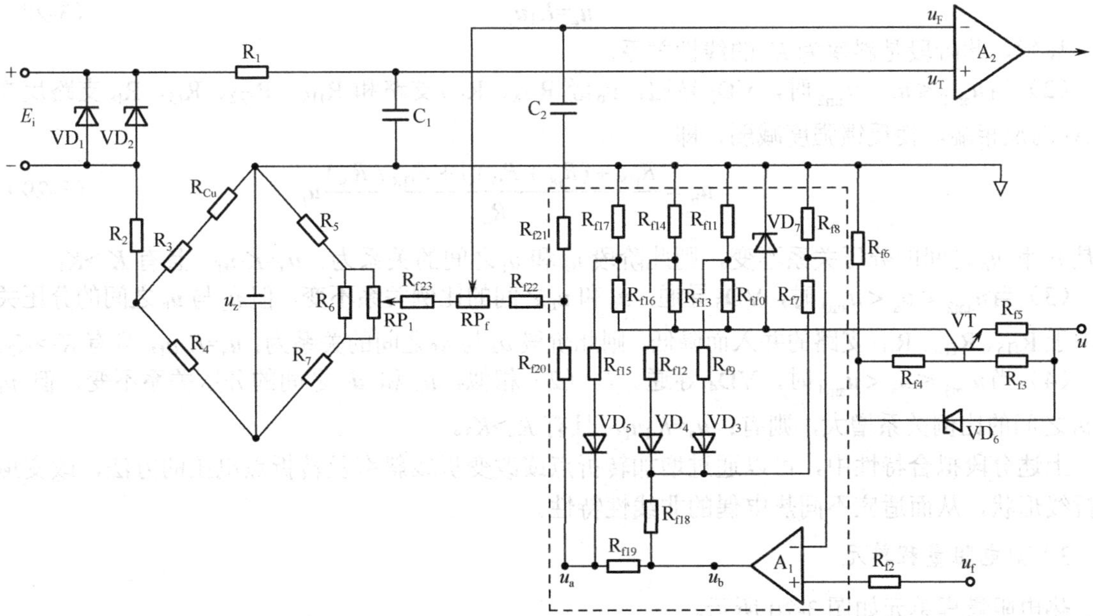

图 3-17　热电偶量程单元

可见，变送器输出与温度之间的关系为

$$\frac{u}{t}=f_{\mathrm{a}}(\cdot)\frac{K_{\mathrm{A}}}{1+K_{\mathrm{A}}f_{\mathrm{b}}(\cdot)} \tag{3-25}$$

针对热电偶温度-热电动势的非线性特性 $f_{\mathrm{a}}(\cdot)$，只要通过设计 $f_{\mathrm{b}}(\cdot)$，使其满足 $f_{\mathrm{b}}(\cdot)\approx f_{\mathrm{a}}(\cdot)$，在理想运算放大器 $K_{\mathrm{A}}\to\infty$ 的条件下，即有 u-t 之间呈线性关系。

$f_{\mathrm{b}}(\cdot)$ 对非线性关系 $f_{\mathrm{a}}(\cdot)$的逼近采用分段线性化方法。图 3-17 中的虚线框内电路实现对 $f_{\mathrm{a}}(\cdot)$ 的四段线性逼近，如图 3-19 所示。

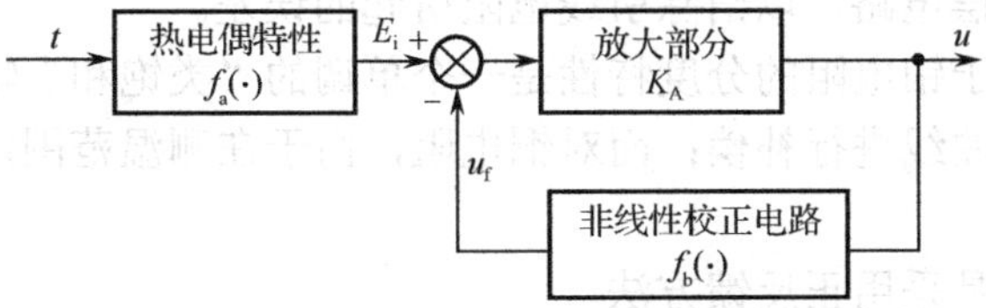

图 3-18　热电偶量程单元线性化实现框图

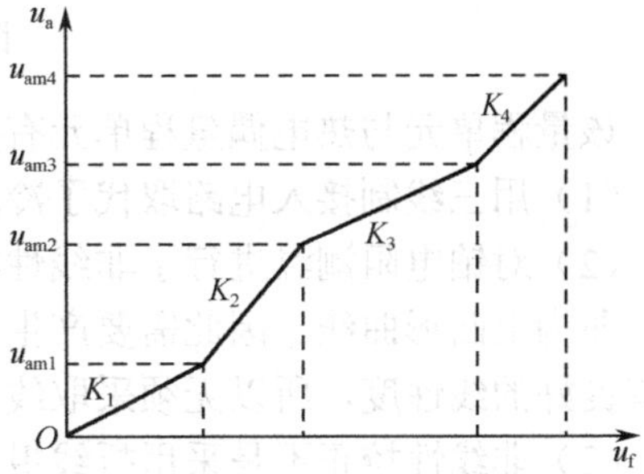

图 3-19　$f_{\mathrm{a}}(\cdot)$的四段线性逼近折线

（1）当 $u_{\mathrm{f}}=0$ 时，$u_{\mathrm{a}}=0$。随着u_{f}增大，u_{a} 也随之增大。当 u_{a} 的值未达到稳压管 $\mathrm{VD_3}$～$\mathrm{VD_5}$ 的击穿电压 u_{am1} 时，其不导通，则 u_{b} 经 $\mathrm{R_{f18}}$ 和 $\mathrm{R_{f7}}$ 支路反馈到 $\mathrm{A_1}$ 的反相端，形成比例关系：

$$u_{\mathrm{b}}=\left(1+\frac{R_{\mathrm{f18}}+R_{\mathrm{f7}}}{R_{\mathrm{f8}}}\right)u_{\mathrm{f}} \tag{3-26}$$

u_{a} 和 u_{b} 构成分压关系：

$$u_{\mathrm{a}}=\frac{R_{\mathrm{f20}}+R'_{\mathrm{f21}}}{R_{\mathrm{f20}}+R'_{\mathrm{f21}}+R_{\mathrm{f19}}}u_{\mathrm{b}} \tag{3-27}$$

由此得到 u_a 和 u_f 之间的关系为

$$u_a=K_1u_f \tag{3-28}$$

显然，此阶段是斜率为 K_1 的线性关系。

（2）当 $u_{am1} \leqslant u_a < u_{am2}$ 时，VD_3 导通，u_b 经 R_{f18}、R_{f17} 支路和 R_{f19}、R_{f22}、R_{f5}、R_{f8} 支路反馈到 A_1 的反相端，使反馈强度减弱，即

$$u_b=\frac{R_{f18}+(R_{f8}+R_{f7})(1+R_{f18}/R_{f9})}{R_{f8}}u_f \tag{3-29}$$

但是 u_a 和 u_b 之间的分压关系不变，则此阶段 u_a 和 u_f 之间的关系为：$u_a=K_2u_f$，且有 $K_2>K_1$。

（3）当 $u_{am2} \leqslant u_a < u_{am3}$ 时，VD_5 导通，u_b 和 u_f 之间的比例关系不变，但 u_a 与 u_b 之间的分压关系由于 R_{f15}、R_{f16}、R_{f17} 支路的并入而降低，则此阶段 u_a 与 u_f 之间的关系为：$u_a=K_3u_f$，且有 $K_3>K_2$。

（4）当 $u_{am3} \leqslant u_a < u_{am4}$ 时，VD_4 导通。与（2）相似，u_a 和 u_b 之间的分压关系不变，但 u_b 和 u_f 之间的比例关系增大，则有：$u_a=K_4u_f$，且有 $K_4>K_3$。

上述分段拟合特性中，可以通过增加转折点或改变折线斜率及转折点电压的方法，改变拟合折线形状，从而适应不同热电偶的非线性特性。

3）热电阻量程单元

热电阻量程单元如图 3-20 所示。

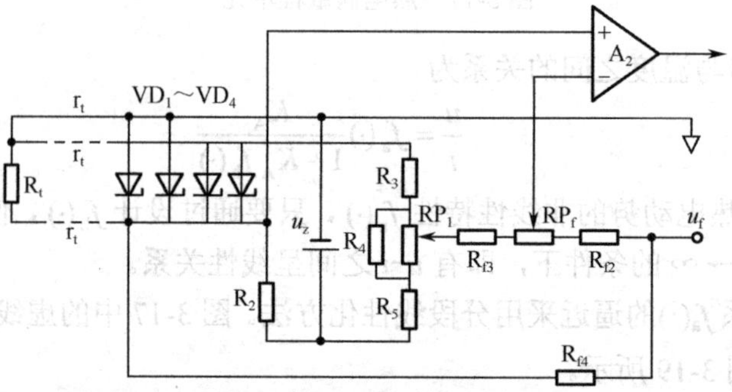

图 3-20 热电阻量程单元

该量程单元与热电偶量程单元有如下区别：

（1）用三线制接入电路取代了冷端温度补偿电路，以消除引线电阻引起的误差。

（2）对铂电阻测温进行了非线性校正。由于铂电阻的分度特性是一个单调的“类饱和”特性，即为上凸形曲线，因此需要产生一个下凹曲线进行补偿；而对铜电阻，由于在测温范围内具有良好的线性度，所以无须采取线性化措施。

（3）非线性校正不是采用折线拟合方法而是采用正反馈方法。

图 3-20 中，R_{f4} 与 R_t 串联构成分压器，在 R_t 上取反馈电压 u_f 的分压输入集成运放 A_2 的同相端，从而构成正反馈。它的工作原理是：在 t 增加时使 R_t 上的电压值增长呈上凸形特性，但正反馈却因 R_t 上电压的增加使 A_2 的增长呈下凹形特性。两者相互作用的结果导致 R_t 上的电压随 t 的增加而增加时，A_2 的输出增长呈线性特性。

3．放大单元的构成及工作原理

放大单元是上述三种量程单元统一设计的单元电路，由集成运放电路、功率放大电路、输出电路、反馈回路和直流-交流-直流变换电路五部分构成，如图 3-21 所示。

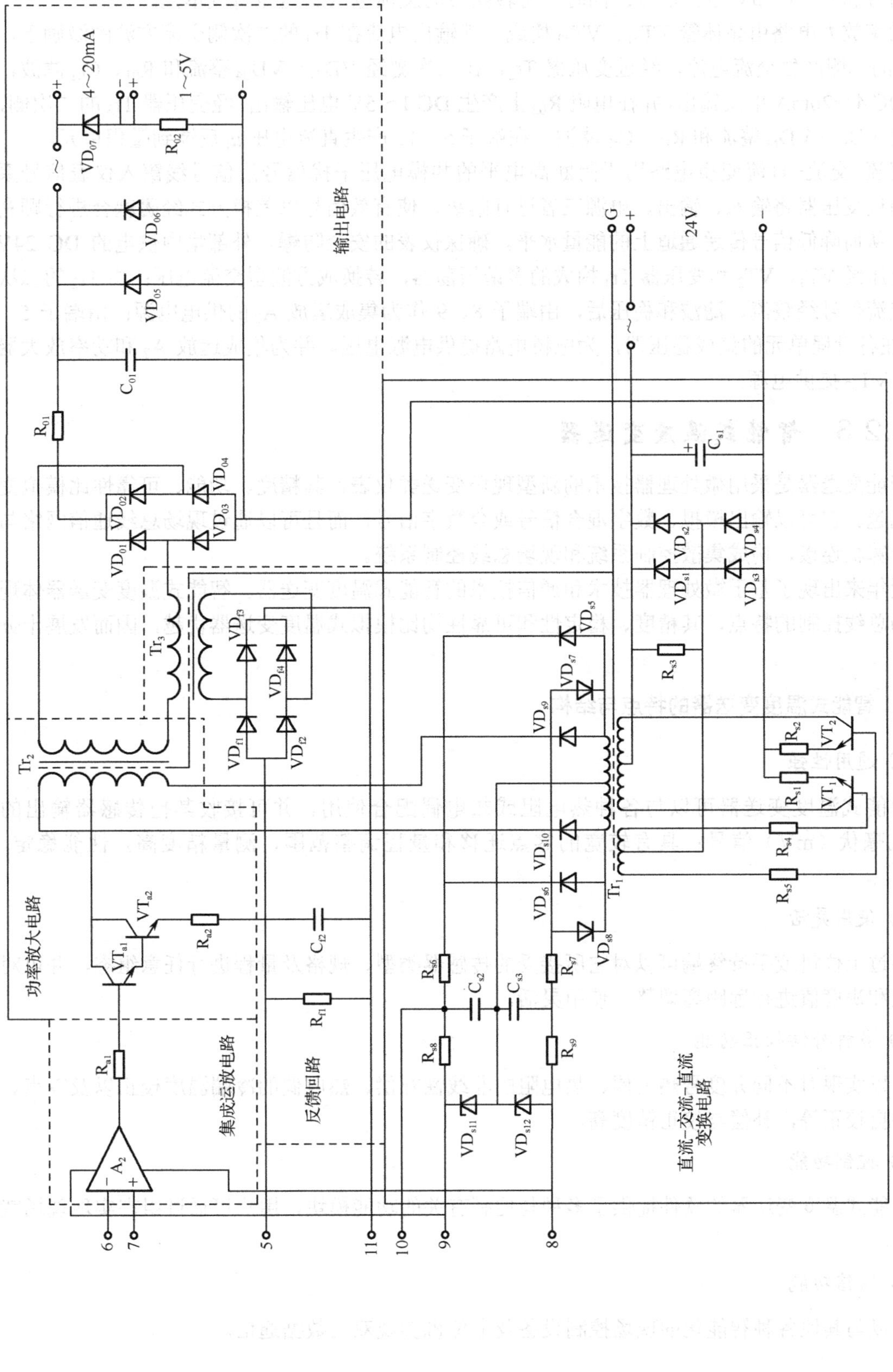

图3-21　放大单元的构成电路

其作用是将量程单元送来的毫伏信号进行电压放大和功率放大，输出统一的 DC 4～20mA 电流信号和 DC 1～5V 电压信号；同时，将转换后的反馈电压 u_f 送至量程单元。

功率放大电路由晶体管 VT_{a1}、VT_{a2} 构成，其输出电流在 Tr_1 的二次侧交流方波的激励下，在 Tr_2 的一侧产生交流电流，经过变压器 Tr_2，在二次侧经 VD_{01}~VD_{04} 整流和 R_{01}、C_{01} 滤波，产生 DC 4～20mA 电流输出，并在电阻 R_{02} 上产生 DC 1～5V 电压输出；经变压器 Tr_3 的二次侧，并通过 VD_{f1}～VD_{f4} 整流和 R_{f1}、C_{f2} 滤波，在端子 5、11 产生直流电压 u_f 反馈到量程单元。

直流-交流-直流变换电路用于阻断高电平的共模电压干扰信号沿信号线窜入仪表信号系统；通过变压器将输入、输出、电源三者进行隔离，使有效信号以差模方式经磁耦合进行顺利传递，从而降低信号传递通道上的能量水平，确保仪表的安全防爆。外部集中供电的 DC 24V 电源电压经 VT_1、VT_2 和变压器 Tr_1 构成的多谐振荡器，转换成方波型交流电压；由 Tr_2 的二次侧将交流信号经整流、滤波和稳压后，由端子 8、9 作为集成运放 A_2 的供电电源；由端子 5、10 送往各量程单元的集成稳压器，为电桥电路提供电源电压，并为集成运放 A_2 和功率放大器 VT_{a1}、VT_{a2} 提供电源。

3.2.3 智能式温度变送器

智能变送器是采用微处理器技术的新型现场变送类仪表，其精度、功能、可靠性比模拟变送器优越。它可以输出模拟、数字混合信号或全数字信号，而且可以通过现场总线通信网络与上位计算机连接，构成集散控制系统和现场总线控制系统。

近年来出现了基于微处理器技术和通信技术的智能式温度变送器。智能式温度变送器体现了现场总线控制的特点，其精度、稳定性和可靠性均比模拟式温度变送器优越，因而发展十分迅速。

1. 智能式温度变送器的特点与结构

1）通用性强

智能式温度变送器可以与各种热电阻或热电偶配合使用，并可接收其他传感器输出的电阻或毫伏（mV）信号；具有较宽的零点迁移和量程调整范围，测量精度高，性能稳定、可靠。

2）使用灵活

通过上位机或手持终端可以对它所接受的传感器类型、规格及量程进行任意组态，并可对其零点和满度值进行远距离调整，使用灵活。

3）多种补偿校正功能

可以实现对不同分度号热电偶、热电阻的非线性补偿、热电偶的冷端温度校正以及零点、量程的自校正等，补偿与校正精度高。

4）控制功能

智能式温度变送器的软件提供了多种与控制有关的功能模块，用户可通过组态实现现场就地控制。

5）通信功能

可以与其他各种智能化的现场控制设备及上位机实现双向数据通信。

6）自诊断功能

可以定时对变送器的零点和满度值进行自校正，以抑制漂移的影响；对双输入回路和输出回路断路、变送器内部各芯片工作异常均能及时进行诊断报警。

2. 智能式温度变送器实例

由于智能式温度变送器具有许多突出的优点，因而发展十分迅速，产品种类也有许多。下面以 SMART 公司的 TT302 为例进行介绍。

1）概述

TT302 温度变送器是一种符合现场总线基金会（Fieldbus Foundation，FF）通信协议的现场总线智能仪表，它可以与各种热电阻或热电偶配合使用测量温度，也可以和其他具有电阻或毫伏（mV）输出的传感器配合使用以测量其他物理参数，具有量程范围宽、精度高、受环境温度和振动影响小、抗干扰能力强、体积小、重量轻等优点。

TT302 温度变送器还具有控制功能，其软件系统提供了多种与控制功能有关的功能模块，用户可通过组态实现所要求的控制策略，体现了现场控制的优点。

2）硬件构成

TT302 温度变送器的硬件原理框图如图 3-22 所示。

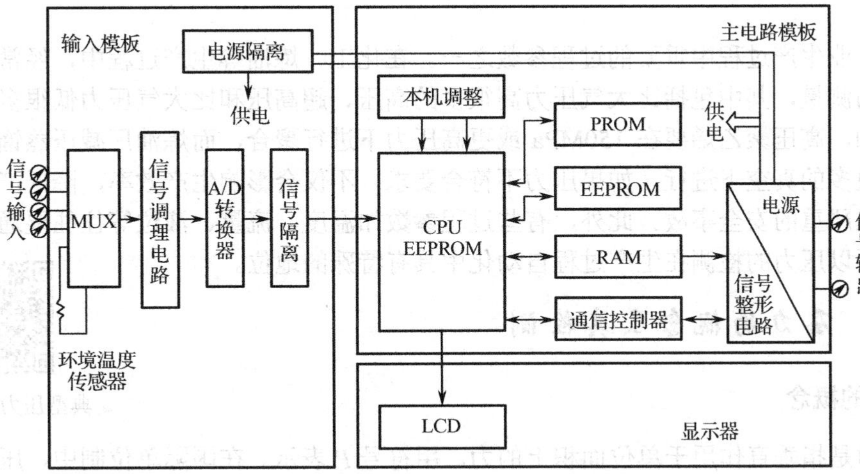

图 3-22　TT302 温度变送器的硬件原理框图

在结构上，它由输入模板、主电路模板和显示器三部分构成。

（1）输入模板。输入模板由多路转换器（MUX）、信号调理电路、A/D 转换器和隔离部分组成。其中，多路转换器根据信号的类型，将相应信号送入信号调理电路，由信号调理电路进行放大，再由 A/D 转换器将其转换为相应的数字量。隔离部分又有信号隔离和电源隔离：信号隔离采用光电隔离，用于 A/D 转换器与 CPU 之间的信号隔离；电源隔离采用高频变压器隔离，即将供电直流电源先调制成高频交流，通过高频变压器后经整流、滤波转换成直流电压，为输入模板电路提供电源。隔离的目的是消除干扰对系统工作的影响。

输入模板上的环境温度传感器用于热电偶的冷端温度补偿。

（2）主电路模板（简称主板）。主板由微处理器系统、通信控制器、信号整形电路、本机调整和电源等组成，它是变送器的核心部件。

微处理器系统由 CPU 和存储器组成。CPU 负责控制与协调整个仪表各部分的工作，包括数据传送、运算、通信等；存储器用于存放系统程序、运算数据、组态参数等。

通信控制器和信号整形电路、CPU 共同完成数据通信任务。

本机调整用于变送器就地组态和调整。

电源部分将供电电压转换为变送器内部各芯片所需电压，为各芯片供电；供电电压与输出信号共用通信电缆，与二线制模拟式变送器类似。

（3）显示器。显示器为液晶式微功耗数字显示器，可显示四位半数字和五位字母。

3）软件构成

TT302 温度变送器的软件分为系统程序和功能模块两大部分。系统程序使变送器各硬件电路能正常工作并实现所规定的功能，同时完成各部分之间的管理；功能模块提供了各种功能，用户可以通过选择以实现所需要的功能。

TT302 温度变送器还有许多其他功能。例如，用户可以通过上位机或挂接在现场通信总线上的手持式组态器，调用或删除功能模块；对于带有液晶显示的变送器，也可以用编程工具对其进行本地调整等。

3.3 压力检测与变送

压力是工业生产过程中重要的过程参数之一。在化工、炼油等生产过程中，经常会遇到压力和真空度的测量，其中包括比大气压力高很多的高压、超高压和比大气压力低很多的真空度的测量。例如，高压聚乙烯要在 150MPa 或更高压力下进行聚合，而炼油厂减压蒸馏则要在比大气压力低很多的真空下进行。如果压力不符合要求，不仅会影响生产效率，降低产品质量，甚至还会造成严重的安全事故。此外，有些过程参数如温度、流量、液位等往往要通过压力来间接测量。所以压力的检测在生产过程自动化中具有特殊的地位。

3.3.1 压力的概念及其检测

典型压力检测方法

1. 压力的概念

所谓压力是指垂直作用于单位面积上的力，用符号 P 表示。在国际单位制中，压力的单位是帕斯卡（简称帕，用符号 Pa 表示，$1Pa=1N/m^2$），它也是我国压力的法定计量单位。目前在工程上，其他一些压力单位还在使用，如工程大气压、标准大气压、毫米水柱等，它们之间的换算关系见表 3-5。

表 3-5 部分压力单位的换算关系

单位名称	帕斯卡（Pa）	标准大气压（atm）	工程大气压（kgf/cm^2）	毫米水柱（mmH_2O）	毫米汞柱（mmHg）
1 帕斯卡（Pa）	1	9.86924×10^{-6}	1.01972×10^{-5}	1.01972×10^{-1}	7.50064×10^{-3}
1 标准大气压（atm）	1.01325×10^{5}	1	1.03323	10332.2	760
1 工程大气压（kgf/cm^2）	9.80665×10^{-5}	0.96784	1	10000	735.562

续表

单 位 名 称	帕斯卡（Pa）	标准大气压（atm）	工程大气压（kgf/cm^2）	毫米水柱（mmH_2O）	毫米汞柱（mmHg）
1 毫米水柱（mmH_2O）	9.80665	9.6784×10^{-5}	1×10^{-4}	1	0.735562×10^{-1}
1 毫米汞柱（mmHg）	133.322	1.31579×10^{-3}	1.35951×10^{-3}	13.5951	1

由于参考点不同，在工程上又将压力表示为如下几种：

1）差压（又称压差，记为ΔP）

差压是指两个压力之间的绝对差值。

2）绝对压力（记为 P_{abs}）

绝对压力是指相对于绝对真空所测得的压力，如大气压力就是环境绝对压力。

3）表压（记为 P_g）

表压是指绝对压力与当地大气压力之差。

4）负压（又称真空度，记为 P_v）

负压是指绝对压力小于大气压力时，大气压力与绝对压力之差。

各种压力之间的关系如图 3-23 所示。

通常情况下，各种工艺设备和检测仪表均处于大气压力之下，因此工程上经常用表压和真空度来表示压力的大小，一般压力仪表所指示的压力即为表压或真空度。

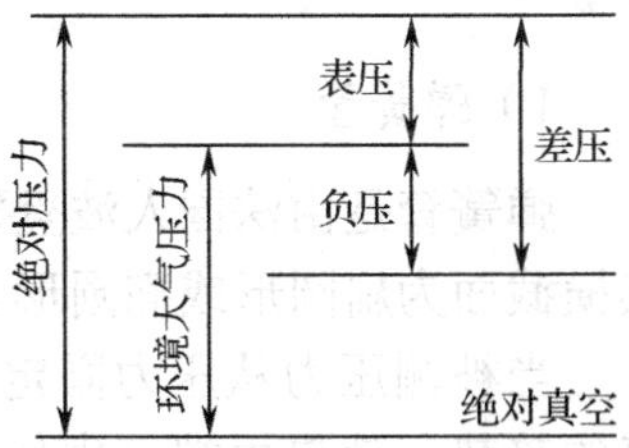

图 3-23　各种压力之间关系示意图

2. 压力检测的主要方法

压力检测的方法有很多，根据敏感元件和转换原理的不同，一般分为四类。

1）液柱式压力检测

根据流体静力学原理，把被测压力转换成液柱高度，用液柱产生或传递的压力来平衡被测压力的方法进行测量，常用于实验室的低压、负压或压力差的检测，如采用水柱高度作为输出信号的 U 形管。该方法结构简单、使用方便；但量程受液柱长度限制，而且只能就地显示，不能远传。

2）弹性式压力检测

根据弹性元件变形的原理，将被测压力转换成位移来实现测量。常用的弹性元件有弹簧管、膜片和波纹管等。

3）电气式压力检测

利用敏感元件将被测压力转换成各种电量，如电阻、电感、电容等。该方法动态响应较快、测量量程范围大、线性度好，便于信号远传。

4）活塞式压力检测

基于静力平衡原理，通过液压传递进行压力测量。该方法结构简单、精确度高，广泛用作标准仪器对弹簧管压力进行校验和标定。

3. 弹性式测压元件及其原理

由于基于弹性变形的测压元件在工业生产应用中占有重要地位，为此进行重点介绍。

工业上最常用的弹性式测压元件有弹簧管、波纹管、弹性膜片（膜盒）等，如图 3-24 所示。

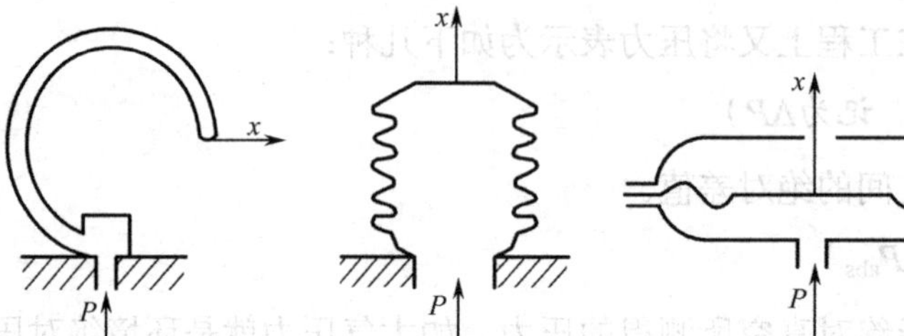

图 3-24 弹性式测压元件

1）弹簧管

弹簧管是由法国人波登发明的，所以又称波登管。它是一种弯成圆弧形的空心金属管子，其横截面为扁圆形或椭圆形。它的固定端开口，自由端封闭，如图 3-24（a）所示。

当被测压力从压力固定端输入后，由于弹簧管的非圆横截面，使它有变成圆形并伴有伸直的趋势，使自由端产生位移。由于输入压力 P 与弹簧管自由端的位移成正比，所以只要测出自由端的位移量就能够反映压力 P 的大小，这就是弹簧管的测压原理。有时为了使自由端有较大的位移，常采用多圈弹簧管，即将弹簧管制成盘形或螺旋形，其工作原理与单圈弹簧管相同。

若在弹簧管自由端装上指针，配上传动机构和压力刻度，即可制成就地指示式压力表；若通过适当的转换将自由端位移变成电信号，即可进行远距离输送。弹簧管是目前工业上用得最多的弹性式测压元件之一。

2）波纹管

波纹管是一种轴对称的纹波状薄壁金属筒体，当它受到轴向压力作用时能使自由端产生较大的伸长或收缩位移，如图 3-24（b）所示。若将它和弹簧组合使用，则可获得较好的线性度，如图 3-25 所示。

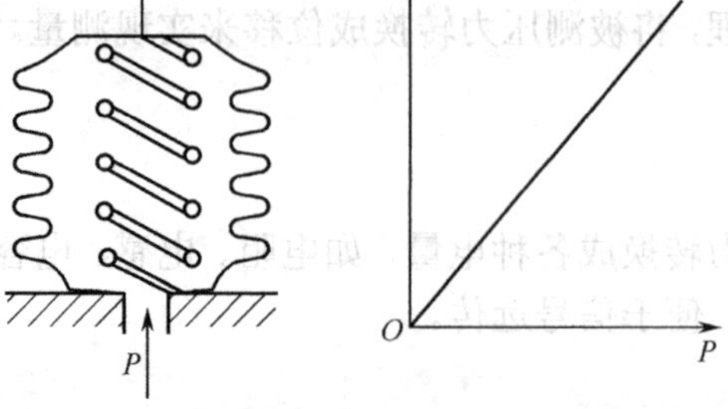

图 3-25 波纹管和弹簧的组合及其特性

3）弹性膜片和膜盒

弹性膜片是一种沿外缘固定的片状圆形薄板或薄膜，如图 3-24（c）所示；若将两块弹性膜片沿周边固定，两膜片之间充以液体（如硅油），就构成膜盒。膜盒的具体结构如图 3-26 所示。

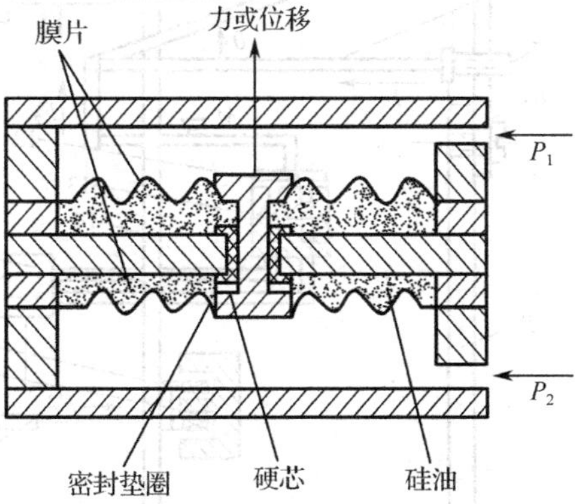

图 3-26　膜盒的结构示意图

图 3-26 中，两个金属膜片分别位于膜盒的两个测量室内，由硬芯将它们连接在一起；当被测压力 P_1、P_2 分别引入两测量室时，根据差压的正负，膜片做相应移动，并通过硬芯输出位移或力；硅油的作用一是传递压力，二是对膜片起过载保护作用；密封垫圈可阻止硅油继续流动，以保证膜片受单向压力时不致损坏。

上述各种弹性式测量元件输出的位移或力必须经过变送器才能变为标准统一电信号。目前使用较为广泛的电动模拟式压力变送器有力矩平衡式差压变送器和电容式差压变送器；为适应现场总线控制的要求，智能式差压变送器也得到了迅速发展。

3.3.2　DDZ-Ⅲ型力矩平衡式差压变送器

DDZ-Ⅲ型力矩平衡式差压变送器是基于力矩平衡原理工作的，其结构包括测量部分、杠杆系统、位移检测放大器、电磁反馈机构等。测量部分将被测差压ΔP_i（正、负压室压力之差）转换成相应的作用力 F_i，该力与反馈机构输出的作用力 F_f 一起作用于杠杆系统，引起杠杆上的检测片产生微小位移，再经过位移检测放大器将其转换成统一的电流或电压信号。其原理框图如图 3-27 所示，其结构示意图如图 3-28 所示。

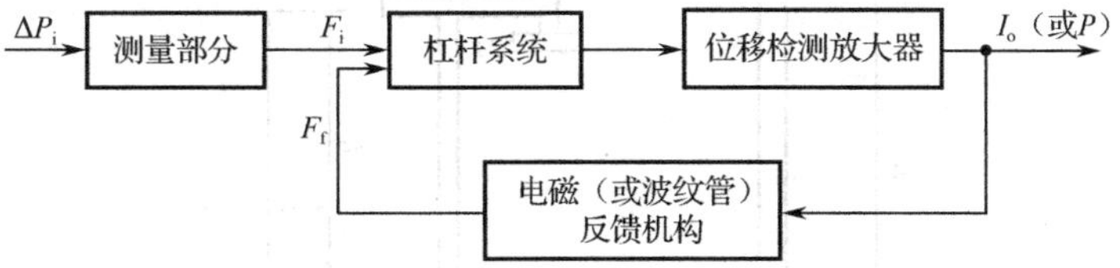

图 3-27　DDZ-Ⅲ型力矩平衡式差压变送器原理框图

1．测量部分

测量部分的作用是将被测差压ΔP_i（$\Delta P_i=P_1-P_2$）转换成输入 F_i。输入 F_i 与差压ΔP_i 的关系为

$$F_i=A\Delta P_i \tag{3-30}$$

式中，A 为测量膜片的有效面积，近似为常量。图中的轴封膜片为主杠杆的弹性支点，同时又起密封作用。

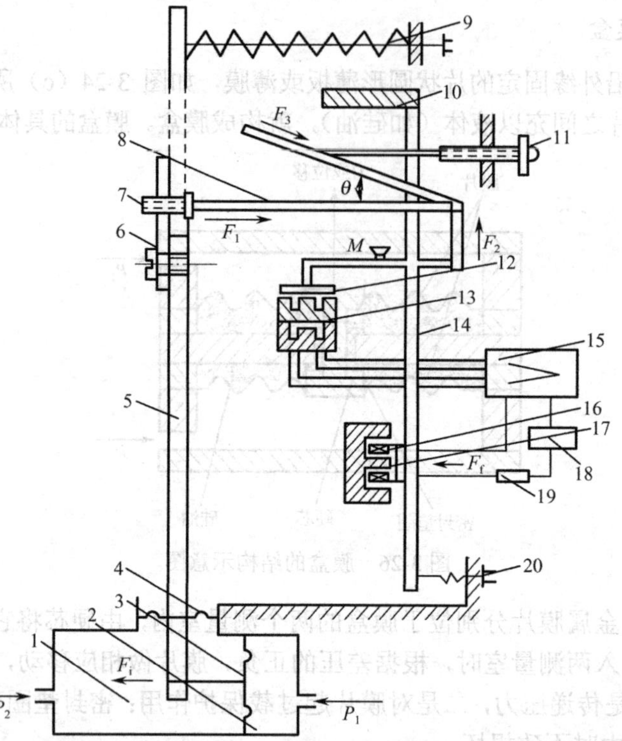

1—低压室；2—高压室；3—测量元件；4—轴封膜片；5—主杠杆；6—过载保护簧片；7—静压调整螺钉；8—矢量机构；9—零点迁移弹簧；10—平衡锤；11—量程调整螺钉；12—检测片（衔铁）；13—差动变压器；14—副杠杆；15—放大器；16—反馈动圈；17—永久磁铁；18—电源；19—负载；20—调零弹簧

图 3-28 DDZ-Ⅲ型力矩平衡式差压变送器结构示意图

2. 杠杆系统

杠杆系统的作用是进行力的传递和力矩比较。其受力分析示意图如图 3-29 所示。

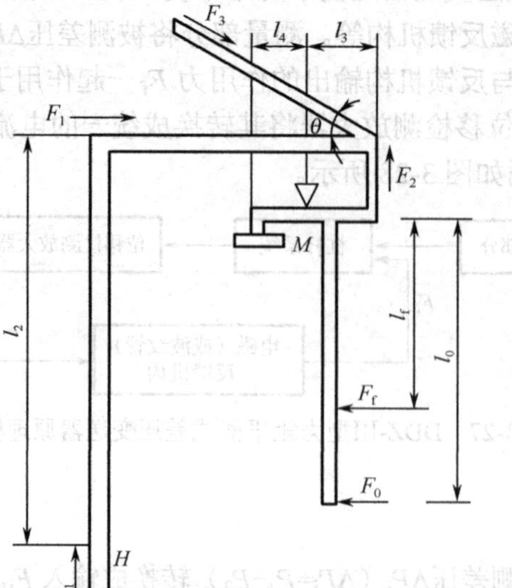

F_0—调零弹簧张力；l_1、l_2—F_i、F_1 到主杠杆支点 H 的力臂；l_3、l_0、l_f—F_2、F_0、F_f 到副杠杆支点 M 的力臂；l_4—检测片到副杠杆支点 M 的距离；θ—矢量角

图 3-29 杠杆系统的受力分析示意图

由图可见，输入力 F_i 经主杠杆转换成 F_1，其转换关系为

$$F_1=(l_1/l_2)\ F_i \tag{3-31}$$

F_1 经矢量机构被分解为两个分力 F_2、F_3。F_3 消耗在矢量板上，不起任何作用；F_2（$F_2=F_1\tan\theta$）垂直作用于副杠杆上，并使其以支点 M 为中心逆时钟偏转带动副杠杆上的衔铁（位移检测片）改变与差动变压器的距离，距离的变化量通过位移检测放大器转换为 4～20mA 的直流电流 I_0，作为变压器的输出信号；同时，该电流又通过电磁反馈装置，产生电磁反馈力 $F_f=K_fI_0$（K_f 为反馈系数），使副杠杆顺时针偏转。当 F_i 与 F_f 对杠杆系统产生的力作用于副杠杆，并与 F_2、F_f 共同构成力矩平衡系统时，三个力矩分别为

$$M_i=l_3F_2,\ M_f=l_fF_f,\ M_0=l_0F_0 \tag{3-32}$$

3．位移检测放大器

位移检测放大器是一个位移/电流转换器，其作用是将副杠杆上检测片的微小位移转换成 DC 4～20mA 的输出电流。

位移检测放大器由检测变压器与振荡电路、整流滤波与功率放大器等部分组成。

1）检测变压器与振荡电路

检测变压器与振荡电路如图 3-30 所示。

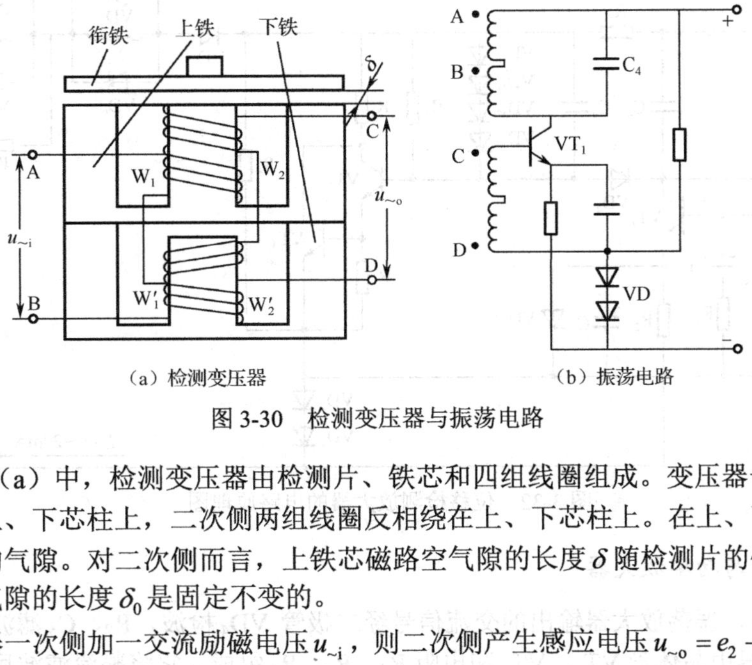

图 3-30　检测变压器与振荡电路

在图 3-30（a）中，检测变压器由检测片、铁芯和四组线圈组成。变压器一次侧两组线圈同相分别绕在上、下芯柱上，二次侧两组线圈反相绕在上、下芯柱上。在上、下铁芯的中心柱之间有一固定的气隙。对二次侧而言，上铁芯磁路空气隙的长度 δ 随检测片的位移而改变，而下铁芯磁路空气隙的长度 δ_0 是固定不变的。

若在变压器一次侧加一交流励磁电压 $u_{\sim i}$，则二次侧产生感应电压 $u_{\sim o}=e_2-e_2'$。当 $u_{\sim i}$ 一定时，e_2' 为一固定值，e_2 则随检测片位移而变化，因而有 $u_{\sim o}=u_{\sim o}(\delta)$。若磁芯中心柱面积等于其外磁环的截面积，且当 $\delta=\delta_0/2$ 时，上、下磁路相同，$e_2=e_2'$，则 $u_{\sim o}=0$。当 $\delta<\delta_0/2$ 时，$u_{\sim o}$ 与 $u_{\sim i}$ 相同；当 $\delta>\delta_0/2$ 时，$u_{\sim o}$ 与 $u_{\sim i}$ 反相。将变压器的绕组引入图 3-30（b）的电子电路就构成了振荡器。

在图 3-30（b）中，变压器一次侧线圈电感 L_{AB} 与电容 C_4 组成并联谐振回路作为晶体管 VT_1 的集电极负载构成选频放大器，并将二次侧线圈电感 L_{CD} 接入基射极回路，形成自激振荡器。该振荡器的工作过程为：当向基极输入的交流电压 $u_{CD}>0$ 时，经晶体管放大后集电极输出电压为 u_{AB}，u_{AB} 经变压器耦合又反馈到基极。如果 $u_{AB}=u_{CD}$，则振荡幅度稳定；如果 $u_{AB}\neq u_{CD}$，则

振荡幅度增加或减小，最后稳定在放大特性与反馈特性的交点 O 或 Q 处，如图 3-31 所示。

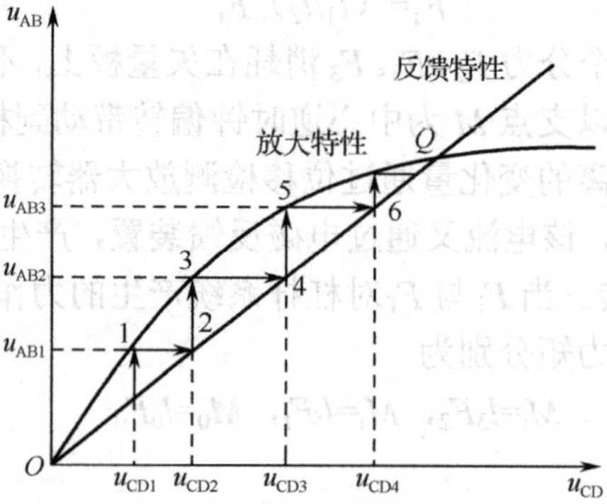

图 3-31 稳态振荡幅度的建立过程

因为只有 $u_{CD}>0$ 晶体管才能工作，所以稳定点只能在 Q 点。由图 3-31 所示可得，Q 是随反馈特性的变化而变化的，而反馈特性又随铁芯位移的变化而变化，所以位移量 δ 将决定振荡器的输出幅度。

位移检测放大器的电路原理图如图 3-32 所示。

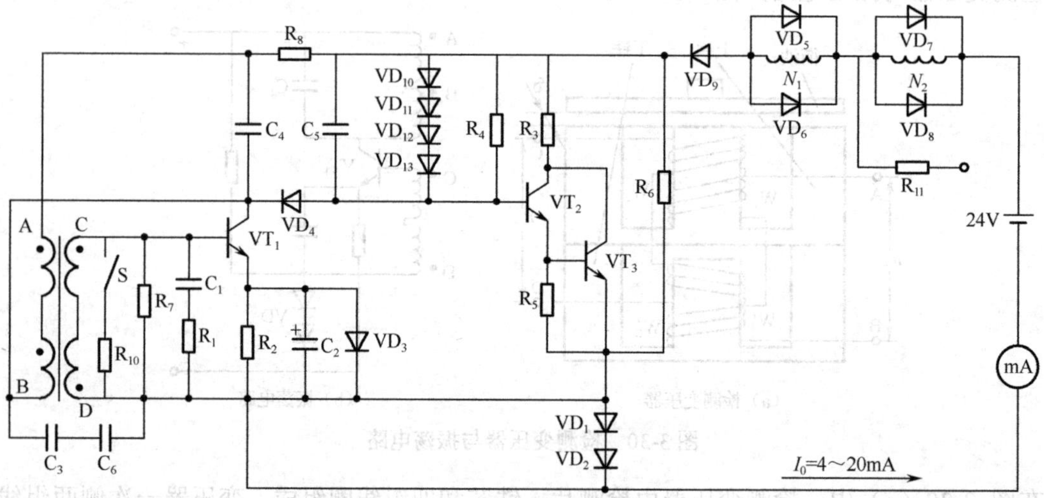

图 3-32 位移检测放大器的电路原理图

2）整流滤波与功率放大器

在图 3-32 中，振荡放大器输出的交流信号经二极管 VD_4 检波，R_8、C_5 滤波后送到功率放大器。功率放大器由晶体管 VT_2、VT_3 和电阻 R_3、R_4、R_5 组成。它将整流滤波后的直流电压信号经放大转换成 4～20mA 直流电流输出。

4. 电磁反馈机构

电磁反馈机构由永久磁钢和反馈动圈组成。反馈动圈与副杠杆相固定并与永久磁钢产生磁联系，即当放大器的输出电流 I_0 经反馈动圈时将产生反馈力 F_f，进而产生反馈力矩，使整个系统保持动态平衡。

图 3-32 中其他元件的作用介绍如下：电阻 R_6 与二极管 VD_1、VD_2 构成晶体管 VT_1 的偏置电路。二极管 VD_3 用以限制电容 C_2 两端的电压，防止其放电时产生非安全火花。二极管 VD_5～

VD_8为反馈动圈提供泄放通路，防止反馈动圈开路时产生火花。二极管 VD_9用以防止电源反接。R_8为二极管 VD_4击穿短路、C_5放电时的限流电阻。R_{10}、R_{11}的接入与否均可实现量程的粗调（量程的细调由矢量机构完成）。

5. 整机特性

综合以上的分析，可以得出 DDZ-Ⅲ型力矩平衡式差压变送器的整机框图，如图 3-33 所示。

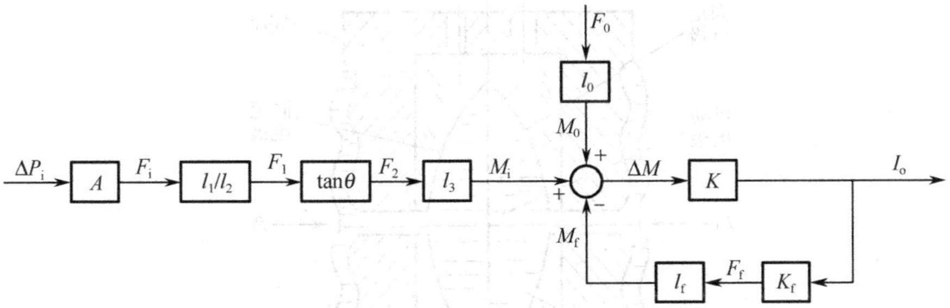

图 3-33 DDZ-Ⅲ 型力矩平衡式差压变送器的整机框图

由图 3-33 可以得出其输入/输出关系为

$$I_o = \frac{K}{1+KK_f l_f}\left(\Delta P_i A \frac{l_1 l_3}{l_2}\tan\theta + F_0 l_0\right) \tag{3-33}$$

若 $KK_f l_f \gg 1$时，则有

$$I_o = \frac{l_1 l_3}{l_2 K_f l_f}\left(\Delta P_i A \tan\theta + F_0\frac{l_0}{K_f l_f}\right) = K_i \Delta P_i + K_0 F_0 \tag{3-34}$$

由式（3-34）可知：①变送器的输出电流 I_0与输入信号 ΔP_i呈线性关系；②K_0F_0为调零项，调整调零弹簧可以调整 F_0的大小，从而使I_0在 $\Delta P_i = \Delta P_{min}$ 时为 DC 4mA；③改变θ和 K_f可以改变 K_i的大小，θ的改变是通过调节量程调整螺钉实现的，K_f的改变是通过改变反馈动圈的匝数实现的。

3.3.3 电容式差压变送器

电容式差压变送器是先将差压（压力）转换为电容量的变化，再将电容量的变化转换为标准电流输出。它由检测部件和转换放大电路组成，如图 3-34 所示。由于采用差动电容作为检测元件，无机械传动和调整装置，因此结构紧凑、体积小、重量轻、稳定性好、抗震性好、精度高。

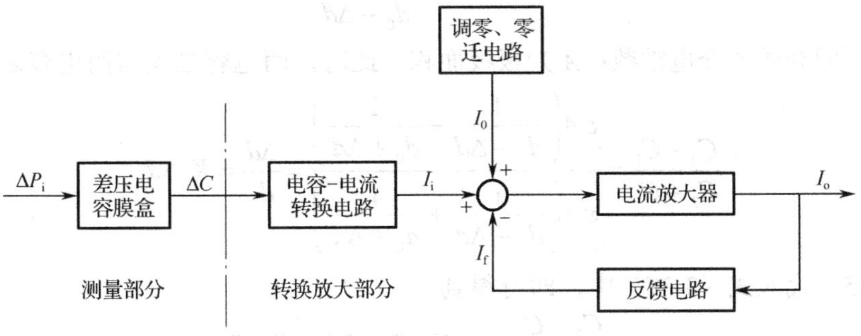

图 3-34 电容式差压变送器组成

1. 检测部分

检测部分由感压元件，正、负压室和差动电容等组成。检测部分的作用是把被测差压转换成电容量的变化。图 3-35 所示为检测部分结构示意图。

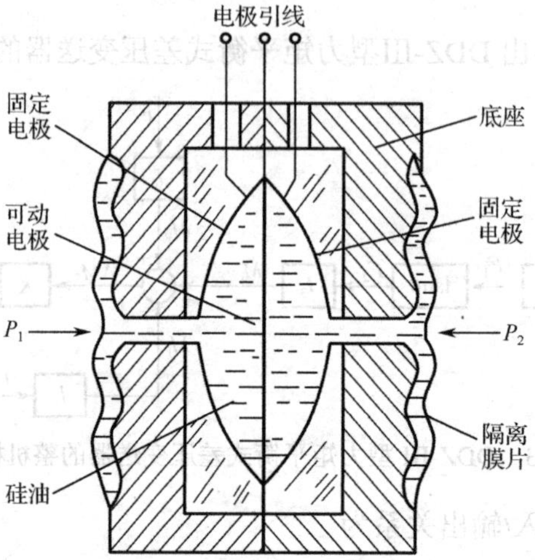

图 3-35 检测部分结构示意图

由图 3-35 可见，被测压力 P_1、P_2 作用于隔离膜片上，通过硅油将压力传递到测量膜片。该测量膜片作为差动可变电容的可动电极，在两边压力差的作用下，沿轴向挤压产生形变。两个金属固定膜片作为固定电极，与测量膜片分别构成高压室和低压室。当$\Delta P_i=P_1-P_2\neq 0$ 时，可动电极将产生位移，并与正、负压室两个固定弧形电极之间的间距不等，形成差动电容。如果把 P_2 接大气，则所测压差即为 P_1 的表压。

设输入差压ΔP_i与可动电极的中心位移Δd 的关系为

$$\Delta d=K_1(P_1-P_2)=K_1\Delta P_i \tag{3-35}$$

式中，K_1 为由膜片材料特性与结构参数确定的系数。

设可动电极与正、负压室固定电极的距离分别为 d_1、d_2，形成的电容分别为 C_1、C_2。当 $P_1=P_2$ 时，则有 $C_1=C_2=C_0$，$d_1=d_2=d_0$；当 $P_1>P_2$ 时，则有 $d_1=d_0+\Delta d$，$d_2=d_0-\Delta d$。根据理想电容计算公式，有

$$C_1=\frac{\varepsilon A}{d_0+\Delta d}$$
$$C_2=\frac{\varepsilon A}{d_0-\Delta d} \tag{3-36}$$

式中，ε 为极板间介质的介电常数；A 为极板面积。此时，两电容之差与两电容之和的比值为

$$\frac{C_2-C_1}{C_2+C_1}=\frac{\varepsilon A\left(\dfrac{1}{d_0-\Delta d}-\dfrac{1}{d_0+\Delta d}\right)}{\varepsilon A\left(\dfrac{1}{d_0-\Delta d}+\dfrac{1}{d_0+\Delta d}\right)}=\frac{\Delta d}{d_0}=K_2\Delta d \tag{3-37}$$

将式（3-35）代入式（3-37）中，即可得到

$$\frac{C_2-C_1}{C_2+C_1}=K_1K_2(P_1-P_2)=K_3\Delta P_i \tag{3-38}$$

可以看出，检测部件把输入差压线性地转换成电容之差与两电容之和的比值。

2. 转换放大电路

转换放大电路由电容/电流转换电路、振荡器电流稳定电路、放大电路与量程调整环节等组成，如图 3-36 所示。

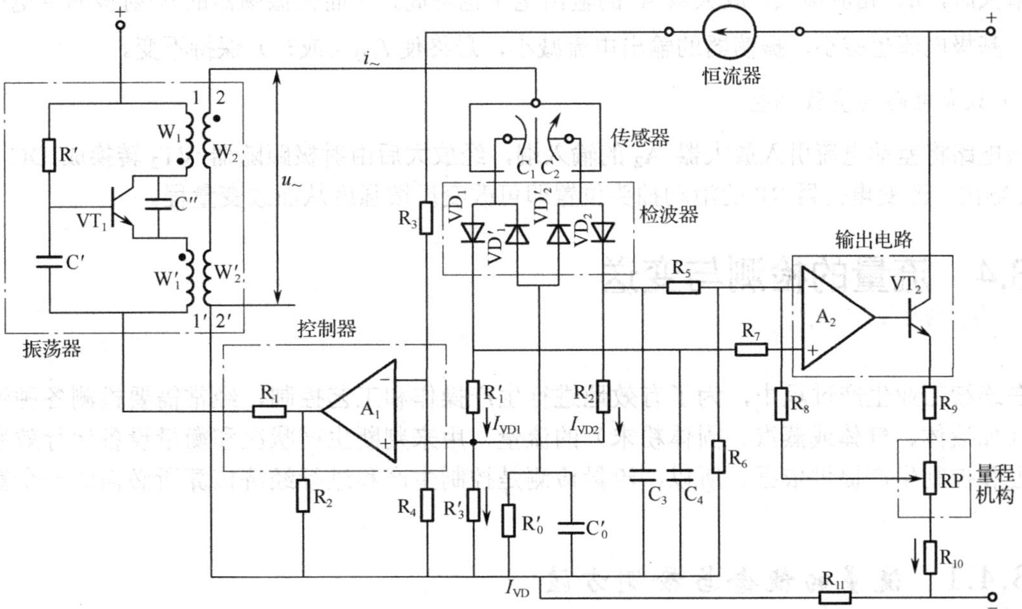

图 3-36　转换放大电路原理图

1）电容/电流转换电路

由振荡器提供的稳定高频电流先通过差动电容 C_1、C_2 进行分流，再经二极管检波后分别为 I_{VD1}、I_{VD2}。它们又分别流过 R_1'、R_2'，汇合在一起的 I_{VD} 再流过 R_3'。由此可以得出以下的关系：

$$I_{VD}=I_{VD1}+I_{VD2}$$

$$I_{VD1}=\frac{C_2}{C_1+C_2}I_{VD}$$

$$I_{VD2}=\frac{C_1}{C_1+C_2}I_{VD}$$

$$I_{VD1}-I_{VD2}=\frac{C_2-C_1}{C_1+C_2}I_{VD}=K_3\Delta P_iI_{VD} \tag{3-39}$$

令 $u_{R_1}=I_{VD1}(R_1'+R_3')$，$u_{R_2}=I_{VD2}(R_2'+R_3')$，$u_{R_3}=I_{VD}R_3'$，同时设 $R_1'=R_2'=R_3'$，则有

$$\frac{u_{R_1}-u_{R_2}}{u_{R_3}}=2\frac{C_2-C_1}{C_2+C_1}=2K_3\Delta P_i \tag{3-40}$$

式中，K_3 为常量。

若使得 I_{VD} 为常量，则有

$$I_{VD1}-I_{VD2}=2I_{VD}\frac{C_2-C_1}{C_2+C_1}=K'(C_2-C_1)=K\Delta P_i \tag{3-41}$$

式中，K'、K 为常量。

由式（3-41）可以得到，电容/电流转换电路将差动电容（或差压）转换成了差动电流。

2）振荡器电流稳定电路

振荡器电流稳定电路的作用是使 I_{VD}（或$i_{\sim}$）为常量，以满足式（3-41）成立的条件。为此，振荡器输出电流由放大器 A_1 的输出电压进行控制，其控制过程为：当 I_{VD}（或$i_{\sim}$）受到某种干扰而增大时，u_{R_3} 相应增大，放大器 A_1 的输出电压也增高，因而使振荡器的基/射极的供电电压减小，基极电流也减小，振荡器的输出电流减小，最终使 I_{VD}（或$i_{\sim}$）保持不变。

3）放大电路与量程调整

该电路将差动电流引入放大器 A_2 的输入端，经放大后由射极跟随器 VT_2 转换成 DC 4～20mA 输出。改变电位器 RP 的滑动抽头位置即可改变反馈强度从而改变量程。

3.4 流量的检测与变送

在连续工业生产过程中，为了有效地进行生产操作和工艺控制，经常需要检测各种流动介质（如液体、气体或蒸汽、固体粉末）的流量，用来判断生产状况和衡量设备运行效率，为管理和控制生产提供依据。所以，流量检测是控制生产和进行经济核算所必需的一个重要手段。

3.4.1 流量的概念与检测方法

1. 流量的概念

在工程上，流量是指单位时间内流过工艺管道的流体数量。常把单位时间内流过工艺管道某截面的流体数量称为瞬时流量 q，而把某一段时间内流过工艺管道某截面的流体总量称为累积流量 Q。

瞬时流量和累积流量可以用体积表示，也可以用重量或质量表示。

1）体积流量

以体积表示的瞬时流量用 q_v 表示，单位为 m^3/s；以体积表示的累积流量用 Q_v 表示，单位为m^3。它们的计算式为

$$q_v = \int_A v\mathrm{d}A = \bar{v}A$$

$$Q_v = \int_0^{\tau} q_v \mathrm{d}t \tag{3-42}$$

式中，v 为截面 A 中某一微元面积 dA 上的流体速度；$\bar{v}$ 为截面 A 上的平均速度。

2）重量流量

以重量表示的瞬时流量用 q_g 表示，单位为牛顿/小时（N/h)；以重量表示的累积流量用 Q_g 表示，单位为牛顿（N)。它们与体积流量的关系分别为

$$q_g = \gamma q_v,\quad Q_g = \gamma Q_v \tag{3-43}$$

式中，γ 表示流体的重度。

3）质量流量

以质量表示的瞬时流量用 q_m 表示，单位为 kg/s；以质量表示的累积流量用 Q_m 表示，单位为 kg。它们与体积流量的关系分别为

$$q_m = \rho q_v，\quad Q_m = \rho Q_v \tag{3-44}$$

式中，ρ 为流体的密度。以上三种流量之间的关系为

$$q_g = \gamma q_v = \rho g q_v = g q_m \tag{3-45}$$

4）标准状态下的体积流量

由于热胀冷缩和气压可压缩的关系，流体的体积会受状态的影响。为了便于比较，工程上通常把工作状态下测得的体积流量换算成标准状态（温度为 20℃，压力为一个标准大气压）下的体积流量。标准状态下的体积流量用 q_{vn} 表示，单位为 m^3/s，它与 q_m、q_v 的关系为

$$q_{vn} = q_m / \rho_n = q_v \rho / \rho_n \tag{3-46}$$

式中，ρ_n 为气体在标准状态下的密度。

2. 流量的检测方法

因为流量检测条件既复杂又多样，所以流量检测的方法有很多，其分类方法也多种多样。目前还没有统一的分类方法。按照检测量的不同，可以分为体积流量检测和质量流量检测；按照测量原理，可分为容积式、速度式、节流式和电磁式等。

1）体积流量检测法

这种方法包括容积法和速度法两类。

容积法：以单位时间内排出流体的固定体积数来计算流量。基于这种检测方法的流量检测仪表主要有：椭圆齿轮流量计、旋转活塞式流量计、刮板式流量计等。容积法受流体状态影响较小，适用于测量高黏度流体，测量精度高。

速度法：先测量管道内流体的平均流速，再乘以管道截面积求得流体的体积流量。基于该种检测方法的流量检测仪表主要有：差压式流量计、转子式流量计、电磁式流量计、涡流式流量计、靶式流量计、超声波流量计等。

2）质量流量检测法

这种方法包括直接法和间接法两类。

直接法：由检测仪表直接测量质量流量。它的优点在于精度不受流体的温度、密度、压力等变化的影响。目前已有的检测仪表包含角动式流量计、量热式流量计、科里奥力式流量计等。

间接法：用测得的体积流量乘以流体的密度自动计算得到质量流量。当流体密度随流体的温度、压力等变化时，计算会很烦琐，存在累积误差，测量精度受限。

3.4.2　典型流量检测仪表

据统计，目前流量检测的方法有数十种，用于工业生产的也有十几种，相应的流量检测仪表也就有很多。这里着重阐述几种工业上常用的流量检测仪表。

1. 容积式流量计

容积式流量计通过测量流体经过固定小容积的次数来计量流量。固定小容积是流量计内部的一个标准计量空间，由流量计内壁和转动部分构成。当流体经过该标准计量空间时，在流量

计进出口压力差的推动下，转动部分产生旋转，将流体由入口排向出口。由于标准计量空间的体积固定，所以只要测量转动部分的旋转次数，就可以得到被测介质的流量。

下面以工业过程中广泛使用的椭圆齿轮流量计为例。齿轮 A、B 与内壁构成标准计量空间。齿轮 A 顺时针转动，推动齿轮 B 逆时针旋转，并将标准计量空间内的流体排出；继而齿轮 B 的转动又推动齿轮 A 旋转，其工作过程如图 3-37 所示；该过程重复进行。设齿轮转速为 v，标准计量空间体积为 V，则体积流量为

$$q_{\mathrm{v}} = 4vV \tag{3-47}$$

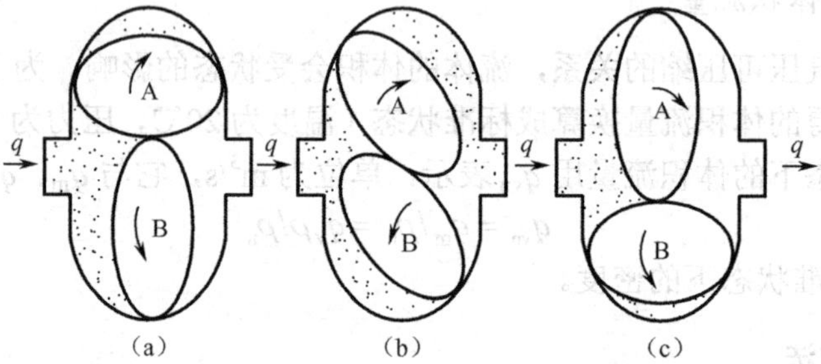

图 3-37 椭圆齿轮流量计的工作原理

流量测量与流体的流动状态无关，这是因为椭圆齿轮流量计是依靠被测介质的压头推动椭圆齿轮旋转而进行计量的。

黏度越大的介质，从齿轮和计量空间间隙中泄漏出去的泄漏量越小，因此被测介质的黏度越大，泄漏误差越小，对测量越有利。

椭圆齿轮流量计计量精度高，适用于高黏度介质流量的测量，但不适用于含有固体颗粒的流体（固体颗粒会将齿轮卡死，以致无法测量流量）。如果被测液体介质中夹杂有气体，也会引起测量误差。

2．差压式流量计

差压式流量计基于伯努利方程和连续性原理：在流通管道上安装节流元件，当流体通过节流元件时会产生流速变化，进而在节流元件前后产生压力差，通过差压测量即可求得被测流量。该种流量计结构简单、运行可靠，可以与差压变送器直接配合，适用于多种介质流量检测，是流量测量仪表中最成熟、最常用的仪表之一。

压差式流量计原理介绍

节流元件使通过的流体束收缩、流速加快、静压力降低，从而在其前后形成压力差。最广泛使用的节流元件是孔板，其次是喷嘴、文丘里管等。下面以孔板为例说明节流现象。

孔板装在管道内，为板状，其中央有一个小于管道截面积的圆孔。当稳定流动的流体流过时，在孔板前后将产生压力和速度的变化，如图 3-38 所示。

流体在管道截面 I 前未受到节流元件影响，静压力为 p_1，平均流速为 v_1，流体密度为 ρ_1；在接近节流元件处，随着流通面积的减小，流束收缩，流速增加；通过孔板后，在截面Ⅱ处流束达到最小，流速达到最大 v_2，此时静压力为 p_2，流体密度为 ρ_2；随后流束逐渐扩大，速度减慢，到截面Ⅲ后平均流速 v_3 恢复为 v_1；但是由于流通截面积的变化，使流体产生了局部涡流，损耗能量，所以静压力 $p_3 < p_1$，存在压力损失。

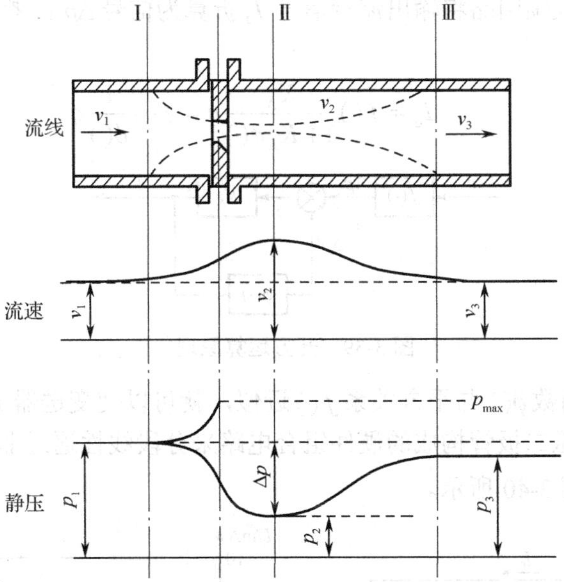

图 3-38　孔板及其前后压力、流速分布图

设流体为不可压缩的理想流体，即 $\rho_1=\rho_2$。根据伯努利方程和连续性原理，有

$$\frac{v_1^2}{2}+\frac{p_1}{\rho}=\frac{v_2^2}{2}+\frac{p_2}{\rho} \tag{3-48}$$

$$A_1v_1\rho=A_2v_2\rho \tag{3-49}$$

则有

$$v_2=\frac{1}{\sqrt{1-u^2\beta^2}}\sqrt{\frac{2}{\rho}(p_1-p_2)} \tag{3-50}$$

式中，u 为流束收缩系数；$\beta=A_0/A_1$，其中 A_0 为节流元件的开孔截面积，A_1 为管道截面积。

设孔板前后的压力之差 $\Delta p=p_1-p_2$，结合式（3-50）得到体积流量和质量流量为

$$q_{\mathrm{v}}=\frac{\varepsilon uA_0}{\sqrt{-u^2\beta^2}}\sqrt{\frac{2}{\rho}(p_1-p_2)}=\alpha A_0\sqrt{\frac{2}{\rho}\Delta p} \tag{3-51}$$

$$q_{\mathrm{m}}=\frac{\varepsilon uA_0}{\sqrt{-u^2\beta^2}}\sqrt{2\rho(p_1-p_2)}=\alpha A_0\sqrt{2\rho\Delta p} \tag{3-52}$$

式中，α 为流量系数，与节流装置的结构形式和面积比、流体的取压方式及特性等有关。

对于可压缩液体，$\rho_1\neq\rho_2$，其流量与压力差的关系为

$$q_{\mathrm{v}}=\varepsilon A_0\alpha\sqrt{\frac{2}{\rho}\Delta p} \tag{3-53}$$

$$q_{\mathrm{m}}=\varepsilon A_0\alpha\sqrt{2\rho\Delta p} \tag{3-54}$$

式中，ε 为膨胀修正系数，对于不可压缩流体，$\varepsilon=1$。

可得出，采用孔板测量实际上是通过在孔板前后的管壁上选择两个固定的取压点将流量转换成差压，再将差压引入差压变送器，最终将流量转换成 DC 4～20mA 电流信号。由于流量与差压Δp 之间是开平方关系，所以要求差压变送器具有开方运算功能。

差压变送器开方运算原理如图 3-39 所示。通过节流元件测得的差压 Δp 与流量 q 呈平方关

系，即 $\Delta p = f(q) = q^2$。反馈回路将输出流量信号 I_o 折算为信号 Δp；考虑运算放大器为理想运放，即 $K_A \to \infty$，则有

$$I_o = f(\cdot)\frac{K_A}{1+K_A\phi(\cdot)}q = f(\cdot)\frac{1}{\phi(\cdot)}q \tag{3-55}$$

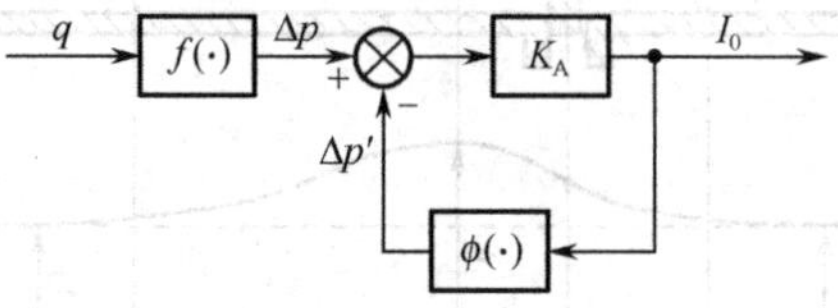

图 3-39　开方运算原理

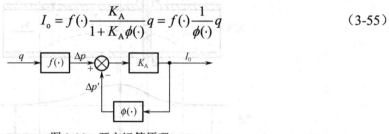

由此可得，只要使函数 $\phi(\cdot)$ 与平方关系 $f(\cdot)$ 近似，就可以使变送器 I_o 与被测流量 q 成比例关系。通常采用电阻-稳压二极管构成的硬件组合电路来分段线性逼近非线性函数 $f(\cdot)$，实现开方运算功能，其结构如图 3-40 所示。

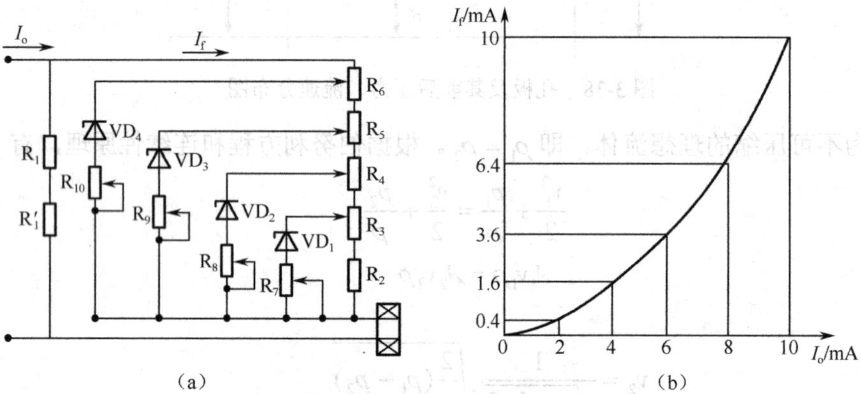

图 3-40　开方运算电路结构及其逼近函数曲线

随着电流 I_o 从最小值逐渐增大，稳压管 VD_1～VD_4 逐一导通，与其相串联的电阻 R_7～R_{10} 和电阻 R_2～R_6 中的相应区段并联，从而使分流支路的电阻逐一减小，分流电流 I_f 逐一增大，形成分段连接的平方逼近函数。因此，实际应用中，可以通过改变相应电阻值来调整分段点和各段斜率。

3. 电磁式流量计

电磁式流量计测量原理

电磁式流量计（Electromagnetic Flowmeters，EMF）是随着电子技术的发展而迅速发展起来的新型流量测量仪表。其原理如图 3-41 所示。它是根据法拉第电磁感应定律制成的，主要用于测量导电液体体积流量。目前广泛地应用于工业过程中各种导电液体的流量测量，如各种酸、碱、盐等腐蚀性介质及各种浆液流量测量，形成了独特的应用领域。

其工作原理是：根据法拉第电磁感应定律，当一导体在磁场中做切割磁力线运动时，在导体的两端即产生感生电动势，其方向由右手定则确定，其大小与磁场的感应强度、导体在磁场内的长度及导体的运动速度成正比。

与此相仿，在均匀磁场中，垂直于磁场方向放一个不导磁管道，当导电液体在管道中流动时，导电流体切割磁力线。如果在管道截面上垂直于磁场的直径两端安装一对电极，则可以证明，只要管道内流速分布为轴对称分布，两电极之间也会产生感生电动势，根据电磁感应定律，

此电动势为

$$E=BDv$$

式中，B 为管道内磁感应强度；D 为管道内径，也就是切割磁力线的导体的长度；v 为管内流体的平均流速。由产生的感应电动势可知管道内流体的流速，于是体积流量为

$$Q_v=\frac{\pi D^2}{4}=\frac{\pi D}{4B}E=kE \tag{3-56}$$

式中，k 为仪表常数。可见流量与感应电动势的大小成正比。这就是电磁流量计的测量原理。

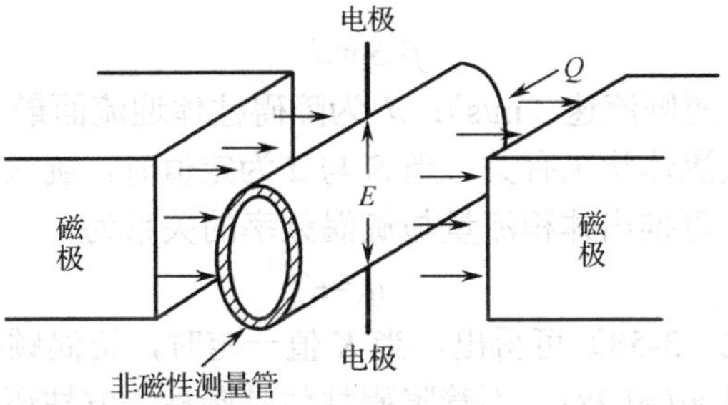

图 3-41　电磁式流量计原理

电磁流量计由电磁流量传感器和转换器两部分组成，传感器装在工业管道上，它的作用是将流进管道内的液体体积流量值线性地变换成感生电动势信号，并通过传输线将此信号送到转换器。转换器安装在离传感器不太远的地方，它将传感器送来的流量信号进行放大，并转换成与流量信号成正比的标准电信号输出，以进行显示、累积和调节控制。

传感器结构简单，测量管内没有可动部件，也没有任何阻碍流体流动的节流部件。所以当流体通过流量计时不会引起任何附加的压力损失，是流量计中运行能耗最低的流量仪表之一。它也可以测量脏污介质、腐蚀性介质及悬浊性液固两相流的流量，但是不能用来测量气体、蒸汽以及含有大量气体的液体，也不能用来测量电导率很低的液体介质，如石油制品或有机溶剂等介质。

4．旋涡式流量计

涡街流量计原理

旋涡式流量计是利用流体遇到阻碍物后产生的旋涡测量流量。旋涡式流量计有两种：一种是在管道内沿轴线方向设置螺旋形导流片，引导流体围绕轴线旋转形成旋进旋涡，通过测量旋进旋涡的角速度（旋进频率）测得流量，称为旋进型旋涡流量计；另一种是在管道内横向设置阻流体，流体绕过阻流体时，在下游形成两排交替的旋涡列，通过测量旋涡产生的频率测定流量，称为卡曼型旋涡流量计或涡街流量计。下面介绍涡街流量计的工作原理。

实验表明，当管道中的流体遇到横置的、满足一定条件的柱状障碍物时，会产生有规律的周期性旋涡序列，其旋涡序列平行排成两行，如同街道两旁的路灯，俗称“涡街”。由于这一现象首先是由卡曼发现的，故又命名为“卡曼涡街”，如图 3-42 所示。

理论研究与实验表明，在一定条件下被测物体的流量与旋涡出现的频率存在定量关系，只要测出涡街的频率即可求得流量，这就是涡街流量计的工作原理。

如图 3-42 所示，当 h/l=0.281 时，旋涡的周期是稳定的。此时旋涡频率 f 与流体流速 v 之间的定量关系为

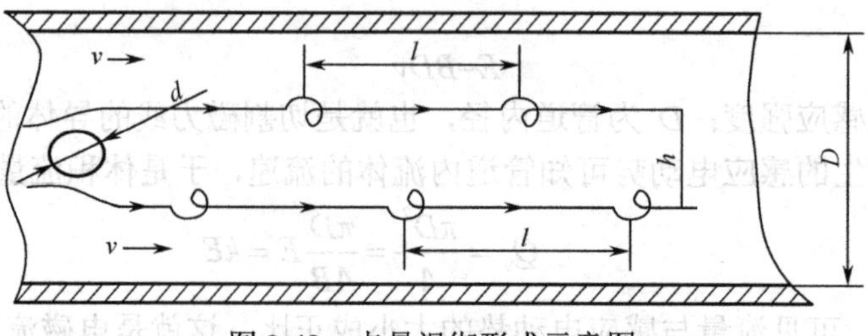

图 3-42 卡曼涡街形成示意图

$$f=S_t v/d \tag{3-57}$$

式中，v 为管道内障碍柱体两侧流速（m/s）；d 为障碍柱体迎流面最大宽度（m）；S_t 为斯特拉哈尔常数，与障碍物形状及流体状况有关。当 S_t 与 d 为定值时，旋涡频率与流速成正比。再根据体积流量与流速的关系，可推出体积流量与旋涡频率的关系为

$$q_v=Kf \tag{3-58}$$

式中，K 为结构常数。由式（3-58）可得出，当 K 值一定时，旋涡频率与流量呈线性关系。

这里要说明：只要满足 h/l=0.281，不管障碍柱体是圆柱、方柱还是三角柱，都可以产生稳定的周期性旋涡，其对应的 S_t 分别为 0.21、0.17、0.16。

从以上讨论可以看出，涡街流量计以频率方式输出并与被测流量呈线性关系，表现出简单优良的特性，而且障碍柱体使流体产生的压力损失要远远小于孔板等节流元件所产生的压力损失，所以其发展趋势很好。

若测得的频率信号再经过电路转换成 DC 4～20mA 的标准信号，就构成了模拟式涡街流量变送器；若将测得的频率信号转换成脉冲数字信号，即可构成智能式涡街流量变送器。图 3-43 所示为灵巧型卡曼涡街流量变送器的结构框图。该变送器集模拟与数字技术于一体，既可以输出 DC 4～20mA 的标准信号，又具有数字通信功能，因此，它在工业生产过程中得到了广泛的应用。

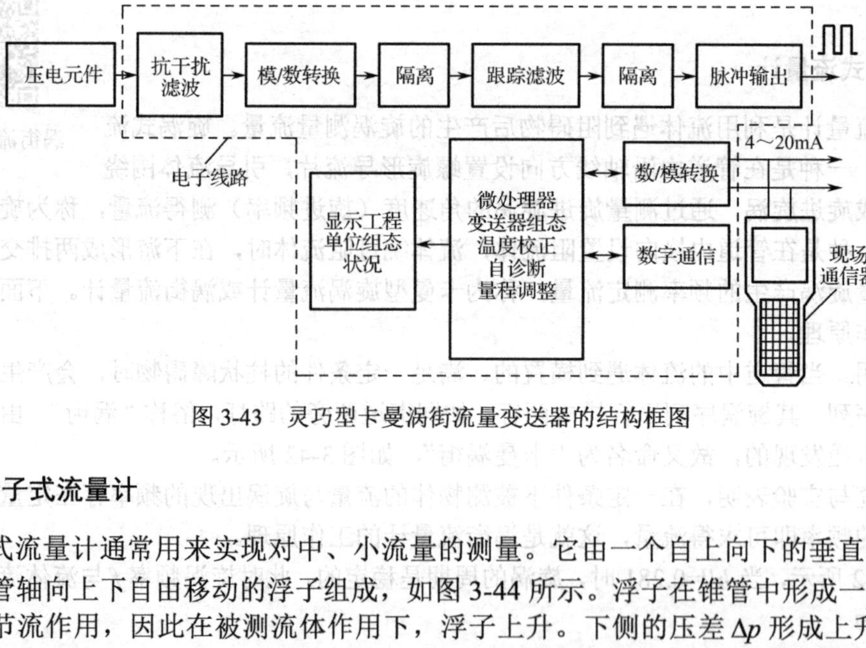

图 3-43 灵巧型卡曼涡街流量变送器的结构框图

5．转子式流量计

转子式流量计通常用来实现对中、小流量的测量。它由一个自上向下的垂直锥管和一个可以沿锥管轴向上下自由移动的浮子组成，如图 3-44 所示。浮子在锥管中形成一个环形流通面积，起节流作用，因此在被测流体作用下，浮子上升。下侧的压差 Δp 形成上升力 F_2。设 A_f 为最大环形流通面积，ρ 为被测介质密度，v 为环形流通面积中的流体平均流速，ξ 为比例

系数，则有

$$F_2 = \xi \frac{\rho v^2}{2} A_{\mathrm{f}} \tag{3-59}$$

设 V_{f}、ρ_{f} 分别为浮子的体积和材料密度，g 为重力加速度，则转子重力为

$$F_1 = V_{\mathrm{f}} g(\rho_{\mathrm{f}} - \rho) \tag{3-60}$$

若流量增加，转子重力小于上浮力，则转子上升，环形流通面积增加，Δp 下降，最终使上升力与重力达到新的动态平衡，于是转子稳定在一定位置上。此时，浮子在锥管中的位置高度与被测介质的流量存在以下关系

$$q_{\mathrm{v}} = a\varphi h\sqrt{\frac{\rho_{\mathrm{f}} - \rho}{\rho}} \tag{3-61}$$

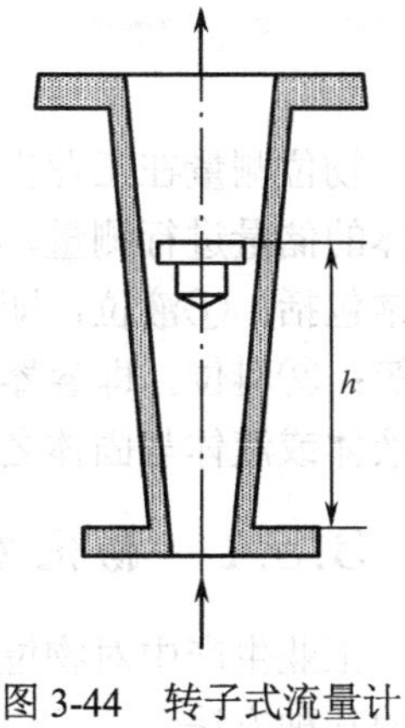

图 3-44　转子式流量计

式中，a 为流量系数；φ 为流量计结构常数。

可见，被测介质的体积流量与浮子在锥管中的高度近似成线性关系，即流量越大，浮子所处的平衡位置越高。

质量流量计—科里奥利测量原理

6. 质量流量计

为便于在生产时进行物料平衡计算和经济核算，常常需要计算质量流量。因为流体密度会随着温度和压力的变化而变化，所以为了获得质量流量，就需要在测量流体体积流量的同时，测量流体的压力和密度。根据测量原理的不同，可以分为直接式和间接式。

科氏力质量流量计是一种被广泛使用的直接式质量流量计，它是利用流体在振动管中流动时产生与质量流量成正比的科氏力制成的。

如图 3-45 所示，两根金属 U 形管与被测管路相连通，流体按箭头方向流动。在 A、B、C 三处都安装一组压电换能器。换能器 A 在外加交流电压作用下产生交变力，使两个 U 形管产生上、下振动；换能器 B 和 C 用于检测两管的振动幅度。根据出口侧振动信号的相位超前于入口侧振动信号的相位的规律，位于出口侧的换能器 C 输出的交变信号将超前于位于入口侧的换能器 B 的输出信号，两种信号的相位差与流过的质量流量成正比。

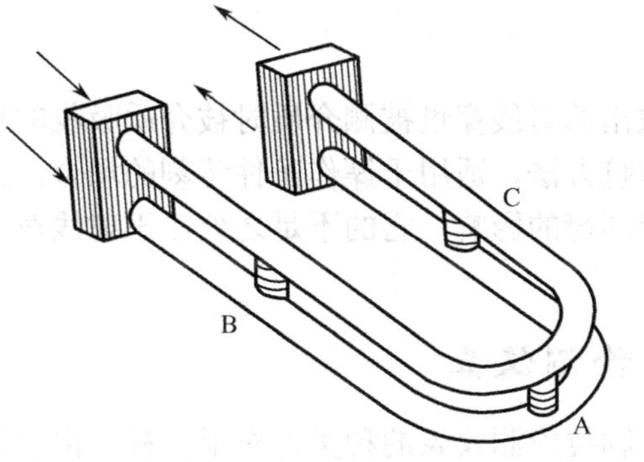

图 3-45　科氏力质量流量计

该流量计测量精度高、结构简单，适用于中小尺寸的管道中黏度和密度相对较大的流体流量检测。

3.5 物位检测与变送

常见物位检测仪表

物位测量在工业生产中具有重要的地位。在工业过程中，常常需要对容器中储存的液体、固体的储量进行测量，以保证生产的正常运行和物料之间的动态平衡。物位就是指物料的高度，通常包括：①液位，即容器中液体的液面高度，如锅炉锅筒内的水位、油罐或水塔中储液的液位等；②料位，即容器中固体或颗粒状介质的堆积高度，如煤仓中的煤位等；③界位，即液体与液体或液体与固体之间分界面的高低。因此，物位测量与生产关系十分密切。

3.5.1 物位检测的主要方法

工业生产中对物位仪表的要求多种多样，测量物位的方法也有很多，这里仅介绍工业上常用的几种方法。

1. 静压式测量法

静压式又可分为压力式和差压式两类。压力式适用于敞口容器，差压式适用于闭口容器。根据流体静力学原理，装有液体的容器中某一点的静压力与液体上方自由空间的压力之差同该点上方液体的高度成正比。因此可通过压力或差压来测量液体的液位。基于这种方法的最大优点是可以直接采用任何一种测量压力或差压的仪表实现对液体的测量和变送。

2. 电气式测量法

将敏感元件置于被测介质中，当物位变化时其电气参数如电阻、电容、磁场等将产生相应变化。该方法既能测量液位，也能测量物料，其典型检测仪表有电容式液位计、电容式料位计等，它们的最大优点是可以与电容式差压变送器配合使用输出标准统一的信号。

3. 声学式测量法

该方法的测量原理是利用特殊声波（如超声波）在介质中的传播速度及在不同相界面之间的反射特性来检测物位。它是一种非接触式测量方法，适用于液体、颗粒状与粉末物以及黏稠、有毒等介质的物位测量，并能实现安全防爆。但对声波吸收能力强的介质，则无法进行测量。

4. 射线式测量法

此方法是利用同位素放出的射线穿过被测介质时被介质吸收的程度来检测物位的。射线式测量法也是一种非接触式测量方法，适用于操作条件苛刻的场合，如高温、高压、强腐蚀、易结晶等工艺过程，几乎不受环境的影响。它的不足之处在于射线对人体有害，需要采取有效的安全防护措施。

3.5.2 典型物位检测仪表

与流量检测仪表一样，物位检测仪表的种类也有很多种。由于篇幅限制，这里仅介绍几种典型的物位检测仪表。

1. 差压式液位计

差压式液位测量示意图如图 3-46 所示。

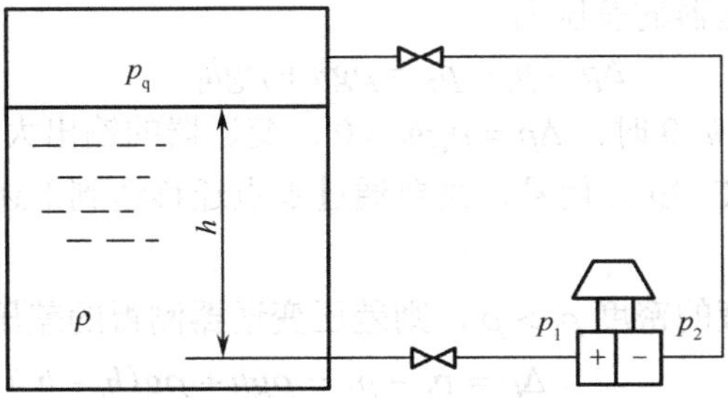

图 3-46　差压式液位测量示意图

设被测液体的密度为ρ，容器顶部为气相介质，气相压力为p_q（若是敞口容器，则p_q为大气压p_{atm}）。根据静力学原理有$p_2 = p_q$，$p_1 = p_q + \rho gh$（g为重力加速度），此时输入差压变送器正、负压室的压差为

$$\Delta\rho = p_1 - p_2 = \rho gh \tag{3-62}$$

由式（3-62）可见，当被测介质的密度一定时，其压差与液体高度成正比，测得压差即可以测得液位。若采用DDZ-Ⅲ型差压变压器，则当h=0时，Δp=0，变送器的输出为DC 4mA信号。但在实际应用中，会出现两种情况：①差压变送器的取压口低于容器底部，如图 3-47 所示；②被测介质具有腐蚀性，差压变送器的正、负压室与取压口之间需要分别安装隔离罐，如图 3-48 所示。对于这两种情况，差压变送器的零点均需要迁移，现分别进行讨论。

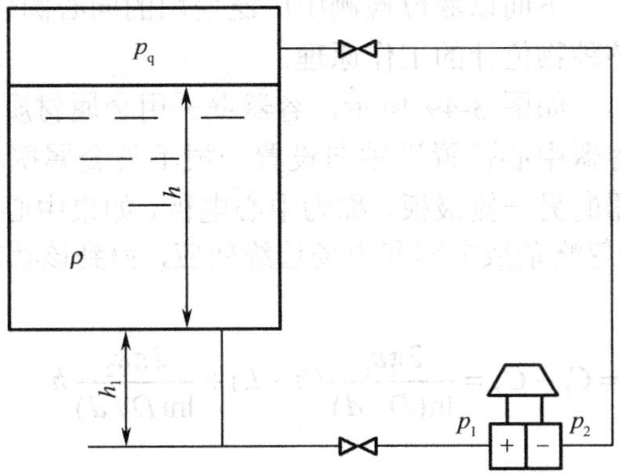

图 3-47　取压口低于容器底部的情况

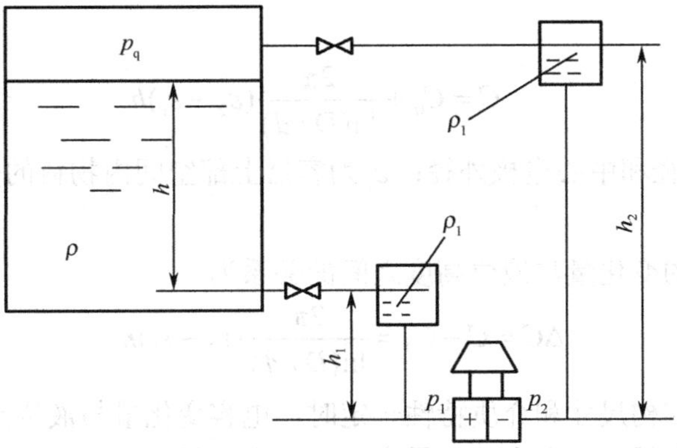

图 3-48　取压口装有隔离罐的情况

在图 3-47 中，输入变送器的差压为

$$\Delta p = p_1 - p_2 = \rho gh + \rho gh_1 \tag{3-63}$$

由式（3-63）可见，当 h=0 时，$\Delta p = \rho gh_1 \neq 0$，变送器的输出大于 DC 4mA 信号。为了使 h=0 时变送器的输出仍为 DC 4mA 信号，需要通过零点迁移达到上述目的。由于 $\rho gh_1 > 0$，所以称为正迁移。

在图 3-48 中，设隔离液的密度 $\rho_1 > \rho$，则差压变送器测得的差压为

$$\Delta p = p_1 - p_2 = \rho gh + \rho g(h_1 - h_2) \tag{3-64}$$

式中，$\rho g(h_1 - h_2) < 0$，所以需要进行负迁移。

上述两种迁移，其目的都是使变送器的输出起始值与测量值的起始值相对应。

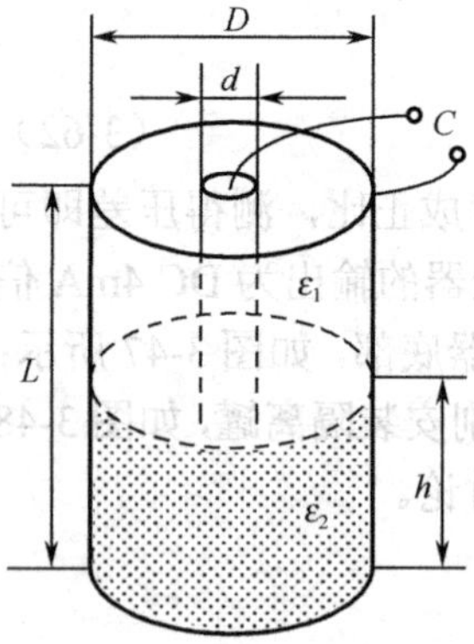

图 3-49 同心圆柱式电容物位计

2. 电容式物位计

电容式物位计的工作原理是：根据电容极板间介质的介电常数 ε 不同（如水的相对介电常数为 79，干燥空气的相对介电常数为 1）所引起的电容变化，并通过检测电容求得被测介质的物位。它由电容物位传感器和电容测量电路两部分构成，适用于各种导电介质和非导电介质的液位测量，以及颗粒状和粉末状固体料位的测量，便于进行信号远传。

下面以液位检测中广泛使用的同心圆柱式电容物位计为例，说明该种物位计的工作原理。

如图 3-49 所示，容器壁采用金属材质构成电容器的一侧极板，容器中心位置沿轴向设置一根不与金属壁相接触的金属棒构成电容器的另一侧极板，称为中心电极。如果中心电极的一部分被介电常数为 ε_2 的被测介质所淹没，则忽略杂散电容和电场边缘效应，得到该状态下电容 C 与被测介质液位高度 h 之间的关系为

$$C = C_1 + C_2 = \frac{2\pi\varepsilon_1}{\ln(D/d)}(h - L) + \frac{2\pi\varepsilon_2}{\ln(D/d)}h \tag{3-65}$$

设

$$C_0 = \frac{2\pi\varepsilon_1 L}{\ln(D/d)} \tag{3-66}$$

则有

$$C = C_0 + \frac{2\pi}{\ln(D/d)}(\varepsilon_2 - \varepsilon_1)h \tag{3-67}$$

式中，D、d 为容器的内径和中心电极外径；ε_1 为容器上部空间内物料的介电常数；L 为中心电极总长度。

由此可以推得电容的变化量与液位高度之间的关系为

$$\Delta C = C - C_0 = \frac{2\pi}{\ln(D/d)}(\varepsilon_2 - \varepsilon_1)h \tag{3-68}$$

可见，当电容器的结构尺寸和介质特性一定时，电容变化量与液位高度呈正比关系；而且容器中两种介质常数差距越大，电容变化量也越大，也就是物位计的灵敏度越高。

电容式物位计中的电容变化量较小，直接测量有一定的困难。目前常用交流电桥法、谐振

电路法等，将电容量转换成其他电信号实现电容检测。图 3-50 所示的交流电桥法中，高频电源 E 通过电感 L_1、L_4 耦合到 L_2、L_3、C_1、C_2 组成的电桥。测量桥臂 DA 引入检测电容，可调桥臂 AB 对初始电容 C_0 进行平衡。电桥输出信号经 VD 整流后，可直接显示，也可以通过配接毫伏输入型变送器输出 DC 4～20mA 标准电流信号。

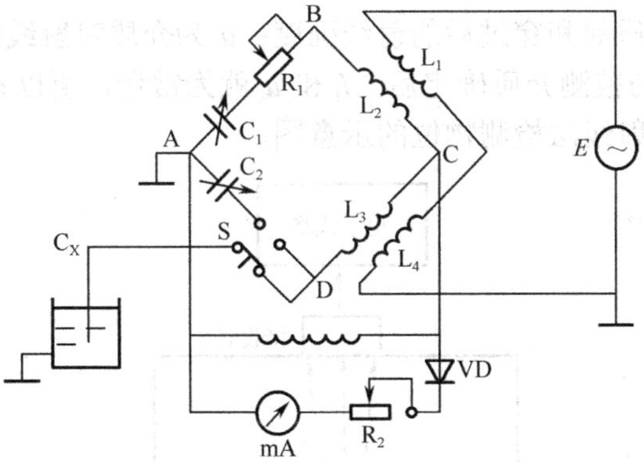

图 3-50　交流电桥法测量电容原理图

3. 超声波液位计

超声波液位检测原理图如图 3-51 所示。

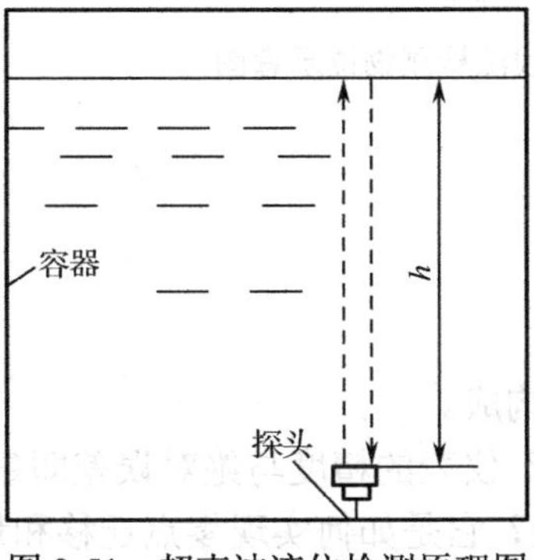

图 3-51　超声波液位检测原理图

超声波液位计

图 3-51 中，容器底部放置了一个超声波探头，探头上装有超声波发射器和接收器。发射器向液面发射超声波并在液面处被反射，反射波被接收器接收。设超声波探头至液面的高度为 h，超声波在液体中的传播速度为 v，从发射到接收的时间为 t，显然有如下关系：

$$h=vt/2 \tag{3-69}$$

由式（3-69）可知，只要 v 已知，测得时间 t，即可以得到液位 h。

超声波液位计主要由超声换能器和电子装置组成。超声换能器的工作原理依据的是压电晶体的压电效应。压电晶体接收振动的声波产生交变电场称为正压电效应。而在交变电场作用下压电晶体将电能转换成振动的过程称为逆压电效应。利用上述正、逆压电效应可分别做成发射器和接收器。电子装置用于产生交变电信号并处理接收器的电信号。超声波液位计的测量精度主要取决于传播速度和时间，而传播速度受介质的温度、成分等的影响较大。为提高测量精度，往往需要进行补偿。通常的做法是在换能器附近安装一个温度传感器，并根据声速与温度的关系进行自动补偿或修正。

4．辐射式物位计

辐射式物位计是利用放射源产生的γ射线穿过被测介质时，射线强度随通过介质厚度的增加而衰减这一原理来测量物位的。射线强度的变化规律为

$$I_0 = I_i \exp(-uh) \tag{3-70}$$

式中，I_i、I_0分别为射入介质前和穿过后的射线强度；u为介质对射线的吸收系数；h为射线穿过介质的厚度。当射线源与被测介质确定后，I_i和u就为常量，所以只要测出I_0就可以得到h（即物位）。图3-52所示为射线法检测物位的示意图。

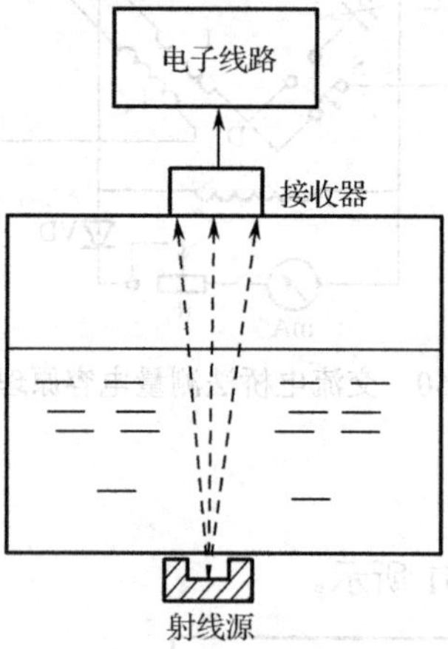

图3-52　射线法检测物位示意图

习题

3-1 试述过程工艺参数检测仪表的基本构成。

3-2 什么是误差？误差有哪些表现形式？仪表的精度与绝对误差即量程的关系是什么？

3-3 DDZ-Ⅲ型温度变送器具有什么功能？它是如何实现零点迁移和量程调整的？

3-4 设有某DDZ-Ⅲ型毫伏输入变送器，其零点迁移值u_{min}=6mV，量程为DC 12mV。现已知变送器的输出电流为DC 12mA。试问：被测信号为多少毫伏？

3-5 智能温度变送器有哪些特点？它的硬件构成有哪几部分？

3-6 温度变送器接收直流毫伏信号、热电偶信号和热电阻信号时其量程单元有哪些不同？

3-7 试述热电阻和热电偶的测温原理。

3-8 热电阻测温电桥电路中的三线制接法为什么能减小环境温度变化对测温精度的影响？

3-9 使用热电偶测温时，为什么要进行冷端温度补偿？常用的补偿措施有哪些？

3-10 试述压力的概念，并说明表压、负压力、绝对压力之间的关系。

3-11 电容式差压变送器的工作原理是什么？有何特点？

3-12 简述DDZ-Ⅲ型力矩平衡式差压变送器的工作原理及其构成。

3-13 体积流量、质量流量、瞬时流量、累积流量各有什么含义？

3-14 差压式流量测量的理论依据是什么？简述差压式流量测量的基本原理。

3-15 椭圆齿轮流量计的特点是什么？对被测介质有什么要求？

3-16 电磁流量计的工作原理是什么？它对被测介质有什么要求？

3-17 简述涡街流量计的旋涡频率检测方法。

3-18 超声波流量计的特点是什么？

3-19 用差压变送器测某储罐的液位，差压变送器的安装位置如图 3-53 所示。请导出变送器所测差压Δp与液位 h 之间的关系。变送器零点需不需要迁移？为什么？

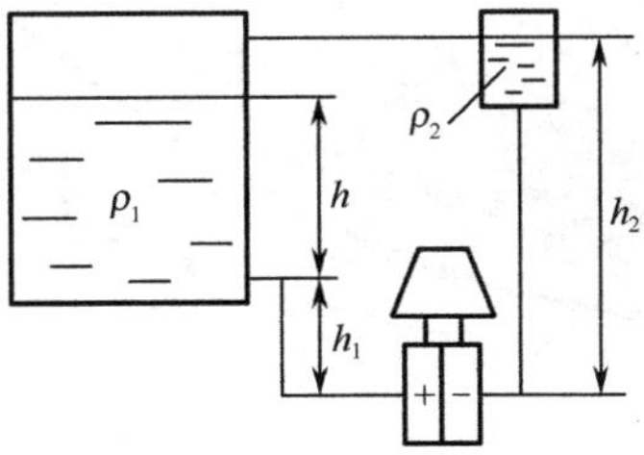

图 3-53　习题 3-19 图

3-20 试述差压式液位计的工作原理。

3-21 试述电容式物位计的工作原理。

3-22 超声波液位计适用于什么场合？

第4章

过程控制仪表

本章知识点：

- 控制器的基本控制规律及特点
- 执行器的组成及作用
- 安全火花防爆系统构成的充要条件

基本要求：

- 掌握模拟及数字 PID 调节器的原理
- 掌握执行器的理想流量特性及工作流量特性
- 了解安全栅的主要作用

能力培养：

过程控制仪表中所包含的 PID 调节器、执行器应用最为广泛，也是其他复杂控制方案的基础。执行器直接与被调介质相连，通过调整管道流量的大小，进而调节温度、压力、流量、液位等被控量。通过本章的学习，使学生掌握 PID 控制规律的特点，针对不同的过程控制系统可以选择不同的控制方案，包括模拟 PID 控制、数字 PID 控制、基本 PID 控制、改进 PID 控制等；按照被控对象的特性、管道压力特性、控制目标要求等选择不同工作流量特性、不同口径的调节阀；根据安全性原则选择调节阀的气开、气关特性，培养学生通过灵活运用相关基础知识和基础理论解决实际问题的能力。

随着工业信息化的发展、生产规模的扩大和强度的提高，人们对生产的控制和管理要求也越来越高，控制方案也越来越复杂。从经典控制算法的 PID、比值、前馈、串级、smith 补偿控制，到现代控制的自适应、解耦、预测、鲁棒控制，再到智能控制的专家控制、模糊控制、神经控制、遗传算法、免疫控制等满足了不同工业生产的要求。而过程控制仪表中所包含的 PID 调节器、执行器应用最为广泛，也是其他复杂控制方案的基础。

4.1 过程控制仪表概述

过程控制仪表是实现工业生产过程自动化的重要工具，被广泛应用在石油化工等领域。过程控制仪表将被控变量的测量值与给定值比较，产生一定的偏差，控制器根据偏差进行一定的数学运算，并将运算结果按照一定的信号形式送往执行器，如图 4-1 所示，以实现对被控变量的自动控制，使被控量达到预期的要求。

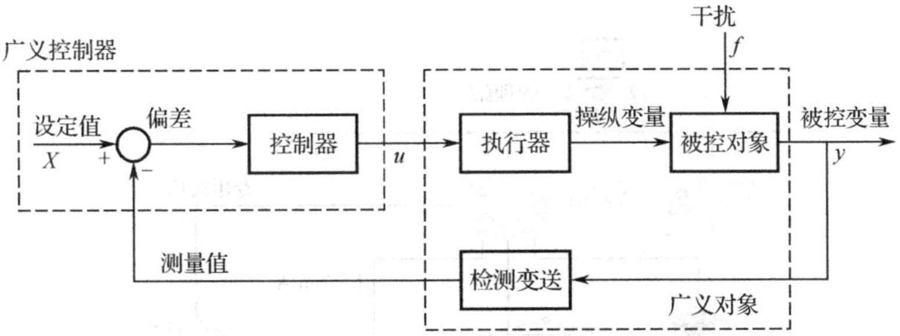

图 4-1　过程控制仪表简单控制方框图

4.1.1　过程控制仪表的发展

20 世纪 40～60 年代主要采用基地式仪表，包括气动模拟仪表、电动模拟仪表和单元组合模拟仪表。40 年代初期，气动信号标准制定，产生了气动单元控制仪表系统；50 年代初，模拟电流信号标准制定，产生了电动单元控制仪表系统；60 年代，基于电动单元组合式模拟仪表控制系统出现。如图 4-2 所示，电动单元组合式模拟仪表是将变送、调节、执行显示、给定及操作单元进行组合而构成的控制系统。

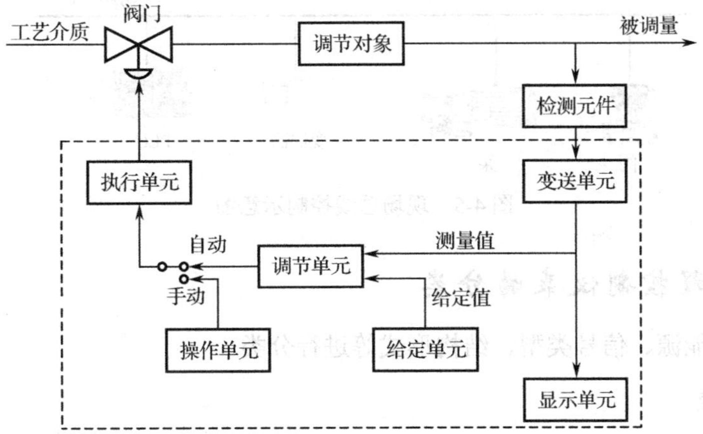

图 4-2　电动单元组合式模拟仪表

20 世纪 70 年代一些工厂、企业实现了车间大型装置的计算机集中控制，一台计算机控制多台设备，便于优化、管理、调度，如图 4-3 所示；但在集中控制的同时，危险也集中了，因此在 80 年代出现了以集中管理、分散控制为特点的集散控制系统（DCS），如图 4-4 所示；90 年代出现了基于现场总线（FCS）的开放型自动化系统，向网络化、智能化方向发展，如图 4-5 所示。

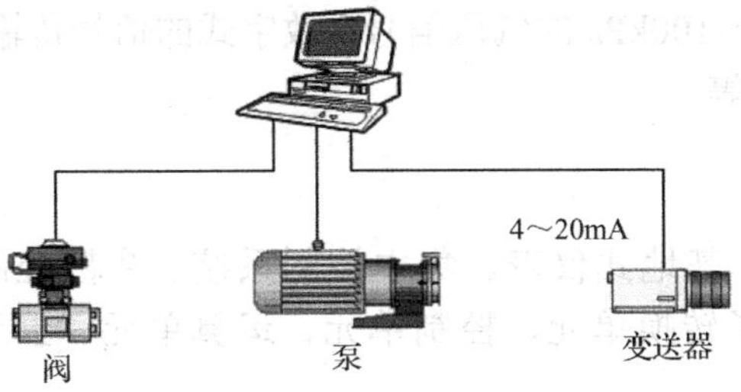

图 4-3　集中控制示意图

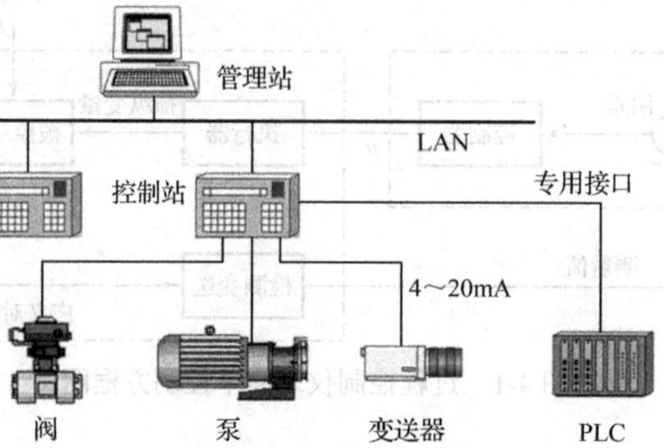

图 4-4 集散控制示意图

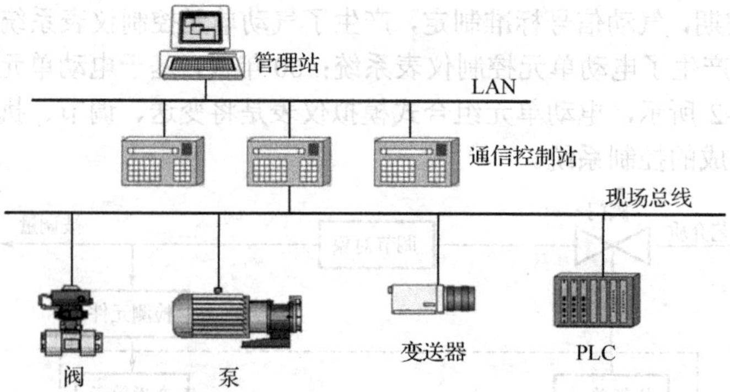

图 4-5 现场总线控制示意图

4.1.2 过程控制仪表的分类

控制仪表可按能源、信号类型、结构形式等进行分类。

1. 按能源分类

可分为电动、气动、液动、机械式等。过程控制中普遍采用的是电动和气动两种控制仪表。DDZ-Ⅲ型仪表中电动仪表一般采用 24V 直流供电；气动仪表一般采用 140kPa 的气压信号作为气源。

2. 按信号类型分类

可分为模拟式和数字式。模拟式的信号传输通常为连续变化的模拟量，如 4～20mA 电流信号、1～5V 电压信号、20～100kPa 的气压信号；数字式的信号传输是以微处理器为核心的断续变化的数字量、脉冲信号等。

3. 按结构形式分类

可分为单元组合仪表、基地式仪表、集中控制系统、集散控制系统、现场总线控制系统等。过程控制仪表包含了转换单元、控制单元、运算单元、显示单元、辅助单元（安全栅）。

4.1.3　控制仪表的功能

1. 偏差显示

调节器的输入电路接收测量信号和给定信号，两者相减后的偏差信号由偏差显示仪表显示其大小和正负。

2. 输出显示

调节器输出信号的大小由输出显示仪表显示，习惯上显示仪表也称阀位表。阀位表不仅显示调节阀的开度，而且通过它还可以观察到控制系统受干扰影响后的调节过程。

3. 内、外给定信号的选择

当调节器用于定值控制时，给定信号常由调节器内部提供，称为内给定；而在随动控制系统中，调节器的给定信号往往来自调节器的外部，称为外给定。内、外给定信号由内、外给定开关进行选择或由软件实现。

4. 正、反作用的选择

工程上，通常将输出随反馈输入的增大而增大的调节器称为正作用调节器；而将输出随反馈输入的增大而减小的调节器称为反作用调节器。为了构成一个负反馈控制系统，必须正确地确定调节器的正、反作用，否则整个控制系统将无法正常运行。调节器的正、反作用可通过正、反作用开关进行选择或由软件实现。

5. 手动切换操作

在控制系统投入运行时，往往先进行手动操作改变调节器的输出，待系统基本稳定后再切换到自动运行状态；当自动控制时的工况不正常或调节器失灵时，必须切换到手动状态以防系统失控。通过调节器的手动/自动双向切换开关，可以对调节器进行手动/自动切换，而在切换过程中，又希望切换操作不会给控制系统带来扰动，即要求无扰动切换。

6. 其他功能

除了上述功能外，有的调节器还有一些附加功能，如抗积分饱和、输出限幅、输入越限报警、偏差报警、软手动抗漂移、停电对策等，所有这些附加功能都是为了进一步提高调节器的控制功能。

4.2　DDZ-Ⅲ型模拟式调节器

DDZ 是电动单元组合仪表汉语拼音的缩写，它经历了以电子管、晶体管和线性集成电路为基本放大元件的Ⅰ型、Ⅱ型和Ⅲ型系列产品阶段。其中 DDZ-Ⅰ、Ⅱ型已经基本不用，本节主要介绍 DDZ-Ⅲ型模拟式调节器。在此之前先对调节规律的数学描述及其特性进行简单的介绍。

4.2.1　比例积分微分调节器

调节器的调节规律是指调节器的输出信号与输入信号之间的关系，即

$$u(t) = f(e) = f(r - y) \tag{4-1}$$

式中，u 为调节器输出；e 为偏差信号；r 为设定值；y 为被控参数的测量值。

PID 是英文单词比例（Proportion）、积分（Integral）、微分（Differential coefficient）的缩写。PID 调节实际上由比例控制、积分控制、微分控制三种基本调节规律和比例积分控制（PI）、比例微分控制（PD）、比例积分微分控制（PID）三种组合调节规律组成。

理想 PID 的时域数学表达式为

$$u(t) = K_P\left[e(t) + \frac{1}{T_I}\int e(t)\mathrm{d}t + T_D\frac{\mathrm{d}e(t)}{\mathrm{d}t}\right] \tag{4-2}$$

式中，$u(t)$为调节器的输出；$e(t)$为被控参数与给定值之差。

写成传递函数形式为

$$G_C(s) = \frac{U(s)}{E(s)} = K_P\left[1 + \frac{1}{T_I s} + T_D s\right] \tag{4-3}$$

式中，第一项为比例（P）部分，第二项为积分（I）部分，第三项为微分（D）部分；K_P 为调节器的比例增益，T_I为积分时间（以 s 或 min 为单位），T_D为微分时间（也以 s 或 min 为单位），用框图表示如图 4-6 所示。

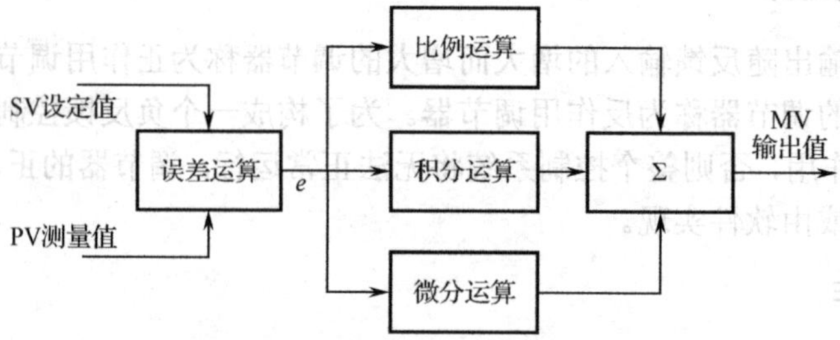

图 4-6 比例积分微分调节器框图

当积分时间 T_I为无穷大，且微分时间 T_D为零时，调节器为纯比例调节。

$$G_C(s) = \frac{U(s)}{E(s)} = K_P \tag{4-4}$$

当微分时间 T_D为零时，调节器为比例积分调节。

$$G_C(s) = \frac{U(s)}{E(s)} = K_P\left[1 + \frac{1}{T_I s}\right] \tag{4-5}$$

当积分时间 T_I为无穷大时，调节器为比例微分调节。

$$G_C(s) = \frac{U(s)}{E(s)} = K_P[1 + T_D s] \tag{4-6}$$

当比例、积分、微分均起作用时为 PID 调节器。

$$G_C(s) = \frac{U(s)}{E(s)} = K_P\left[1 + \frac{1}{T_I s} + T_D s\right] \tag{4-7}$$

1. 比例调节规律（P）

比例作用是依据偏差的大小来动作的，在调节阀系统中起着稳定被调参数的作用。

1）比例调节器的特性

比例调节器的输出变化量与输入偏差成正比，在时间上没有滞后。

比例调节器时域表达式为

$$u(t) = K_P e(t) \tag{4-8}$$

比例调节器传递函数形式为

$$G_C(s) = \frac{U(s)}{E(s)} = K_P \tag{4-9}$$

式中　u——调节器输出变化量；

e——调节器的输入，即偏差；

K_P——调节器的比例增益或比例放大系数。

如图 4-7 所示，只要有偏差，比例调节器就能及时进行调节，因此比例控制是及时的、适当的；调节作用同偏差的大小成比例关系，偏差越大，输出的控制作用越强；比例调节结果存在静态偏差（简称静差），若被调量偏差为零，调节器的输出也就为零，比例控制不起作用，即调节作用以偏差存在为前提条件；K_P 为比例增益，当 K_P 增大时有利于减小静差，但 K_P 太大时会导致系统超调增加，稳定性变差，甚至使系统产生振荡。

2）比例度的概念

比例度是调节器输入的相对变化量与相应的输出相对变化量之比的百分数。工程中常用比例度代替比例放大系数。用数学式可表示为

$$\delta = \frac{\dfrac{e}{(e_{max} - e_{min})}}{\dfrac{u}{u_{max} - u_{min}}} \times 100\% \tag{4-10}$$

调节器的比例度可理解为：要使输出信号做全范围的变化，输入信号必须改变全量程的百分数，如图 4-8 所示。当输入为 100%且输出为 $\frac{p_{max} - p_{min}}{2}$ 时，要使输出信号做全范围的变化，即 p_{max}，输入信号必须改变全量程的 200%。

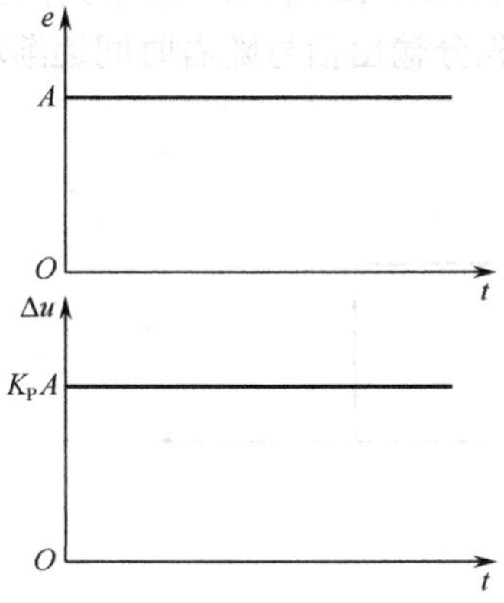

图 4-7　比例控制器的阶跃响应

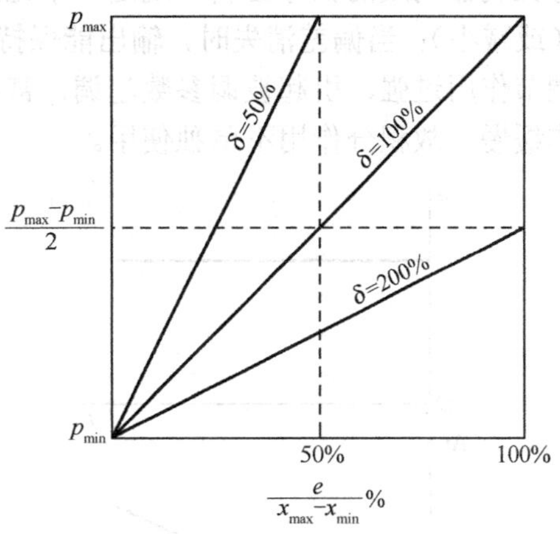

图 4-8　比例度的含义

3）比例度 δ 与比例放大系数 K_P 的关系

$$\delta = \frac{1}{K_P} \times \frac{u_{max} - u_{min}}{e_{max} - e_{min}} \times 100\% \tag{4-11}$$

在单元组合仪表中，控制器的输入信号是由变送器来的，而控制器和变送器的输出信号都是统一的标准信号，所以在单元组合仪表中，δ 与 K_P 互为倒数关系。

$$\delta = \frac{1}{K_P} \times 100\% \tag{4-12}$$

2. 积分调节规律（I）

积分作用是依据偏差是否存在来动作的，在系统中起着消除余差的作用；输出变化量 $u(t)$ 与输入偏差 e 的积分成正比。

积分调节规律时域表达式为

$$u(t) = K_I \int_0^t e\mathrm{d}t = \frac{1}{T_I}\int_0^t e\mathrm{d}t \tag{4-13}$$

传递函数表示为

$$G(s) = \frac{1}{T_I s} \tag{4-14}$$

积分控制作用的特性可以用阶跃输入下的输出来说明。当控制器的输入偏差是一幅值为 A 的阶跃信号时，上式就可写为

$$u(t) = K_I \int_0^t e\mathrm{d}t = K_I A t = \frac{A}{T_I} t \tag{4-15}$$

式中 K_I——积分速度；

T_I——积分时间常数。

从图 4-9 中可以看出，积分控制器输出的变化速度与偏差成正比。这就说明了积分控制规律的特点是：只要偏差存在，控制器的输出就会变化，执行器就要动作，系统就不可能达到稳态。只有当偏差消除（即 e=0）时，输出信号不再变化，执行器停止动作，系统才可能进入稳态。积分控制作用达到稳态时，偏差等于零，这是它的一个显著特点，也是它的一个主要优点。因此积分控制器构成的积分控制系统是一个无余差系统。即当有偏差存在时，积分输出将随时间增大（或减小）；当偏差消失时，输出能保持在某一值上，如图 4-10 所示；但积分作用过强，又会使调节作用过强，引起被调参数超调，甚至产生振荡；积分输出信号随着时间逐渐增强，控制动作缓慢，故积分作用不单独使用。

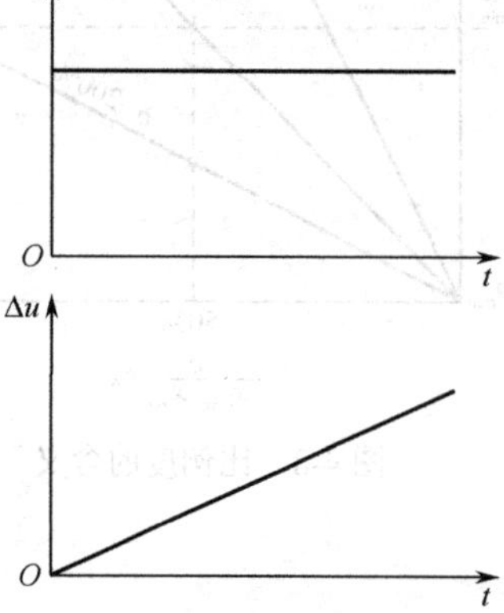

图 4-9 积分控制器的阶跃响应

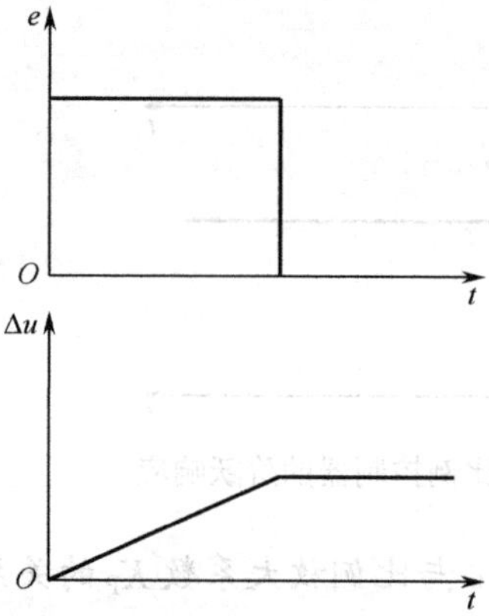

图 4-10 积分控制器的矩形波响应

3．微分调节规律（D）

在 PID 调节中，微分作用是依据偏差变化速度来动作的，在系统中起着超前调节的作用。

1）理想微分调节

对于惯性较大的对象，常常希望能加快控制速度，此时可增加微分作用。

微分调节规律时域表达式为

$$u(t)=T_{\mathrm{D}}\frac{\mathrm{d}e}{\mathrm{d}t} \tag{4-16}$$

传递函数表示为

$$G(s)=\frac{U(s)}{E(s)}=T_{\mathrm{D}}s \tag{4-17}$$

式中　T_{D}——微分时间；

$\frac{\mathrm{d}e}{\mathrm{d}t}$——偏差变化速度。

当输入为阶跃输入时，理想微分的输出如图 4-11 所示，输出为偏差产生瞬间的冲击。

2）微分控制的特点

微分作用能超前控制。在偏差出现或变化的瞬间，微分立即产生强烈的调节作用，使偏差尽快地消除于萌芽状态，使超调小，稳定性增加。根据偏差的变化速度进行调节，因此能提前给出较大的调节作用，大大减小了系统的动态偏差量及调节过程时间。

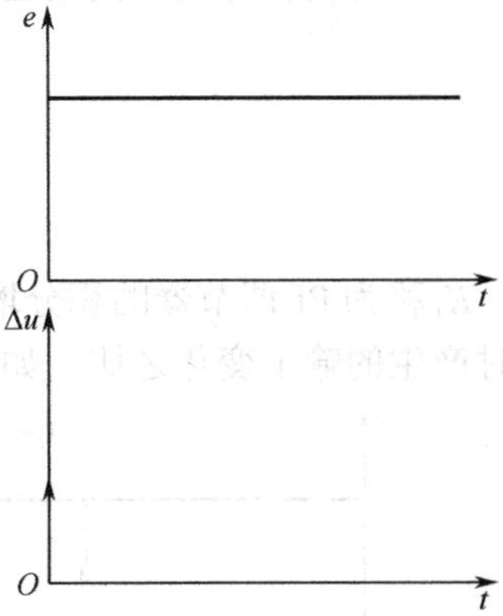

图 4-11　微分控制器的阶跃响应

微分对静态偏差毫无控制能力。对于一个固定不变的偏差，不管这个偏差有多大，微分作用的输出总是零，因此微分调节器不能用来消除静态偏差。

微分控制作用的输出大小与偏差变化的速度成正比，变化速度越快，调节器的输出就越大；而且当偏差的变化速度很慢时，输入信号即使经过时间的积累达到很大的值，微分调节器的作用也不明显。当微分作用过强时，又会使调节作用过强，引起系统超调和振荡。

所以这种理想微分控制作用一般不能单独使用，也很难实现，必须和 P 或 PI 结合，组成 PD 控制或 PID 控制。

4．比例积分调节规律（PI）

比例积分调节规律（PI）是比例与积分两种控制规律的结合。

1）理想 PI 调节

比例积分调节规律时域表达式为

$$u(t)=K_{\mathrm{P}}\left[e(t)+\frac{1}{T_{\mathrm{I}}}\int e(t)\,\mathrm{d}t\right] \tag{4-18}$$

传递函数表示为

$$G(s)=\frac{U(s)}{E(s)}=K_P\left(1+\frac{1}{T_I s}\right) \tag{4-19}$$

2）比例积分调节特性

比例积分调节规律既具有比例控制作用及时、快速的特点，又具有积分控制能消除余差的性能，因此是生产中常用的控制规律。

在阶跃输入作用下，即 $e(t)=A$ 时调节器的输出为

$$y=K_P\left(A+\frac{1}{T_I}At\right) \tag{4-20}$$

当 t=0 时，$y=K_PA$；当 $t=T_I$ 时，$y=2K_PA$。从图 4-12 中可以看出，每经过一个积分周期，产生一个比例作用的效果。

因此，可以从阶跃响应曲线上确定 K_P、T_I。积分时间 T_I 越大积分作用越弱，T_I 越小积分作用越强，$T_I=\infty$ 时取消积分作用。

3）实际比例积分调节

实际比例积分调节的输出不会无限增大，具有积分饱和现象，其传递函数表示为

$$G(s)=\frac{U(s)}{E(s)}=K_P\left(\frac{1+\frac{1}{T_I s}}{1+\frac{1}{K_I T_I s}}\right) \tag{4-21}$$

K_I 称为 PI 调节器的积分增益，它定义为：在阶跃信号输入下，其输出的最大值与纯比例作用时产生的输出变化之比。如图 4-13 所示，当偏差信号大小为 A 时，其稳态输出为 K_PK_IA。

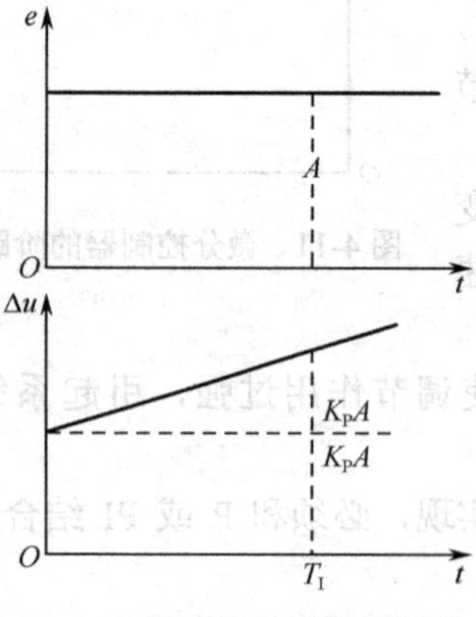

图 4-12　比例积分控制器的阶跃响应

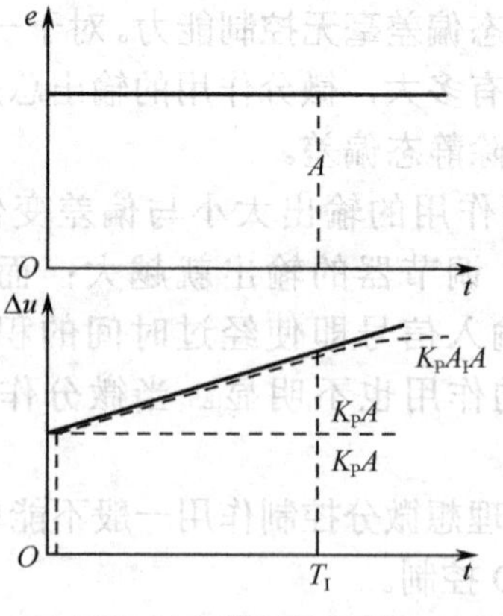

图 4-13　实际比例积分调节器的阶跃响应特性

5．比例微分调节（PD）

比例微分调节规律（PD）是比例与微分两种控制规律的结合。

1）理想的比例微分调节

比例微分调节规律时域表达式为

$$u(t)=K_P\left[e(t)+T_D\frac{de(t)}{dt}\right] \tag{4-22}$$

传递函数表示为

$$G(s)=\frac{U(s)}{E(s)}=K_{\mathrm{P}}[1+T_{\mathrm{D}}s] \tag{4-23}$$

2）PD 调节器的阶跃特性

当输入为阶跃信号时，PD 调节器的输出如图 4-14 所示。

微分时间 T_{D} 越大微分作用越强，T_{D} 越小微分作用越弱，$T_{\mathrm{D}}=0$ 时取消微分作用。在偏差产生的瞬间有很强的微分冲击，而后消失，只剩下比例作用。

3）PD 调节器的斜坡特性

PD 调节器的超前作用在斜坡输入条件下从输出特性曲线上能很好地体现出来。要达到同样的 $u(t)$，PD 作用要比单纯 P 作用快，提前的时间就是 T_{D}，如图 4-15 所示。

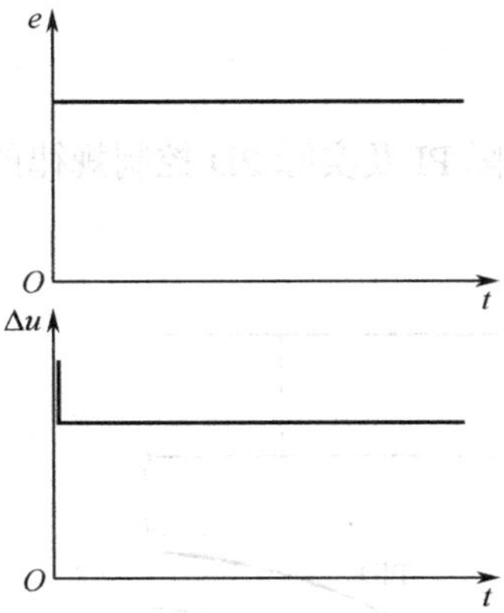

图 4-14　比例微分调节器的阶跃响应特性

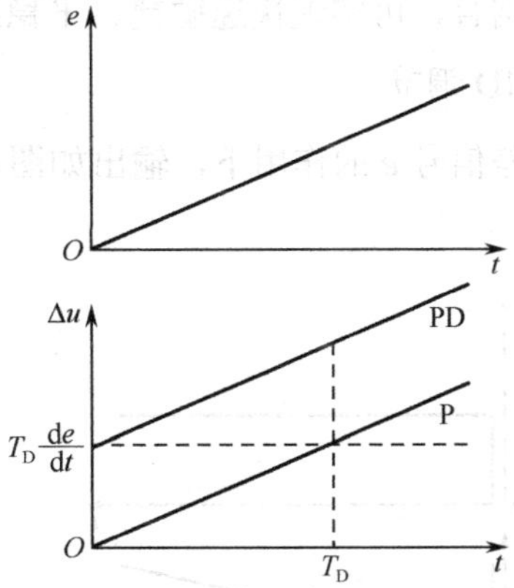

图 4-15　比例微分调节器的斜坡响应特性

4）实际比例微分控制

实际的比例微分控制的微分冲击不会无穷大，而是一个有限值；并且其幅值不会马上消失，而是逐渐减小，其传递函数表示为

$$G(s)=K_{\mathrm{P}}\left(\frac{1+T_{\mathrm{D}}s}{1+\dfrac{T_{\mathrm{D}}}{K_{\mathrm{D}}}s}\right) \tag{4-24}$$

K_{D} 称为 PD 调节器的微分增益，它定义为：在阶跃信号输入下，其输出的最大跳变值与纯比例作用时产生的输出变化之比。

在幅度为 A 的阶跃偏差信号作用下，实际 PD 调节器的输出如图 4-16 所示。

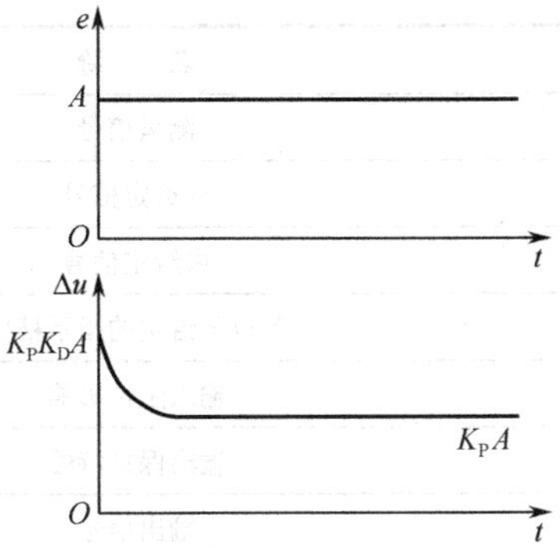

图 4-16　实际比例微分调节器的阶跃响应特性

6. 比例积分微分控制（PID）

PID 控制可视为比例、积分和微分三种作用的叠加。

1）理想 PID 调节

比例积分微分调节规律时域表达式为

$$u(t)=K_{\mathrm{P}}\left[e(t)+\frac{1}{T_{\mathrm{I}}}\int e(t)\mathrm{d}t+T_{\mathrm{D}}\frac{\mathrm{d}e(t)}{\mathrm{d}t}\right] \tag{4-25}$$

传递函数形式为

$$G_{\mathrm{C}}(s)=\frac{U(s)}{E(s)}=K_{\mathrm{P}}\left[1+\frac{1}{T_{\mathrm{I}}s}+T_{\mathrm{D}}s\right] \tag{4-26}$$

2）比例积分微分控制规律特性

在阶跃偏差信号 e 的作用下，PID 控制规律输出如图 4-17 所示，既能快速进行控制，又能消除余差，具有较好的控制性能。

比例作用的及时有效；微分作用的加快系统动作速度，减小超调，克服振荡；积分作用的消除静差三者结合，可实现快速敏捷、平稳准确的特性。

3）实际 PID 调节

在阶跃偏差信号 e 的作用下，输出如图 4-18 所示，为实际 PI 及实际 PD 控制规律的结合。

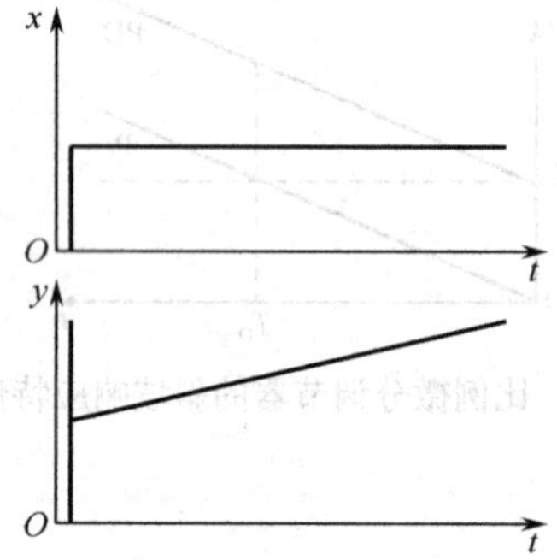

图 4-17 PID 控制阶跃响应特性曲线

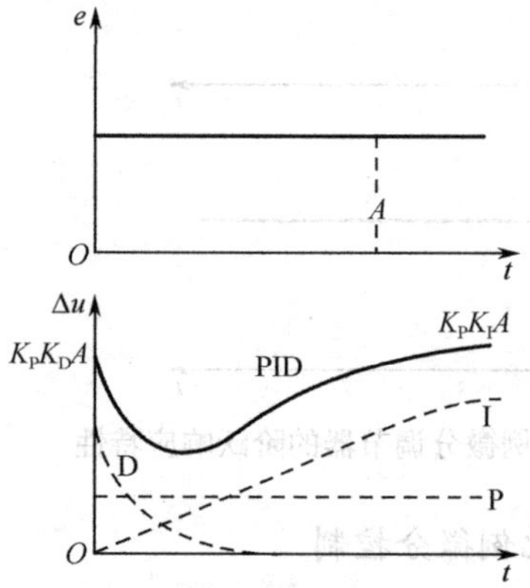

图 4-18 实际 PID 控制阶跃响应特性曲线

4.2.2 DDZ-Ⅲ型 PID 基型调节器

DDZ-III 型 PID 基型调节器主要由模拟电路构成，包含 PI 型、PD 型和由 PI 与 PD 组合的 PID 型三种结构。其主要技术参数如表 4-1 所示。

表 4-1 DDZ-III 型 PID 基型调节器的主要技术参数

名 称	参 数
测量信号	DC 1～5V
外给定信号	DC 4～20mA
内给定信号	DC 1～5V
测量与给定的指示精度	1%
输入阻抗影响	满刻度的 0.1%
输出保持特性	0.1%/h
输出信号	DC 4～20mA
调节精度	0.5%
负载电阻	205～750Ω

1. PD 调节器的内部结构

PD 电路由无源比例微分电路和比例放大器两部分构成，如图 4-19 所示。

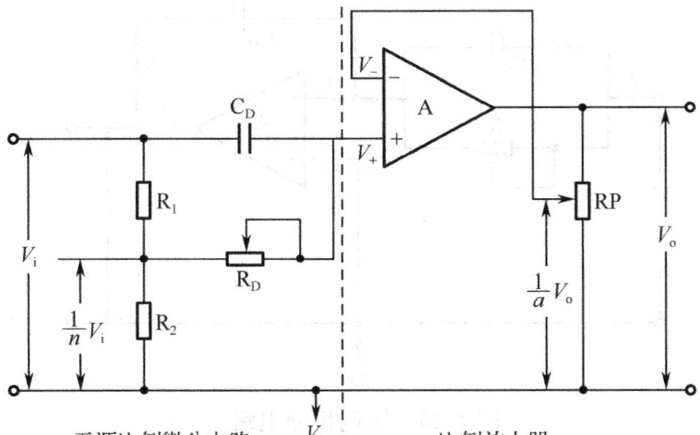

图 4-19　比例微分电路

1）PD 电路实现

各点的电压均以 V_B 为基准电压。电阻 R_1 和 R_2 构成分压器，分压比为 $1/n$。滑动电阻 R_D 为微分电位器，滑动电阻 R_P 为比例电位器。

$$V_+(s)=\frac{V_i(s)}{n}+\frac{n-1}{n}V_i(s)\cdot\frac{R_D}{R_D+1/C_Ds} \tag{4-27}$$

$$V_-(s)=\frac{1}{\alpha}V_o(s) \tag{4-28}$$

由式（4-27）及式（4-28）可得，比例微分运算电路的传递函数为

$$V_o(s)=\frac{a}{n}\cdot\frac{1+nR_DC_Ds}{1+R_DC_Ds}V_i(s) \tag{4-29}$$

令比例增益 $K_P=a/n$，微分增益 $K_D=n$，微分时间 $T_D=nR_DC_D$，则式（4-29）化简得

$$V_o(s)=K_P\frac{1+T_Ds}{1+\dfrac{T_D}{K_D}s}V_i(s) \tag{4-30}$$

2）实际的 PD 调节器

实际上，调节器不允许具有理想的微分作用，其原因是具有理想微分作用的调节器缺乏抗干扰能力。当输入信号中含有高频干扰时，会使输出发生大的变化，引起执行器误动作。所以在实际中需要限制微分输出的大小，即使调节器具有饱和的微分作用。

传递函数为

$$G(S)=K_P\frac{1+T_DS}{1+\dfrac{T_D}{K_D}} \tag{4-31}$$

2. PI 调节器的内部结构

PI 调节器由电阻 R_I、电容 C_I 和 C_M 及放大器组成，如图 4-20 所示。电容 C_I 和电阻 R_I 并联。

给定信号通过该并联电路到运算放大器的负输入端，其输出是以 10V 为基准的电压信号，即 V_B 为基准电压 10V，转换成以电平 V_B 为基准的偏差电压，实现了电平的移动。电容 C_M 作为反馈与 V_- 相连，取出输出电压通过反馈电容反馈到放大器负输入端。

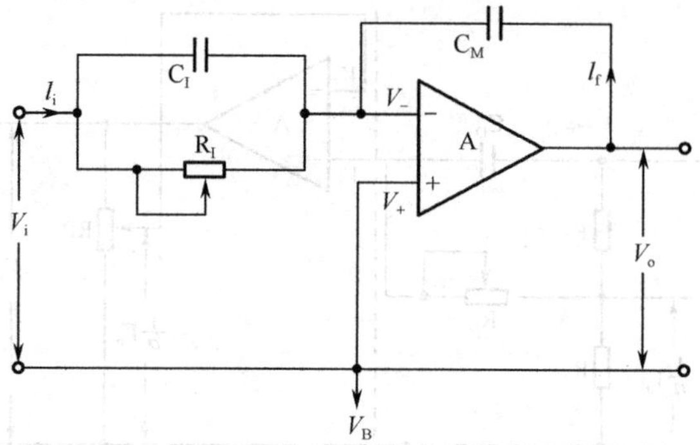

图 4-20　比例积分电路

1）PI 电路的实现

从运算放大器的输入特性看，可分为线性区和非线性区，运放在不同区工作时的分析方法不同。由于输入电路设放大器为理想的放大器，其输入阻抗为无穷大，虚断。根据基尔霍夫电流定律，流入节点的电流和为零，可得

$$\frac{V_i(s)-V_-(s)}{1/C_I s}+\frac{V_i(s)-V_-(s)}{R_I}+\frac{V_o(s)-V_-(s)}{1/C_M s}=0 \tag{4-32}$$

由于放大器的放大倍数为无穷大，虚短，可得

$$V_-(s)=V_+(s)=0 \tag{4-33}$$

由式（4-32）和式（4-33）可得 PI 电路的输入/输出关系，即比例积分运算关系为

$$\frac{V_o(s)}{V_i(s)}=-\frac{C_I}{C_M}\left(1+\frac{1}{R_I C_I S}\right)=-K_P\left(1+\frac{1}{T_I s}\right) \tag{4-34}$$

设 $V_i(s)=\dfrac{V_i}{s}$，则

$$V_o(t)=-\frac{C_I}{C_M}\left(1+\frac{t}{T_I}\right)V_i \tag{4-35}$$

PI 调节器的比例度为

$$P=\frac{V_i/V_{iM}}{V_o/V_{oM}}\times100\%=\frac{C_M}{C_I}\times\frac{V_{oM}}{V_{iM}}\times100\% \tag{4-36}$$

2）理想 PI 调节器特性

DDZ-III 型仪表中采用标准信号体制，有 $V_{oM}=V_{iM}$，理想 PI 调节器的输入/输出关系如图 4-21 所示。

3）实际 PI 调节器特性

由于放大器的开环增益为有限值，所以调节器的输出不可能无限增大，当比例积分调节器输出达到最大值，而偏差仍不为零时，积分作用呈现饱和特性。具有饱和特性的实际 PI 调节器的传递函数的标准形式为

$$\frac{V_o(s)}{V_i(s)}=-\frac{C_I}{C_M}\left(\frac{1+\frac{1}{T_I s}}{1+\frac{1}{K_I T_I s}}\right) \tag{4-37}$$

实际 PI 调节器的输入/输出关系如图 4-22 所示。

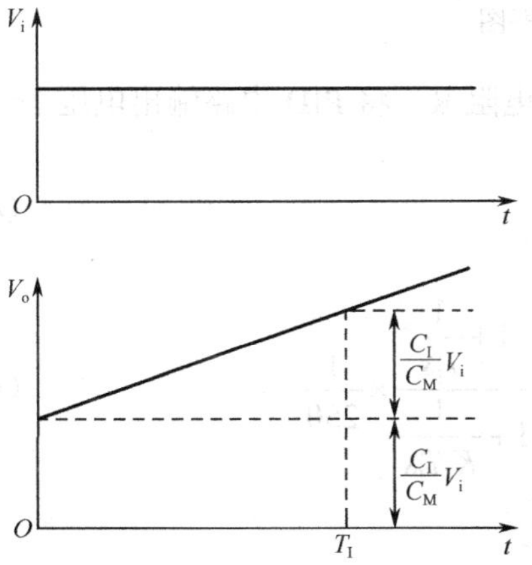

图 4-21　理想 PI 调节器的输入/输出关系

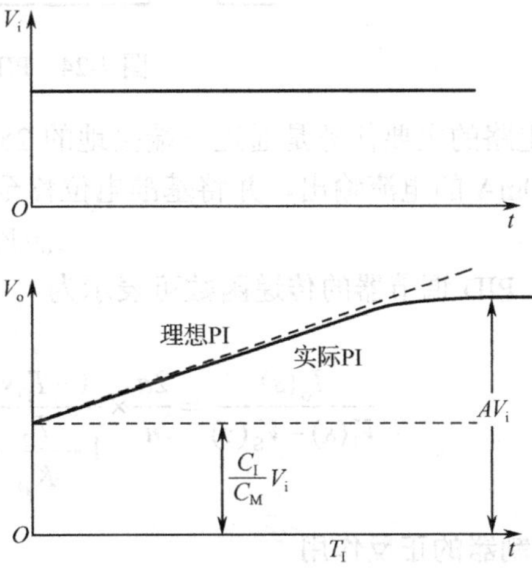

图 4-22　实际 PI 调节器的输入/输出关系

3. PID 运算电路的内部结构

1）PID 电路的实现

PID 运算电路由 PI 和 PD 两个运算电路串联而成，如图 4-23 所示。由于输入电路中已采取电平移动措施，故这里各信号电压都是以 V_B=10V 为基准起算的。

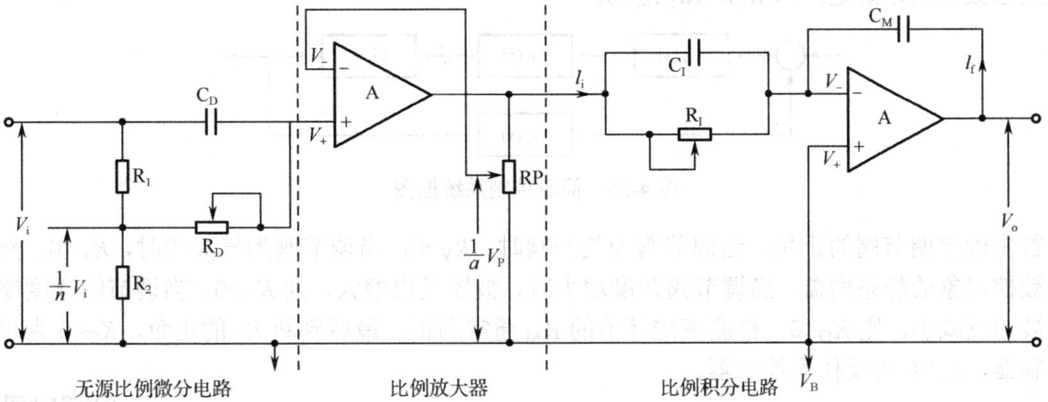

图 4-23　比例积分微分电路

2）PID 调节器的传递函数

PID 调节器由输入电路、PD 运算电路、PI 运算电路、输出电路组成。其结构框图如图 4-24 所示。

输入电路的主要作用是求取给定信号 V_S 与输入信号 V_i（测量值）的偏差，并将偏差放大两倍，同时以 V_B 为基准电压进行电位平移。由于采用差动输入电路，输入阻抗很高，不从输入信

号 V_i、给定信号 V_S 取用电流，使测量信号不受衰减。

$$V_{o1}=-2(V_i-V_S) \tag{4-38}$$

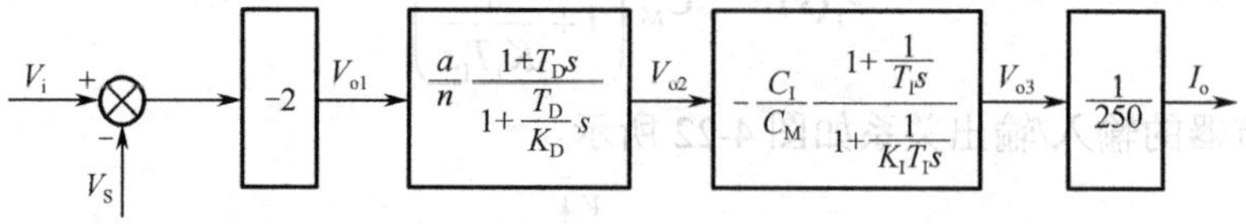

图 4-24 PID 调节器框图

输出电路的主要任务是通过一端接地的 250Ω负载电阻 R，将 PID 电路输出电压 1～5V 变换为 4～20mA 的电流输出，并将基准电位移至 0V。

$$I_o=V_{o3}/250 \tag{4-39}$$

因此，PID 调节器的传递函数可表示为

$$\frac{I_o(s)}{V_i(s)-V_S(s)}=\frac{2a}{n}\times\frac{1+T_Ds}{1+\frac{T_D}{K_D}s}\times\frac{C_I}{C_M}\times\frac{1+\frac{1}{T_Is}}{1+\frac{1}{K_IT_Is}}\times\frac{1}{250} \tag{4-40}$$

4．控制器的正反作用

控制器的正反作用定义为：当控制器的测量值增加时，它的输出增加，称控制器是正作用控制器。当控制器的测量值增加时，它的输出减小，称控制器是反作用控制器。其主要作用是使控制系统形成负反馈。

$U=K_P(R-Y)$，根据定义，正作用控制器是 Y 增加 U 也增加，因此 K_C 为负值。反作用控制器是 Y 增加 U 减小，因此 K_C 为正值。

控制器的正反作用的选择根据控制回路是负反馈的要求来判断，如图 4-25 所示，即回路总的放大系数为正来确定，即 $K_CK_VK_OK_M>0$。

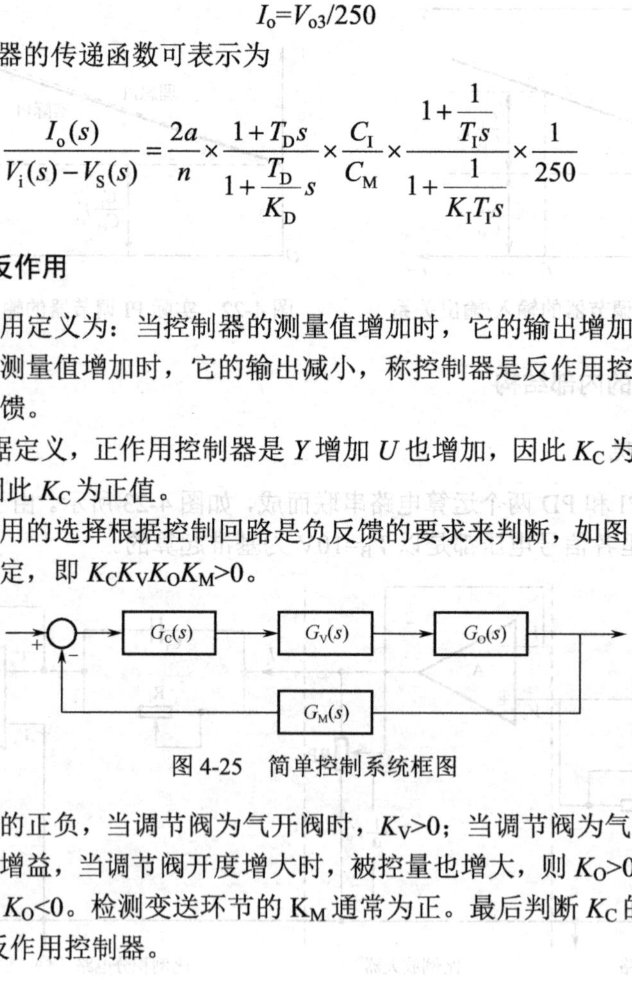

图 4-25 简单控制系统框图

首先确定调节阀的正负，当调节阀为气开阀时，$K_V>0$；当调节阀为气关阀时，$K_V<0$。然后确定被控对象的静态增益，当调节阀开度增大时，被控量也增大，则 $K_O>0$；当调节阀开度增大时，被控量减小，则 $K_O<0$。检测变送环节的 K_M 通常为正。最后判断 K_C 的正负，$K_C<0$ 为正作用控制器，$K_C>0$ 为反作用控制器。

4.3 数字式控制器

数字式控制器

数字式控制器由输入处理、PID 控制算法、输出处理三部分组成，结构如图 4-26 中虚线框内所示。输入处理包括采样、保持、A/D 转换、非线性校正、滤波。PID 控制包括算法、正反作用设置、抗积分饱和、微分处理、不灵敏区设置。输出处理包括手动/自动切换、输出限幅、

D/A 转换。

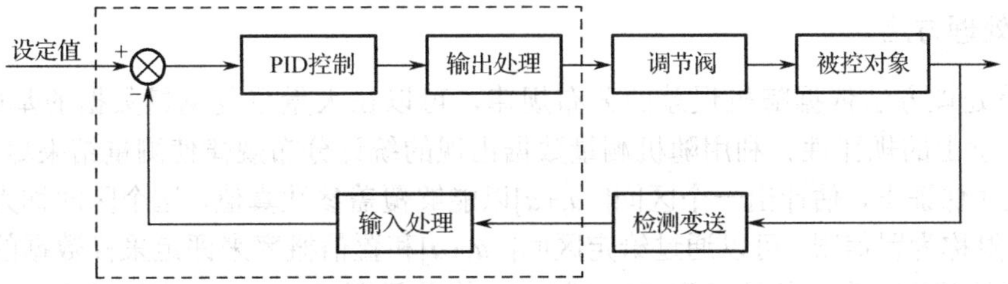

图 4-26　数字式控制器框图

4.3.1　信号采样保持及 A/D 转换

用数字电路代替模拟电路实现测控功能，只要把行之有效的控制算法离散化。

如图 4-27 所示为偏差信号的采样，若采样速率与信号的变化相比太慢则会造成失真。因此香农采样定理规定：采样频率必须大于等于信号最高频率的两倍。但是香农采样定理是基于如下两点假设：

- 原始信号是周期的；
- 根据在无限时域上的采样信号来恢复原始信号。

在实时采样控制系统中，则要求在每个采样时刻，以有限个采样数据近似恢复原始信号，所以在满足香农采样定理的基础上，采样周期的选取还要考虑以下几个因素：

（1）被控过程的动态特性要求采样周期 $T \leqslant$ 对象时间常数 / 10。

（2）扰动特性要求采样周期 $T \leqslant$ 主要扰动周期 / 10。

（3）当信噪比较小时，采样周期应大些。

在执行控制期间信号保持为上次采样的值，则输出与原始信号相比有约半个采样周期的纯滞后，如图 4-28 所示。

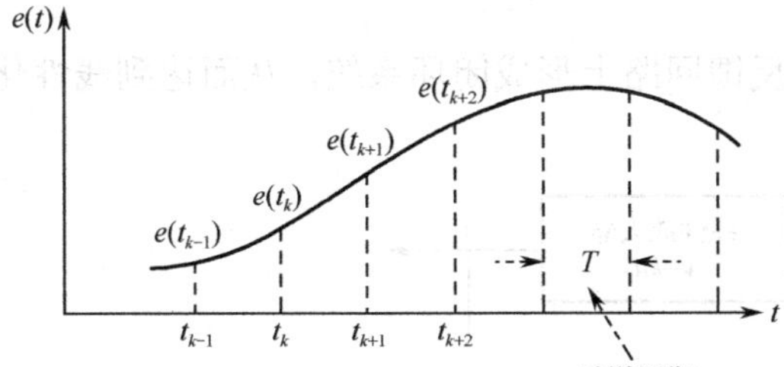

图 4-27　偏差信号的采样

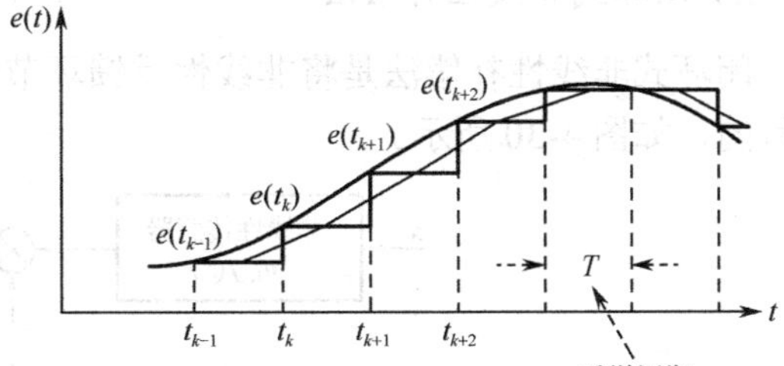

图 4-28　保持输出的滞后

A/D 转换就是模数转换，把模拟信号转换成数字信号。常用的几种类型为：积分型、逐次逼近型、并行比较型/串并行型、Σ-Δ 调制型、电容阵列逐次比较型及压频变换型。模拟量可以是电压、电流等电信号，也可以是压力、温度、湿度、位移、声音等非电信号。但在 A/D 转换前，输入到 A/D 转换器的输入信号必须经各种传感器把各种物理量转换成电压信号。A/D 转换后，输出的数字信号可以有 8 位、10 位、12 位和 16 位等。

4.3.2　数据处理与滤波

被测对象某参数的量值的真值是客观存在的。由于方法误差、环境误差、数据处理误差、使用误差、仪器误差、人员误差等原因，使测量结果存在误差，因此要对数据有效性进行检查，对信号进行补偿线性化处理等。

1. 误差处理方法

随机误差处理方法依据随机误差的分布规律，可以在大量重复测量数据的基础上总结出来，符合统计学上的规律性。利用随机测量数据出现的统计分布规律使测量结果尽量减小分散性。在一定概率保证下，估计出一个区间$[-a,+a]$以能够覆盖参数真值，这个区间称为置信区间，区间的上、下限称为置信限。可以通过给定区间$[-a,+a]$和置信概率来评定采样数据的随机误差。

疏忽误差处理方法有拉依达准则（3σ准则）、格罗贝斯（Grubbs）判据准则、分布图法等。

2. 非线性补偿

过程控制测量的数据大都为非线性的，检测信号线性化是提高检测系统测量准确性的重要手段。非线性补偿分为模拟非线性补偿和数字非线性补偿。模拟非线性补偿法是指在模拟量处理环节中增加非线性补偿环节，使系统的总特性为线性。传统对信号线性化采用硬件非线性补偿，即模拟非线性补偿法。若采用普通模拟方式，则电路十分复杂，元器件又多，大大增加了硬件成本；又因为此方法精确度和线性度都很难把握，无法达到现代工业检测技术对产品的要求。线性集成电路的出现为这种线性化方法提供了简单而可靠的物质手段。

1）开环式非线性补偿法

开环式非线性补偿法是将非线性补偿环节串接在系统的模拟量处理环节中实现非线性补偿目的，如图 4-29 所示。

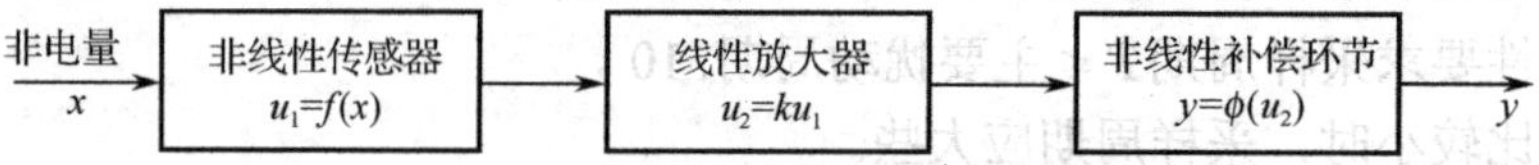

图 4-29 开环式非线性补偿法

2）闭环式非线性补偿法

闭环式非线性补偿法是将非线性反馈环节放在反馈回路上形成闭环系统，从而达到线性化的目的，如图 4-30 所示。

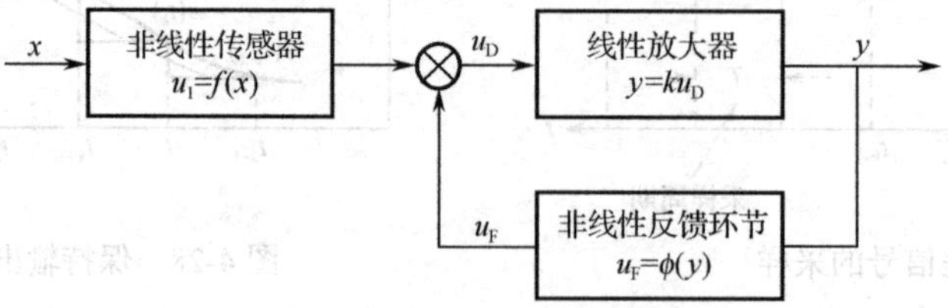

图 4-30 闭环式非线性补偿法

3）差动补偿法

采用差动补偿结构的目的就是消除或减弱干扰量的影响，同时对有用信号，即被测信号的灵敏度有相应提高。差动补偿结构的原理图如图 4-31 所示。

4）分段校正法

分段校正法的实施就是将传感器实际输出特性由逻辑控制电路分段逼近到希望校正的特性上去，如图 4-32 所示。

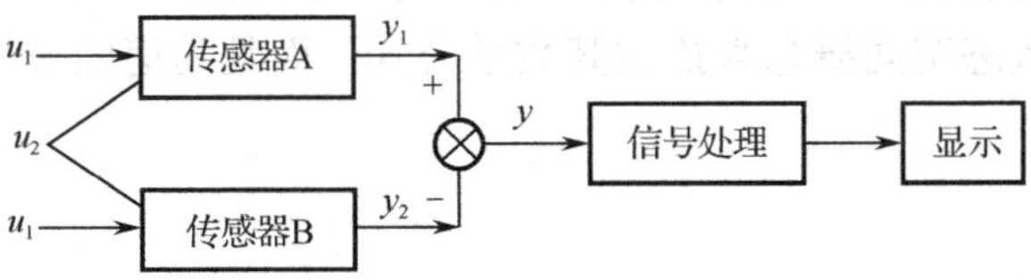

图 4-31　差动补偿法

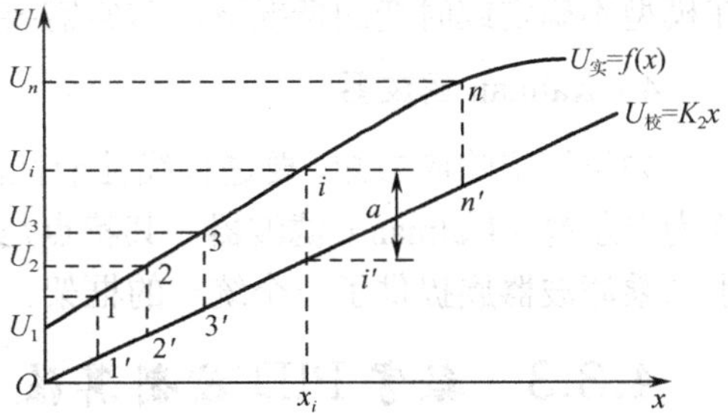

图 4-32　分段校正法

随着微型计算机技术的迅猛发展，如今软件实现线性化处理已经走向成熟，软件实现线性化的方法也很多，比如最小二乘曲线拟合法、牛顿法、迭代法、劈因子法等。

5）最小二乘曲线拟合法

最小二乘曲线拟合是利用已知的 n 个数据点 $(x_i, y_i)\ (i=0,1,\cdots,n-1)$，求 $m-1$ 次最小二乘拟合多项式 $P_{m-1}=a_0+a_1x+a_2x^2+\cdots+a_{m-1}x^{m-1}$，其中 $m\leqslant n$。选取适当的系数 $a_0,a_1,\cdots,a_{m-1}(m\leqslant n)$ 后，使得 $\max\limits_{0\leqslant i\leqslant m-1}\left|S=\sum\limits_{i=1}^{m-1}\frac{1}{m-1}[P(x_i)-y_i]^2\right|=\min$，即保证拟合的整体误差最小。

6）查表法

如果某些参数计算非常复杂，特别是计算公式涉及指数、对数、三角函数和微分、积分等运算时，编制程序相当麻烦，用计算法计算不仅程序冗长，而且费时，此时可以采用查表法。此外，当被测量与输出量没有确定的关系，或不能用某种函数表达式进行拟合时，也可采用查表法。

3. 滤波器

在实际应用中，对信号进行分析和处理时，需要从接收到的信号中，根据有用信号和噪声的不同特性，消除或减弱干扰噪声，提取有用信号。实现这个滤波功能的系统称为滤波器。

1）匹配滤波器

白噪声具有零均值和单位方差，其功率谱密度 $P_n(\omega)=1$。当滤波器达到最大信噪比时，滤波器的幅频特性与信号的幅频特性相等，或者说二者相“匹配”。因此，常将白噪声情况下使信噪比最大的线性滤波器称为匹配滤波器。

2）数字滤波器

数字滤波器通常是指用一种算法或者数字设备实现的、一种线性时不变离散时间系统，以完成对信号进行滤波处理的任务。其基本工作原理是利用离散系统特性改变输入数字信号的波形或频谱，使有用信号频率分量通过，抑制无用信号频率分量输出。数字滤波包括 IIR 数字滤波和 FIR 数字滤波、程序判断滤波、中值滤波、递推平均滤波、加权递推平均滤波、一阶滞后滤波等。

3）自适应滤波

如果可以得到信号和噪声的模型，则设计一个信噪比最优的滤波器至少在原理上是可能的。当信号和噪声模型不完全确定时，靠分析实际数据来估计一个恰当的模型是可行的，特别在模型不确定或时变的情况下，常常需要这样做，这就是自适应滤波。

4）Kalman 滤波器

如果期望响应未知，要进行线性最优滤波，就要求基于状态空间模型的线性最优滤波器了，称为卡尔曼（Kalman）滤波器。其特点是：用状态空间概念来描述其数学公式，而且为递归最小二乘滤波器族提供了一个统一的框架。

4.3.3 数字 PID 控制算法

数字 PID 控制算法是将模拟 PID 离散化得到的，各参数有着明显的物理意义，调整方便，所以 PID 控制器很受工程技术人员的喜爱。

1. 基本 PID 控制算法

基本 PID 控制算法包括位置式 PID 控制算法和增量式 PID 控制算法两种。

1）位置式 PID 控制算式

将时域 PID 控制算法离散化，用求累加和取代积分，用差分取代微分，则上式变为

$$u = K_{\mathrm{P}}\left[e(t) + \frac{1}{T_{\mathrm{I}}}\int_0^t e(t)\,\mathrm{d}t + T_{\mathrm{D}}\frac{\mathrm{d}e(t)}{\mathrm{d}t}\right] \tag{4-41}$$

$$u(k) = K_{\mathrm{P}}\left\{e(k) + \frac{T}{T_{\mathrm{I}}}\sum_{i=0}^{k} e(i) + \frac{T_{\mathrm{D}}}{T}[e(k) - e(k-1)]\right\} \tag{4-42}$$

如图 4-33 所示，T 为采样保持，将信号离散化的过程。控制器的输入为 $e(k)$，输出为 $u(k)$。

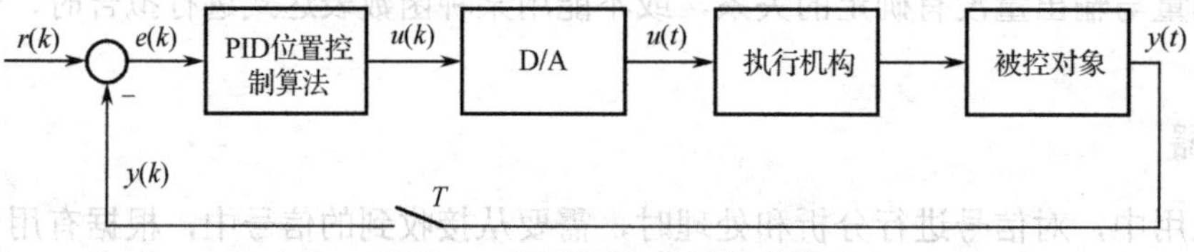

图 4-33 位置式 PID 控制系统

位置式 PID 控制算法虽然由时域到离散的变换过程容易理解，但对 e（k）的累加增大了计算机的存储量和运算的工作量，u（k）的直接输出易造成执行机构的大幅度动作，对控制精度及实际操作带来一定问题。

2）增量式 PID 控制算法

位置式 k 时刻与 k-1 时刻控制器输出的差值作为增量式 PID 控制器的输出，增量式 PID 控制系统如图 4-34 所示。

$$\begin{aligned}\Delta u &= u(k) - u(k-1)\\ &= K_{\mathrm{P}}\left\{[e(k) - e(k-1)] + \frac{T}{T_{\mathrm{I}}}e(k) + \frac{T_{\mathrm{D}}}{T}[e(k) - 2e(k-1) + e(k-2)]\right\}\end{aligned} \tag{4-43}$$

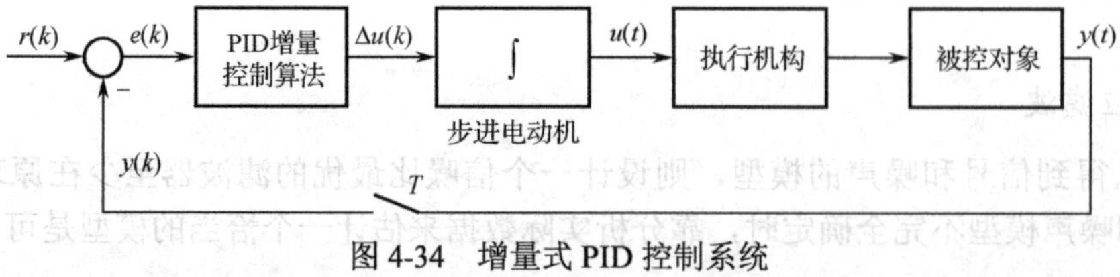

图 4-34 增量式 PID 控制系统

增量式 PID 控制算法的优点是：不累加误差，增量的确定仅与最近几次偏差采样值有关，计算精度对控制量的计算影响较小；得出的是控制量的增量，误动作影响小；增量型算法不对偏差做累加，如取实际阀位反馈信号或反映执行器特性的内部执行器模型输出则不易引起积分饱和；易实现手动到自动的无扰切换；不计算累加及节省内存空间和运行时间。

增量式 PID 算法必须采用积分项。因为比例、微分项除了在设定值改变后的一个周期内与设定值有关外，其他时间均与设定值无关；尤其是微分先行、比例先行算法更是如此，否则被控过程会漂离设定点。

2. 改进的数字 PID 控制算法

应用计算机控制软件编程易于实现的优点，在基本 PID 控制算法的基础上对其进行改进，使其达到更好的控制效果或实现不同的控制目标。

1）不完全微分算法

微分作用对高频干扰非常灵敏，容易引起控制过程振荡，降低调节品质。为此有必要对 PID 算法中的微分项进行改进。在普通 PID 算法中加入一个一阶惯性环节（低通滤波器）$G(s)=1/(1+T_f s)$，以获得比较柔和的微分控制。

$$U(s)=K_P\left[1+\frac{1}{T_I s}+\frac{T_D s}{1+T_f s}\right]E(s) \tag{4-44}$$

2）微分先行

由于微分运算在偏差产生的瞬间有很强的微分冲击，为了改善这种操作特性，可不对给定值进行微分运算，称为微分先行的 PID 算法，如图 4-35 所示。只对测量值 $y(t)$微分，而不对偏差 $e(t)$微分，也即对给定值 $r(t)$无微分作用。这样在调整设定值时，控制器的输出就不会产生剧烈的跳变，也就避免了给定值升降给系统造成的冲击。

3）混合过程 PID 控制

混合式定量加料过程的 PID 控制需要将几种不同的物料按一定比例混合成为新的产品。混合 PID 控制应保证累计流量不变，即在混合 PID 控制方案中将图 4-36 中阴影部分的流量偏差补足，而普通 PID 控制的是瞬时流量。

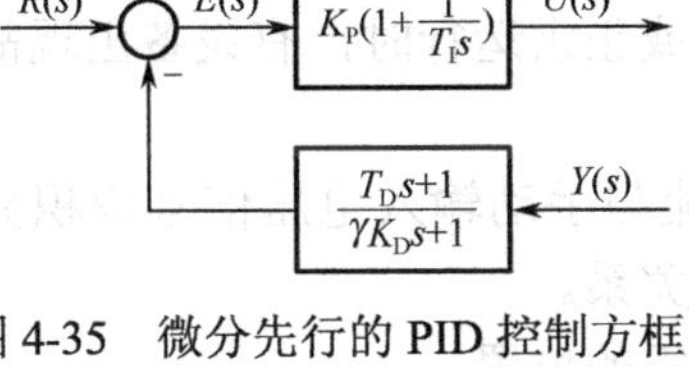

图 4-35　微分先行的 PID 控制方框图

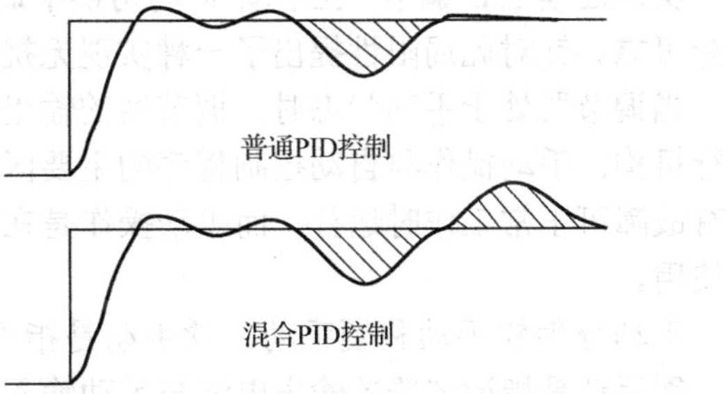

图 4-36　普通 PID 控制与混合 PID 控制过渡过程曲线比较

混合过程 PID 控制框图如图 4-37 所示。

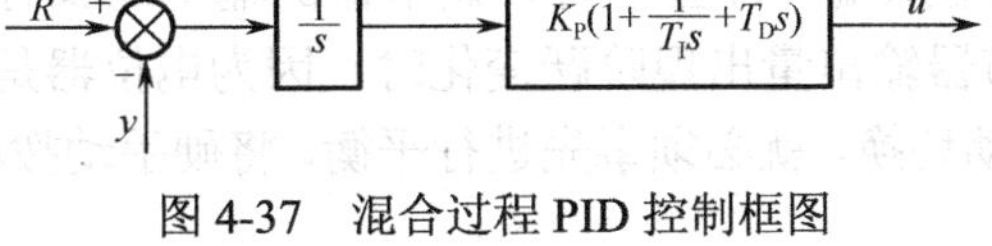

图 4-37　混合过程 PID 控制框图

4）带有死区的 PID 控制

只要测量值与给定值的差值在死区范围内，调节器输出就无变化。

$$\Delta u(k)=\begin{cases}\Delta u(k), & |e(k)|>B \quad 调节器正常控制\\ 0, & |e(k)|\leqslant B \quad 调节器不进行控制\end{cases} \tag{4-45}$$

5）抗积分饱和 PID

积分饱和现象是指有积分作用的控制器当偏差总不为零时，控制器的输出就要一直增加到最大或降低到最小。产生这种现象的条件有三个：其一是控制器具有积分作用；其二是控制器处于开环工作状态，其输出没有被送往执行器；其三是控制器的输入偏差信号长期存在。在选择性控制系统中，没有被选择器选中的控制器就有可能产生积分饱和现象。

当存在大的外部扰动时，可能出现控制阀调节能力不够的情况，即使控制阀全开或全关，仍不能消除被控输出 $y(t)$与设定值 $y_{sp}(t)$之间的误差。此时，由于积分作用的存在，使调节器输出 $u(t)$无限制地增大或减小，直至达到极限值，控制器处于积分饱和状态。该极限值已超出执行器的有效输入信号范围（对于气动薄膜控制阀来说，其有效输入信号范围一般为 20～100kPa）。出现这种现象，对控制系统的工作是很不利的。因为当扰动恢复正常时，需要该控制器恢复工作状态，由于 $u(t)$在可调范围以外，不能马上起调节作用，必须等待一定时间后，它的输出退出饱和区，返回到执行器的有效输入信号范围内后，才能使执行器开始动作，系统才能恢复正常。所以这样会对系统的工作带来严重的后果，甚至会造成事故。

抗积分饱和的措施主要有以下三种：

（1）限制 PI 调节器的输出：当 u_{PI} 大于设定限值时，令 $u_{PI}=u_{max}$。这种限幅法虽然限制了控制器的输出，但这样有可能在正常操作中不能消除系统的余差。

（2）积分切除法：当偏差 e 大于设定限值时，改用纯 P 调节。这种方法既不会产生积分饱和，又能在小偏差时利用积分作用消除偏差。

（3）遇限削弱积分法：当 u_{PI} 大于设定限值时，只累加负偏差，反之亦然，这样可避免控制量长时间停留在饱和区。

4.3.4 输出处理

实现连续 PID 调节，在手动/自动切换中调节器输出量可能会出现阶跃扰动，不利于生产的安全可靠。针对此局限性提出了一种实现无扰动手动/自动切换的方法。

当调节器处于手动状态时，调节器的输出由手动操作，调节运算输出值经过限幅模块送往执行机构。手动操作与自动控制程序的主要区别在于自动控制程序是在正式投产后，各个设备没有故障可正常工作时运行；而手动操作是在调试期间使用，或正常运行时，有设备出现故障时使用。

手动分为软手动和硬手动。软手动是指调节器的输出电流与手动输入电压信号成积分关系。硬手动是指调节器的输出电流与手动输入电压信号成比例关系。

无平衡切换：在切换时不需做任何调整，可随便切换到所需的位置。

无扰动切换：在切换时调节器输出不发生突变，即对生产过程无冲击现象。

保持特性：在积分器的输入端“浮空”时，调节器的输出能长时间保持不变。

当手动/自动切换中调节器输出量出现阶跃变化时，因为电位器是手动控制的，不能自动跟踪信号变化，若要做到无扰动切换，就必须事先进行平衡，将硬手动拨杆调到与输出表指示相同。

DDZ-III 型调节器软、硬手动与自动操作的切换过程可总结为：

- 自动切换到软手动，无须平衡即可做到无扰动切换；
- 软手动切换到硬手动，需平衡后切换才能做到无扰动切换；
- 硬手动切换到软手动，无须平衡即可做到无扰动切换；
- 软手动切换到自动，无须平衡即可做到无扰动切换。

S7-300 PID 使用说明

为避免产生控制输出的振荡，对 PID 控制器的输出应采取必要的限幅处理，在控制过程中输出只能在 PIDL～PIDH 的范围内变化，然后通过 D/A 转换器转换成模拟量输出送给执行器。

4.4 执行器

执行器国内外知名品牌一览表

在过程控制系统中，最简单的调节系统由调节对象、检测仪表、调节器、执行器组成。执行器的主要作用是根据调节器的命令，直接控制能量或物料等被调介质的输送量，达到调节温度、压力、流量等工艺参数的目的。执行器直接接触被调介质，通常工作在高温高压、高黏度、易燃易爆、强腐蚀的环境中。其接收的信号是由调节器发出的增量信号或位置信号，以其在工艺管路的位置和特性，通过改变流通面积而调节工艺介质流量的大小，从而将被控量控制在生产过程所要求的范围内。

执行器简单控制系统框图如图 4-38 所示。

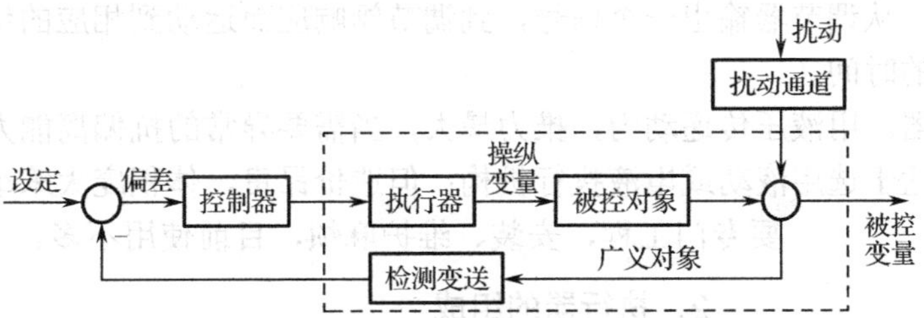

图 4-38　执行器简单控制系统框图

4.4.1　执行器的构成原理

执行器包括普通型、电子型、户外、隔爆型、电动执行器、角行程式电动型、自动调节阀门、自动电压调节器、自动电流调节器、控制电机等类型，种类繁多。

1. 执行器的分类

常见的执行器分类方法为按所用驱动能源、按输出位移的形式、按动作规律、按输入控制信号划分，如表 4-2 所示。

表 4-2　执行器的分类

	按驱动能源分类	按输出位移的形式分类	按动作规律分类	按输入控制信号分类
1	气动	转角型	开关型	空气压力信号
2	电动	直线型	比例型	直流电流信号
3	液动		积分型	电接点通断信号
4				脉冲信号

目前过程控制中使用最多的是按能源划分的电动执行器和气动执行器。

（1）气动执行器。气动执行机构在自动控制中获得普遍的应用，因为用气源做动力比电动和液动的价格便宜，且结构简单、可靠，易于掌握、维护方便。气动执行机构比其他类型的执行机构易于操作和标定校正，在现场容易实现正反作用的互换。它最大的优点是安全，防火防爆，当使用定位器时，对于易燃易爆环境是最理想的，而电信号如果不是防爆的或本质安全的，则有潜在的引发火灾的危险。尽管现在电动调节阀的应用范围越来越广，但是在化工领域，气动调节阀还是占据着绝对的市场优势。

气动执行机构的主要缺点是：气源配备不方便，响应较慢，控制精度欠佳，抗偏离能力较差。这是因为气体的可压缩性，尤其是使用大的气动执行机构时，空气填满汽缸和排空需要时间。

（2）电动执行器。电动执行机构能源取用方便，信号传输速度快，传输距离远，适用于平滑、稳定和缓慢的控制过程。电动执行机构的主要优点是高度的稳定和用户可应用恒定的推力，电动执行器的抗偏离能力是很好的，输出的推力或力矩基本上是恒定的，可以很好地克服介质的不平衡力，达到对工艺参数的准确控制，控制精度比气动执行器要高。配用伺服放大器，可以很容易地实现正反作用的互换，也可以轻松设定阀位状态（保持/全开/全关），而故障时停留在原位，气动执行器必须借助于一套组合保护系统来实现保位。

电动执行机构的缺点主要是：结构较复杂，推力小，更容易发生故障；电动机运行要产生热量，如果调节太频繁，容易造成电动机过热，产生热保护，同时也会加大对减速齿轮的磨损；另外，其运行较慢，从调节器输出一个信号，到调节阀响应而运动到相应的位置，比气动和液动执行器需要更长的时间。

（3）液动执行器。用液压传递动力，推力最大，当需要异常的抗偏离能力和高的推力以及快的形成速度时，适于选用液动或电液执行机构；但造价昂贵，体积庞大笨重，特别复杂和需要专门工程，安装、维护麻烦，目前使用不多。

2．执行器的组成

执行器由执行机构和调节机构两部分组成，如图 4-39 所示。执行机构是执行器的推动部分，接收来自控制器的控制信息把它转换为推力的直线行程位移或角位移输出。调节机构是执行器的调节部分，通过执行元件直接改变生产过程的参数，改变流通面积，调节工艺介质的流量，使生产过程达到预定的要求。执行器直接安装在生产现场，工作条件恶劣，能否保持正常工作直接影响过程控制系统的安全性和可靠性。

无论是电动执行器还是气动执行器，调节机构都是相同的，均是通过阀芯将位移信号转换为流通截面积的变化。区别在于产生推力的执行机构不同，一个是通过气压 P_0 驱动，另一个是通过电流 I_0 驱动，将调节器的输出信号转换为位移信号。

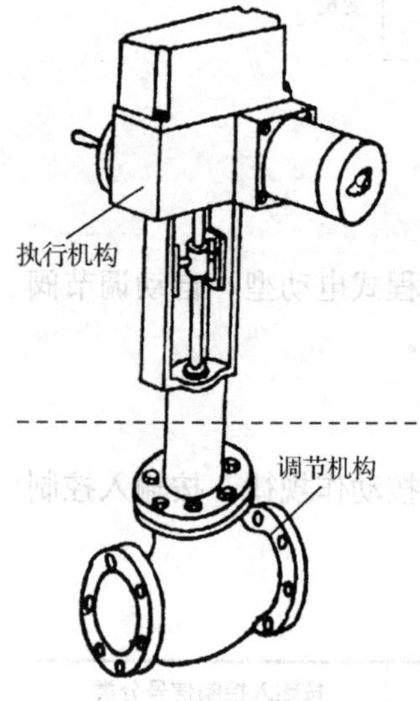

图 4-39　执行器的组成

4.4.2　气动执行器的应用

1．气动执行机构

气动执行器同样由执行机构和调节机构构成。以压缩空气为动力的执行器为气动执行机构。气动执行机构按工作原理分为气动薄膜式、气动活塞式和长行程执行机构。

1）气动薄膜式执行机构

气动薄膜式结构如图 4-40 所示，它由上盖、膜片、阀杆、阀座和平衡弹簧、调节件和标尺等组成，是执行器的推动装置。它接收气动调节器或电/气转换器输出的气压信号，经膜片转换成推力并克服弹簧力后，使阀杆产生位移，带动阀芯动作。气动执行机构的动态特性可近似为一阶惯性环节，其惯性的大小取决于膜头空间的大小与气管线的长度和直径。

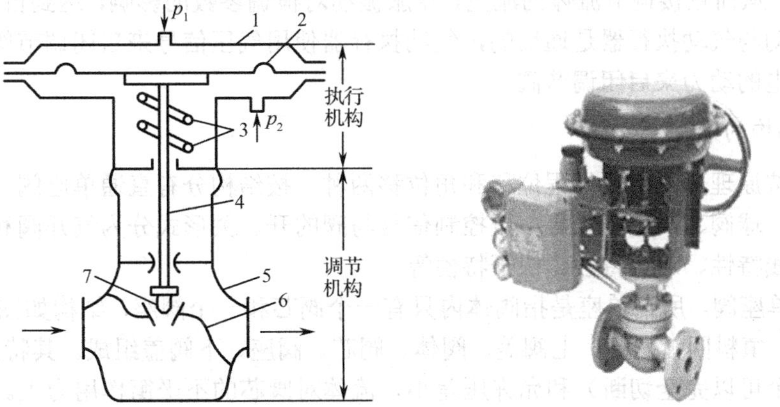

1—上盖；2—膜片；3—平衡弹簧；4—阀杆；5—阀体；6—阀座；7—阀芯

图 4-40　气动薄膜式结构

气动薄膜式执行机构有正作用和反作用两种形式，当信号压力增加时，阀杆向下动作的为正作用执行器（ZMA），即信号由 p_1 进入作用到膜片；信号压力增加使阀杆向上动作的为反作用执行器（ZMB），即信号由 p_2 进入作用到膜片。在工业控制中口径较大的调节阀通常采用正作用方式。

执行机构的行程范围：阀杆的位移是执行机构的直线输出位移，输出位移的范围为执行机构的行程。常规的行程规格有：10mm、16mm、25mm、40mm、60mm、100mm。

2）气动活塞式执行机构

气动活塞式执行机构的活塞随汽缸两侧压差而移动。如图 4-41 所示，由于没有弹簧抵消推力，所以有很大的输出力，特别适用于大口径、高压差调节阀的执行机构。输出特性有：比例式和两位式两种。

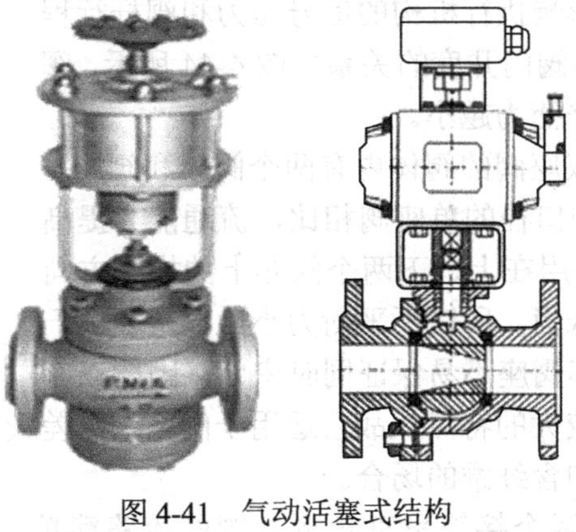

图 4-41　气动活塞式结构

3）长行程执行机构

结构与活塞执行机构类似，具有行程长（200～400mm）、转矩大的特点，适用于输出 0°～90° 转角和力矩的场合，如作为蝶阀的执行结构。

2．调节机构

调节机构又称调节阀。在执行机构推力的作用下，使调节机构的阀芯相对于阀座产生一定的位移或转角，从而直接调节流体的流量，克服振动对被调参数的影响，达到自动调节的目的。调节阀部分电动与气动执行器是通用的，气动执行器使用气压信号来启闭调节阀，电动执行器使用电动机等电的动力来启闭调节阀。

1）调节机构的分类

调节机构按原理分为直线行程位移和角位移两种；按结构分有直通单座阀、直通双座阀、角形阀、蝶阀、球阀、凸轮挠阀等；按控制信号与阀的开、关形式分为气开阀和气关阀；按阀芯形状分为直线特性、对数特性、快开特性等。

（1）直通单座阀。所谓单座是指阀体内只有一个阀芯和一个阀座，结构如图 4-42 所示。它由阀杆、压板、填料四氟乙烯、上阀盖、阀体、阀芯、阀座、下阀盖组成。其特点是结构简单、泄漏量小（甚至可以完全切断）和允许压差小，流体对阀芯的不平衡作用力大。它一般用在小口径、要求泄漏量小、工作压差较小的干净介质的场合。

阀门中的柱式阀芯可以正装，也可以反装，如图 4-43 所示。正装阀：阀芯下移时，阀芯与阀座间的流通截面积减小；反装阀：阀芯下移时，阀芯与阀座间的流通截面积增大。

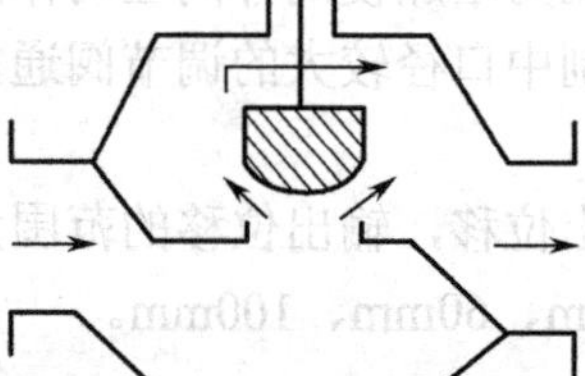

图 4-42　直通单座阀示意图

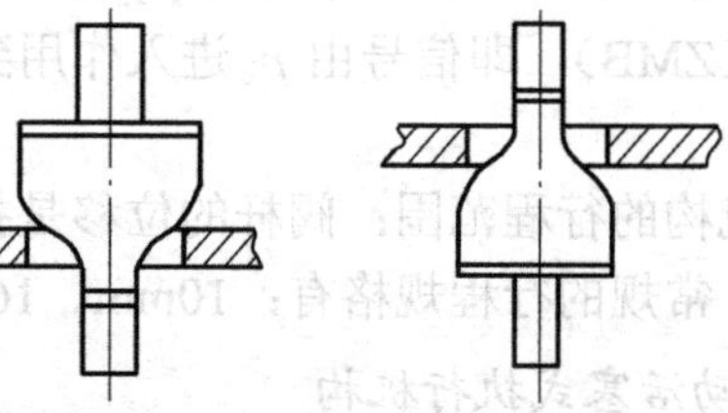

图 4-43　直通单座阀正、反装

当流体流过调节阀时，阀芯会受到一个不平衡力的作用。所谓不平衡力，是指直行程的调节阀阀芯所受到的轴向合力。这个不平衡力将推动阀芯，直接影响执行机构的信号压力和阀杆行程的关系。调节阀的不平衡力与阀门开度的关系如图 4-44 所示，阀门开度越大，阀芯所受的不平衡力越小。

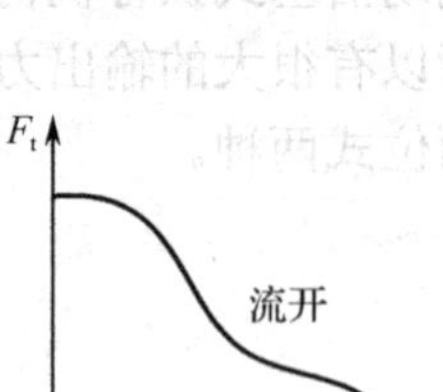

图 4-44　不平衡力的作用

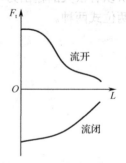

（2）直通双座阀。直通双座阀的阀体内有两个阀芯和阀座，结构如图 4-45 所示。它与同口径的单座阀相比，流通能力提高 20%～25%。流体流过时，作用在上、下两个阀芯上的推力方向相反且大小相近，可以互相抵消，所以不平衡力小。但是，由于加工的限制，上、下两个阀芯阀座不易保证同时密闭，因此双座阀具有允许压差大、泄漏量较大的特点。故它适用于阀两端压差较大、泄漏量要求不高的干净介质场合，不适用于高黏度和含纤维的场合。

（3）角形阀。角形阀的两个接管呈直角形，阀的流路简单，对流体的阻力较小，结构如图 4-46 所示。它适用于高压差、高黏度、含悬浮物和颗粒状物料流量的控制。一般使用底进侧出调节阀稳定性较好。在高压时为了延长阀芯的使用寿命，可采用侧进底出，但在小开度时容易发生振荡。角形阀适用于现场管道要求直角连接，介质为高黏度、高压差及含有少量悬浮物和固体颗粒状的场合。

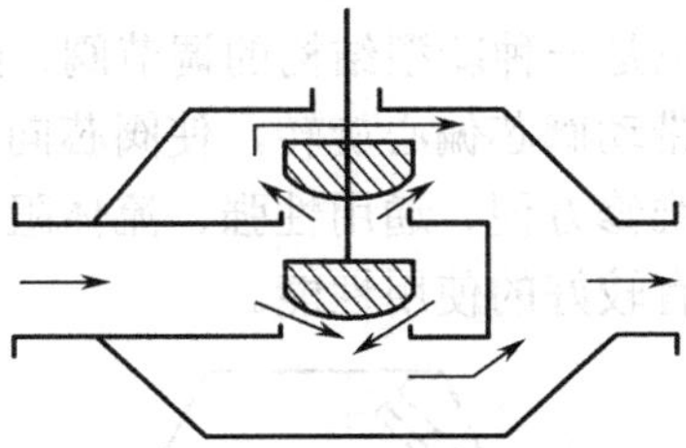

图 4-45　直通双座阀示意图

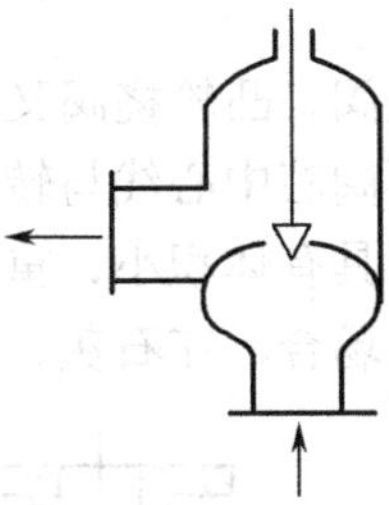

图 4-46　角形阀示意图

（4）三通控制阀。三通控制阀有三个出入口与工艺管道连接，流通方式有合流型（两种介质混合成一路）和分流型（一种介质分成两路）两种，结构如图 4-47 所示。它适用于配比控制与旁路控制。

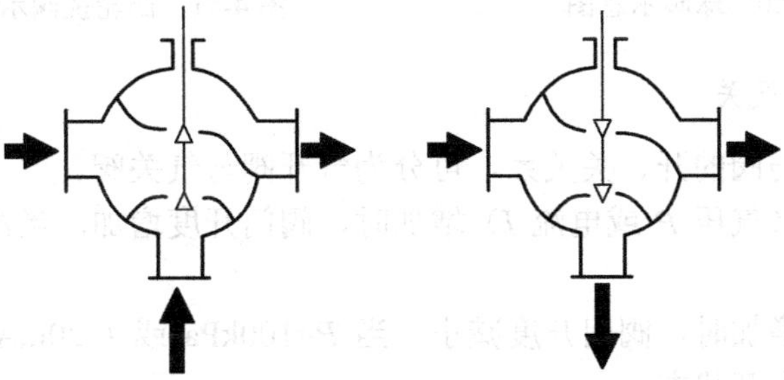

（a）三通合流阀　（b）三通分流阀

图 4-47　三通控制阀示意图

（5）隔膜控制阀。隔膜控制阀采用耐腐蚀材料作为隔膜，将阀芯与流体隔开，结构如图 4-48 所示。隔膜控制阀结构简单、流阻小，流通能力比同口径的其他种类的调节阀要大。由于介质用隔膜与外界隔离，故无填料，介质也不会泄漏。其耐腐蚀能力强，适用于强酸、强碱、强腐蚀性介质的控制，也能用于高黏度及悬浮颗粒状介质的控制。

（6）蝶阀。蝶阀又名翻板阀。蝶阀的挡板以转轴的旋转来控制流体的流量，结构如图 4-49 所示。它由阀体、挡板、挡板轴和轴封等部件组成。其结构简单、体积小、重量轻、成本低、流通能力大，特别适用于低压差、大口径、大流量气体和带有悬浮物流体的场合，但泄漏量较大。蝶阀在石油、煤气、化工、水处理等一般工业中得到了广泛应用，常用于大口径、大流量、低压差的场合，也可以用于含少量纤维或悬浮颗粒状介质的控制。

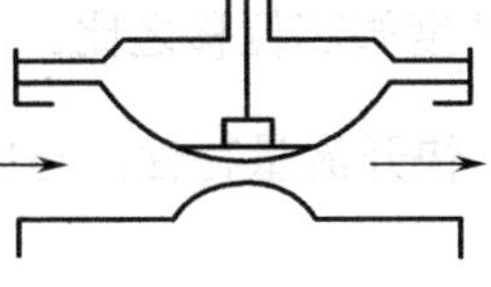

图 4-48　隔膜控制阀示意图

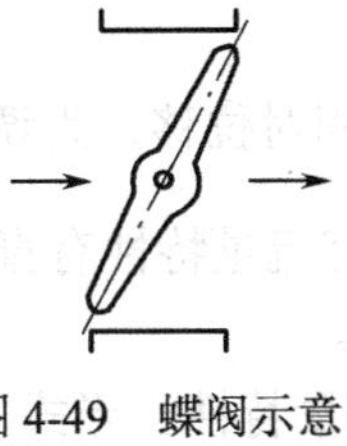

图 4-49　蝶阀示意图

（7）球阀。球阀是球体由阀杆带动，并绕阀杆的轴线做旋转运动的阀门，具有旋转 90° 的动作，旋塞体为球体，有圆形通孔或通道通过其轴线，结构如图 4-50 所示。它主要用于截断或接通管路中的介质，也可用于流体的调节与控制。多通球阀在管道上不仅可灵活控制介质的合流、分流及流向的切换，同时也可关闭任一通道而使另外两个通道相连。球阀最适宜做开关、切断阀使用。

（8）凸轮挠阀。凸轮挠阀又称为偏心旋转阀，也是一种新型结构的调节阀，结构如图 4-51 所示。它的球面阀芯中心线与转轴中心偏离，转轴带动阀芯偏心旋转，使阀芯向前下方进入阀座。偏心旋转阀具有体积小、重量轻、使用可靠、维修方便、通用性强、流体阻力小等优点，适用于黏较大的场合，在石灰、泥浆等流体中，具有较好的使用性能。

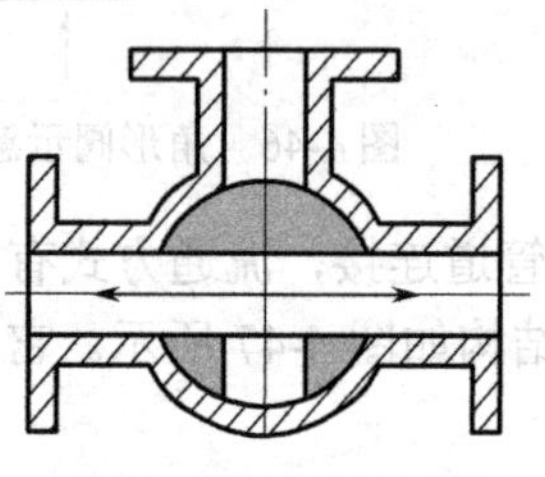

图 4-50　球阀示意图

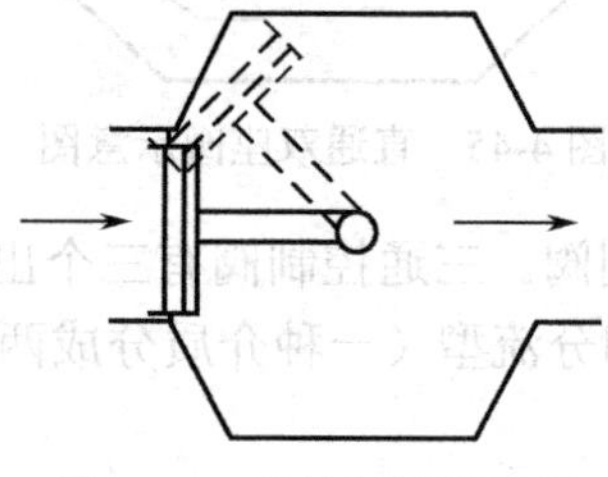

图 4-51　凸轮挠阀示意图

2）调节阀的气开与气关

调节阀按控制信号与阀的开、关关系，可分为气开阀与气关阀。

气开阀是控制信号（气压 P 或电流 I）增加时，阀门开度增加。当没有控制信号时阀门处于全闭状态。

气关阀是控制信号增加时，阀门开度减小，当 P=100kPa 或 I=20mA 时，阀门全闭。当没有控制信号时阀门处于全开状态。

气开或气关的形式选择是由安全生产的要求决定的。即当危险发生时，控制信号消失，如果阀门处于打开状态安全，则选气关阀；如果阀门处于关闭状态安全，则选气开阀。

3）调节阀的流量特性

调节阀的流量特性与阀芯形状和阀前后的压力差有关。当阀前后压差不变时称为固有流量特性，当阀前后压差随开度变化时称为工作流量特性。

（1）调节阀固有流量特性。固有流量特性又称为理想流量特性，指在调节阀前后压差固定的情况下，介质流过调节阀的相对流量与调节阀阀芯相对位移之间的关系。

$$\frac{\mathrm{d}(Q/Q_{\max})}{\mathrm{d}(l/L)}=K\left(\frac{Q}{Q_{\max}}\right)^{n} \tag{4-46}$$

式中　$\dfrac{Q}{Q_{\max}}$——相对流量，为调节阀某一开度流量与全开度流量之比；

$\dfrac{l}{L}$——相对位移，为调节阀某一开度阀芯位移与全开度阀芯位移之比。

典型的固有流量特性有直线流量特性、对数流量特性、快开流量特性，与阀芯形状有关，如图 4-52 所示。

① 直线流量特性。当式（4-46）中 n=0 时，调节阀的相对流量与相对开度成直线关系，即单位行程变化所引起的流量变化是常数。

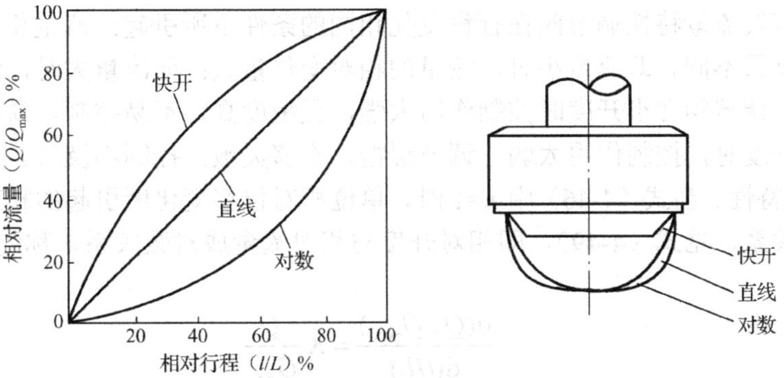

图 4-52　理想流量特性及阀芯形状

$$\frac{d(Q/Q_{max})}{d(l/L)} = K \tag{4-47}$$

将其积分，得

$$Q/Q_{max} = Kl/L + C$$

其边界条件为：$l=0$ 时，$Q=Q_{min}$；$l=L$ 时，$Q=Q_{max}$。

$C = \frac{1}{R}$，$K = 1 - \frac{1}{R}$，其中 R 为阀门的可调比。R 定义为最大流量与最小流量的比值。我国调节阀出厂时的理想可调比为 30。

$$\frac{Q}{Q_{max}} = \frac{1}{R}\left[1+(R-1)\frac{l}{L}\right] = \frac{1}{R} + \left(1-\frac{1}{R}\right)\frac{l}{L} = \frac{1}{R}\cdot\left[1+(R-1)\frac{l}{L}\right] \tag{4-48}$$

● 当阀门开度从 10%变化为 20%时：

$$\frac{l}{L} = 10\%，\quad R = 30 \qquad \frac{Q}{Q_{max}} = \frac{1}{30}\times[1+(30-1)\times 10\%] = 0.13$$

$$\frac{l}{L} = 20\%，\quad R = 30 \qquad \frac{Q}{Q_{max}} = \frac{1}{30}\times[1+(30-1)\times 20\%] = 0.23$$

流量的相对变化量 $\frac{0.23-0.13}{0.13}\times 100\% = 77\%$。

● 当阀门开度从 50%变化为 60%时：

$$\frac{l}{L} = 50\% \qquad \frac{Q}{Q_{max}} = 0.517$$

$$\frac{l}{L} = 60\% \qquad \frac{Q}{Q_{max}} = 0.613$$

流量的相对变化量 $\frac{0.613-0.517}{0.517}\times 100\% = 19\%$。

● 当阀门开度从 80%变化为 90%时：

$$\frac{l}{L} = 80\% \qquad \frac{Q}{Q_{max}} = 0.806$$

$$\frac{l}{L} = 90\% \qquad \frac{Q}{Q_{max}} = 0.903$$

流量的相对变化量 $\frac{0.903-0.806}{0.806}\times 100\% = 12\%$。

由此可见，直线流量特性调节阀在行程变化相同的条件下所引起的流量相对变化也相同，但流量的相对变化量不同。即流量小时，流量的相对变化量大；而流量大时，流量的相对变化量小。也就是说，调节阀在小开度时控制作用太强，灵敏度高，不易控制，易使系统产生振荡和超调；而在大开度时，控制作用太弱，调节缓慢，不够灵敏，控制不及时。

② 对数流量特性。当式（4-46）中 n=1 时，单位相对位移变化所引起的相对流量与此点的相对流量成正比关系，见式（4-49），即相对开度与相对流量成对数关系，称为对数流量特性，见式（4-50）。

$$\frac{\mathrm{d}(Q/Q_{\max})}{\mathrm{d}(l/L)}=K\frac{Q}{Q_{\max}} \tag{4-49}$$

对其进行积分并代入初始条件后得

$$\frac{Q}{Q_{\max}}=R^{\left(\frac{l}{L}-1\right)} \tag{4-50}$$

当 $\frac{l}{L}=10\%\sim20\%$ 时，流量的相对变化量 $\frac{Q_{0.2}-Q_{0.1}}{Q_{0.1}}=\frac{0.0658-0.0468}{0.0468}=40\%$；

当 $\frac{l}{L}=50\%\sim60\%$ 时，流量的相对变化量 $\frac{Q_{0.6}-Q_{0.5}}{Q_{0.5}}=\frac{0.256-0.182}{0.182}=40\%$；

当 $\frac{l}{L}=80\%\sim90\%$ 时，流量的相对变化量 $\frac{Q_{0.9}-Q_{0.8}}{Q_{0.8}}=\frac{0.711-0.506}{0.506}=40\%$。

对数流量特性又称为等百分比特性。斜率随流量增大而增大，即放大系数随流量增大而增大。在同样的行程变化值下，小开度时放大系数小，流量变化小，调节平稳缓和，易于控制；在大开度时，放大系数大，流量变化大，控制及时有效。对数流量特性在不同的开度下具有同样的动作灵敏度，流量的相对变化量都是相同的，因而得到广泛应用。

③ 快开流量特性。当式（4-46）中 n=−1 时，体现为快开流量特性。

$$\frac{\mathrm{d}(Q/Q_{\max})}{\mathrm{d}(l/L)}=K\left(\frac{Q}{Q_{\max}}\right)^{-1} \tag{4-51}$$

$$\frac{Q}{Q_{\max}}=\frac{1}{R}\times\left[(R^2-1)\frac{l}{L_{\max}}+1\right]^{1/2} \tag{4-52}$$

其主要特点是调节阀在小开度时，就有较大的流量，随着开度的增大，流量很快达到最大，故称为快开流量特性。以后再继续增加开度，流量变化很小，这时即起不到调节的作用。快开流量特性的阀芯是平板形的，适于要求迅速开、闭的切断阀或双位调节系统。

（2）调节阀工作流量特性。调节阀在实际使用时，总是与具有阻力的管道相连接，即使能保持供、回水压差不变，也不能始终保持调节阀前后的压差恒定。因此，虽然在同一相对开度下，通过调节阀的实际流量也将与理想特性时有所不同。在调节阀前后压差随负荷变化的工作条件下，相对流量与相对位移之间的关系称为调节阀的工作流量特性。

① 调节阀和管道阻力串联情况。调节阀安装在串联管道系统中，从流体力学中可知，串联管道系统的阻力与通过管道的介质流量的平方成正比。当系统总压差一定时，调节阀一旦动作，随着流量的增大，串联设备和管道的阻力（如弯头、手动阀门、管里损失等）也增大，这就使调节阀上压差减小，结果引起流量特性的改变，理想流量特性就变为工作流量特性。

调节阀和管道阻力串联时，设系统总压差一定，即$\Delta P=\Delta P_1+\Delta P_2$。

阻力比系数 S 定义为

$$S=\frac{\Delta P_1}{\Delta P} \tag{4-53}$$

式中　ΔP_1——调节阀全开时阀上的压力降；

　　　ΔP_2——管路及配件的压力降；

　　　ΔP——包括调节阀在内的全部管路系统总的压力降，如图 4-53 所示。

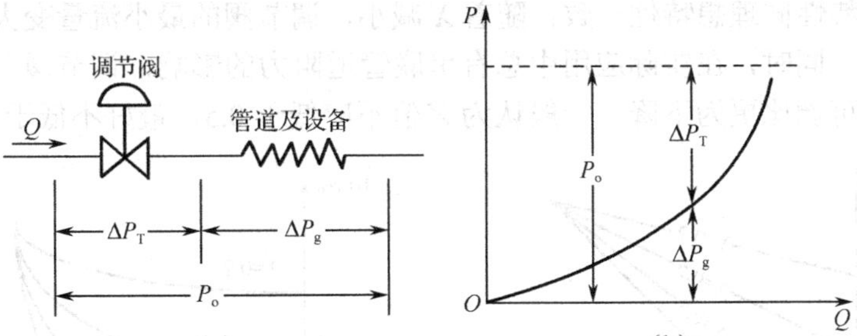

（a）　（b）

图 4-53　调节阀和管道阻力串联

串联管道使调节阀的流量特性发生畸变。从图 4-54 可以看出，工作流量特性与阻力比 S 有关。阀上压力降越小，使调节阀全开流量相应减小，曲线越向下移，使理想的直线特性畸变为快开特性，理想的对数特性畸变为直线特性。串联管道会使调节阀的放大系数减小，调节能力降低，S 值低于 0.3 时，调节阀能力基本丧失。

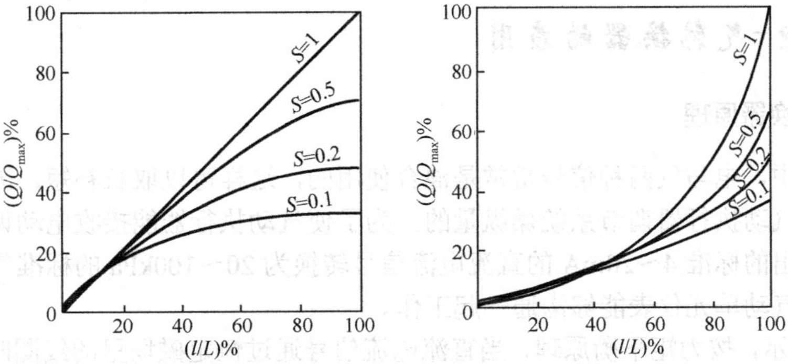

（a）直线阀　（b）对数阀

图 4-54　调节阀工作流量特性

串联管道使调节阀的流量可调范围降低。调节阀的可调比 R 定义为最大流量与最小流量之比，即

$$R=\frac{Q_{\max}}{Q_{\min}} \tag{4-54}$$

我国规定调节阀出厂的理想可调比为 R=30，从图中可以看出，当阻力比 S 变小时，调节阀的最大流量变小，使调节阀的实际可调比变小。

② 调节阀和管道阻力并联情况。调节阀一般都装有旁路，以便于手动操作和维护。当负荷提高或调节阀选小时，可以打开旁路阀，此时调节阀和管道阻力属于并联情况，调节阀的理想特性就改变为工作特性，如图 4-55 所示。并联管路每个分支

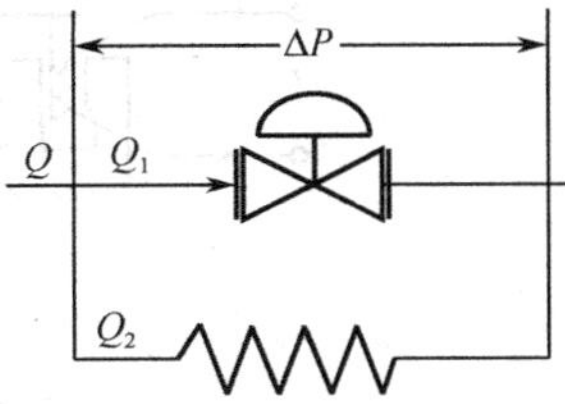

图 4-55　调节阀与管道阻力并联

管路的阻力损失等于总管路阻力损失。

定义

$$X = \frac{Q_1}{Q_{max}}$$

式中，Q_1为管道并联时调节阀全开流量；Q_{max}为总管最大流量。

可以得到压差一定而X值不同时的工作流量特性，如图 4-56 所示。当X=1，即旁路阀关闭时，调节阀的工作特性同理想特性一致；随着X减小，调节阀的最小流量变大，使系统的实际可调比将大大下降。同时，在实际应用中总有串联管道阻力的影响，调节阀上压差还会随流量的增加而降低，使可调比更为下降。一般认为X值不应低于 0.5，最好不低于 0.8。

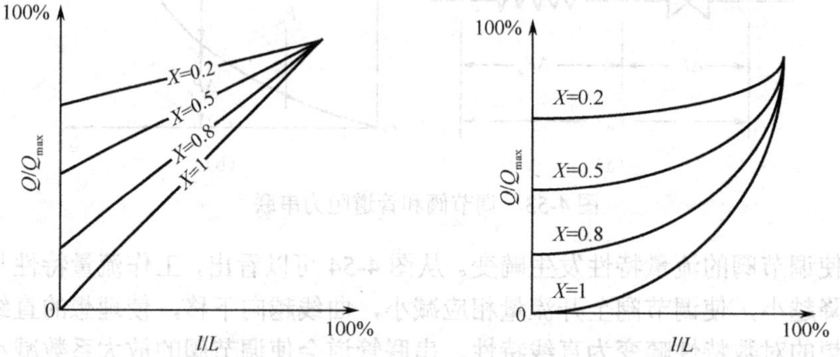

图 4-56 并联管道中调节阀的工作特性

4.4.3 电-气转换器的应用

1. 电-气转换器原理

在实际系统中，电与气两种信号常常是混合使用的，这样可以取长补短，因而有电动调节仪表，也有使用气动执行器调节系统操纵量的。为了使气动执行器能接收电动调节器的命令，必须把调节器输出的标准 4～20mA 的直流电流信号转换为 20～100kPa 的标准气压信号，以便电动单元仪表与气动单元仪表能够沟通一起工作。

如图 4-57 所示，按力矩平衡原理，当直流电流信号通过恒定磁场里的线圈时，所产生的磁通与在空隙中的磁通相互作用而产生一个向上的电磁力。由于线圈固定在杠杆上，使杠杆绕十字簧片偏转，装在杠杆另一端的挡板靠近喷嘴，使其背压升高，经过放大器功率放大后，一方面输出，一方面反馈到正负两个波纹管，建立起与测量力矩相平衡的反馈力矩，输出信号（0.02～0.1MPa）与线圈电流成一一对应关系。

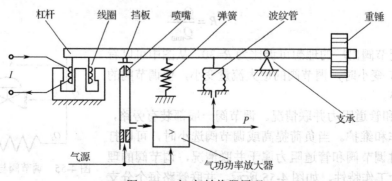

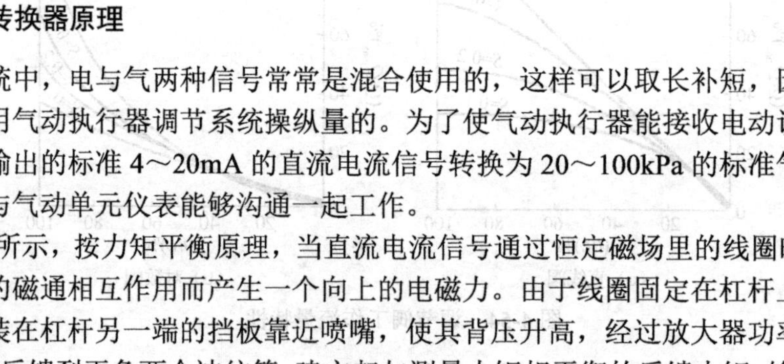

图 4-57 电-气转换器原理

转换器的气源压力为 140±14kPa，输出为与气动调节器输出对应的 20～100kPa 气压信号，用来直接推动执行机构，或做较远距离的传输。电-气转换器属于直动式仪表，可以得到高功率的气动输出信号。电-气转换器使用开环控制和小质量磁铁，以比较经济的成本进行精确的气压控制，不受位置影响及抗 RFI/EMI 干扰。

2. 阀门定位器

由于填料对阀杆的摩擦力很大并且被调节流量对阀芯有不平衡力的作用，这些附加力都会影响执行机构与输入信号之间的定位关系，使执行机构产生回环特性，造成调节定位精度降低甚至系统振荡。为提高系统的定位精度，一般采用阀门带定位器的执行器。

阀门带定位器借助杆位移负反馈，使调节阀能按输入信号精确地确定自己的开度。

电气阀门定位器的力线圈是一个高储能的危险元件，常需用环氧树脂固封，并接上防爆电路。将电-气转换器与气动阀门定位器结合，提高系统的定位精度，如图 4-58 所示。

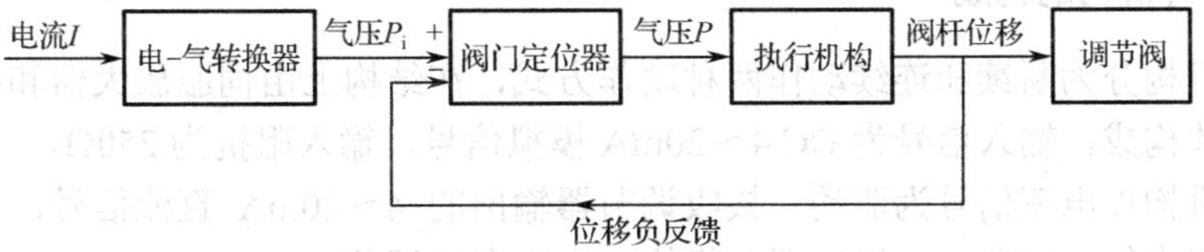

图 4-58　电气阀门定位器应用

电气阀门定位器工作原理如图 4-59 所示，将压力信号 P_i 作为输入，送到波纹管，由托板与喷嘴之间的距离变化使作用到气动执行机构的薄膜上的压力 P 产生相应的变化，将阀杆的位移信号通过反馈凸轮反馈至托板。

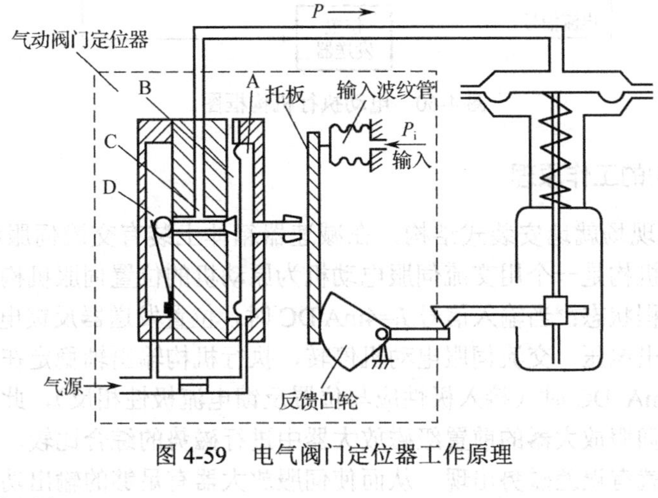

图 4-59　电气阀门定位器工作原理

阀门定位器的作用如下：

（1）克服阀杆上的摩擦力，消除流体作用力对阀位的影响，提高执行器的静态工作精度，实现准确定位。

（2）又因具有深度位移负反馈和使用气动放大器，增强了供气能力，可以提高执行机构的动态特性，加快执行器的动作速度，改善调节阀的动态特性。

（3）可改变反馈凸轮的形状来修改调节阀的流量特性。

（4）在分程控制中将调节阀通过阀门定位器实现调节阀的全行程控制。

4.4.4 智能式电动执行器

执行器是一种过程控制领域的常用机电一体化设备，主要是对一些设备和装置进行自动操作，控制其开关和调节，代替人工作业。按动力类型可分为气动、液动、电动、电液动等几类；按运动形式可分为直行程、角行程、回转型（多转式）等几类。由于用电作为动力有其他几类介质不可比拟的优势，因此电动型发展最快，应用面较广。电动型按不同标准又可分为：组合式结构、机电一体化结构，电气控制型、电子控制型、智能控制型（带 HART、FF 协议），数字型、模拟型，手动接触调试型、红外线遥控调试型等。它是伴随着人们对控制性能的要求和自动控制技术的发展而迅猛发展的。

电动执行器由电动执行机构和调节阀组成，电动执行器与气动执行器的调节机构都是相同的。

1．电动执行机构的构成

电动执行机构分为断续和连续动作两种动作方式，在结构上由伺服放大器和执行机构两个相互独立的整体构成。输入信号为 DC 4～20mA 模拟信号，输入阻抗为 250Ω。

电动执行机构以电流信号为驱动，接收调节器输出的 4～20mA 直流信号，并将其转换成相应的角位移或直行程位移，去操纵调节机构，实现自动调节。

电动执行机构由伺服放大器、电动机、减速器和位置发送器构成，如图 4-60 所示。

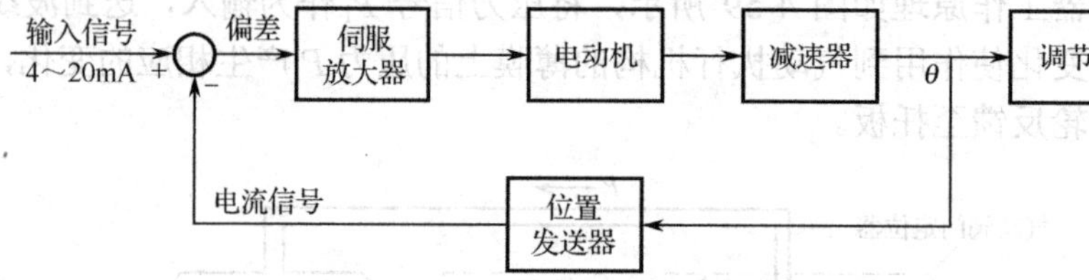

图 4-60　电动执行机构框图

2．电动执行机构的工作原理

电动执行机构为现场就地安装式结构，在减速器箱体上装有交流伺服电动机和位置发送器。直行程电动执行机构是一个用交流伺服电动机为原动机的位置伺服机构，电动执行机构处于连续调节的控制过程状态：当输入信号 I_i=4mA DC 时，位置发送器反馈电流 I_f=4mA DC，此时伺服放大器没有输出电压，交流伺服电动机停转，执行机构输出轴稳定在预选好的零位。

当输入信号 I_i>4mA DC 时（接入极性应与位置反馈电流极性相反），此输入信号与系统本身的位置反馈电流在伺服放大器的前置级磁放大器中进行磁势的综合比较，由于这两个信号大小不相等且极性相反就有误差磁势出现，从而使伺服放大器有足够的输出功率，驱动交流伺服电动机，执行机构输出轴就朝着减小这个误差磁势的方向运动。若为角行程电动执行机构，则根据偏差信号的极性，放大器输出相应极性的信号，控制伺服电动机的正反转。当偏差大于 0 时正转，偏差小于 0 时反转，直到输入信号和位置反馈信号两者相等为止，此时输出轴就稳定在与输入信号相对应的位置上了。

伺服放大器由前置放大器和晶闸管驱动电路组成，综合输入信号和反馈信号，并将偏差信号加以放大，使其有足够的功率来控制伺服电动机的转动。

伺服电动机将伺服放大器输出的电功率转换成机械转矩。由于执行机构工作频繁，经常处于启动工作状态，要求具有低启动电流、高启动转矩的特性，因此采用带制动机构的两相伺服电动机。当伺服放大器没有输出时，电动机能够可靠制动。装有傍磁式制动机构能保证在电动机断电时，转子立即被制动，并可防止电动机断电后被负载作用力推动发生反转的现象。

减速器把伺服电动机的高转速、小力矩的输出功率转换成执行机构输出轴的低转速、大力矩的输出功率，以推动调节机构。

位置发送器将执行机构输出轴的转角（0°～90°）线性地转换成 4～20mA 的电流信号，用以指示阀位，并作为位置反馈信号反馈到伺服放大器的输入端，以实现整机负反馈。

电动执行机构输出轴转角与输入信号成正比。整个电动执行机构可近似看成一个比例环节。

$$\theta = KI_{\mathrm{i}} \tag{4-55}$$

3. 电动执行机构的控制方式

电动执行机构自动与手动调节的相互切换有以下三种控制方式：

当电动操作器切换开关放在“自动”位置时，即处在连续调节控制状态。

当电动操作器切换开关放在“手动”位置时，即处在手动远方控制状态，操作时只要将旋转切换开关分别拨到“开”或“关”的位置，执行机构输出轴就可以上行或下行，在运动过程中观察电动操作器上的阀位开度表，到所需控制阀位开度时，立即松开切换开关即可。

当电动操作器切换开关放在“手动”位置时，把交流伺服电动机端部旋钮放在“手动”位置，拉出执行机构上的手轮，摇动手轮就可以实现手动操作。当不用就地手动操作时，应把交流伺服电动机端部的旋钮放在“自动”位置，并把手轮推进。

4. 电动执行机构的特点

（1）工作稳定可靠，操作简单方便，电路设计集成度高。

（2）超强的抗干扰能力，采用先进的电子电路抗干扰设计，适用于各种强干扰场合。

（3）完善的智能自我检测和诊断功能，具有智能自检错报警功能。

（4）传动系统坚固，蜗轮蜗杆减速机构精密，间隙小、效率高、噪声低、寿命长。

4.4.5　执行器的选择与计算

1. 执行器结构形式的选择

1）执行机构的选择

执行机构在阀全关时的输出推力 F（力矩 M）应满足 $F \geqslant 1.1(F_{\mathrm{t}}+F_0)$，其中 F_{t} 为调节阀不平衡力，F_0 为阀座紧压力。

2）调节阀结构形式的选择

调节阀的结构形式主要有直通单座阀、直通双座阀、角形阀和蝶阀等几种基本形式。直通调节阀的应用最为广泛，当调节阀的前后压差较小、要求泄漏量也较小时，应选直通单座阀；当调节阀的前后压差较大，并允许有较大泄漏量时，应选直通双座阀。在大口径、大流量、低压差的场合工作时，应选调节式蝶阀，但此时的泄漏量较大。在比值控制或旁路控制时，应选三通调节阀。

3）气开式与气关式的选择

气关式表示输入到执行机构的信号增加时，流过执行器的流量减小，即有压力信号时阀门关闭，无压力信号时阀门打开。

气开式表示输入到执行机构的信号增加时，流过执行器的流量增加，即有压力信号时阀门打开，无压力信号时阀门关闭。

执行器的气开与气关形式是由执行机构的正、反作用和调节阀阀芯的正、反向安装所决定的，可组合成四种方式。执行机构正作用、调节阀阀芯正装时为气关式执行器；执行机构正作用、调节阀阀芯反装时为气开式执行器；执行机构反作用、调节阀阀芯反装时为气关式执行器；执行机构反作用、调节阀阀芯正装时为气开式执行器。

执行器气开、气关形式如表 4-3 所示。

表 4-3　执行器气开、气关形式

序　号	执行机构作用方式	阀体作用方式	执行器气开、气关形式
1	正	正	气关
2	正	反	气开
3	反	正	气开
4	反	反	气关

气开式与气关式的选择原则为：从安全要求出发，信号压力中断时，应保证设备和操作人员的安全。如果调节阀处于打开位置时危害小，则应选用气关式，以使气源系统发生故障或调节器失灵时，阀门能自动打开，保证安全。反之，则选气开阀。

例如，加热炉的燃料气或燃料油控制采用气开阀，因为当信号中断时应切断炉燃料，以免炉温过高而造成事故；加热炉进料系统采用气关阀；一个用冷却水冷却的换热设备，热物料在换热器内与冷却水进行热交换被冷却，调节阀安装在冷却水管上，用换热后的物料温度来控制冷却水量，在气源中断时，调节阀处于开启位置更安全些，宜选用气关式调节阀。

2．调节阀流量特性的选择

1）根据自动控制系统的调节品质来选择

在过程控制系统中，通常变送器和调节器等的放大系数是一个常数，而被控对象的放大系数是要随外部条件的变化而变化的。通过适当选择调节阀的特性，以阀的放大系数的变化来补偿被控对象放大系数的变化，可使系统总的放大系数基本保持不变，从而得到较好的调节品质。

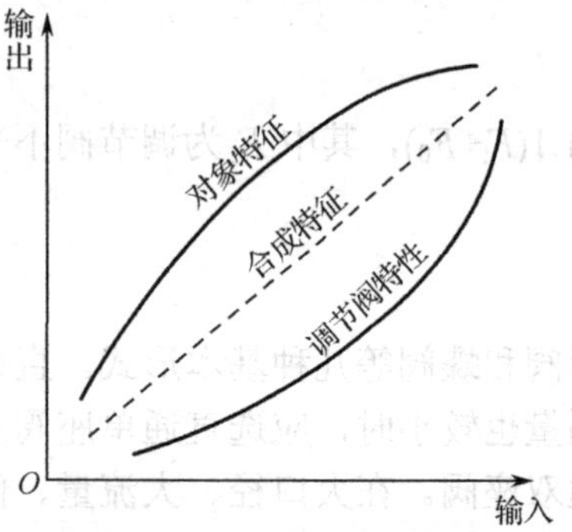

图 4-61　阀和对象特性非线性互相补偿

最简单的调节系统由检测变送、调节器、执行器（执行机构、调节阀）、被控对象组成，系统总的放大系数 $k = k_1 \cdot k_2 \cdot k_3 \cdot k_4 \cdot k_5$。若被控对象的放大系数 k_5 有非线性，在选择调节阀的流量特性时应选择对数特性调节阀，使调节阀和对象特性的非线性互相补偿，合成特性为线性关系，如图 4-61 所示。

即放大系数随负荷增大而变小的被控对象，如与传热有关的温度控制对象，应选用等百分比流量特性的调节阀，可使系统的总放大系数基本保持不变；同理，当被控对象的放大系数为线性时，则应采用直线流量特性的调节阀。

2）根据工艺配管情况来选择

调节阀总是与管道、设备等连接在一起使用。由于系统配管情况不同，配管阻力的存在使调节阀前后的压差发生变化，因此阀的工作流量特性与理想特性也不同，必须根据系统的特点来选择所希望的工作特性，然后再考虑工艺配管情况选择相应的理想特性。

例如，已知被控对象、检测变送器、执行机构都具有线性特性，当配管阻力比系数 S=0.3 时，应如何选择调节阀的流量特性？

针对上述情况，调节阀应选择对数特性，因为当配管阻力比系数 S=0.3 时，其工作特性近似为线性。

3）根据负荷变化情况来选择

直线特性调节阀在小开度时过于灵敏，流量相对变化值大，容易引起振荡，因此在负荷变化幅度大的场合不宜采用；等百分比特性调节阀的放大系数随阀门行程的增加而增加，流量相对变化值是恒定不变的，对负荷波动有较强的适应性，无论在全负荷还是半负荷生产时都能很好地调节，因此比较适合在负荷变化幅度大的场合应用。如果调节阀需要经常工作在小开度，应选用等百分比特性调节阀。

3. 调节阀口径的选择与计算

在控制系统中，根据工艺要求，可以准确计算阀门的流通能力，合理选择调节阀的尺寸。口径太大，使阀门经常处于小开度位置，调节质量不好；而口径太小，阀门不能满足最大流量需要。

当流体不可压缩时，通过调节阀的体积流量为

$$Q = \alpha A_0 \sqrt{\frac{2g}{r}\Delta P} \tag{4-56}$$

式中，Q 为体积流量；α 为流量系数，它取决于调节阀的结构形状和流体流动状况，可从有关手册查阅或由实验确定；A_0 为调节阀接管截面积；g 为重力加速度；r 为流体重度，r 与密度 ρ 之间的关系为 $r=\rho g$；ΔP 为阀两端压差。

C 为调节阀的流通能力，与调节阀的结构参数有确定的对应关系，是确定调节阀尺寸的重要理论依据。令 $C=\alpha A_0\sqrt{2g}$，则调节阀的流通能力 C 与流量 Q 的关系为

$$Q = C\sqrt{\frac{\Delta P}{r}} \tag{4-57}$$

由式（4-57）可以看出，调节阀的流通能力是在标准条件下测试出来的。但是因为压差、温度等介质条件不同，在千差万别的实际工作条件下显然不能以调节阀的实际流量与标准流通能力相比较；而必须根据实际情况进行流通能力 C 值的计算，根据计算出的流通能力与阀本身所具有的 C 值相比较，通过查工程手册，从而决定调节阀的口径 D。最后还应对有关参数进行验算，进一步验证所选阀门的口径是否能够满足工作要求。

4.5 安全栅

如何选用安全栅

安全栅（safety barrier）接在本质安全电路和非本质安全电路之间，是将供给本质安全电路

的电压、电流限制在一定安全范围内的装置。安全栅又称安全限能器，是本安系统中的重要组成部分。安全栅主要有齐纳式安全栅和隔离式安全栅两大类。齐纳式安全栅的核心元件为齐纳二极管、限流电阻及快速熔断丝。隔离式安全栅不但有限能的功能，还有隔离功能，它主要由回路限能单元、信号和电源隔离单元、信号处理单元组成。

4.5.1 安全火花防爆系统

1. 仪表防爆途径

仪表防爆途径分为三种。结构防爆（隔离防爆）：采用严密的外壳，向外壳里输送洁净的压缩空气，在外壳里充油，在电路和外壳间的空隙里充填石英砂。本安防爆：从仪表电路设计时就考虑到在能量上加以限制，本安仪表在正常工作或故障状态下，产生的火花及达到的温度均不足以引燃周围的爆炸性混合物。安全栓：系统中加入防爆栅。

2. 环境等级

在大气条件下，气体、蒸汽、薄雾、粉尘或纤维状的易燃物质与空气混合，点燃后燃烧将在整个范围内传播的混合物，称为爆炸性混合物。含有爆炸性混合物的环境，称为爆炸性环境。按爆炸性混合物出现的频度、持续时间和危险程度，又可将危险场所划分成不同级别的危险区。危险场所分为三类：

第一类（Q 类）含有可燃性气体或蒸汽的爆炸性混合物；第二类（G 类）含有可燃性粉尘或纤维混合物；第三类（H 类）火灾危险场所。

3. 最小引爆电流

安全火花防爆方法的实质是限制火花的能量，这种能量主要取决于电压和电流的数值。在电路的电压限制在 30V 时，各种爆炸性混合物按其最小引爆电流分为三级，如表 4-4 所示。

表 4-4 最小引爆电流

级　别	最小引爆电流/mA	各类爆炸混合物
Ⅰ	$I>120$	甲烷、乙烷、汽油、乙醇、丙酮、氨、一氧化碳等
Ⅱ	$70\leqslant I\leqslant 120$	乙烯、乙醚、丙烯等
Ⅲ	$I<70$	氢、乙炔、二硫化碳、煤气等

4. 易燃易爆气体的自燃温度

自燃温度分为 a、b、c、d 和 e 五级。允许的最高环境温度为自然温度的 80%减去仪表温升。当仪表温升为 10℃时，如表 4-5 表示。

表 4-5 自燃温度分级

组　别	a	c	b	d	e
自然温度	450	300	200	135	100
仪表允许表面温度	360	240	160	108	80
允许最高环境温度	350	230	150	98	70

5．构成一个安全火花防爆系统的充要条件

- 在危险现场使用的仪表必须是安全火花型的；
- 现场仪表与非危险场所（包括控制室）之间的电路连接必须经过防爆栅。

只有这样，才能保证在事故状态下，现场仪表自身不发生危险火花，且从危险现场以外也不引入危险火花。

6．安全火花防爆系统的构成

作为控制室仪表与现场仪表的关联设备，一方面传输信号，另一方面控制流入危险场所的能量在爆炸气体或混合物的点火能量以下，保证系统的本安防爆性能。安全火花防爆系统的基本结构如图4-62所示。

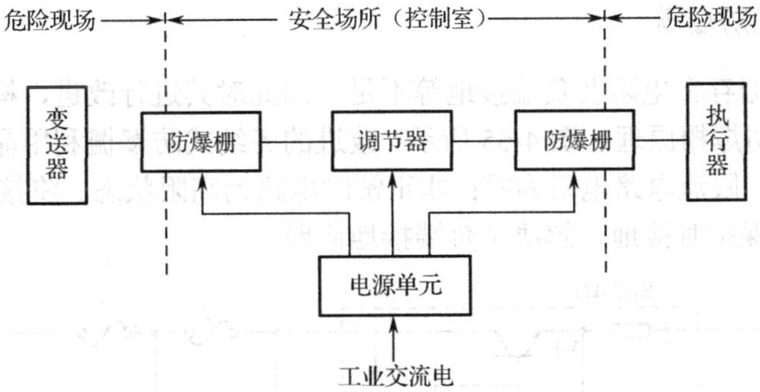

图4-62　安全火花防爆系统的基本结构

防爆栅有电阻式、齐纳式、隔离式、中继放大器式等。是否要选择防爆栅和安全火花型防爆仪表，视工业现场情况而定，根据实际需要选用合适的防爆仪表和防爆栅。

安全栅的安装及使用注意事项

4.5.2　齐纳式安全栅

1．电阻式安全栅

电阻限流式是在两根电源线（也是信号线）上串联一定阻值的电阻，对进入危险场所的电流进行限制。电阻式安全栅原理如图4-63所示。电阻式结构简单，但在正常工作状况下电源电压受到衰减，且防爆定额低，使用范围不大。

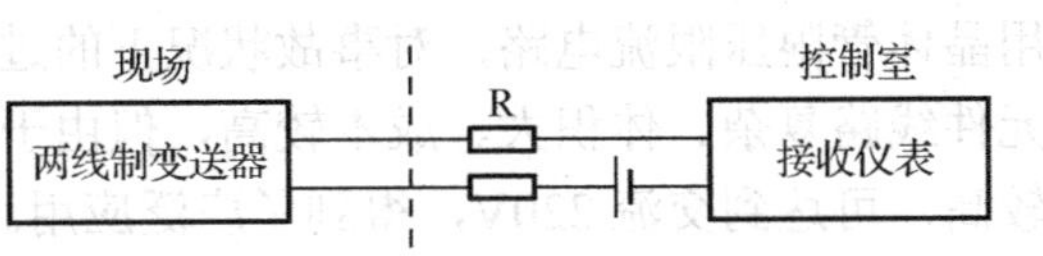

图4-63　电阻式安全栅原理

2．齐纳式防爆栅

齐纳式防爆栅原理如图4-64所示。齐纳式防爆栅在控制室与危险现场之间加入VD_1与VD_2两个齐纳二极管，当输入电压V_i在正常范围（24V）内时，齐纳二极管VD不导通；当电压高于24V并达到齐纳二极管的击穿电压时，齐纳二极管导通，将电压钳制在安全值以下，起到限压的作用。F为熔断丝，安全侧电流急剧增大，当电流大于100mA时快速熔断丝F熔断，从而将可能造成事故的高压与危险现场隔断。R_1和R_2起到限流的作用，限制流往现场的电流。

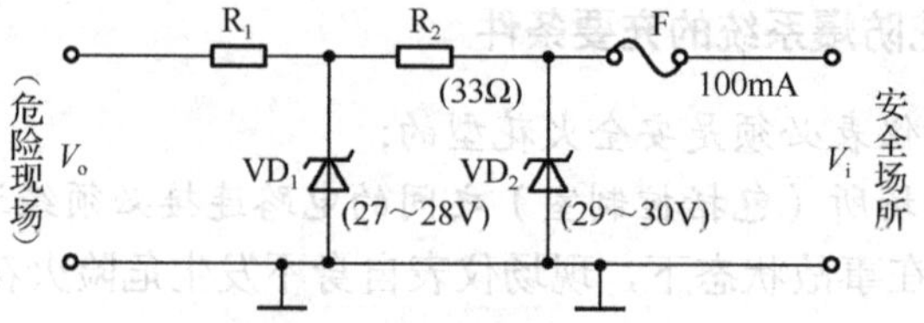

图 4-64　齐纳式防爆栅原理

齐纳式防爆栅的不足之处在于限流电阻 R_1、R_2 的存在对仪表正常范围内的工作仍有影响。理想的限流电阻希望在安全范围内不起限流作用，即阻值为零；而当电流超出一定范围时，应起强烈的限流作用，即阻值为无穷大。另一不足之处为 V_i 和 V_o 的负端需要接地，对熔断丝的熔断时间和可靠性要求非常高，实现比较难。

3. 改进的齐纳式防爆栅

由于齐纳式防爆栅存在电阻及负端接地等不足，因此对其进行改进，构成改进的齐纳式防爆栅。改进的齐纳式防爆栅原理如图 4-65 所示。改进的齐纳式防爆栅利用晶体管限流电路代替电阻，当正常工况时，限流电路电阻为零；非正常时电路为高阻状态。将接地移至 VD_1 与 VD_3 之间，改直接接地为保护时接地，解决了负端接地问题。

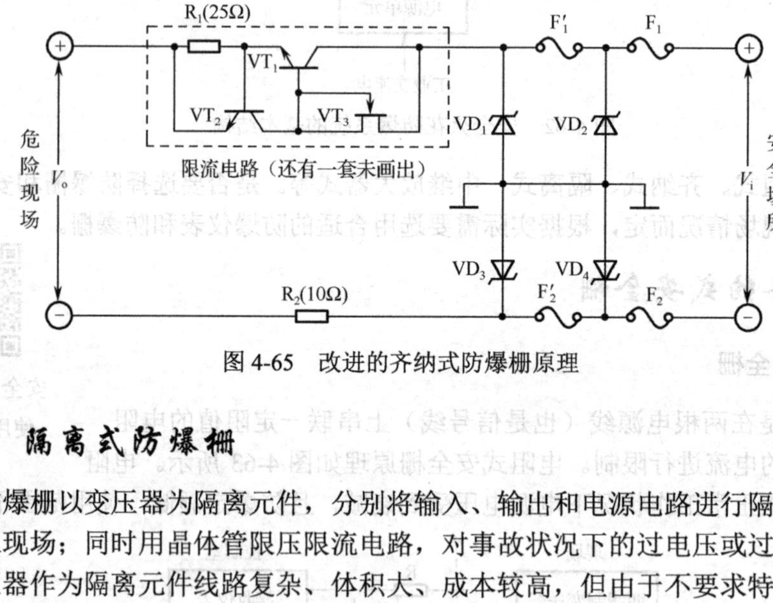

图 4-65　改进的齐纳式防爆栅原理

4.5.3　隔离式防爆栅

隔离式防爆栅以变压器为隔离元件，分别将输入、输出和电源电路进行隔离，以防止危险能量直接传入现场；同时用晶体管限压限流电路，对事故状况下的过电压或过电流进行截止式控制。以变压器作为隔离元件线路复杂、体积大、成本较高，但由于不要求特殊元件，便于生产，工作可靠，防爆定额较高，可达到交流 220V，得到了广泛应用。

隔离式防爆栅分为检测端防爆栅和执行端防爆栅。

1. 检测端防爆栅

检测端防爆栅作为现场变送器与控制室仪表和电源的联系纽带，其一，向变送器提供电源；其二，把变送器送来的信号电流经隔离变压器 1∶1 地传送给控制室仪表，结构如图 4-66 所示。使用双重限压限流电路使任何情况下输往危险场所的电压不超过 30V，直流电流不超过 30mA，以保证危险场所的安全。

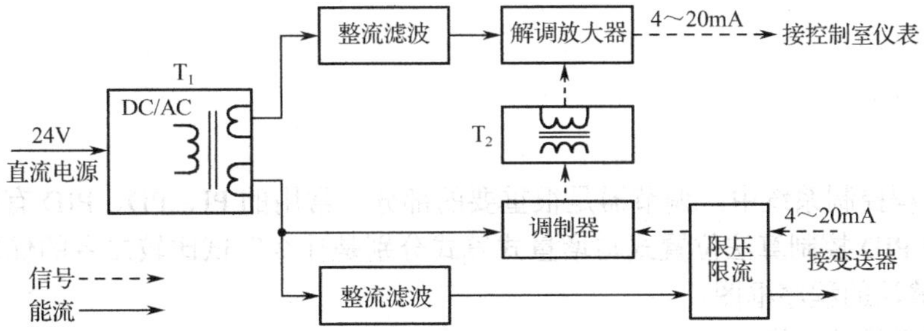

图 4-66　检测端防爆栅框图

2．执行端防爆栅

执行端防爆栅用于控制室中调节器和现场执行器之间的隔离，是将 4～20mA 调节信号送往现场的通道。电路原理与检测端防爆栅基本相似，控制信号方向相反，是从控制室至危险现场，结构如图 4-67 所示。

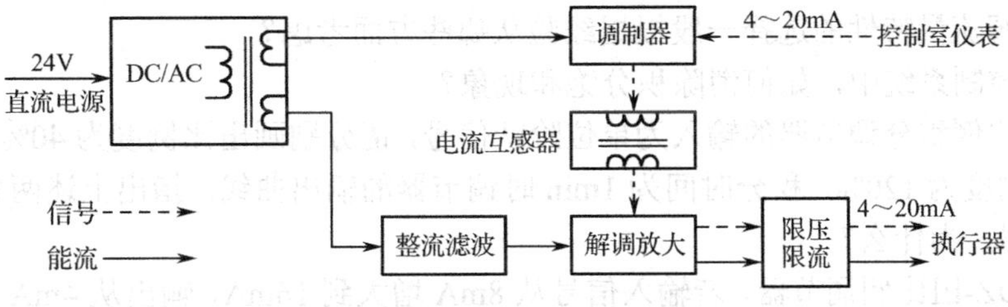

图 4-67　执行端防爆栅框图

隔离式防爆栅特点如下：

（1）由于采用了三方隔离方式，可以在危险区或安全区任何一个合适的地方接地，给设计及现场施工带来极大方便，通用性强。

（2）隔离式防爆栅的电源、信号输入、信号输出均可通过变压器耦合，实现信号的输入、输出完全隔离，使防爆栅的工作更加安全可靠；保证设备信号不互相干扰，同时提高所连接设备相互之间的电气安全绝缘性能。

（3）隔离式防爆栅由于信号线路无须共地，信号完全浮空，使得检测和控制回路信号的稳定性和抗干扰能力大大增强，提高了控制系统正常运行的可靠性。

（4）对危险区的仪表要求大幅度降低，现场无须采用隔离式的仪表。

（5）隔离式防爆栅具备更强的输入信号处理能力，能够接收并处理热电偶、热电阻、频率等信号，这是齐纳式安全栅所无法做到的。

隔离式防爆栅采用了将输入、输出及电源三方之间电气相互隔离的电路结构，同时符合本安型限制能量的要求。对比齐纳式和隔离式防爆栅的特点和性能后可以看出，隔离式防爆栅有着突出的优点和更为广泛的用途，虽然其价格略高于齐纳式防爆栅，但从设计、施工安装、调试及维护成本来考虑，其综合成本可能反而低于齐纳式防爆栅。在要求较高的工程现场几乎无一例外地采用了隔离式防爆栅作为主要本安防爆仪表，隔离式防爆栅已逐渐取代了齐纳式防爆栅，在安全防爆领域得到了日益广泛的应用。

习题

4-1 生产过程控制系统中，调节器是很重要的部分，常用的PI、PD、PID有哪些特性？

4-2 数字化PID控制算法位置式与增量式算式分别是什么？试比较二者的优缺点。绘制增量式数字PID 算法的程序框图。

4-3 什么叫无扰动切换？

4-4 调节器的正、反作用是如何规定的？

4-5 构成安全火花防爆系统的充要条件是什么？

4-6 什么是调节阀的流量特性？调节阀的理想流量特性有哪几种？它们各是怎样定义的？

4-7 调节阀的工作流量特性和阻力比系数有关，而阻力比系数是怎样定义的？

4-8 当调节阀和管网阻力串联时，阻力比系数 S 值的大小对流量特性有何影响？

4-9 控制系统中选择气开阀或气关阀主要从哪什么角度考虑？

4-10 调节阀流量特性的选择一般根据经验从哪些方面考虑？

4-11 数字控制系统中，如何消除积分饱和现象？

4-12 已知比例积分调节器的输入为单位阶跃信号，请分别画出比例度为40%，积分时间为0.5min时和比例度为120%，积分时间为1min时调节器的输出曲线。指出上述两条曲线中哪一个的比例作用强，为什么？

4-13 某DDZ-Ⅲ比例调节器，若输入信号从8mA增大到16mA，输出从4mA增大到8mA，求调节器比例度。某DDZ-Ⅱ电动比例调节器的测量范围为100～200℃，其输出为0～10mA。当温度从140℃变化到160℃时，测得温度调节器的输出从3mA变化到7mA，试求该调节器的比例度。

4-14 某比例积分调节器的输入、输出范围均为DC 4～20mA，若设 δ=100%，T_I=2min，稳态时其输出为6mA，若在某一时刻输入阶跃增加1mA，试求经过4min后调节器的输出。

4-15 冷物料通过加热器用蒸汽对其加热。在事故状态下，为了保护加热器设备的安全，即耐热材料不被损坏，在蒸汽管道上有一个气动执行器，试确定其气开、气关形式。

4-16 现测得三种流量特性的有关数据见表4-6。试分别计算其相对开度在10%、50%、80%各变化10%时的相对流量的变化量，并据此分析它们对控制质量的影响和一些选用原则。

表4-6 三种流量特性的有关数据

(Q/Q_{max})/% \ (l/L)/%	0	10	20	30	40	50	60	70	80	90	100
直线流量特性	3.3	13.0	22.7	32.3	42.0	51.7	61.3	71.0	80.6	90.3	100
对数流量特性	3.3	4.67	6.58	9.26	13.0	18.3	25.6	36.2	50.8	71.2	100
快开流量特性	3.3	21.7	38.1	52.6	65.2	75.8	84.5	91.3	96.13	99.03	100

调节阀的相对开度（l/L）（%）和相对流量（Q/Q_{max}）（%）（R=30）。

4-17 某理想PID调节器，δ=80%，T_I=2min，T_D=0，在 $t=t_0$ 时刻加入一幅值为1mA的阶跃信号，若调节器的起始工作点为6mA，试画出调节器的输出波形。

4-18 某理想PID调节器，δ=100%，T_I=30s，T_D=0，试画出在如图4-68所示输入方波作用

下的调节器输出波形。

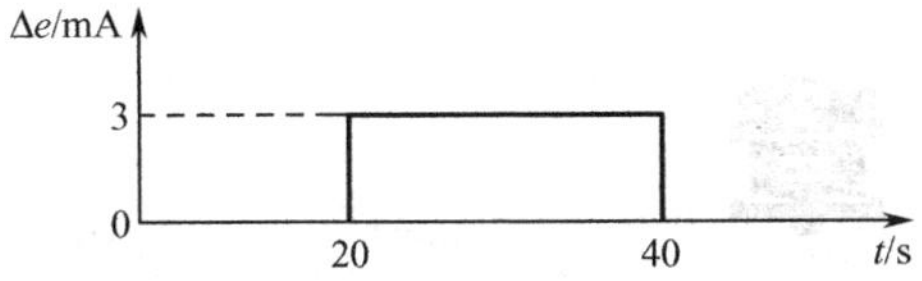

图 4-68　输入方波

4-19 锅炉生产情况如下：冷水进入气鼓，经燃烧加热产生蒸汽，在生产过程中，要求气鼓里的水不能烧干，不然将发生事故，甚至出现爆炸。为了保证锅炉的安全生产，试确定冷水进水管道上调节阀的气开、气关形式。

4-20 冷物料通过加热器用蒸汽对其加热，在事故状态下，为了保护加热器设备的安全，即耐热材料不损坏，在蒸汽管道上有一只调节阀，确定其气开、气关形式。

第5章

过程控制系统设计

本章知识点：

- 过程控制系统的设计步骤
- 确定控制方案与控制变量
- 过程控制系统硬件选择
- 节流元件计算
- 调节阀选择

基本要求：

- 理解控制系统的设计步骤
- 了解控制目标的确定原则和常用控制算法
- 掌握控制方案确定要点
- 理解测量仪表和传感器选择原则
- 了解流量计算有关的基本概念
- 理解流量计工作原理
- 掌握调节阀选用原则

能力培养：

通过控制系统设计方法、流量计工作原理和调节阀选用原则等知识点的学习，培养学生阅读、理解、分析与设计过程控制系统的基本能力。学生能根据现场技术指标要求及工程实际需求，正确选择和合理使用测量仪表；运用本章所学知识分析、解决控制系统工程应用中的常见问题，具有一定的工程实践能力。

本章所研究的过程控制系统设计，是过程控制系统中使用最普遍，也是最为重要的一个部分，是过程控制系统研究的基础。本章以过程控制系统中所涉及的方案设计方法为主要内容，根据过程控制系统的结构特点，重点讨论方案设计中控制变量的确定和系统硬件的选择，控制器的控制规律及正/反作用方式的选择原则，流量计算有关的基本概念、调节阀计算基础、流量特性、口径计算等问题的研究。

5.1 过程控制系统设计步骤

干燥过程的控制系统设计

1. 设计基本要求

（1）系统设计人员应掌握较为全面的专业知识，同时对所要控制的工艺装置对象有足够的了解。

（2）设计人员与现场专业技术人员进行必要的沟通和交流，共同商讨确定控制方案。

（3）切忌盲目追求控制系统的先进性和所用仪表及装置的先进性。

（4）在控制系统的设计中，应注重选择那些能满足控制质量要求，且在应用上较为成熟的控制方案。

（5）设计一定要遵守有关的标准、行规，按科学、合理的程序进行。

2．设计基本内容

1）确定控制方案

控制系统的方案设计是整个设计的核心，是关键的第一步。对于较复杂的控制系统工程，需经过广泛的调研和反复的论证来确定控制方案，包括被控变量的选择与确认、中间变量的选择与确认、检测点的初步选择，绘制带控制点的工艺流程图和编写初步控制方案设计说明书等内容。

2）仪表及装置的选型

根据已经确定的控制方案进行选型，同时考虑产品的质量、价格、可靠性、精度、供货方便程度、技术支持和售后维护等因素，并绘制相关的图表。

3）相关工程内容的设计

相关工程内容的设计包括控制室设计、供电和供气系统设计、仪表配管和配线设计及联锁保护系统设计等，并提供相关的图表。

3．设计基本步骤

1）根据控制目的和工艺要求确定系统变量

控制系统的技术要求或性能指标由用户或被控过程的设计制造单位提出，是控制方案设计的主要依据之一。系统变量包括输入变量、输出变量和中间变量。

2）建立数学模型

过程控制系统的数学模型是控制系统理论分析和设计的基础，过程控制系统的控制效果在很大程度上取决于系统数学模型的精度。系统的数学模型可采用传递函数、微分方程、差分方程、状态空间模型等形式。

3）确定控制方案

控制方案是控制系统设计的关键，包括系统的构成、控制参数的选择、测量信息的获取及变送、调节规律的选取、调节阀（执行器）的选择和调节器正、反作用的确定等内容。控制方案的确定要依据被控过程的特性、技术指标和控制任务的要求，还要考虑方案的简单性、经济性及技术实施的可行性等，并且要进行反复研究与比较，方可确定。

4）根据系统的动态和静态特性进行分析与综合

在确定系统控制方案的基础上，根据系统的技术指标进行分析与综合，以确定各组成环节的相关参数。其涉及的方法有根轨迹法、频率特性法、优化设计法等，另外，计算机仿真与实验研究是系统分析与综合时常用的方便和有力的手段。

5）选择硬件设备

根据过程控制的输入、输出变量及控制要求，选定系统硬件设备，包括控制装置、测量仪表、传感器、执行机构和报警、保护、联锁等部件。

6）选择控制算法，进行控制器的设计

过程控制系统中涉及的控制算法有PID控制、串级控制、比值控制、补偿控制、解耦控制、自适应控制、预测控制、模糊控制、神经网络控制、专家控制、鲁棒控制等。

7）软件设计

根据控制要求、工艺特点和控制算法，进行相应软件设计。

8）设备安装、调试与参数整定

根据施工图对设备进行安装，在工程机电设备安装施工完成之后，通常要对设备进行调试。调试运行设备是在施工单位人员的操作下，按照正式生产或使用的条件和要求进行较长时间的工作运转，与项目设计的要求进行对比。控制器的参数整定是在控制方案设计合理、仪器仪表工作正常、系统安装调试无误的前提下，使系统运行在最佳状态的重要步骤。

5.2 确定控制变量与控制方案

在工程实践中，控制方案的确定需要考虑生产过程的实际需求和技术指标的要求，同时受环境和经济条件的约束。一个好的控制方案，既要依赖于有关理论分析和计算，又要依赖于工程实践经验。

控制变量的选择是控制系统设计的核心问题，对于稳定生产操作、增加产品产量、提高产品质量、保证生产安全及改善劳动条件等方面具有决定性的意义。对于任何一个控制系统，如果被控变量选择不当，配备再好的自动化仪表，使用再复杂、先进的控制规律也是无用的，都不能达到预期的控制效果。

另一方面，对于一个具体的生产过程，影响其正常操作的因素往往有很多个，但并非都是决定性因素。所以，设计人员必须深入实际，调查研究，分析工艺，从生产过程对控制系统的要求出发，找出影响生产的关键变量作为被控变量。

5.2.1 确定控制目标

控制目标的确定原则：稳定性、安全性和经济性。控制目标通过被控变量来定量表示，被控变量是工业过程中希望借助自动控制保持恒定值（或按一定规律变化）的变量。

1. 被控变量选择的原则

（1）选择和生产的产品质量、生产的安全性、经济性及环保有着决定作用的，可直接测量的工艺参数。

（2）选用可直接控制目标质量的输出变量。

（3）考虑工艺过程的合理性和所选仪表的性能，要有能灵敏检测被控量的仪表。

（4）当不能采用直接参数作为被控量时，可以选择间接参数作为被控量，但它必须是和直接参数有单值的函数关系且能够可靠测量的间接输出变量。

大多数情况下，被控变量容易确定，如对于以温度、压力、流量、液位为操作指标的生产过程，被控变量明显为温度、压力、流量、液位。但如果对被控变量缺乏合适的检测手段和检测装置，致使有些参数无法实现在线测量和变送；或者虽有直接参数可测，但信号微弱或测量滞后太大，不能及时地反映产品质量变化的情况，则这时可以选择一种间接的指标，即间接参数作为被控变量。必须注意，所选用的间接指标必须与直接指标有单值的对应关系，并且还需具有足够大的灵敏度，即随着产品质量的变化，间接指标必须有足够大的变化。

2. 输入变量

输入变量有两类，分别是控制（或操作）变量和扰动变量。

扰动变量可能随机出现在系统的各个环节中，具有不可预知性。在系统设计过程中，应尽可能采取措施，将扰动对系统的影响降至最低程度。

控制（或操作）变量：由操作者或控制机构调节的变量，其选择的基本原则为：

（1）选择对被控变量影响较大的输入变量或对被控变量作用较快的输入变量作为控制变量，加大系统的控制灵敏度，使控制的动态响应较快。

（2）选择变化范围较大的输入变量作为控制变量，以便易于控制。

（3）在复杂系统中，存在多个控制回路，即存在多个控制变量和多个被控变量。所选择的控制变量对相应的被控变量有直接影响，而对其他输出变量的影响应该尽可能小，以便使不同控制回路之间的耦合程度较弱。

5.2.2 确定控制方案

在控制目标和输入、输出变量确定以后，需要确定控制方案。控制方案包括控制结构和控制算法两部分。

1. 控制结构

主要分为反馈控制、开环控制和复合控制三种控制方式。

1）反馈控制

在大部分的控制系统中，都希望被控对象保持某一恒定值，经常采取的方法是取被控对象的实际值，然后再与给定值相比较，按照这两者的差值，通过控制器对被控对象进行修正，使被控变量保持在预期值附近。反馈控制原理图如图 5-1 所示。

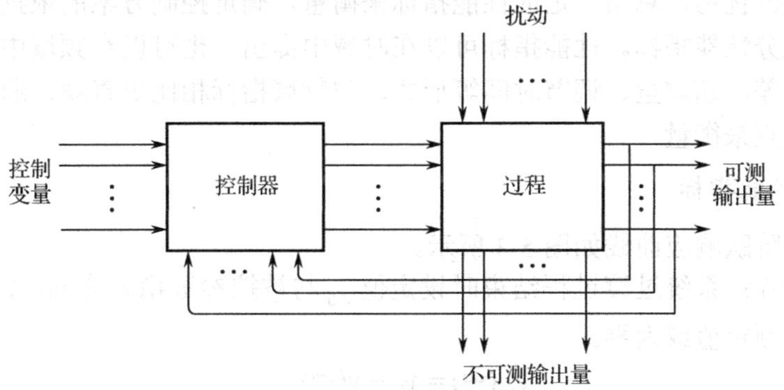

图 5-1　反馈控制原理图

2）开环控制

开环控制方式是指控制装置与被控对象之间只有顺向作用而没有反向联系的控制过程，其特点是系统的输出量不会对系统的控制作用产生影响。开环控制分为两类，一类是按给定量控制的开环控制系统，其控制作用直接由系统的输入量产生，给定一个输入量，就会产生一个输出量与之相对应，控制精度完全取决于所用的仪表及其校准的精度；另一类是按扰动控制的开环控制系统，利用可测量的扰动量调节被控变量，消除或减小扰动对系统的影响，这种控制方式又称前馈控制，其控制原理图如图 5-2 所示。

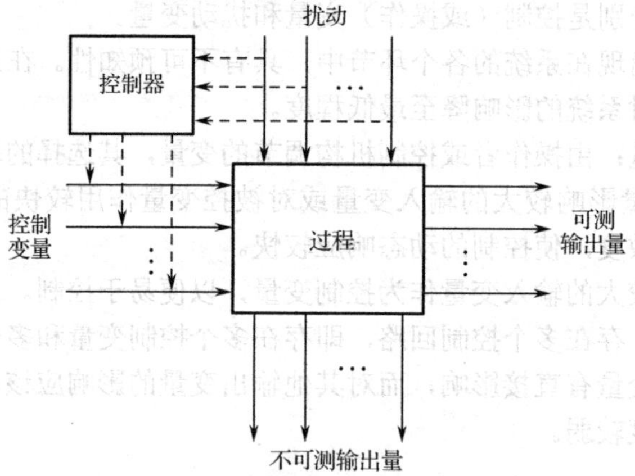

图 5-2 前馈控制原理图

3）复合控制

复合控制将按偏差和按扰动的控制方式相结合，即将前馈控制和反馈控制相结合，以消除主要扰动，并使系统的输出保持在预期值。

2．控制算法

常用的控制算法有 PID 控制、补偿控制、解耦控制、预测控制、模糊控制、神经网络控制、专家控制、鲁棒控制等。应根据实际控制需求和控制系统的特点，选择合适的控制算法。

3．控制过程中常用的性能指标

评价一个系统的优劣，总用一定的性能指标来衡量，确定控制方案的依据是系统阶跃响应性能指标和偏差积分性能指标。性能指标可以在时域中提出，也可以在频域中提出。时域内的性能指标为稳态误差、超调量、调节时间等形式，与频域指标相比更直观，通常采用时域响应曲线上的一些特性点来衡量。

1）阶跃响应性能指标

典型系统单位阶跃响应曲线如图 5-3 所示。

静态偏差 $e_{ss}(\infty)$：系统过渡过程结束时设定值 y_0 与被控参数稳态值 $y(\infty)$ 之差。一般要求静态偏差不要超过预定值或为零。

$$e_{ss}(\infty) = y_0 - y(\infty) \tag{5-1}$$

衰减率 φ：衡量系统过渡过程稳定性的一个动态指标。一般取衰减率 φ=0.75～0.9。其中 φ=0.75 作为评价过渡过程的一个重要指标。

$$\varphi = \frac{B_1 - B_2}{B_1} = 1 - \frac{B_2}{B_1} \tag{5-2}$$

式中，B_1、B_2 分别是阶跃响应曲线第一个峰值和第二个峰值。

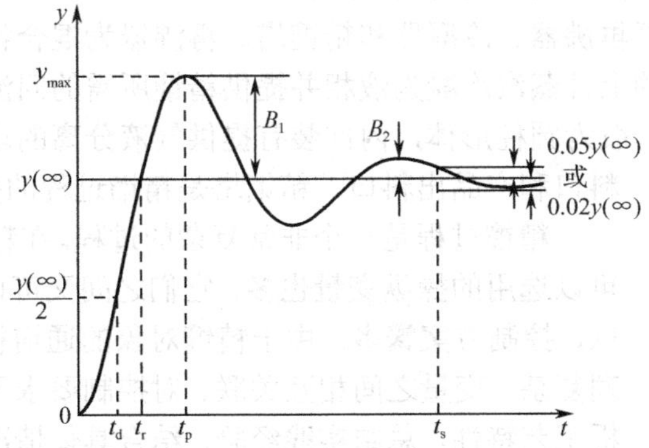

图 5-3 单位阶跃响应曲线

衰减比 n：衰减比（Subsidence ratio）是控制系统的稳定性指标，它是相邻同方向两个波峰的幅值之比，即

$$n = B_1 / B_2 \tag{5-3}$$

$n=1$ 为等幅振荡；$n>1$ 为衰减振荡；n 为无穷大为非周期过程。一般认为，n=4∶1 时稳定性好，但当被控对象为温度等慢变化过程时取 10∶1 为好。

调节时间 t_s：被控变量从过渡过程开始到进入并保持在稳态值的±5%或±2%范围内的最短时间，调节时间是控制系统的快速性指标。

超调量 σ：为输出最大值与稳态值之间的百分数，即

$$\sigma = \frac{y(t_p) - y(\infty)}{y(\infty)} \times 100\% \tag{5-4}$$

2）偏差积分性能指标

偏差绝对值积分（IAE）：适用于衰减和无静差系统。

$$J = \int_0^\infty |e(t)| \, dt \to \min$$

偏差绝对值积分与时间乘积的积分（ITAE）：用以降低初始误差对性能指标的影响，同时强调了过渡过程后期的误差对指标的影响。

$$J = \int_0^\infty t|e(t)| \, dt \to \min$$

偏差平方值积分（ISE）：

$$J = \int_0^\infty e^2(t) \, dt \to \min$$

时间乘偏差平方积分（ITSE）：

$$J = \int_0^\infty te^2(t) \, dt \to \min$$

4．控制变量选择实例分析

现以精馏塔的部分控制方案中被控变量的选择为例进行分析。

1）精馏工艺简介

精馏过程是现代化工生产中应用极为广泛的传质过程，其目的是利用混合液中各组分挥发度的不同，将各组分进行分离并达到规定的纯度要求。

精馏操作设备主要包括再沸器、冷凝器和精馏塔。再沸器为混合物液相中的轻组分转移提供能量。冷凝器将塔顶来的上升蒸汽冷凝为液相并提供精馏所需的回流。精馏塔是实现混合物组分分离的主要设备，它一般为圆柱形体，内部装有提供气液分离的塔板，塔身设有混合物进料口和产品出料口。精馏塔是精馏过程的关键设备。

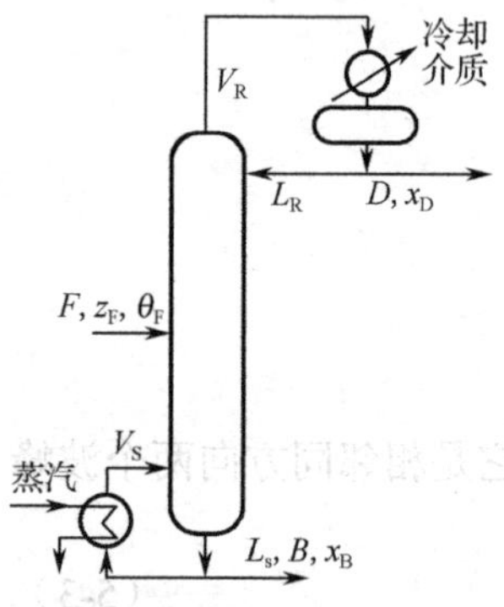

图 5-4　精馏塔的物料流程图

精馏过程是一个非常复杂的过程。在精馏操作中，被控变量多，可以选用的操纵变量也多，它们之间又可以有各种不同的组合，所以，控制方案繁多。由于精馏对象的通道很多、反应缓慢、内在机理复杂、变量之间相互关联、对控制要求又较高，因此必须深入分析工艺特性，总结实践经验，结合具体情况，才能设计出合理的控制方案。

从总体上看，精馏塔的操作情况必须从整个经济效益来衡量。在精馏操作中，质量指标、产品回收率和能量消耗均是要控制的目标。其中质量指标是必要条件，在质量指标一定的条件下应在控制过程中使产品的产量尽可能提高一些，同时能量消耗尽可能低一些。如图 5-4 所示为精馏塔的物料流程图，可简单地视为二元精馏。

2）扰动分析

在各种扰动因素中，有些是可控的，有些则是不可控的。

- 进料流量 F 在很多情况下是不可控的。
- 进料成分 z_F 一般不可控，变化也难以避免，由上一工序或原料情况确定。
- 进料温度（或热焓）θ_F 一般可控。
- 对蒸汽压力的变动，可以通过总管压力控制的方法消除扰动，也可以在串级控制系统的副回路中予以克服。
- 冷却水的压力波动也可用类似方法解决。
- 冷却水温的变化主要受季节影响。
- 环境温度的变化一般影响较小。

总之在多数情况下，进料流量 F 和进料成分 z_F 是精馏操作的主要扰动，并且还需结合具体情况进行分析。

为了克服扰动的影响，需要进行相应控制，常用的方法是改变馏出液采出量 D、釜液采出量 B、回流量 L_R、蒸汽量 V_S 中某些项的流量。

3）精馏塔被控变量的选择

精馏塔的主要控制目标是实现产品质量控制，所以其被控变量的选择，应是表征产品质量指标的选择。精馏塔产品质量指标的选择有两类：直接产品质量指标和间接产品质量指标。在此重点讨论间接产品质量指标的选择。

精馏塔最常用的间接质量指标是温度。温度之所以可选作间接质量指标，是因为对于一个二元组分精馏塔来说，在一定压力下，沸点和产品成分之间有单值的函数关系。因此，如果压力恒定，塔板温度就反映了成分。对于多元精馏塔来说，情况就比较复杂，然而炼油和石油化工生产中，许多产品由一系列碳氢化合物的同系物组成，在一定压力下，保持一定的温度，成分的误差就可忽略不计。

由上述分析可见，在保证精馏塔塔内压力稳定的前提条件下，用温度作为反映质量指标的被控变量，是较为合理且易于实现的。选择塔内哪一点的温度作为被控变量，应根据实际情况加以选择。一般来说，如果希望保持塔顶产品符合质量要求，即主要产品在顶部馏出时，则以塔顶温度作为控制指标，可以得到较好的效果。同样，为了保证塔底产品符合质量要求，则以塔底温度作为控制指标较好。为了保证产品质量在一定的规格范围内，精馏塔的操作要有一定裕量。例如，如果主要产品在顶部馏出，控制变量为回流量，则再沸器的加热量要有一定富裕，以使在任何可能的扰动条件下，塔底产品的规格都在一定限度以内。

如图 5-5 所示为精馏塔的精馏段指标的控制方案之一，该控制方案主要采取了以下几个控制措施。

（1）为了保证塔顶馏出物的产品质量，选取塔顶温度这一间接质量指标作为被控变量，构成一个塔顶温度定值控制系统。

（2）为克服再沸器加热剂（如蒸汽）加入热量的变化，在蒸汽压力稳定的前提下，可通过控制蒸汽流量使再沸器的加热量维持恒定。故选择蒸汽流量为被控变量，设置蒸汽流量控制系统来实现这一要求。

（3）为保证精馏塔的分离效果和塔内操作稳定，以塔底液位为被控变量，构成塔底液位控制系统。

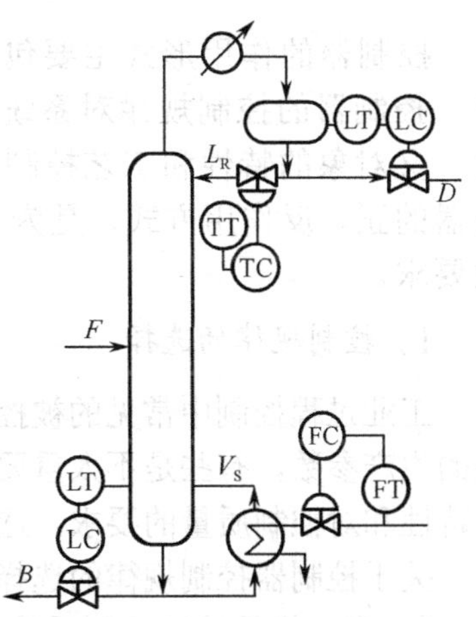

图 5-5　精馏段指标的控制方案之一

（4）为使塔顶保持一定的回流量，又以冷凝液回流罐液位为被控变量，构成回流罐液位控制系统。

5.3　过程控制系统硬件选择

根据过程控制系统的控制要求及系统输入、输出变量，可以选定系统硬件，包含控制装置、测量仪表、传感器、执行机构和报警、保护、联锁等部件。

过程控制系统硬件选择的原则是：在保证控制目标和控制方案实施的基础上，考虑购买成本和维护成本。

5.3.1　控制装置的选择

控制装置（也称控制器）是控制系统的核心部件，控制装置的选择是控制系统设计的一项重要内容。控制装置将工业现场的测量信号与设定值进行比较产生偏差，并按预先设置好的控制规律对该偏差进行运算，产生输出信号去操纵执行器，从而实现对被控变量的控制。

一般情况下，在具体的控制系统中，往往控制对象的特性是固定的。当仪表选型确定以后，测量元件及变送器的特性比较简单，一般也是不可改变的。当构成一个控制系统的被控对象、测量变送环节和控制阀都确定之后，控制器参数是决定控制系统控制质量的唯一因素。系统设置控制器的目的，也是通过它来改变整个控制系统的动态特性，以达到控制的目的。简单的过程控制系统可以选择单回路控制器，对于比较复杂的系统需要用计算机控制。

1. 计算机控制系统主要形式

用于过程控制的计算机控制设备多采用 DCS 控制（集散控制系统）、FCS 控制（现场总线控制系统）或 PCS 控制（可编程控制器系统）。

模拟量控制回路较多、开关量较少的过程控制系统宜采用 DCS 控制；模拟量控制回路较少、开关量较多的过程控制系统宜采用 PCS 控制。PCS 控制是对 DCS 的变革，将输入、输出、运算和控制功能分散分布到现场总线仪表中，形成全数字的彻底的分散控制。

PID 控制算法

2. 控制器的作用形式

控制器的作用形式主要包括控制规律的选择和正、反作用方式的选择。控制器的控制规律对系统的控制质量影响很大，在系统设计中应根据广义对象的特性和工艺控制要求选择相应的控制规律，以获得较高的控制质量。确定控制器的正、反作用方式，是为了使整个控制系统构成闭环负反馈，以满足控制系统的稳定性要求。

1）控制规律的选择

工业过程控制中常见的被控参数有温度、压力、液位、流量和成分等。这些参数有些是重要的生产参数，有些是不太重要的参数，控制要求也各不相同，因此在系统设计中应根据过程的特性和对控制质量的要求，选择相应的控制规律，以获得较高的控制质量。

关于控制器控制规律的选择可归纳为以下几点：

① 在一般的连续控制系统中，比例控制是必不可少的。如果广义过程控制通道的滞后较小，负荷变化不大，而工艺要求又不高，且允许被控变量在一定范围内变化，则可选用单纯的比例控制规律，甚至采用开关控制，如中间储槽（罐）的液位、塔釜液位、热量回收预热系统等。

② 对于比较重要、控制精度要求较高的参数，当广义过程控制通道的时间常数较小，系统负荷变化也较小时，为了消除静差，可以采用比例积分控制规律，如流量、压力和要求较严格的液位控制系统。

③ 对于比较重要、控制精度要求比较高的参数，希望动态偏差较小，当广义过程控制通道具有较大的惯性或容量滞后时，采用微分作用具有良好的效果，采用积分作用可以消除静差，因此，就要选用比例积分微分控制规律，如温度、物性（成分、pH 等）控制系统。

④ 当被控过程控制通道的惯性很大，而负荷变化也很大时，若采用简单控制系统无法满足工艺要求，则可以设计复杂的控制系统来提高控制质量。

（1）比例（P）控制。比例控制的输入 $e(t)$、输出特性 $u(t)$的时域表达式为

$$u(t)=K_{\rm P}e(t) \tag{5-5}$$

式中，$K_{\rm P}$为比例放大系数。

比例控制是最基本的控制规律。其特点是控制作用简单、调整方便，且当负荷变化时，克服扰动能力强，控制作用及时，过渡过程时间短，但有静差，且负荷变化越大静差也越大。比例控制适用于控制通道滞后及时间常数均较小（低阶过程）、扰动幅度较小、负荷变化不大、控制质量要求不高、允许有静差的场合，如中间储槽的液位、精馏塔塔釜液位及不太重要的蒸汽压力控制系统等。

（2）比例积分（PI）控制。比例积分控制的输入 $e(t)$、输出特性 $u(t)$的时域表达式为

$$u(t)=K_{\mathrm{P}}\left[e(t)+\frac{1}{T_{\mathrm{I}}}\int_{0}^{t}e(\tau)\mathrm{d}\tau\right] \tag{5-6}$$

式中，T_{I}为积分时间常数。

由于在比例控制作用的基础上引入积分作用能消除静差，故比例积分控制是使用最多、应用最广的控制规律。但是，加入积分作用后，会使系统稳定性降低；要保持系统原有的稳定性，必须加大比例度（即削弱比例作用），这又会使控制质量有所下降，可能出现最大偏差和振荡周期相应增大、过渡时间加长等问题。对于控制通道滞后较小、负荷变化不太大、工艺参数不允许有静差的场合，采用比例积分控制规律可获得较好的控制质量。例如，流量、快速压力控制和要求严格的液位控制系统常采用比例积分控制规律。

（3）比例积分微分（PID）控制。比例积分微分控制的输入 $e(t)$、输出特性 $u(t)$的时域表达式为

$$u(t)=K_{\mathrm{P}}\left[e(t)+\frac{1}{T_{\mathrm{I}}}\int_{0}^{t}e(\tau)\mathrm{d}\tau+T_{\mathrm{D}}\frac{\mathrm{d}e(t)}{\mathrm{d}t}\right] \tag{5-7}$$

式中，T_{D}为微分时间常数。

在比例作用的基础上加上微分作用能提高系统的稳定性，再加入积分作用可以消除静差。所以适当调整K_{P}、T_{I}、T_{D}三个参数，可以使控制系统获得较高的控制质量。PID 控制适用于过程容量滞后较大、负荷变化大、控制质量要求较高的场合。由于温度控制和成分控制属于缓慢和多容过程，所以常使用 PID 控制规律。而对于滞后很小或噪声严重的场合，应避免使用微分作用，否则会由于被控变量的快速变化引起控制作用的大幅度变化，严重时会导致控制系统不稳定。

2）正、反作用方式的选择

设置控制器正、反作用的目的是保证控制系统构成闭环负反馈。控制器的正、反作用是关系到控制系统能否正常运行与安全操作的重要问题。简单控制系统框图如图 5-6 所示。

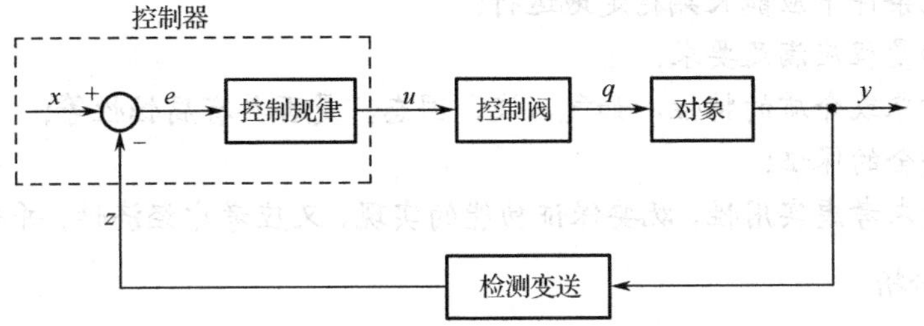

图 5-6　简单控制系统框图

从控制原理可知，对于一个反馈控制系统来说，只有在负反馈的情况下，系统才是稳定的，当系统受到扰动时，其过渡过程将会是一个衰减过程；反之，如果系统是正反馈，则系统是不稳定的，一旦遇到扰动作用，过渡过程将会发散，在工业过程控制中，这种情况是不希望发生的。因此，一个控制系统要实现正常运行，必须是一个负反馈系统，而控制器的正、反作用方式决定着系统的反馈形式，所以必须正确选择。

为了保证能构成负反馈，系统的开环放大倍数必须为负值。系统的开环放大倍数是系统中各个环节放大倍数的乘积。这样，只要事先知道了被控过程、控制阀和测量变送装置放大倍数的正负，再根据系统开环放大倍数必须为负的要求，就可以很容易地确定出控制器的正、

反作用。

例如，在锅炉汽包水位控制系统中，为了防止系统故障或气源中断时锅炉供水中断而烧干爆炸，控制阀应选气关式，符号为“-”；当锅炉进水量（操纵变量）增加时，液位（被控变量）上升，被控对象符号为“+”；根据选择判别式，控制器应选择正作用方式，如图5-7所示。

又如，换热器出口温度控制系统，为避免换热器因温度过高或温差过大而损坏，当控制变量为载热体流量时，控制阀选择气开式，符号为“+”；在被加热物料流量稳定的情况下，当载热体流量增加时，物料的出口温度升高，被控对象符号为“+”，则控制器应选择反作用方式，如图5-8所示。

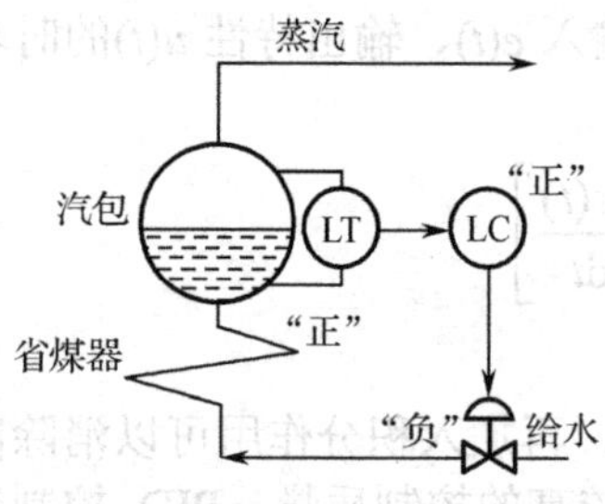

图5-7　锅炉汽包水位控制系统

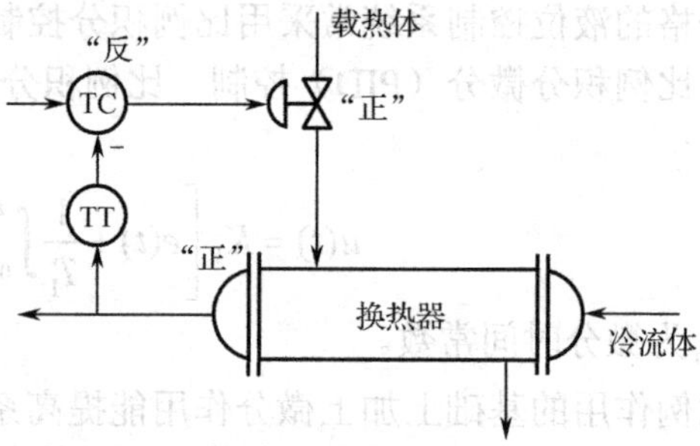

图5-8　换热器出口温度控制系统

5.3.2 测量仪表和传感器的选择

设计过程控制系统时，根据控制方案选择检测仪表和传感器，一般宜采用定型产品。

1. 选择原则

要求其测量信号能够准确可靠地反映被控变量的变化情况，克服测量、传送滞后，有利于加快控制系统的动态响应，提高控制质量。

- 在环境工况条件下应能长期稳定地运行；
- 仪表精度和量程应满足要求；
- 考虑被测对象或介质的特性，如气、液、固态，是否具有腐蚀性等；
- 对环境、安全的保证；
- 根据工艺要求考虑实用性，既要保证功能的实现，又应考虑经济性，并非功能越强越好。

2. 测量误差分析

综观测量误差，大致由下列三个部分组成。

1）仪表本身的误差

仪表的精确度影响测量变送环节的准确性，因此应以满足工艺检测和控制要求为原则，合理选择仪表的精确度。检测变送仪表的量程应满足系统稳定性和读数误差的要求，同时应尽量选用线性特性。

仪表的精度等级反映了仪表在校验条件下存在的最大百分误差的上限，如1.0级就表示最大百分误差不超过1.0%。随着时间的推移，测量变送仪表的精度等级可能会逐渐变化，因此须定期校验。工业上一般取0.5～1.0级，物性及成分仪表可再放宽些。

与此相关的一个问题是量程选择。因为精确度是按全量程的最大百分误差来定义的，所以量程越宽，绝对误差就越大。例如，同样是一个 0.5 级的测温仪表，当测量范围为 0～1100℃时，可能出现的最大误差是±5.5℃；如果改为 500～600℃，最大误差将不超过±0.5℃。因此，从减小测量误差的角度来考虑，在选择仪表量程时应尽量选窄一些。

2）安装不当引入的误差

测量变送的一次元件安装在工艺设备上。安装必须符合规范，否则会引入很大的误差。例如，流量测量中，孔板反向安装、直管段不足、差压计液体引压管线存在气泡等都会造成较大的测量误差。

3）测量中的动态误差

当被控变量随时间而变化时，如果仪表的动态响应比较迟缓，则测量信号不能及时跟上，两者间的差别就表现为动态误差。

5.4　节流元件计算

5.4.1　流量计算的有关基本概念

流量是过程控制中的重要参数，对流量的测量与控制是实现生产过程自动化的一项重要指标。在工业生产中，可以用它判断生产状况、衡量设备运行效率，以实现生产过程自动化和最优化。

在工程中，常把单位时间内流过管道或设备某处横断面的流体数量称为瞬时流量，而把某一段时间内流过管道某截面的流体总量称为累积流量。瞬时流量和累积流量可以用体积、重量或质量表示。

1）体积流量

瞬时流量表示单位时间内流过管道某一截面流体的体积数 q_v，常用单位为 m^3/s；累积流量用 Q_v 表示，单位为 m^3。

2）质量流量

瞬时流量表示单位时间内流过管道某一截面流体的质量数 q_m，常用单位为 kg/s；累积流量用 Q_m 表示，单位为 kg。

体积流量与质量流量之间的关系为

$$q_m = \rho q_v \tag{5-8}$$

式中，ρ 为流体密度。

累积总量与瞬时流量的关系为

$$Q_v = \int_{t_0}^{t} q_v \mathrm{d}t \tag{5-9}$$

$$Q_m = \int_{t_0}^{t} q_m \mathrm{d}t \tag{5-10}$$

由于存在热胀冷缩和气体可压缩现象，流体的体积会受状态的影响。为便于比较，工程上通常把工作状态下的体积流量换算成标准状态（温度为 20℃，压力为一个标准大气压）下的体积流量。标准状态下的体积流量用 q_{vs} 表示，它与 q_v 和 q_m 的关系为

$$q_{vs} = q_m / \rho_n = q_v \rho / \rho_n$$

式中，ρ_n 为气体在标准状态下的密度。

5.4.2 流量计类型

据相关统计，目前流量检测的方法达数十种，用于工业生产的有十几种。工业常用的流量计主要有压差式、速度式、容积式与其他式。

压差式流量计

1. 压差式流量计

1）压差式流量计工作原理

在流量测量中，压差式流量计（也称差压计）是应用最为广泛的一种流量仪表。

压差式流量计通常由节流装置、引压管和压差计（或压差变送器）及显示仪表组成。所谓节流装置就是在管道中放置能使流体产生局部收缩的元件。应用最广的是孔板，其次是喷嘴、文丘利管和文丘利喷嘴。这几种节流装置的使用历史较长，已经积累了丰富的实践经验和完整的实验资料，因此，国内外都把它们的形式标准化，称为标准节流装置，孔板流量计如图 5-9 所示。

图 5-9 孔板流量计实物图

流体流经节流装置时，由于节流作用而产生流束收缩，发生能量的转换，在节流装置的前后产生静压力差。这个压差与流体的流量有关，而且流量越大，压差也越大。

根据能量守恒定律，对于不可压缩的理想流体，在管道任一截面处的流体的动能和静压能之和是恒定的，并且在一定条件下互相转化。当表征流体动能的速度在节流装置的前后发生变化时，表征流体静压能的静压力也将随之发生变化，这样在节流装置前后就会产生静压差。

压差式流量计的流量方程为

$$\left.\begin{aligned} q_v &= \alpha\varepsilon A\sqrt{\frac{2}{\rho}\Delta P} \\ q_m &= \alpha\varepsilon A\sqrt{2\rho\Delta P} \end{aligned}\right\}$$

式中，α 为流量系数，它与节流装置的结构形式、取压方式、开孔截面积与管道截面积之比、雷诺数 Re、孔口边缘锐度、管壁粗糙度等因素有关，可从相关手册查阅或通过实验测定；ε 为可膨胀系数，它与孔板前后压力的相对变化量、孔板开孔面积与管道截面积之比等因素有关，应用时可查阅有关手册得到，但对不可压缩的液体来说，常取 1；A 为节流装置的开孔截面积；ΔP 为节流装置前后实际测得的压力差；ρ 为节流装置前的流体密度。

由流量基本方程式可以看出，流量与压力差 ΔP 的平方根成正比。所以用这种流量计测量流量时，如果不加开方器，流量标尺刻度是不均匀的，起始部分的刻度很密，后来逐渐变疏。在用差压式流量计测量流量时，被测流量值不应接近于仪表的下限值，否则误差将会很大。

如果差压式流量计与差压式变送器相连，可构成差压式流量变送器，即可将流量转换为 4～20mA 直流电流信号。

2）压差式流量计安装注意事项

安装时必须保证节流件开孔与管道同心，节流件端面与管道轴线垂直。节流件上、下游必须有一定长度的直管段。

导压管尽量按最短距离敷设在 3～50m 之内，为了不在此管中聚集气体和水分，导压管应垂直安装。

测量液体流量时，最好安装在低于节流装置的位置。如果一定要安装在上方，在连接管路最高点要装带阀门的集气器，在最低点安装带阀门的沉降器，以便排出导管中的气体及沉积物。

测量气体流量时，最好把差压计装在高于节流装置处；如果一定要装在低处，则在导压管最低处要装设沉降器，以便排出冷凝液及污物。

测量黏性、腐蚀性或易燃介质时，应安装隔离器。

隔离器的用途是保护流量计不受被测介质的腐蚀和沾污。隔离器是两个相同容器，内部充以化学性质稳定且与被测介质不起作用和熔融的液体。为了方便使用，有的流量计本身已充有工作液，用隔离膜与被测介质隔开。

测量蒸汽流量时，差压计与节流装置之间的安装与测量液体时基本相同，为保证两导管内冷凝水位在同一高度，在靠近节流装置附近安装冷凝器。冷凝器是两个并排安装的容器，下部与流量计相通，中间有两个水平孔用导压管与节流装置的取压装置相连，冷凝器中保持恒定液位。

3）压差式流量计的投运

压差式流量计在现场安装完毕并经核查和校验合格后，方可投入运行。

开表前，首先必须使导压管内充满相应的介质，将积存在导压管中的空气排除干净，然后按照具体步骤操作三阀组，将流量计投入运行，如图 5-10 所示。

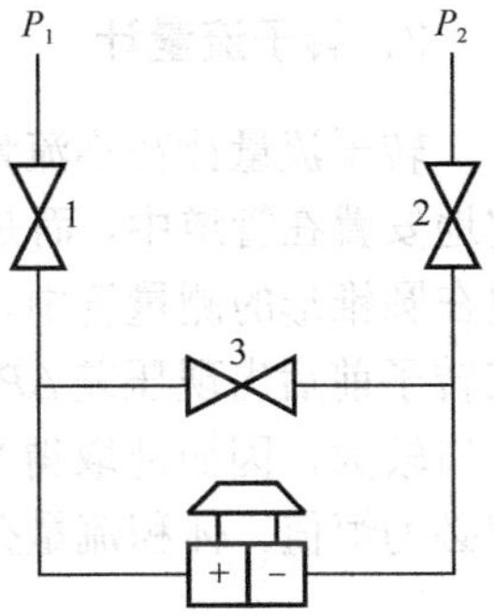

图 5-10　差压计三阀组安装示意图

安装三阀组的目的是为了在开/停表时，防止差压计单向受压，使仪表产生附加误差，甚至损坏。

开表操作步骤如下：

（1）先开平衡阀 3，使正、负压室连通。

（2）依次打开阀 1 和阀 2，使差压计的正、负压室承受同样的压力。

（3）最后再渐渐地关闭平衡阀 3。

停表操作步骤如下：

当差压计需要停用时，应先打开平衡阀 3，然后再关闭切断阀 1 和 2。

2．靶式流量计

与压差式流量计不同，靶式流量计使用悬在管道中央的靶作为节流元件，且输出信号不是取节流元件前后的压差，而是流体作用于靶上的推力F，如图 5-11 所示。

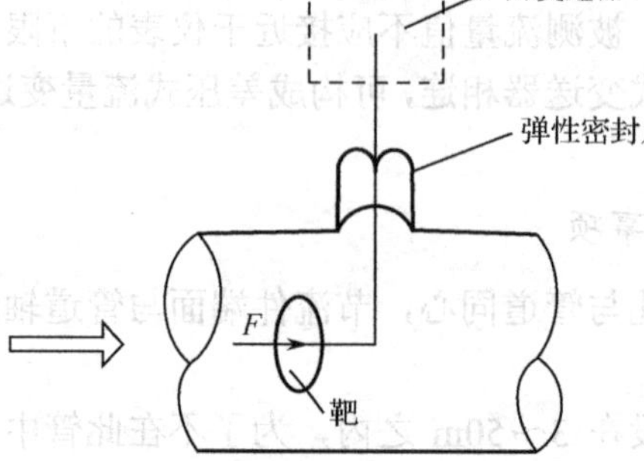

靶式流量计

图 5-11　靶式流量计的原理示意图

经理论分析与实验验证，流体作用于靶上的推力F与流体流速v的平方成正比，即

$$F = KA\frac{\gamma}{2g}v^2 \tag{5-11}$$

式中，K为推力系数；A为靶的受力面积；γ为流体比重；g为重力加速度；v为靶与管壁间环形间隙的流体平均速度。

利用式（5-11）可推导出管道的体积流量：

$$Q = A_0 v = A_0\sqrt{\frac{2gF}{K\gamma A}} = K_0 A_0\sqrt{\frac{2gF}{\gamma A}} \tag{5-12}$$

式中，A_0为环形间隙的面积；$K_0=\sqrt{\frac{1}{K}}$为流量系数。

靶式流量计的流量与检测信号间均为非线性关系，必须将推力信号进行开方运算。

式（5-12）表明，只要测量靶上的推力F，便可得到流量的大小。靶式流量计配合力平衡式靶式流量变送器，就可得到标准输出信号。靶式流量计由于日常维护工作量小，近年来得到迅速的发展，其测量精度为 2%～3%。主要应用于较小的雷诺系数下，常用于高黏度的流体，如沥青、重油等的流量测量，也可用于有悬浮物、沉淀物的流体测量。

3．转子流量计

转子流量计在小流量的测量中广泛使用，其工作原理也是基于节流现象，节流元件不是固定地安置在管道中，而是一个可以移动的转子。其基本结构和实物图如图 5-12 所示，转子被放置在圆锥形的测量管中，可以上下移动。当被测流体自下而上通过时，由于转子的节流作用，在转子前后出现压差ΔP，此压差对转子产生一个向上的推力，使转子向上移动。由于测量管上口较大，因而能取得平衡位置。平衡时，压差ΔP产生的向上推力等于转子的重量，此时压差必为恒值。体积流量公式为

$$Q = \alpha F_0\sqrt{\frac{2\Delta P}{\rho}}$$

式中，F_0为环形缝隙的流通面积。若ΔP、ρ、α均为常数，则流量Q与F_0成正比，且F_0与转子的高度近似成正比，故可从转子的平衡位置高低，直接读出流量的示值。

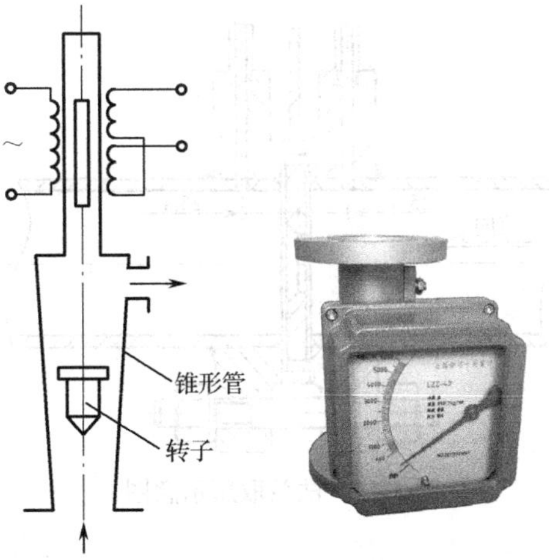

图 5-12　转子流量计基本结构和实物图

5.4.3　节流元件

节流装置分为标准节流装置和非标准节流装置两大类。标准节流装置是指按国家标准 GB/T 2624 和 ISO 5167 设计、计算、制造、检验和安装使用的节流装置；不符合相关标准的节流装置为非标准节流装置。

标准节流装置由节流件、取压装置和节流件上游第一个阻力件、第二个阻力件、下游第一个阻力件及它们间的直管段所组成。标准节流装置同时规定了它所适用的流体种类、流体流动条件，以及对管道条件、安装条件、流体参数的要求。

标准节流装置有标准孔板、标准喷嘴、长径喷嘴、文丘里管、文丘里喷嘴等，其他的如圆缺孔板、偏心孔板、1/4 圆孔板、环形孔板、锥形入口孔板、内藏孔板、限流孔板、插入式文丘里、双重文丘里、机翼测风装置、V 锥等都属于非标准节流装置。

常见取压方式主要有法兰取压、角接取压、径距取压、均压环等。

1．标准节流件及其取压方式

（1）标准孔板。可以采用角接取压、法兰取压、D（D 为管道直径）和 $D/2$ 取压方式。

（2）喷嘴。其形式有 ISA1932 喷嘴和长径喷嘴两种。它们的取压方式不同，ISA1932 喷嘴采用角接取压法；而长径喷嘴的上游取压口在距喷嘴入口端面 D 处，下游取压口在距喷嘴入口端面的 $0.5D$ 处。

（3）文丘里管。根据收缩段是呈圆锥形还是呈圆弧形，又可分为古典文丘里管和文丘里喷嘴。古典文丘里管上游取压口位于距收缩段与入口圆筒相交平面的 $0.5D$ 处；文丘里喷嘴上游取压口与标准喷嘴相同。它们的下游取压口分别在距圆筒形喉部起始端的 $0.5D$ 处和 $0.3d$（d 为孔径）处。

2．取压位置

（1）法兰取压。节流件上下游侧取压孔轴心线分别位于距节流件前后端面 25.4mm 的位置上，如图 5-13 所示。

（2）角接取压。角接取压用于孔板及 ISA1932 喷嘴，取压方法有单独钻孔取压和环室取压，如图 5-14 所示。

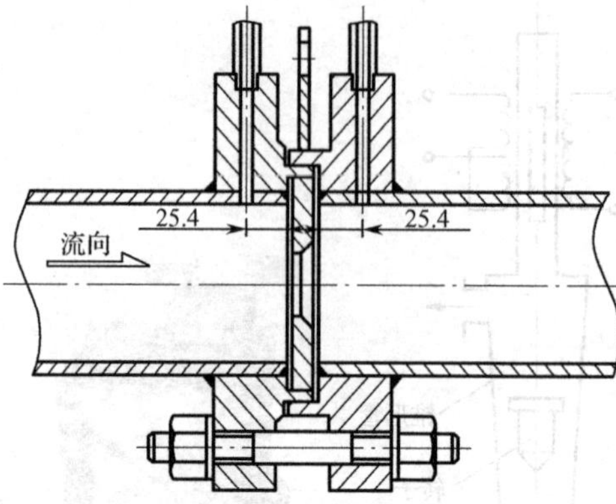

图 5-13　法兰取压示意图

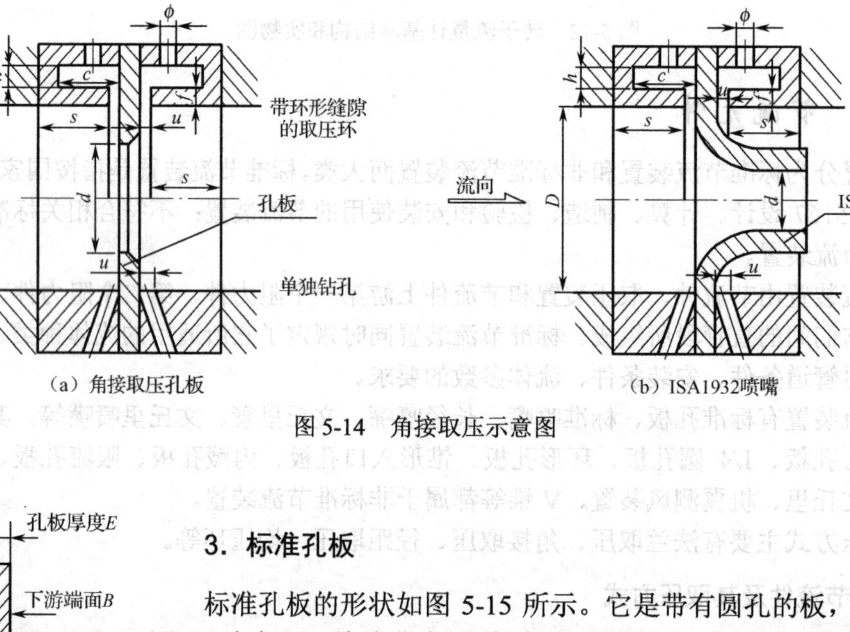

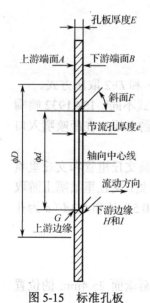

（a）角接取压孔板　　（b）ISA1932喷嘴

图 5-14　角接取压示意图

3. 标准孔板

标准孔板的形状如图 5-15 所示。它是带有圆孔的板，圆孔与管道同心，直角入口边缘非常锐利。标准孔板的进口圆筒部分应与管道同心安装，孔板必须与管道轴线垂直。

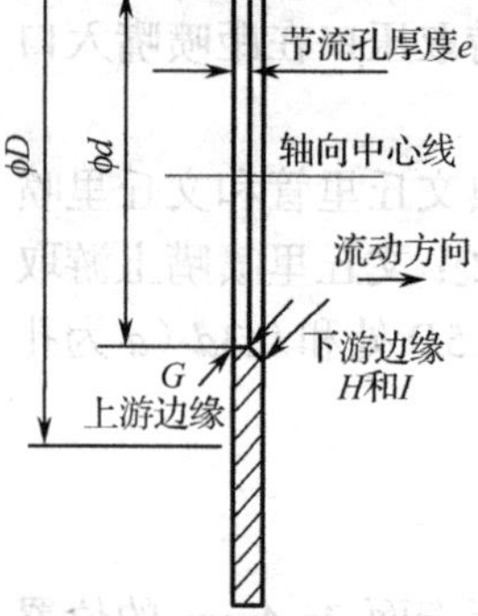

图 5-15　标准孔板

5.5　调节阀选择

执行器在控制系统中起着极为重要的作用，控制系统的控制性能指标与执行器的性能及其正确选用有着十分密切的关系。执行器接收控制器输出的控制信号，实现对控制变量的改变，从而使被控变量维持在期望值附近。

电动调节阀

最常用的执行器是调节阀，也称控制阀。调节阀安装在生产现场，直接与工艺介质接触，通常在高温、高压、高黏度、强腐蚀、易渗透、易结晶、易燃易爆、剧毒等场合下工作。如果选择不当或者维护不妥，将会导致整个系统无法正常运转。控制系统中的各种故障约 70%出自调节阀，可见调节阀的设计、安装、现场维护具有非常重要的意义。按作用的能源形式不同，调节阀可分为电动、气动和液动三大类。调节阀的选择内容具体见 4.4.5 节。

习题

5-1 常用过程控制系统可分为哪几类?

5-2 过程控制系统过渡过程的质量指标包括哪些内容？它们的定义是什么？哪些是静态指标？哪些是动态质量指标？

5-3 温度控制系统如图 5-16 所示，试画出系统的框图，简述其工作原理；指出被控过程、被控参数和控制参数。

5-4 什么是正作用调节器和反作用调节器？如何实现调节器的正、反作用？

5-5 调节器的 P、PI、PD、PID 控制规律各有什么特点？它们各用于什么场合？

5-6 在某生产过程中，冷物料通过加热炉对其进行加热，热物料温度必须满足生产工艺要求，故设计图 5-17 所示温度控制系统图。试画出控制系统框图，指出被控过程、被控参数和控制参数；确定调节阀的流量特性、气开/气关形式和调节器控制规律及其正、反作用方式。

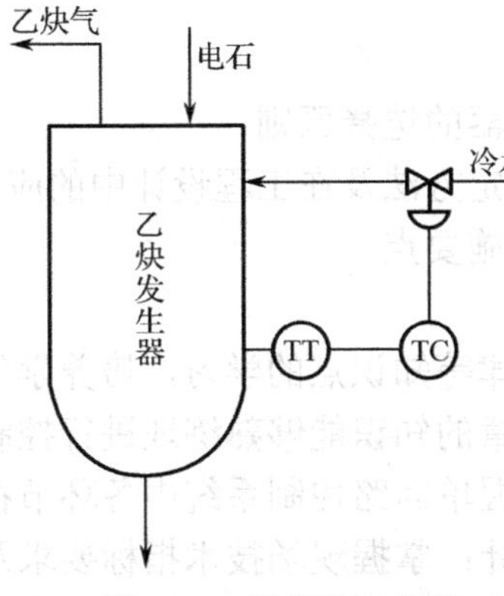

图 5-16　温度控制系统

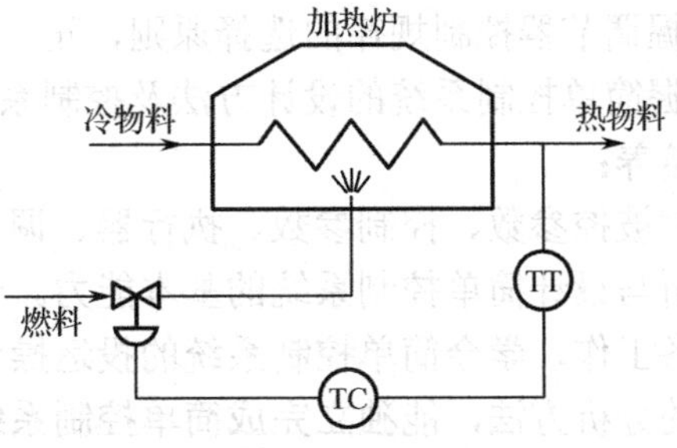

图 5-17　物料加热温度控制系统

5-7 图 5-18 所示为液位控制系统原理图。生产工艺要求汽包水位必须稳定。试画出控制系统框图，指出被控过程、被控参数和控制参数；确定调节阀的流量特性、气开/气关形式和调节器的控制规律及其正、反作用方式。

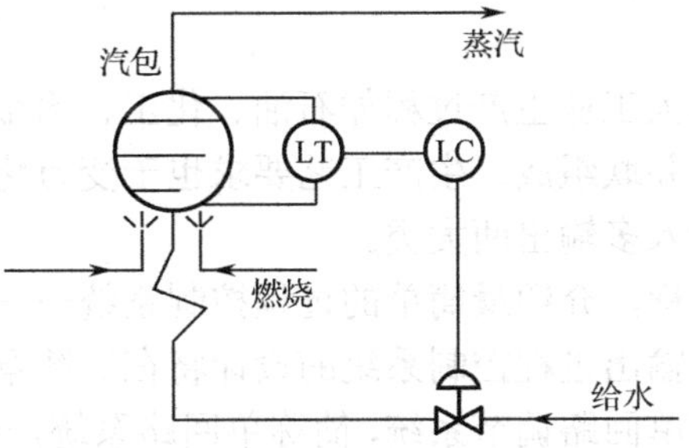

图 5-18　液位控制系统原理图

第 6 章

简单控制系统的设计

本章知识点：

- 被控参数的选择原则
- 控制参数的选择原则
- 调节规律对控制质量的影响
- 执行器的选择
- 调节器作用方式的选择

基本要求：

- 了解简单控制系统的基本结构、工作原理及其特点
- 掌握被控参数和控制参数的选择原则
- 掌握执行器的理想流量特性和工作流量特性及执行器的选择原则
- 掌握调节器控制规律的选择原则，正、反作用的确定方法及在工程设计中的应用技巧
- 掌握简单控制系统的设计方法及控制系统的工程实施要点

能力培养：

通过对被控参数、控制参数、执行器、调节器控制规律等知识点的学习，培养学生阅读、理解、分析与设计简单控制系统的基本能力。学生根据本章的知识能够熟练地进行控制系统的运行前准备工作，学会简单控制系统的投运操作技能；掌握单回路控制系统中各环节在工程设计应用中的分析方法，能独立完成简单控制系统的工程设计；掌握现场技术指标要求及工程实际需求，正确选择和合理设计简单控制系统；能够运用本章所学知识分析、解决工程应用中出现的问题，具有一定的工程实践能力。

6.1 简单控制系统设计概述

工业生产过程尤其是现代大工业生产过程如石油、化工、冶金等都是复杂的过程，往往由许多子过程甚至子子过程串、并联组成，生产工艺要求也千变万化。从控制的角度，这些子过程可分为单输入单输出和多输入多输出两大类。

本章针对单输入单输出过程，介绍最简单的过程控制系统——单回路系统的工程设计，对多回路控制系统和对多输入多输出过程控制系统的设计将在后续章节中给予详细分析。

单回路过程控制系统也称单回路调节系统，简称单回路系统，一般指针对一个被控过程（调节对象），采用一个测量变送器监测被控过程，采用一个控制（调节）器来保持一个被控参数恒定（或在很小范围内变化），其输出也只控制一个执行机构（调节阀）。如图 6-1 所示，从单回

路控制系统的组成框图看，只有一个闭环回路。

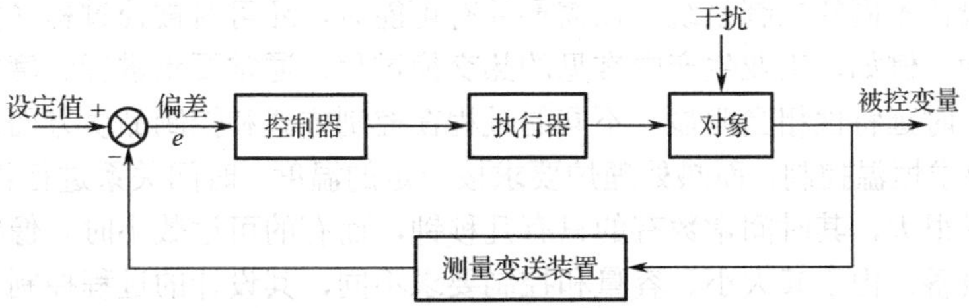

图 6-1　单回路控制系统的组成框图

单回路系统结构简单，投资少，易于调整和投运，又能满足不少工业生产过程的控制要求，因此应用十分广泛，尤其适用于被控过程的纯滞后及惯性小、负荷和扰动变化比较平缓，或者对被控质量要求不高的场合，占目前工业控制系统的 80%以上。

要分析、设计和应用好一个过程控制系统，首先应对被控过程做全面了解，对工艺过程、设备等做深入的分析，然后应用自动控制原理与技术，拟定一个合理正确的控制方案，选择合适的检测变送器、控制（调节）器、执行器，从而达到保证产品质量、提高产品产量、降耗节能、保护环境和提高管理水平等目的。

本章围绕单回路控制系统设计，重点介绍过程控制系统工程设计中的一般共性问题，如控制方案设计，变送器、控制（调节）器、执行器选择，控制（调节）器参数整合及系统设计原则的应用等。这些工程设计原则也同样适用于第 9 章中介绍的复杂过程控制系统的工程设计。

6.1.1　控制系统设计任务及开发步骤

工业生产对过程控制的要求是多方面的，最终可归纳为三方面的要求，即安全性、稳定性和经济性。安全性是指在整个生产过程中，确保人员、设备的安全（并兼顾环境卫生、生态平衡等社会安全性要求），这是最重要也是最基本的要求，通常采用参数越限报警、事故报警、联锁保护等措施加以保证。稳定性是指系统在一定的外界扰动下，在系统参数、工艺条件一定的变化范围内能长期稳定运行的能力。依据自动控制理论，首先要求系统除了满足绝对稳定性，还必须具有适当的稳定裕量；其次要求系统具有良好的动态响应特性（过渡过程时间短、稳态误差小等）。经济性是指在提高产品质量、产量的同时，降耗节能，提高经济效益与社会效益。通过采用先进的控制手段对生产子过程乃至整个过程进行优化控制，是满足工业生产对经济性不断高涨要求的重要途径。

在工程上，（对过程控制系统的）以上要求往往是相互矛盾的。因此在设计时，应根据实际情况，分清主次，以保证满足最重要的质量、指标要求并留有余地。

在现代工业生产过程中，各子过程间联系紧密，各个设备的生产操作也是相互联系、相互影响的，所以首先必须明确局部生产过程自动化和全过程自动化间的关系。在进行总体设计和系统布局时，应该全面考虑各子过程和各生产设备的相互联系，综合各个生产操作之间的相互影响，合理设置各个控制子系统。要从生产过程的全局去分析问题和解决问题，从物料平衡和能量（质量）平衡关系去设置各个过程控制子系统。所设置的过程控制系统应该包含产品质量控制、物料或能量控制、条件控制等，以全局的设计方法来正确处理整个系统的布局，统筹兼顾。

过程控制系统的品质是由组成系统的结构和各个环节的特性所决定的。因此对于过程控制系统设计者来说，除了掌握自动控制理论及计算机、仪器、仪表知识，还要十分熟悉生产过程的工艺流程，从控制的角度理解它的静态与动态特性，并能针对不同的被控过程、不同的生产工艺控制要求，设计不同的控制系统。在需要并有可能时，还可对被控过程（如工艺设备、管线）做必要的改动。例如，工业生产中常见的热交换过程，通常要求进行温度控制，这类过程的特性比较复杂，时延特性相当明显，不同的过程在控制方式和控制品质方面差异很大。通常裂解炉、烧结炉要求恒温控制，而热处理炉要求按一定的温度、时间关系进行程序控制。又如，液位过程特性差异很大，其时间常数有的只有几秒钟，而有的可达数小时。像锅炉水位控制系统，即使同一种设备，由于其大小、容量和控制要求不同，其设计的过程控制系统也是千差万别的。再如燃烧过程控制，由于使用的燃料（有煤、原油、天然气、工厂排出的可燃废气等）和工业设备不同，对过程控制系统的要求也不一样。有的系统要求负压控制，有的系统要求微正压控制，有的还对燃料炉的气体（有还原性、氧化性、中性气体）有特殊的控制要求。在燃气过程中，则要求防止产生燃烧中的脱火和熄火现象，而且对于燃油锅炉的燃烧过程，要求设计增加负荷时增风后增油、减负荷时先减油后减风等这样一些逻辑控制系统。总之，过程控制系统设计只有根据过程特性、扰动情况及限制条件等，正确运用自动控制理论和控制技术，才能设计一个性能优良、技术上可行并且满足工艺合理要求的过程控制系统。

过程控制系统设计，从设计任务提出到系统投入运行，是一个从理论设计到实践，再从实践到理论设计的多次反复的过程。在过程控制系统的工程设计中，往往要多次运用试探法和综合法并借助计算机来模拟仿真。以下是过程控制系统设计中大致要经历的几个步骤。

1．建立被控过程的数学模型

一般来说，建立被控过程的数学模型是过程控制系统设计的第一步。在过程控制系统设计中，首先要解决如何用恰当的数学关系式（或方程式）即所谓数学模型来描述被控过程的特性。只有掌握了过程的数学模型（或深入了解了过程特性），才能深入分析过程的特性和选择正确的控制方案。关于过程建模可见本书第 2 章。

2．选择控制方案

根据设计任务和技术指标要求，经过调查研究，综合考虑安全性、稳定性、经济性和技术实施的可行性、简单性，进行反复比较，选择合理的控制方案。过程控制方案初步确定后，应用控制理论并借助计算机辅助分析进行系统静态、动态特性分析计算，判定系统的稳定性、过渡过程等特性是否满足系统的品质指标要求。

3．控制设备选型

根据控制方案和过程特性、工艺要求，选择合适的测量仪表、变送器、控制器（控制规律）与执行器（调节阀）等。

4．实验（和仿真）

实验（和仿真）是检验系统设计正确与否的重要手段。有些在系统设计过程中难以考虑的因素，可以在实验中考虑，同时通过实验可以检验系统设计的正确性及系统的性能。若系统性能指标不能令人满意，则必须进行再设计，直到获得满意的结果为止。

过程控制系统设计包括系统的方案设计、工程设计、工程安装和仪表调校、调节器参数整定等四个主要内容。控制方案设计是系统设计的核心，若控制方案设计不正确，则无论选用何种先进的过程控制仪表或计算机系统，其安装如何细心，都不可能使系统在工业生产过程中发挥良好的作用，甚至系统不能运行。

工程设计是在控制方案正确设计的基础上进行的。它包括仪表或计算机系统选型、控制室操作台和仪表盘设计、供电供气系统设计、信号及联锁保护系统设计等。

过程控制系统的正确安装是保证系统正常运行的前提。系统安装完，还要对每台仪表（计算机系统设计重要环节）进行单校和对各个控制回路进行联校。

在控制方案设计正确的前提下，调节器参数整定是系统运行在最佳状态的重要保证，是过程控制系统设计的重要环节之一。

6.1.2　设计中需要注意的问题

在进行过程控制系统设计时，要针对工程实际情况和要求，对下列问题做合理考虑与正确处理。

1. 越限报警与联锁保护

对于生产过程中的关键参数，应根据工艺要求设置高、低限报警值，当参数超过报警值时，立即进行越限报警（声、光报警），提醒操作人员密切注意监视生产状况，以便及时采取措施恢复系统的正常运行，避免事故的发生。例如，加热炉热油出口温度的设定值为 300℃，工艺要求高，低限分别为 305℃和 295℃。

联锁保护是指当生产出现异常时，为保证设备、人身的安全，使各个设备按一定次序紧急停止运行。例如，加热炉运行中出现严重故障必须紧急停止运行时，应立即先停燃油泵，然后关停燃油阀，经过一定时间后，停止引风机，最后再切断热油阀。设计一个可靠的联锁保护系统能确保严格按以上顺序运行，从而避免事故发生。若采用手工操作，在忙乱中可能错误地发生关热油阀以致烧坏热油管，或者先停引风机而使炉内积累大量燃油气，以致再次点火时出现爆炸现象。

2. 其他系统安全保护对策

系统运行的环境条件是过程控制系统设计时所必须考虑和解决的重要问题。在某些工业现场的危险环境条件，还必须采取相应的安全保护对策，如采用系统可靠性设计，选用本质安全防爆的仪器、仪表及装置等。

6.2　控制方案的确定

6.2.1　被控参数的选择

被控参数也称被控变量。被控变量的选择是控制系统方案设计中的核心问题，是控制方案设计中的重要一环，其选择对稳定生产，提高产品的产量、质量，节料节能，改善劳动条件，以及保护环境等都具有决定意义。在实际生产过程中，影响正常生产过程的因素是多方面的，但并非都要加以控制。因此，设计人员必须深入实际，了解工艺操作要求，找出那些对产品质量、产量、安全、能耗等起决定作用的参数，将这些工艺上所期待要求的参数选作被控变量，这些参数必须直接可测。单回路控制系统的被控变量应该是一个能够最好地反映工艺生产状态的参数，对于保证生产稳定、高产、优质、低耗和安全运行起着决定性作用。若被控变量选择不当，则无论组成什么样的控制系统，选用多么先进的自动化仪器、仪表或先进的DCS装置，均不能达到预期的控制效果。

首先，被控变量应是可测量的，否则构不成闭环回路。对于反映工艺生产状态所需的参数，有些是可测量的，如温度、压力、液位、流量等；有些测量困难或无法测量，如组分（某物质含量）、转化率等，所以被控变量的选择方法有两种。

1. 直接参数法

选择能直接反映生产过程中产品产量和质量又易于测量的参数作为被控变量，称为直接参数法。从主观意愿来讲，被控变量的选择最好是直接参数。被控变量能直接反映过程情况，有利于工艺参数控制质量的提高。生产中许多工艺过程都可以直接采用工艺参数作为被控变量，组成控制系统。例如，加氢裂化反应是一种炼油深加工过程。反应转化率主要受压力、温度影响。所以，工艺过程反应部分组成压力控制与温度控制系统，反应压力与反应温度就是直接参数，由压力与温度直接表征了反应部分运行过程的转化率。又如，图6-2所示的温度控制系统，工艺生产要求介质的出口温度保持稳定，所以被控变量就直接选取介质的出口温度，一般来说这种方法较易确定获得。

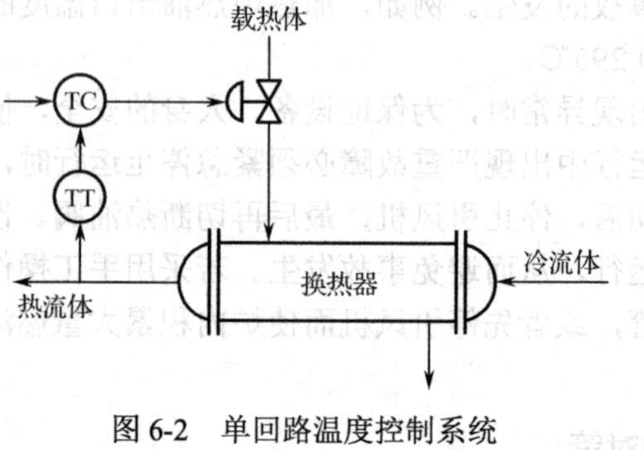

图6-2 单回路温度控制系统

2. 间接参数法

在测量技术还不能较好地进行系统控制要求的直接参数测量时，应选择那些能间接反映产品产量和质量，又与直接参数有单值对应关系，且易于测量的参数作为被控变量，成为间接参数法。

例如，化工生产中常用蒸馏塔把混合物分离为较纯分组的产品或中间产品，在分离过程中，工艺上直接的质量指标参数是产品的浓度，若能直接选产品浓度参数作为被控变量当然最直接有效，然而就目前的情况而言，成分分析仪一是测量滞后较大，二是精度往往不易达到期待的要求，所以可用塔顶或塔底的温度这个间接参数作为被控变量。当选间接参数表征工艺过程直接参数时，应注意相互间必须单值对应，且间接参数具有足够的灵敏度，工艺合理等。又如，氨合成塔的控制，在合成塔中进行的化学反应是

$$N_2+3H_2=2NH_3+Q$$

这是一个可逆反应，在达到平衡时，只能有一部分氢氮转化为氨。因而这个反应主要由平衡条件控制，即要把平衡塔操作好，就必须控制一定的转化率。转化率不能直接测量，但它和工作温度间有一定的关系。比如，中小型的合成塔中催化剂层所用气体冷却，属外绝热反应，催化剂层深度 L 与温度 T 的关系如图6-3所示，即在反应床中有最高温度点——热点温度。

热点温度不但反映了化学反应的情况，而且在干扰作用下，它的变化比较显著，所以在中小型合成塔的操作中往往把这个热点温度选作被控变量。一般采用间接参数法选择被控变量，应从具体的生产实际出发，合理地选择。

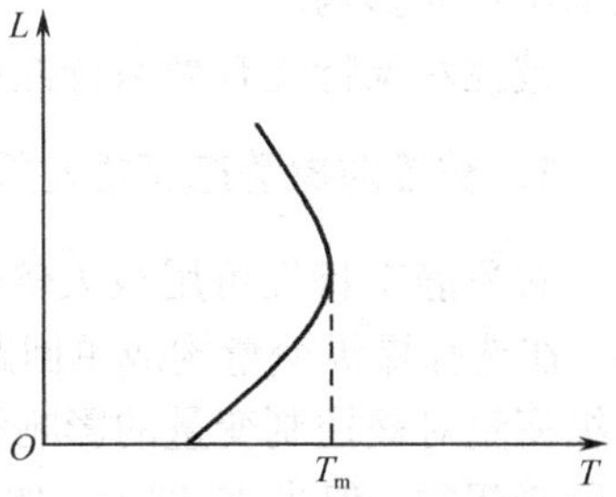

图 6-3　催化剂层深度 L 与温度 T 的关系

从上面的例子可以看出，要正确选择被控变量，必须充分了解生产过程的工艺过程、工艺特点及对控制的要求，在此基础上，可归纳出选择被控变量的原则。

（1）选择对产品的产量和质量、安全生产、经济运行和环境保护具有决定性作用的、可直接测量的工艺参数作为被控变量。

（2）当不能用直接参数作为被控变量时，可选择一个与直接参数有单值函数关系并满足如下条件的间接参数作为被控变量：

- 满足工艺的合理性；
- 具有尽可能大的灵敏度且线性好；
- 测量变送装置的滞后小。

6.2.2　控制参数的选择

控制参数也称操纵变量。在生产过程中之所以要控制被控变量，就是因为生产工艺操作中存在着影响被控变量偏离设定值的干扰。被控变量确定以后，还需要选择一个合适的操纵变量，以便被控变量在外界干扰作用下发生变化时，能够通过对操纵变量的调整，使得被控变量迅速地返回到原先的给定值上，以保持产品质量不变。所谓选择操纵变量，就是从诸多影响被控变量的输入参数中，选择一个对被控变量影响显著而且可控性良好的输入参数作为操纵变量，而其余未被选中的所有输入量则视为控制系统的干扰量。通过改变操纵变量去克服干扰的影响，使被控变量回到设定值。

操纵变量一般选择系统中可以调整的物料量或能量参数，本质上是确定系统的被控对象。石油、化工生产过程中遇到最多的操纵变量是物料流或能量流、流量参数。为了正确选择操纵变量，首先要研究被控对象的特性。

我们知道被控变量是被控对象上的一个输出，影响被控变量的外部因素则是被控对象上的输入，显然影响被控变量的输入不止一个，因此，我们所研究的问题实际上是一个多输入单输出的对象。所谓“通道”，就是某个参数影响另一个参数的通路，被控对象特性可由两条通道来进行描述，即控制通道（操纵变量对被控变量影响的通道）和干扰通道（干扰变量对被控变量影响的通道）。一般来说，控制系统分析中更加注重信号之间的联系，因此，通常所说的通道是参数之间的信号联系。干扰通道就是干扰作用与被控变量之间的信号联系，控制通道则是控制作用与被控变量之间的信号联系。干扰作用与控制作用同时影响被控变量。在控制系统中，通过控制器正、反作用的选择，使得控制作用对被控变量的影响正好与干扰作用对被控变量的影响相反，这样，当干扰作用使得被控变量偏离给定值发生变化时，控制作用就可以补偿干扰的影响，把已经变化的被控变量重新调整到给定值上（当然这种控制作用是由控制器通过控制阀的开闭变化来达到的）。因此在一个控制系统中，干扰作用与控制作用是相互对立而存在的，有干扰就有控制，没有干扰也就无须控制。

在生产过程中可能有多个操纵变量可供选择，这就需要通过分析，比较不同的控制通道和不同的扰动通道对控制质量的影响而做出合理的选择，所以操纵变量的选择问题，实质上是组成什么样的被控对象的问题。因此，在讨论操纵变量如何选择之前，先来分析被控对象特性对控制质量的影响。

被控对象特性有静态特性和动态特性，下面分析讨论它们对控制质量的影响。

1．被控对象静态特性对控制质量的影响

对象静态特性可用放大倍数进行描述。设控制通道放大倍数为 K_0，扰动通道放大倍数为 K_f。在选择操纵变量构成单回路控制系统时，一般希望 K_0 大一些，这是因为 K_0 的大小表征了操纵变量对被控制变量的影响程度。K_0 大表明操作变量的影响显著，控制作用强，这是控制系统所希望的。但当 K_0 过大，控制过于灵敏，超出控制器比例度所能补救的范围时，会使控制系统不稳定，所以 K_0 应适当大些。

另一方面，扰动通道放大倍数 K_f 则越小越好。K_f 小表示扰动对控制变量的影响小，系统的可控性就好。

所以在选择操纵变量构成控制系统时，从静态角度考虑，在工艺合理性的前提下，扰动通道放大倍数 K_f 越小越好，而控制通道放大倍数 K_0 希望适当大一些为好，以使控制通道灵敏一些。

2．被控对象动态特性对控制质量的影响

对象的动态特性一般可由时间常数 T 和纯滞后时间 τ 来描述。设扰动通道时间常数为 T_f，纯滞后时间为 τ_f；控制通道时间常数为 T_0，纯滞后时间为 τ_0，下面分别进行讨论。

1）扰动通道特性的影响

首先讨论 T_f 对控制质量的影响。当扰动输入为阶跃形式时，扰动通道的输出随 T_f 的不同，其响应曲线如图 6-4 所示。

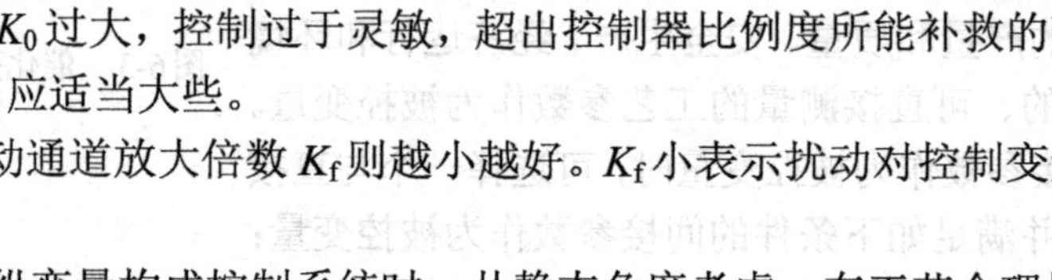

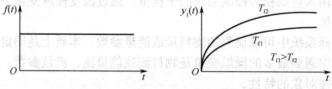

图 6-4　扰动通道的动态响应曲线

由图 6-4 可知，曲线 T_{f2} 的形式影响较大，曲线 T_{f1} 的形式影响较小。因而可以认为扰动通道时间常数 T_f 越大，干扰对被控变量的影响越缓慢，即对控制质量的影响越小。

下面讨论纯滞后时间 τ_f 对控制质量的影响。同一输入对象有无纯滞后，对其输出特性曲线的形状无影响，只是滞后一段时间 τ_f，如图 6-5 所示。由图可知，扰动通道中存在纯滞后时不影响控制质量。

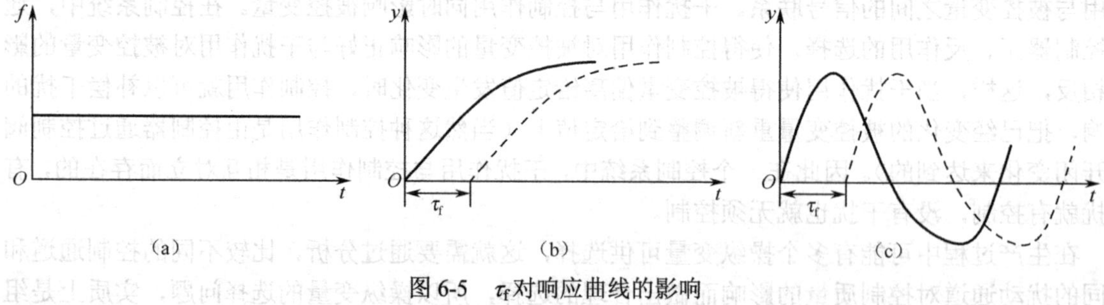

图 6-5　τ_f 对响应曲线的影响

2）控制通道特性的影响

控制通道中时间常数 T_0 小，反应灵敏，控制及时，有利于克服干扰的影响；但时间常数过小，容易引起过度的振荡；若时间常数过大，则会造成控制作用迟缓，被控制变量的超调量加大，过渡过程时间增长。

由于能量和物料的输送需要一定的时间，所以在控制通道中往往存在纯滞后时间 τ_0。τ_0 的存在使操纵变量对被控变量的作用推迟了一段时间，由于控制作用的推迟，不但使被控变量的超调量加大，还使过渡过程振荡加剧，结果过渡时间也增长。τ_0 越大，这种现象越显著，控制质量就越坏。

所以在选择操纵变量构成的控制系统时，应使对象控制通道中的 τ_0 尽量小些。

3. 操纵变量的选择原则

由于控制系统中的干扰是影响生产正常进行的破坏因素，所以希望它对被控变量的影响越小、越慢越好。而操纵变量是克服干扰影响，使生产重新平稳运行的因素，因而希望它能及时克服干扰的影响。通过以上的分析，可以总结出操纵变量的选择原则有以下几条：

（1）设计构成控制系统的被控对象，其控制通道特性应具有足够大的放大系数、比较小的时间常数及尽可能小的纯滞后时间。

（2）控制系统主要扰动通道特性应具有尽可能大的时间常数和尽可能小的放大系数。

（3）应考虑工艺上的合理性。如果生产负荷直接关系到产品质量，则不宜选为操纵变量。

6.2.3　被控参数的测量与变送

被控参数以及其他一些参数、变量的测量和将测量信号传送至控制器是设计过程控制系统中的重要一环。迅速、准确地测量被控参数是实现高性能控制的重要前提。下面结合过程控制系统的设计，简单扼要地讨论测量与变送器选择的一些原则与使用中应注意的一些问题。

测量与变送设备主要根据被检测参数的性质与系统设计的总体考虑来决定。被检测参数性质的不同，准确度要求、响应速度要求的不同以及对控制性能要求的不同，都影响测量与变送器的选择，要从工艺的合理性、经济性方面加以综合考虑。

1. 尽可能选择测量误差小的测量元件

控制理论已经证明，对单回路定值控制系统这样的定值闭环反馈控制系统，当控制器的倍数较大（或含有积分因子）时，其稳态误差（设扰动不变）取决于反馈通道误差即测量误差的大小。

当存在测量误差时，被控参数与给定值间不再具有固定的对应关系（差一个系数），而将随测量误差的值变动。所以我们常说，高质量的控制离不开高质量的测量。

2. 尽可能选择快速响应的测量元件与变送设备

测量与变送器都有一定的时间常数，造成所谓的测量滞后与传送滞后问题。例如，热电偶温度检测需要建立热平衡，因而响应较慢产生测量滞后；又如，气动组合仪表中，现场测量元件与控制室调节器间的信号通过管道传输则产生传送滞后，测量滞后与传送滞后使测量值与真实值（被控参数）之间产生差异。如果控制（调节）器按此失真信号发出控制命令，就不能有效地发挥校正作用，不能达到预期的控制要求。为克服其不良影响，在系统设计中，尽可能选用快速测量元件并尽量减少信号传送时间（如缩短气动传输管道），一般选其时间常数为控制通道时间常数的 1/10 以下为宜。

3．正确采用微分超前补偿

当系统中存在较大的测量滞后时（如温度与蒸汽压力测量，存在相当大的容量滞后），为了获得真实的参数值，可在变送器的输出端串入一微分环节，从而使输出与输入间成简单的正比关系，消除了滞后产生的动态误差。

但微分超前控制使用要慎重，因为微分作用将放大测量、变送回路中的高频噪声干扰，使系统变得不稳定。另外，微分作用对于纯滞后是无能为力的。因为在纯滞后时间里参数变化的速度等于零，微分单元不会有输出，当然起不到超前控制作用。

4．合理选择测量点位置并正确安装

合理选择测量点主要着眼于尽可能减小参数测量滞后与传送滞后，同时也要考虑安装方便。以生产硫酸的硫铁矿熔烧为例，硫铁矿从熔烧炉下部送入，在一/二次风的助燃下熔烧硫铁矿，产生的 SO_2 气体从炉顶排出。在矿石含硫量、含水量、一/二次风量均不变的条件下，炉膛温度与 SO_2 浓度有一定的对应关系，因而测量温度能反映 SO_2 的浓度变化。但由于熔烧炉炉膛庞大，一般沿炉膛安装有几支热电偶，经验表明，在靠近炉膛上部的温度检测点的温度能较正确地反映 SO_2 的浓度变化，且响应最快。因此选择这个检测点是最适合的。

5．对测量信号做必要的处理

（1）测量信号校正。在检测某些过程参数时，测量值往往要受到其他一些参数的影响，为了保证其测量精度，必须考虑信号的校正问题。

例如，发电厂过热蒸汽流量测量通常用标准节流元件。在设计参数下运行时，这种节流装置的测量精度较高；当参数偏离给定值时，测量误差较大，其主要原因是蒸汽密度受压力和温度的影响较大。为此，必须对其测量信号进行压力和温度校正（补偿）。

（2）测量信号噪声（扰动）的抑制。在测量某些参数时，由于其物理或化学特点，常常产生具有随机波动特性的过程噪声。若测量变送器的阻尼较小，其噪声会叠加于测量信号之中，影响系统的控制质量，所以应考虑对其加以抑制。例如，测量流量时常伴有噪声，故常常引入阻尼器加以抑制。

有些测量元件本身具有一定的阻尼作用，测量信号的噪声基本被抑制。例如，用热电阻测温时，由于其本身的惯性作用，测量信号无噪声。

（3）对测量信号进行线性化处理。在检测某些过程参数时，测量信号与被测参数之间成某种非线性关系。这种非线性特性一般由测量元件所致。通常线性化措施在仪表内考虑，或测量信号送入计算机后通过数字运算来线性化。例如，热电偶测温时，热电动势与温度是非线性的，当配用 DDZ-Ⅲ型温度变送器时，其输出的测量信号就已线性化了，即变送器的输出电流与温度成线性关系。因此是否要进行线性化处理，具体问题要做具体分析。

测量变送器的作用是把工艺变量的值检测出来，并转换成统一电（或气）信号，如气压 0.02～0.1MPa，或电信号 4～20mA 等。下面从控制系统的角度，对在参数的测量和变送中碰到的问题进行讨论。

对测量变送器的基本要求是能够可靠、正确和迅速地完成被控变量的测量与转换，减小测量误差。

测量变送器的测量滞后包括测量变送器的容量滞后 T_m 和信号测量过程中的纯滞后时间

τ_m，会引起测量的动态误差，恶化控制质量。

● 纯滞后时间 τ_m

当测量过程存在纯滞后时，也和对象控制通道存在纯滞后一样，将会使被控变量的变化不能及时通知控制器，使得控制器仍然依据历史信息发出控制信号，指挥控制系统的工作，从而造成控制质量的下降。在石油化工生产中，最容易引入纯滞后的是温度和物性参数的测量。

图 6-6 所示是一个 pH 值控制系统，pH 值的测量采用工业酸度计，它由安装在现场的 pH 电极和变送器共同组成。由于电极不能放置于流速不稳的主管道上，因此 pH 值的测量将引入两项纯滞后：

$$\tau_1 = \frac{L_1}{\upsilon_1}$$

$$\tau_2 = \frac{L_2}{\upsilon_2}$$

式中，L_1、L_2 分别为主管道、支管道的长度；υ_1、υ_2 分别为主管道、支管道内流体的速度。

由于支管道的距离较长，且管径较细，其流速较小，从而使 τ_2 较大。因此，在测量过程中由于测量元件安装位置所引入的纯滞后时间为

$$\tau_m = \tau_1 + \tau_2$$

由测量元件安装位置所引入的纯滞后是难以避免的，但应在设计、安装时力求缩小。在开表或投运后发现安装位置不对而出现纯滞后时，应立即改变测量元件的安装位置，消除和缩短纯滞后时间，提高控制质量。

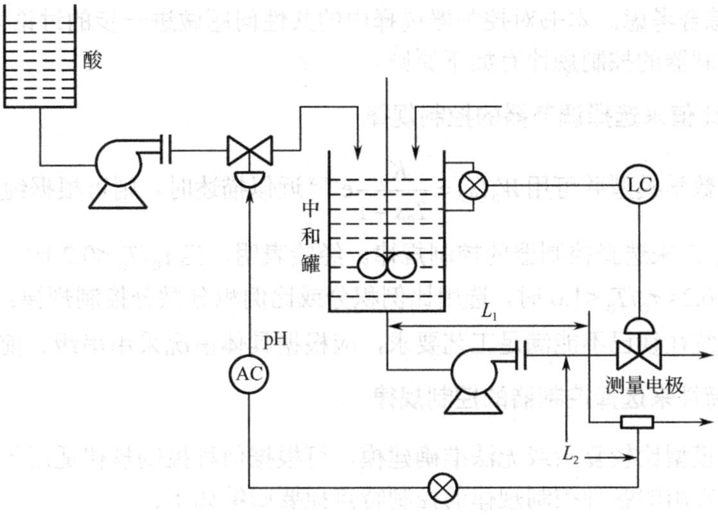

图 6-6　pH 值控制系统

● 容量滞后 T_m

测量变送器的容量滞后 T_m 是由于测量元件及变送器本身具有一定的时间常数造成的，一般就称之为测量滞后。

在各种检测元件中，测温元件的测量滞后往往是比较显著的。例如，将一个时间常数大的测量元件用于控制系统，则当被控变量变化时，由于测量值不等于被控变量的真实值，所以控制器接收到的是一个失真信号，它不能发挥正确的校正作用，控制质量无法达到要求。因此，

控制系统中的测量元件时间常数不能太大，最好选用惰性小的快速测量元件。必要时也可以在测量元件之后引入微分作用，利用它的超前作用来补偿测量元件引起的动态误差。

反应器温度自动控制系统如图6-7所示。

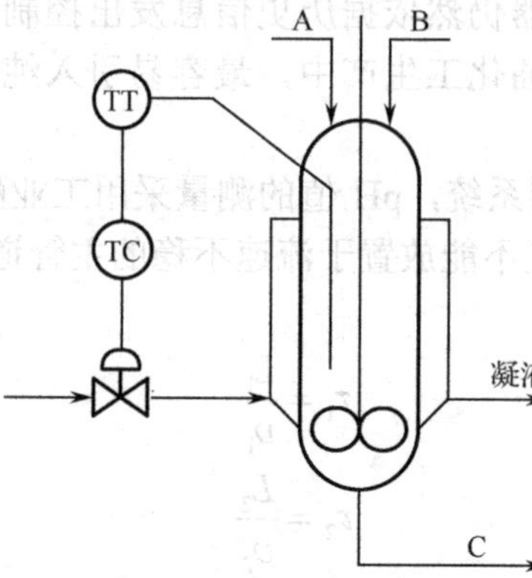

图6-7 反应器温度自动控制系统

调节规律对控制质量的影响及其选择

6.2.4 调节规律对控制质量的影响及其选择

在过程控制中，控制器常称为调节器。在采用计算机控制时，控制是由计算机的数字运算来实现的。在过程控制发展史中，控制器（控制规律）的发展起了决定性作用，并由此来划分过程控制的各个阶段。可见控制器的选型与控制规律的确定是系统设计中最重要的环节，必须充分重视。控制器的选型主要根据被控过程的特性、工艺对控制品质的要求、系统的总体设计（包括经济性）来综合考虑。本书对控制器选择中的共性问题做进一步的讨论。

通常，选择控制器的控制规律有如下原则。

1. 根据τ_0/T_0比值来选择调节器的控制规律

当已知过程的数学模型并可用$W_0(s)=\dfrac{K_0}{T_0s+1}e^{-\tau_0 s}$近似描述时，则可根据纯滞后时间$\tau_0$与时间常数$T_0$的比值$\tau_0/T_0$来选择控制器的控制规律。经验表明，当$\tau_0/T_0<0.2$时，选用比例或比例积分控制规律；当$0.2<\tau_0/T_0<1.0$时，选用比例积分或比例积分微分控制规律；当$\tau_0/T_0>1.0$时，采用单回路控制系统往往已不能满足工艺要求，应根据具体情况采用串级、前馈控制方式。

2. 根据过程特性来选择控制器的控制规律

若过程的数学模型比较复杂或无法准确建模，可根据何种控制规律适用于何种过程特性与工艺要求来选择，常用的各种控制规律的控制特点扼要归纳如下。

1）比例控制规律（P）

采用P控制规律能较快地克服扰动的影响，使系统稳定下来，但有余差。它适用于控制通道滞后较小、负荷变化不大、控制要求不高、被控参数允许在一定范围内有余差的场合，如储槽液位控制、压缩机储气罐的压力控制等。

2）比例积分控制规律（PI）

在工程设计中，比例积分控制规律是应用最广泛的一种控制规律。积分能消除余差，它适用于控制通道滞后较小、负荷变化不大、被控参数不允许有余差的场合，如某些流量、液位要求无余差的控制系统。

3）比例微分控制规律（PD）

微分具有超前作用，对于具有容量滞后的控制通道，引入微分控制规律（微分时间设置得当）对于改善系统的动态性能指标有显著的效果。因此，对于控制通道的时间常数或容量滞后较大的场合，为了提高系统的稳定性、减小动态偏差等可选用比例微分控制规律，如温度或成分控制。但对于纯滞后较大、测量信号有噪声或周期性扰动的系统，则不宜采用比例微分控制规律。

4）比例积分微分控制规律（PID）

PID 控制规律是一种较理想的控制规律，它在比例的基础上引入积分，可以消除余差，再加入微分作用，又能提高系统的稳定性。它适用于控制通道时间常数或容量滞后较大、控制要求较高的场合，如温度控制、成分控制等。

应该强调，控制规律要根据过程特性和工艺要求来选取，绝不是说 PID 控制规律具有较好的控制性能，就不分场合均可选用，如果这样，则会给其他工作增加复杂性，并带来参数整定的困难。当采用 PID 控制器还达不到工艺要求的控制品质时，则需要考虑其他的控制方案。

6.2.5　执行器的选择

执行器的选择

执行器也称控制阀。控制阀是控制系统结构中十分重要的一个部分，因为它最终执行控制操作任务，且控制阀直接接触工艺介质，工作条件比较复杂。控制阀选择的好坏，与控制系统能否很好地起控制作用有直接关系。在自动化仪表知识的基础上，这里将继续探讨控制阀中的一些工程应用问题。在工程设计中进行控制阀的选择主要有以下几个方面的考虑：

（1）控制阀结构形式的选择。在高温或低温介质时，要选用高温或低温控制阀，在高压差时选用角形控制阀。

（2）控制阀直径的选择。控制阀的机械尺寸是以公称直径 DN 来表示的，它和工艺管道的公称直径不是一回事。应该根据工艺生产过程所提供的常用流量或最大流量，以及控制阀在工作时两端的压差、正常流量下的压差或最大流量下的最小压差，通过控制阀流量系数 C 计算，经过圆整后，从控制阀产品手册中查取流量系数 C_{100}，进而得到控制阀的公称直径。

（3）控制阀公称压力 PN 的选择。如果选择趋于保守，将造成投资急剧上升，控制阀笨重对安装维护不利。

（4）控制阀气开、气关形式的选择。

（5）控制阀流量特性的选择。

（6）控制阀阀芯与阀座材质的选择等。

常用的气动薄膜控制阀由两部分组成，即气动薄膜执行机构和控制阀。前者接收控制器的输出信号，获得能量使阀杆移动；后者通过阀门开度的变化来改变通过阀门的流量。

气动薄膜控制阀的特性一般可以用一阶惯性环节 $G_V(s)=\dfrac{K_v}{T_v s+1}$ 的形式来表示。放大系数 K_v 是阀的静特性，时间常数 T_v 是阀的动特性。

图 6-8 表示了控制阀的输入与输出之间的关系。为了克服负荷变化对控制质量的影响，要认真研究控制阀的特性。

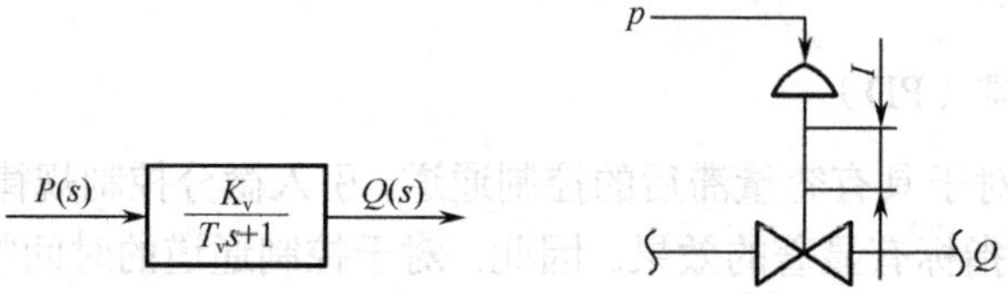

（a）控制阀的传递函数　　（b）控制阀的输入/输出关系

图 6-8　控制阀的输入/输出对应关系

6.2.6　调节器作用方式的选择

如前所述，控制器，即调节器有正作用和反作用两种方式，其确定原则是使整个单回路构成负反馈系统。因而，调节器正、反作用的选择同被控过程的特性及调节阀的气开、气关形式有关。被控过程的特性也分正、反两种，即当被控过程的输入（通过调节阀的物料或能量）增加（或减小）时，其输出（被控参数）也增加（或减小），此时称此被控过程为正作用；反之为反作用。组成过程控制系统各环节的极性是这样规定的：正作用调节器，即当系统的测量值增加时，调节器的输出也增加，其静态放大系数 K_c 取正；反作用调节器，即当系统的测量值增加时，调节器的输出减小，其静态放大系数 K_c 取负。气开式调节阀，其静态放大系数 K_v 取正；气关式调节阀，其静态放大系数 K_v 取负。正作用被控过程，其静态放大系数 K_0 取正；反作用被控过程，其静态放大系数 K_0 取负。

确定调节器正、反作用的次序一般为：首先根据生产工艺安全等原则确定调节阀的气开、气关形式，然后按被控过程特性确定其正、反作用，最后根据上述组成该系统的开环传递函数各环节的静态放大系数极性相乘必须为负的原则来确定调节器的正、反作用的方式。

6.3　调节器参数的整定

6.3.1　调节器参数整定的理论基础

在过程控制系统方案设计、设备选型、安装调校就续后，下一步要进行的就是系统的投运与调整、整定。若一切顺利则系统可投入正常生产；若品质指标达不到要求，则需按照再次整定控制器参数、修改控制规律、检查设备选型是否符合要求（如调节阀特性选用是否恰当、口径是否过大或过小等）、修改控制方案的顺序，反复进行，直到找出原因与解决办法，使系统满足生产要求。需要着重指出的是，方案设计或设备选型不当将造成人力、物力的极大浪费。因此，控制方案的正确设计与设备的正确选型无论怎样强调都不过分。

在新控制系统安装就续，或者老系统经过改造或经过停车检修之后，再将其逐步投入生产的过程就称为系统的投运。为了保证过程控制系统顺利投运，要求操作人员在系统投运之前，必须对构成系统的各种仪表设备（控制器、调节阀、测量变送器等）、连接管线、供电和供气情况等进行全面检查和调校。

过程控制系统中实际使用的仪表设备的原理、安装和使用方法虽不完全相同，手动/自动的切换顺序也不完全一样，但投运顺序大同小异。过程控制系统的各个组成部分投运的一般程序如下：

（1）检测系统投入运行。根据工业生产过程的实际情况，如温度、压力、流量、液位等检测系统投入运行，观察测量指示是否正确。

（2）调节阀手动遥控。在手动遥控时应事先了解调节阀在正常工况下的开度，然后手动遥控，使系统的被控参数在给定值附近稳定下来，并使生产达到稳定工况，为切换到自动控制做好准备。

（3）控制器投运（手动→自动）。完成以上两步后，就满足了工艺开车的需要。待工况稳定后，即可将系统由手动操作切换到自动运行。为此，首先再检查控制器的正、反作用开关等位置是否正确；然后把控制器PID参数值设置在合适位置，当被控参数与给定值一致，即当偏差为零时，将控制器由手动切换到自动（无扰动切换），实现自动控制。同时观察被控参数的记录曲线是否合乎工艺要求，若还不够理想，则调整PID参数，直到满意为止。调整PID参数常称为控制器（调节器）参数整定。应当指出，当系统正确投运、控制器参数经过整定后，若其品质指标一直达不到要求，或系统出现异常，则需将系统由自动切换到手动，再行研究解决。系统由自动控制切换到手动操作的程序为：系统先由自动控制转入手动遥控，再进行手动操作。

过程控制采用的控制器（调节器）通常都有一个或多个需要调整的参数，以及调整这些参数的相应机构（如旋钮、开关等）或相应设备（如计算机控制系统中的组态软件、可编程控制器中的编程器）。通过调整这些参数，使控制器特性与被控过程特性配合好，获得满意的系统静态与动态特性的过程称为控制器参数整定。由于人们在参数调整中，总是力图达到最佳的控制效果，所以常称为“最佳整定”，相应的控制器参数称为“最佳整定参数”。

衡量控制器参数是否最佳，需要规定一个明确的、反映控制系统质量的性能指标，6.2节给出了两类性能指标，可供参数整定时选用。需要指出的是，不同生产过程对于控制过程的品质要求不完全一样，因而对系统整定性能指标的选择有较大的灵活性。作为系统整定的性能指标，它应能综合反映系统控制质量，同时又便于分析与计算。

6.3.2　调节器参数的整定方法

调节器参数的整定

控制器参数的整定方法很多，归纳起来可分为两大类：理论计算整定法与工程整定法。顾名思义，理论计算整定法是在已知过程的数学模型基础上，依据控制理论，通过理论计算来求取“最佳整定参数”；而工程整定法是根据工程经验，直接在过程控制系统中进行的控制器参数整定方法。从原理上讲，理论计算整定法要比工程整定法更能实现控制器参数的“最佳整定”，但在第2章已讲过，无论是用解析法还是实验测定法求取的过程数学模型都只能近似反映过程的动态特性，因而理论计算所得到的整定参数值可靠性不够高，在现场使用中还需进行反复调整。相反，工程整定法虽未必能达到“最佳整定参数”，但由于其无须知道过程的完整数序模型，使用者无须具备理论计算所必需的控制理论知识，因而简便、实用，易于被工程技术人员所接受并优先采用。工程整定法在实际工程中被广泛采用，并不意味着理论计算整定法就没有价值了，恰恰相反，通过理论计算，有助于人们深入理解问题的实质，减少整定工作中的盲目性，较快地整定到最佳状态，尤其在较复杂的过程控制系统中，理论计算更是不可缺少的。此外，理论计算推导出的一些结果正是工程整定法的理论依据。

与数字控制器的模拟化方法类似，数字控制器的参数整定一般也是首先按模拟PID控制参数整定的方法选择数字PID参数，然后再做适当调整，并适当考虑采样周期（采样周期远小于时间常数）对整定参数的影响。为此本书仅介绍模拟控制器的参数整定方法，因为理论计算整定法，如根轨迹法、频率特性法在自动控制原理课程中已做了较深入的讨论。

1．经验凑试法

单回路控制系统运行过程中采用经验凑试法整定控制器参数，是先将控制器的整定参数根据经验（见表 6-1）设置在某一数值上，然后在闭环系统中人为输入定向定量的扰动，观察控制系统过渡过程的曲线形状。若曲线不够理想，则通过采用过程控制理论分析控制器 P、I、D 参数对系统过渡过程的影响方向和强弱，以此为依据，按照先比例（P）、后积分（I）、最后微分（D）的顺序，将控制器参数逐个进行反复经验凑试，使控制质量指标逐步趋好，直至获得满意的控制质量。

表 6-1　经验凑试法控制器参数范围

被控变量	控制系统特点	比例度 δ/%	积分时间 T_I/s	微分时间 T_D/s
流量	对象时间常数小，并有噪声，不应用微分，比例度较大，积分 T 较小	40～100	0.1～1	—
温度	对象多容量，滞后较大，应加微分	20～60	3～10	0.5～3.0
压力	对象时间常数一般不大，不用微分	30～70	0.4～3.0	—
液位	一般液位质量要求并不高	20～80	—	—

控制器 P、I、D 参数的具体整定步骤如下：

（1）设置控制器积分时间 $T_I=\infty$，微分时间 $T_D=0$，根据被控对象的特性，把比例度δ按经验设置在初值条件下，将控制系统投入运行，整定控制器的比例度δ。若曲线振荡频繁，则加大比例度δ；若曲线超调量大，且趋于非周期过程，则减小比例度δ，直到获得满意度的衰减比 $n:1=4:1$ 或者 $10:1$ 的过渡过程曲线。

（2）引入积分作用（此时应将上述比例度δ置为 1.2 倍）。将 T_I 由大到小进行整定。若曲线波动较大，则应增大积分时间 T_I；若曲线偏离设定值后长时间不能消除余差，则需减小 T_I，以求得较好的过渡过程曲线。

（3）当超调量指标过大需要引入微分作用时，则应将 T_D 按经验值或按 $T_D=(1/3\sim1/4)T_I$ 设置，并由小到大逐步修正。若曲线超调量大而衰减慢，则需增大 T_D；若曲线振荡厉害，则应减小 T_D。观察曲线，再适当修正控制器参数δ和 T_I，反复调试，直到求得满意的过渡过程曲线为止。

需要指出，有人认为比例度δ、积分时间 T_I 可以在一定范围内匹配，若减小δ可以增大 T_I 补偿，若需引入 T_D 微分作用，则可按以上所述进行调试。也可将控制器的 P、I、D 参数一次性设置后逐个进行反复凑试，直至获得满意的控制质量的系统过渡过程曲线。

2．衰减曲线法

对于要求控制系统的过渡过程质量指标达到 $n:1=4:1$ 衰减的整定步骤如下：

（1）把单回路控制系统中控制器参数设置成纯比例作用（$T_I=\infty$，$T_D=0$），使控制系统投入运行。再把比例度δ从大逐渐调小，直到出现如图 6-9 所示的 $n:1=4:1$ 衰减振荡过程曲线，此时的比例度为 $n:1=4:1$ 衰减比例度δ_s，两个相邻波峰间的时间间隔称为 4∶1 衰减振荡周期 T_s。

（2）根据δ_s和 T_s，使用表 6-2 所示的公式，即可计算出控制器的各个 PID 参数值。

（3）按“先 P 后 I 再 D”的控制器参数调试操作程序，将求得的 PID 参数设置在控制器上。再观察运行的过渡过程曲线，若不太理想，还可做适当修正。

应用 $n:1=4:1$ 衰减曲线法整定控制器参数时，需注意以下情况：

表 6-2　4∶1 衰减曲线法整定计算公式

控 制 作 用	比例度 δ/%	积分时间 T_I/min	微分时间 T_D/min
P	δ_s		
PI	$1.2\delta_s$	$0.5T_s$	
PID	$0.8\delta_s$	$0.3T_s$	$0.1T_s$

（1）对于反应较快的如流量、管道压力及小容量的液位控制系统，要在记录曲线上认定 $n:1=4:1$ 衰减曲线和读出 T_s 比较困难，此时用记录指针来回摆动两次就可达到稳定的 $n:1=4:1$ 衰减振荡过渡过程。

（2）在工业生产过程中，生产负荷变化会影响对象特性，因而会影响 4∶1 衰减法的整定 PID 参数值。当负荷变化较大时，必须重新整定控制器 PID 参数值，才能满足控制系统的质量指标。

（3）如上所述，对于多数过程控制系统，4∶1 衰减过程被认为是最佳过程。但是，如热电厂的锅炉燃烧系统，却认为 4∶1 衰减太慢，宜应用 $n:1=10:1$ 的衰减振荡过程，如图 6-10 所示为 10∶1 衰减过程曲线。

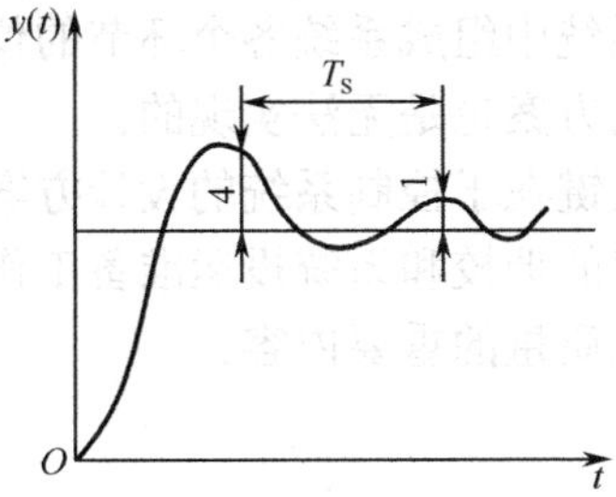

图 6-9　4∶1 衰减过程曲线

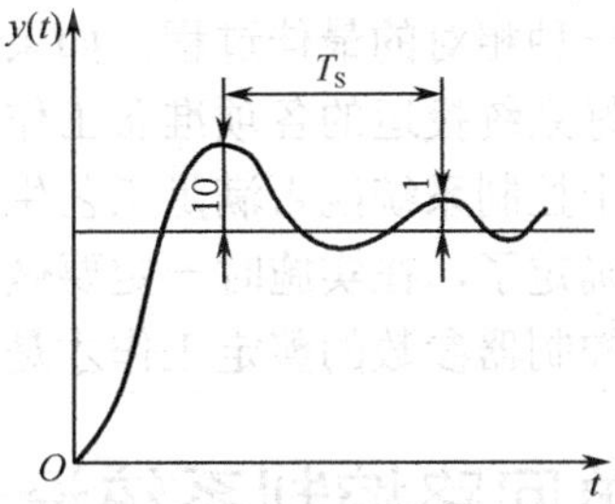

图 6-10　10∶1 衰减过程曲线

应用 $n:1=10:1$ 衰减曲线法整定控制器参数的步骤与上述完全相同，仅仅是采用的计算公式有些不同，见表 6-3。表中 δ_{1s} 为衰减比例度，t_r 为达到第一个波峰时的响应时间。

表 6-3　10∶1 衰减曲线法整定计算公式

控 制 作 用	比例度 δ/%	积分时间 T_I/min	微分时间 T_D/min
P	δ_{1s}		
PI	$1.2\delta_{1s}$	$0.5t_r$	
PID	$0.8\delta_{1s}$	$0.3t_r$	$0.4t_r$

3．看曲线调试参数

在一般情况下，单回路控制系统的调试可按照上述方法整定控制器的 PID 参数。但有时仅从作用方向还难以判断应调整哪一个参数，这时需要根据曲线形状进一步判断。

如控制系统的过渡过程曲线过度振荡，可能的原因有：比例度过小、积分时间过小和微分时间过大等。这时，优先调整哪个参数就是一个问题。图 6-11 表示了这三种原因引起的振荡的区别：

- 由积分时间过小引起的振荡周期较大，如图 6-11 中 a 曲线所示；
- 由比例度过小引起的振荡周期较短，如图 6-11 中 b 曲线所示；
- 由微分时间过大引起的振荡周期最短，如图 6-11 中 c 曲线所示。

通过看曲线，判明原因后，对 PID 参数做相应的调整即可。

再如，比例度过大或积分时间过大，都可使过渡变化较缓慢，也需正确判断再做调整。图 6-12 表示了这两种原因引起的波动曲线：

- 积分时间过大时，曲线呈非周期变化，缓慢地回到设定值，如图 6-12 中 d 曲线所示；
- 比例度过大时，曲线虽然不是很规则，但波浪的周期性较为明显，如图 6-12 中 e 曲线所示。

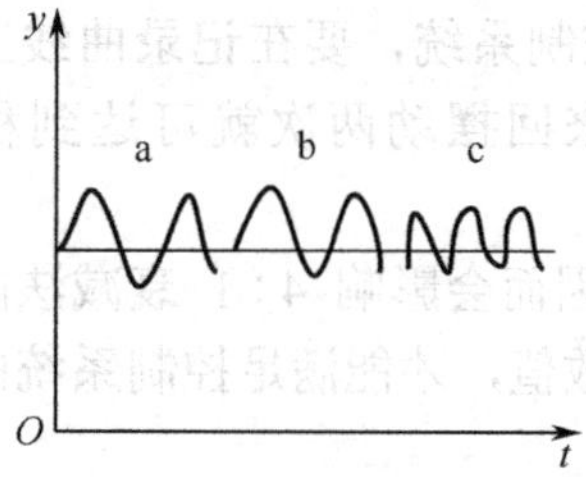

图 6-11　三种振荡曲线比较

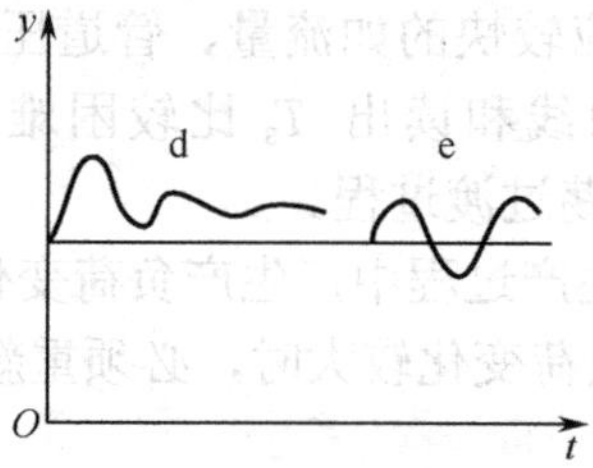

图 6-12　比例度过大、积分时间过大时的曲线

控制器 PID 参数的整定是控制系统的运行与调试工作中非常重要的一个组成部分，但是不能把 PID 参数整定看作控制质量调试的唯一方法，控制器 PID 参数整定最多只是在所设计的控制系统中寻求一种相对的最佳过程：如果没有把控制系统中组成系统各个环节的仪表性能调整好，正确地做好系统投运的各项准备工作，那么再好的方案也是无法实现的。

所以，一个控制系统能否满足工艺生产的要求，关键在于控制系统的设计方案是否合理，一旦控制方案确定了，在实施时一定要做好自动化仪表的调校和系统投运准备工作，在这些工作的基础上，控制器参数的整定工作才是改进控制系统质量的重要内容。

6.4　单回路控制系统设计实例

现在以奶粉生产过程的喷雾式干燥设备控制系统初步设计为项目，选用常规控制仪表作为控制系统的自动化装置，组成单回路控制系统的工程设计的设计步骤如下。

1．生产工艺概况

图 6-13 所示是喷雾式干燥器温度控制流程示意图，工艺要求将浓缩的乳液用热空气干燥成奶粉。乳液从高位槽流下，经过滤器进入干燥器，从喷嘴喷出。空气由鼓风机送到热交换器，通过蒸汽加热。热空气与鼓风机直接送来的空气混合以后，经风管进入干燥器，乳液中的水分被蒸发，成为奶粉，并随湿空气一起送出。干燥后的奶粉含水量不能波动太大，否则影响奶粉质量等。

在实际的工业生产过程控制系统设计中，还要全面收集工艺生产的操作条件和工艺要求等数据，给控制系统的工程设计提供充分的依据。

2．单回路控制系统方案设计

（1）确定被控变量。从工艺概况可知需要控制奶粉含水量。由于测水分的仪表精度不太高，因此不能直接选奶粉含水量作为被控变量。实际上，奶粉含水量与干燥温度密切相关，只要控制住干燥温度就能控制住奶粉含水量，所以选干燥温度作为被控变量。

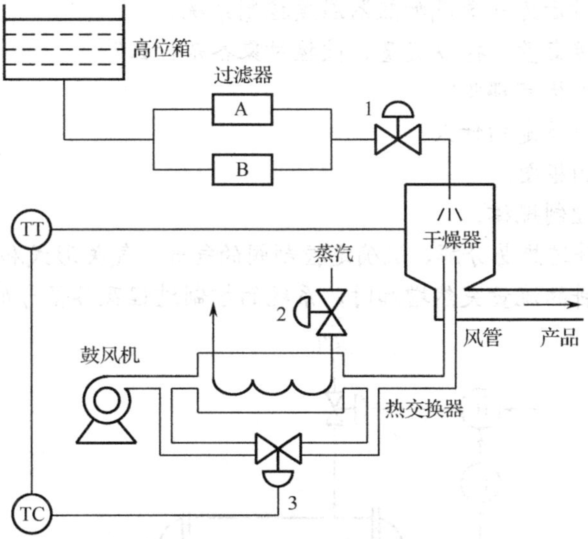

图 6-13　喷雾式干燥器温度控制流程示意图

（2）确定操纵变量。影响干燥器温度的因素有乳液流量、旁路空气流量和加热蒸汽流量。粗略一看，选其中最合适的变量作为操纵变量，构成温度控制系统的被控对象。在图中用控制阀位置代表可能的三种单回路控制系统的操纵变量。

方案 1：如果用乳液流量作为操纵变量，则滞后最小，对干燥温度的控制作用明显；但是乳液流量是生产负荷，如果选它作为操纵变量，就不可能保证其在最大值上工作，限制该装置的生产能力。这种方案为保证质量而牺牲产量，工艺上是不合理的，因此不能选乳液流量作为操纵变量，该方案不能成立。

方案 2：如果选择加热蒸汽流量作为操纵变量，由于换热过程本身是一个多容量过程，因此从改变蒸汽量，到改变热空气温度，再来控制干燥温度，这一过程长，容量滞后和时滞太大，控制效果差。

方案 3：如果选择旁路空气流量作为操纵变量，由于旁路空气流量是热风混合后经风管进入干燥器的，其控制通道的时滞比方案 1 的滞后大，但比方案 2 的滞后小。

综合比较之后，确定将旁路空气流量作为操纵变量较为理想。其控制流程见图 6-13。

3．过程检查与控制仪表的选型

根据生产工艺和用户要求，选用电动单元组合仪表组成单回路控制系统。

（1）由于被控温度在 600℃以下，选用热电阻作为测温元件，配用温度变送器。现场仪表的型号规格、测量范围、精度、安装形式等依据工艺操作条件来确定、选型。

（2）根据过程特性和控制要求，选用对数流量特性的气动薄膜控制阀。根据生产工艺安全原则和被控介质特点，控制阀应为气关型。控制阀的结构形式、材质、口径等可根据工艺操作条件，通过分析、计算后确定。

（3）为减小滞后，控制器选用 PID 控制规律。控制器正、反作用选择时，可假设干燥温度偏高（即乳液中水分减少），这样就要求减少热空气流量，由于控制阀是气关型的，因此要求控制器输出减小，这样控制器选择反作用。

（4）显示单元和辅助单元的自动化仪表依据控制系统的其他功能进行选型。

【例 6-1】 图 6-14 所示为一蒸汽加热器温度控制系统。

（1）该系统中的被控变量、操纵变量、被控对象各是什么？

（2）该系统可能的干扰有哪些？

（3）该系统的控制通道是指什么？

（4）试画出该系统的框图。

（5）选择控制器的控制规律。

（6）如果被加热物料过热易分解，试确定控制阀的气开、气关形式和控制器的正、反作用。

（7）试分析当冷物料的流量突然增加时，系统的控制过程及各信号的变化情况。

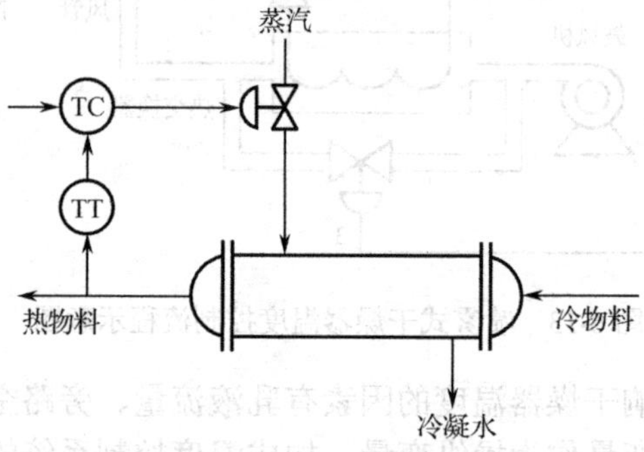

图 6-14 蒸汽加热器温度控制系统

解：

（1）该系统的被控对象是蒸汽加热器，被控变量是被加热物料的出口温度，操纵变量是加热蒸汽流量。

（2）该系统可能的干扰有加热蒸汽压力、冷物料的流量及温度、加热器内的传热状况、环境温度变化等。

（3）该系统的控制通道是指由加热蒸汽流量变化到热物料温度变化的通道。

（4）系统框图如图 6-15 所示。

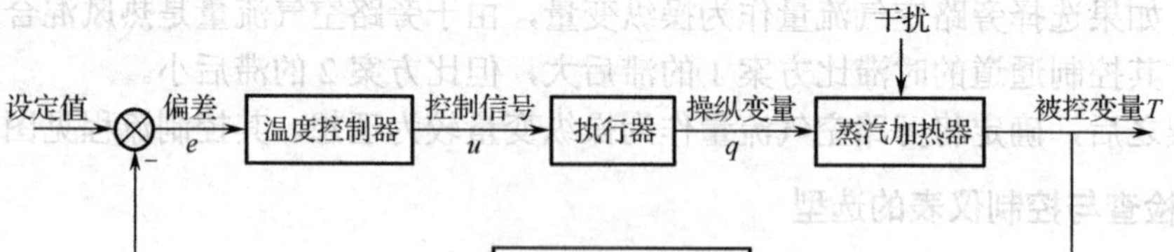

图 6-15 蒸汽加热器温度控制系统框图

（5）因为温度对象容量滞后较大，所以选 PID 控制规律。

（6）由于被加热物料过热易分解，为避免过热，当控制阀上气源中断时，应使阀处于关闭状态，所以控制阀应选气开型的。由于加热蒸汽流量增加时，被加热物料出口温度是增加的，故该系统中的对象是属于“+”作用方向的。控制阀是气开型的，也属于“+”作用方向。为使系统具有负反馈作用，控制器应选“−”作用，即反作用方向的。

（7）当冷物料流量突然增大时，会使物料出口温度 T 下降。这时由于温度控制器（TC）是反作用的，故当测量值 z 下降时，控制器的输出信号 u 上升，即控制阀膜头上的压力上升。由于阀是气开型的，故阀的开度增加，通过阀的蒸汽流量也会增加，于是会使物料出口温度上升，起到因物料流量增加而使出口温度下降的相反的控制作用，故为负反馈作用。所以该系统由于控制作用的结果，能自动克服干扰对被控变量的影响，使被控变量维持在设定的数值上。

【例 6-2】 试确定图 6-16 所示系统中控制阀的气开、气关形式和控制器的正、反作用（该图为一冷却器出口物料温度控制系统，要求物料温度不能太低，否则容易结晶）。

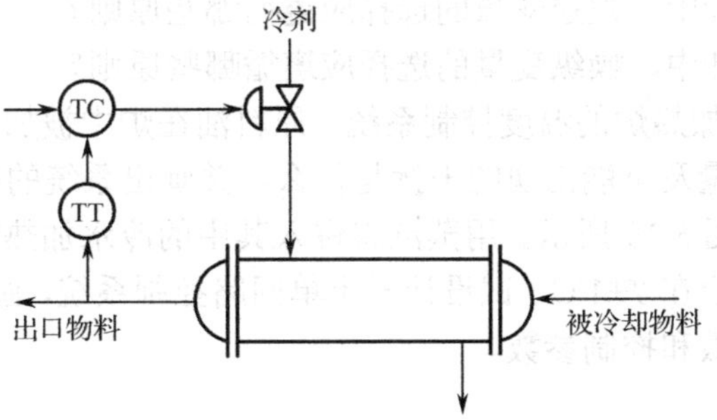

图 6-16　冷却器出口物料温度控制系统

解： 由于被冷却物料温度不能太低，当控制阀膜头上的气源突然中断时，应使冷剂阀处于关闭状态，以避免大量冷剂流入冷却器，所以应选择气开阀。当冷剂流量增大时，被冷却物料出口温度是下降的，故该对象为“-”作用方向的，而气开阀是“+”作用方向的，为使整个系统能起负反馈作用，故该系统中控制器应选“+”作用的。当出口温度增加时，控制器的输出增加，使控制阀开大，增加冷剂流量，从而自动地使出口温度下降，起到负反馈作用。

【例 6-3】 图 6-17 所示为一液位储槽，需要对储槽的液位进行自动控制。为安全起见，储槽内液体严格禁止溢出。试在下列两种情况下，分别确定控制阀的气开、气关形式及控制器的正、反作用。

（1）选择流入量 Q_i 为操纵变量；

（2）选择流出量 Q_o 为操纵变量。

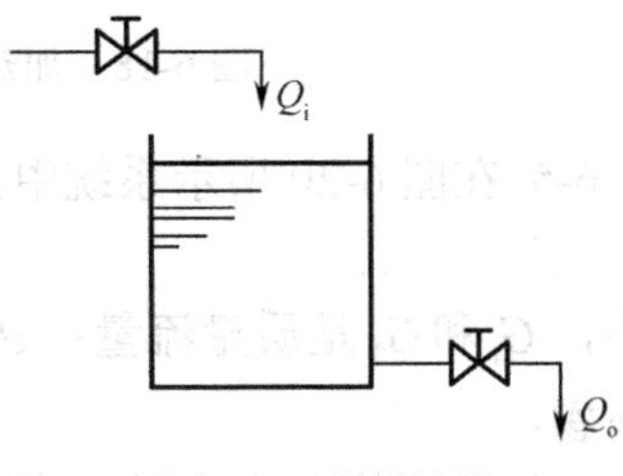

图 6-17　液位储槽

解： 分下面两种情况。

（1）当选择流入量 Q_i 为操纵变量时，控制阀安装在流入管线上。这时，为了防止液体溢出，在控制阀膜头上的气源突然中断时，控制阀应处于关闭状态，所以应选用气开阀，为“+”作用方向。这时，操纵变量即流入量 Q_i 增加时，被控变量液位是上升的，故对象为“+”作用方向。

由于控制阀与对象都是“+”作用方向，为使整个系统具有负反馈作用，控制器应选择反作用方向。

（2）当选择流出量 Q_o 为操纵变量时，控制阀安装在流出管线上。这时，为了防止液体溢出，在控制阀膜头上的气源突然中断时，控制阀应处于全开状态，所以应选用气关阀，为“-”作用方向。这时，操纵变量即流出量 Q_o 增加时，被控变量液位是下降的，故对象为“-”作用方向。

由于控制阀与对象都是“-”作用方向的，为使整个系统具有负反馈作用，控制器应选择反作用方向。

以上这两种情况说明，对同一对象，其控制阀气开、气关形式的选择及对象的作用方向都与操纵变量的选择有关。

习题

6-1 在控制系统的设计中，被控变量的选择应遵循哪些原则？

6-2 在控制系统的设计中，操纵变量的选择应遵循哪些原则？

6-3 图 6-18 所示为一加热炉的温度控制系统，原料油在炉中被加热。试分析系统中的被控对象、被控变量、操纵变量及可能出现的干扰是什么，并画出系统的框图。

6-4 一个热交换器如图 6-19 所示。用蒸汽将进入其中的冷水加热到一定温度，生产工艺要求热水物料的温度必须恒定在 $T\pm1$℃。试设计一个单回路控制系统，画出控制系统的组成框图，并指出被控对象、被控参数和控制参数。

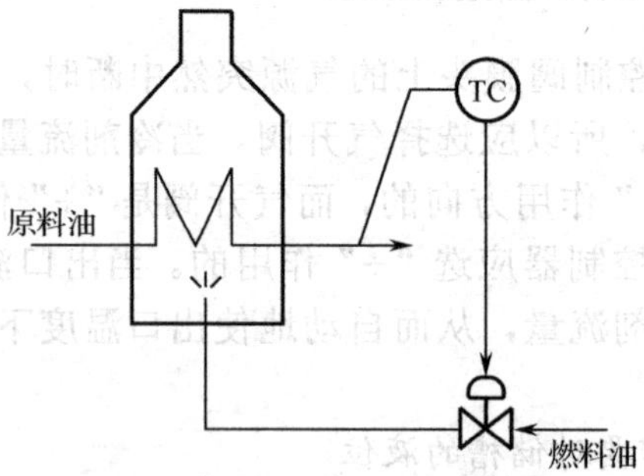

图 6-18 加热炉温度控制系统

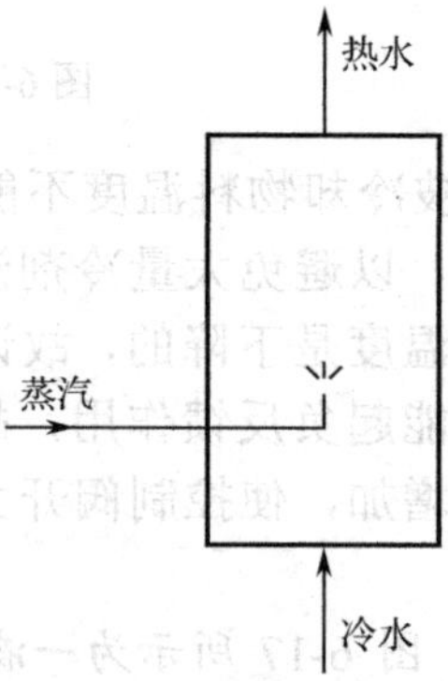

图 6-19 热交换器

6-5 在图 6-20 所示系统中，采用蒸汽加热。该过程的热量衡算式可写成

$$G_1c_1(\theta_0-\theta_1)=G_2\lambda$$

式中，G_1 和 G_2 是质量流量；θ_1 和 θ_0 是进口和出口温度；c_1 是比热容；λ 是冷凝潜热。回答下列问题：

（1）主要扰动为 θ_1 时，应选择何种流量特性的控制阀？

（2）主要扰动为 G_1 时，应选择何种流量特性的控制阀？

（3）设定值经常变动时，应选择何种流量特性的控制阀？

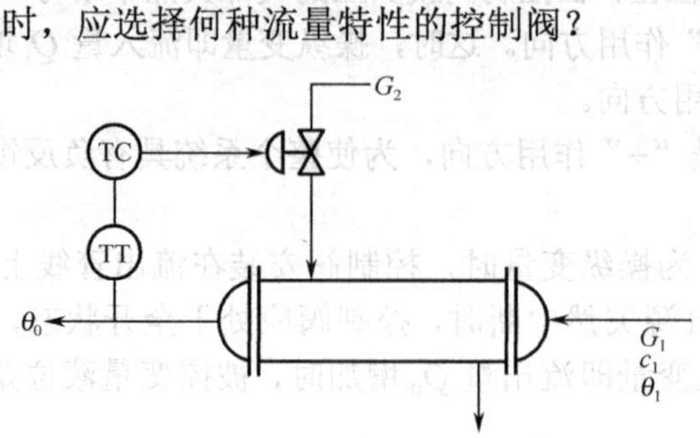

图 6-20 换热器控制系统

6-6 在如图 6-18 所示加热炉温度控制系统中，如原料油不允许过热，试确定控制阀的气关、气开形式及控制器的正、反作用。

6-7 图 6-21 所示为一精馏塔塔釜液位控制系统，如工艺上不允许塔釜液体被抽空，试确定控制阀的气开、气关形式及控制器的正、反作用。

6-8 被控对象、执行器及控制器的正、反作用是如何规定的？

6-9 控制器正、反作用选择的依据是什么？

6-10 图 6-22 所示为一反应器温度控制系统。反应器内物料需要加热，但如温度过高，则会有爆炸危险。试确定控制阀的气开、气关形式及控制器的正、反作用。

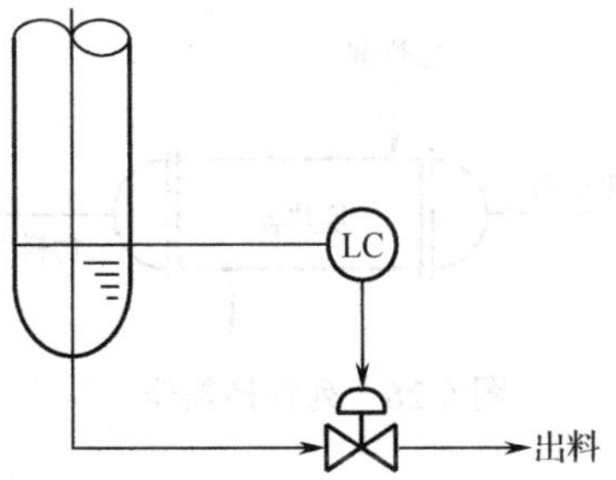

图 6-21　液位控制系统

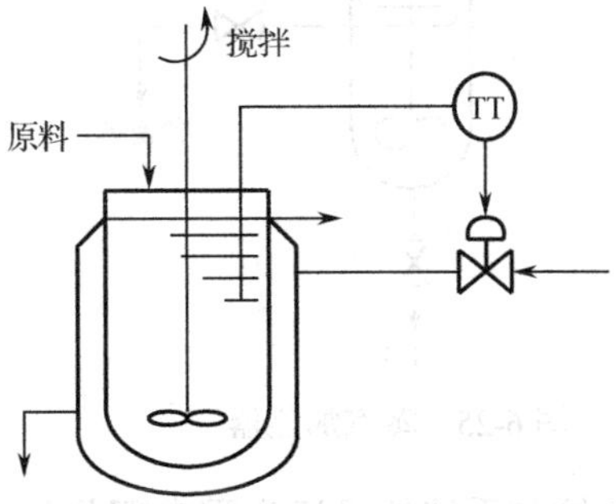

图 6-22　反应器温度控制系统

6-11 图 6-23 所示为一锅炉汽包液位控制系统，要求锅炉不能烧干。试画出该系统的框图，判断控制阀的气开、气关形式，确定控制器的正、反作用，并简述当加热室温度升高导致蒸汽蒸发量增加时，该控制系统是如何克服扰动的。

6-12 图 6-24 所示为精馏塔温度控制系统，它通过控制进入再沸器的蒸汽量实现被控变量的稳定。试画出该系统的框图，确定控制阀的气开、气关形式及控制器的正、反作用。

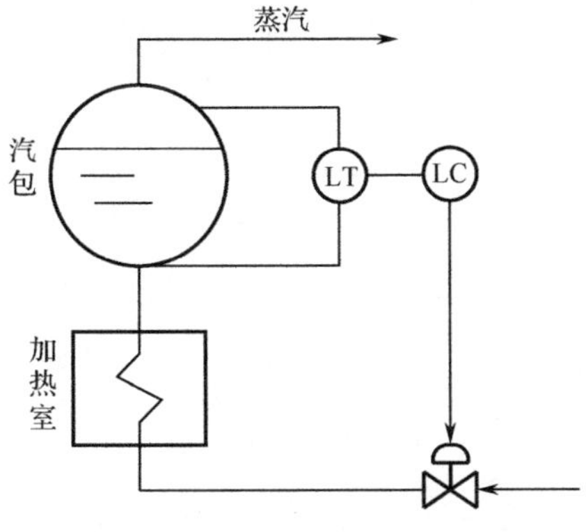

图 6-23　锅炉汽包液位控制系统

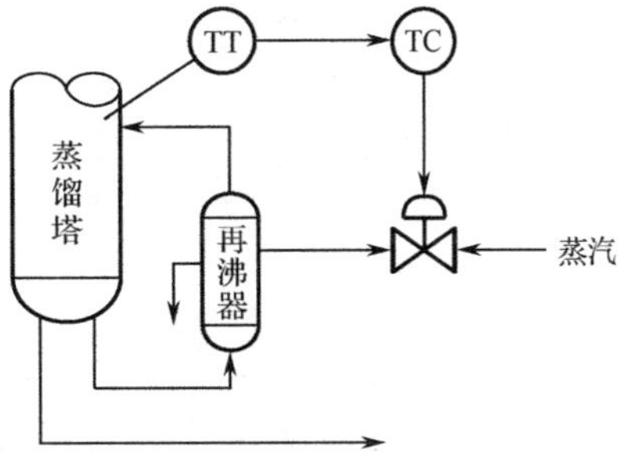

图 6-24　精馏塔温度控制系统

6-13 图 6-25 所示为一蒸汽加热器，利用蒸汽将物料加热到所需温度后排出。试问：

（1）影响物料出口温度的主要因素有哪些？一般情况下，其中哪些为可控量？哪些为不可控量？

（2）如果要设计一个温度控制系统，一般应选择什么变量作为被控变量和操纵变量？为什么？

（3）如果物料温度过高时会分解，试确定控制阀的气开、气关形式及控制器的正、反作用。

6-14 图 6-26 所示为一列管换热器，工艺要求物料出口温度要稳定，试设计一个单回路控制系统，要求：

（1）确定被控变量和操纵变量；

（2）画出控制系统框图；

（3）确定控制阀的气开、气关形式及控制器的正、反作用（要求换热器内的温度不能过高）。

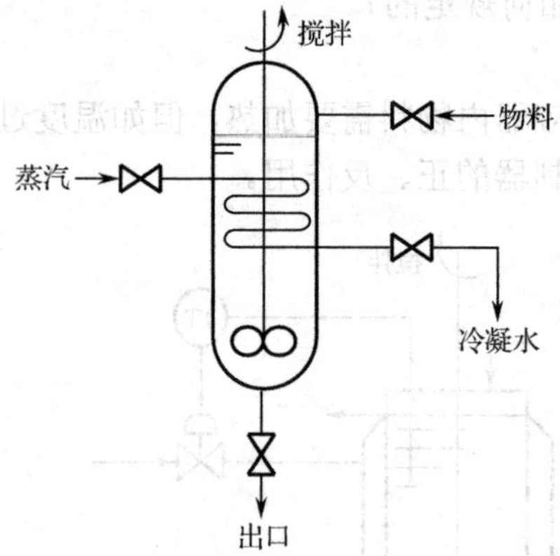

图 6-25　蒸汽加热器

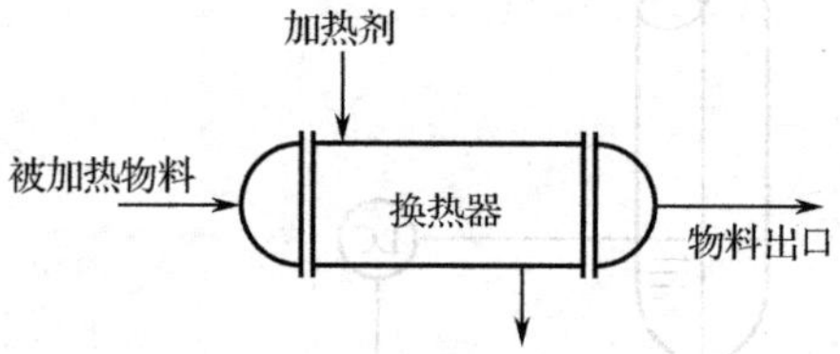

图 6-26　列管换热器

6-15 简单控制系统的投运步骤有哪些？

6-16 简单控制系统调节器参数整定有哪些主要方法？特点如何？

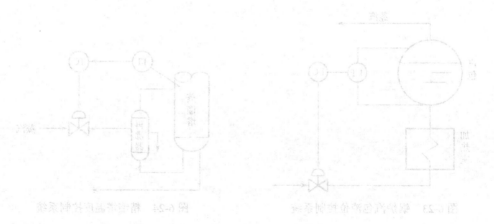

第7章 常用高性能控制系统

本章知识点：

- 串级控制系统的组成和设计
- 前馈控制系统的组成、特点及局限性
- 大滞后过程控制系统的常规控制方案及预估补偿控制方案

基本要求：

- 掌握串级控制系统的组成和设计
- 掌握前馈控制系统的组成、特点及局限性
- 了解大滞后过程控制系统的常规控制方案及预估补偿控制方案

能力培养：

通过对本章的学习，能够根据现场工艺要求，设计出符合生产要求的串级控制系统和前馈-反馈控制系统；能够分析大滞后过程预估控制系统的控制性能。

7.1 串级控制系统

7.1.1 串级控制系统的提出

串级控制系统是在简单控制系统的基础上发展起来的。当对象的滞后较大，干扰比较剧烈、频繁时，采用简单控制系统往往控制质量较差，满足不了工艺的要求，这时可考虑串级控制系统。

为了认识串级控制系统，这里先举一个实际例子。

管式加热炉是工业生产中常用的设备之一。工艺要求被加热物料（原油）的温度为某一定值，将该温度控制好，一方面可延长炉子的寿命，防止炉管烧坏；另一方面可保证后面精馏分离的质量。为了控制原油的出口温度，我们会很自然地依据简单控制系统的方案设计原则，考虑选取加热炉的出口温度为被控变量，加热燃料量为操纵变量，构成如图 7-1（a）所示的简单控制系统，根据原油出口温度的变化来控制燃料控制阀的开度，即通过改变燃料量来维持原油出口温度，使其保持在工艺所规定的数值上。

初看起来，上述控制方案的构成是可行的、合理的，它将所有对温度的扰动因素都包括在控制回路之中，只要扰动导致温度发生了变化，控制器就可通过改变控制阀的开度来改变燃料油的流量，把变化了的温度重新调回到设定值。但在实际生产过程中，特别是当加热炉的燃料压力或燃料本身的热值有较大波动时，上述简单控制系统的控制质量往往很差，原料油的出口温度波动较大，难以满足生产上的要求。

控制失败的原因在于，当燃料压力或燃料本身的热值变化后，先影响炉膛温度，然后通过传热过程才能逐渐影响原料油的出口温度，这个通道的容量滞后很大，时间常数在15min左右，反应缓慢，而温度控制器 T_1C 是根据原料油的出口温度与设定值的偏差工作的，所以当扰动作用于过程后，并不能较快地产生控制作用以克服扰动对被控变量的影响。由于控制不及时，所以控制质量很差。当工艺上要求原料油的出口温度非常严格时，上述简单控制系统是难以满足要求的。为了解决容量滞后问题，还需对加热炉的工艺做进一步分析。

管式加热炉内是一根很长的受热管道，它的热负荷很大。燃料在炉膛内燃烧后，是通过炉膛温度与原料油温度的温差将热量传递给原料油的。燃料量的变化或燃料热值的变化，首先使炉膛温度发生变化。因此，为减小控制通道的时间常数，选择炉膛温度为被控变量，燃料量为操纵变量，设计如图7-1（b）所示的简单控制系统，以维持加热炉出口温度的稳定要求。

该系统的特点是，对于包含在控制回路中的燃料油压力及热值的波动 $f_2(t)$、烟囱抽力的波动 $f_3(t)$等均能及时有效地克服。但是，因来自于原料油方面的进口温度及流量波动等扰动 $f_1(t)$ 未包括在该系统内，故系统不能克服扰动 $f_1(t)$对加热炉出口温度的影响。实际运行表明，该系统仍然不能达到生产工艺要求。

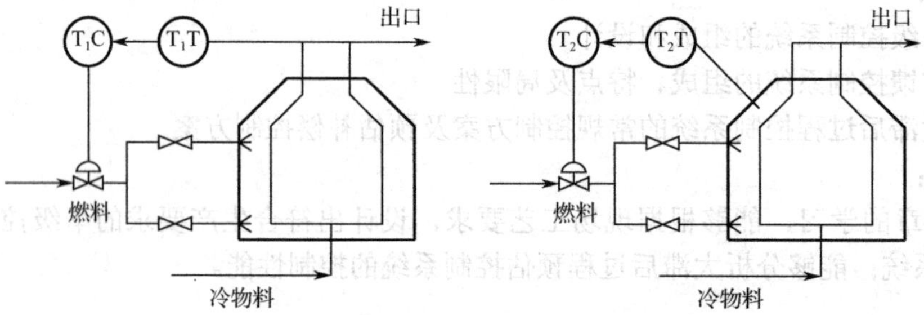

（a）出口温度控制系统　　（b）炉膛温度控制系统

图7-1　加热炉温度简单控制系统

综上分析，为了解决管式加热炉的原料油出口温度的控制问题，人们在生产实践中，往往根据炉膛温度的变化，先改变燃料量，然后再根据原料油出口温度与其设定值之差，进一步改变燃料量，以保持原料油出口温度的恒定。模仿这样的人工操作程序就构成了以原料油出口温度为主要被控变量的加热炉出口温度与炉膛温度的串级控制系统，如图7-2所示。该串级控制系统的框图如图7-3所示。

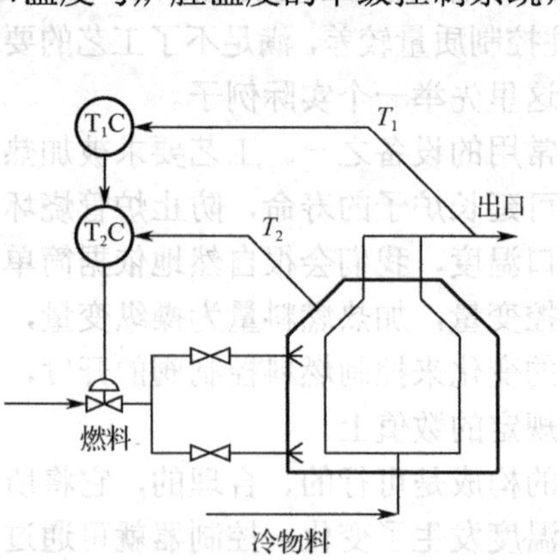

图7-2　加热炉出口温度与炉膛温度串级控制系统

由图7-2和图7-3可以看出，在这个控制系统中，有两个控制器 T_1C 和 T_2C，它们分别接收来自对象不同部位的测量信号，其中一个控制器 T_1C 的输出作为另一个控制器 T_2C 的设定值，而后者的输出去调节控制阀以改变操纵变量。从系统的结构来看，这两个控制器是串接工作的。

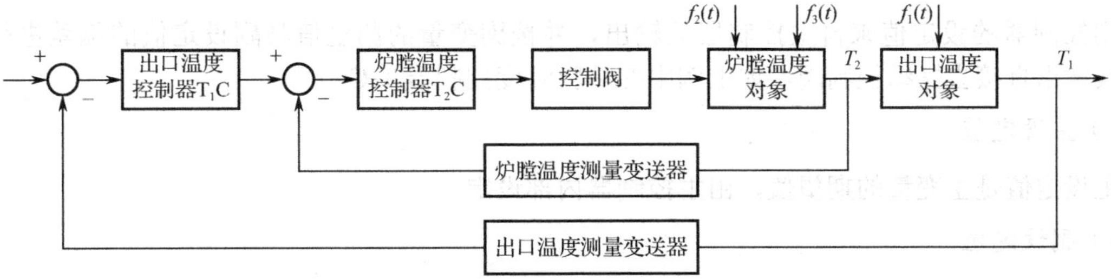

图 7-3　加热炉串级控制系统框图

7.1.2　串级控制系统的组成

串级控制系统是一种常用的复杂控制系统，它是根据系统结构命名的。串级控制系统由两个控制器串联连接组成，其中一个控制器的输出作为另一个控制器的设定值。串级控制系统的通用原理图如图 7-4 所示。

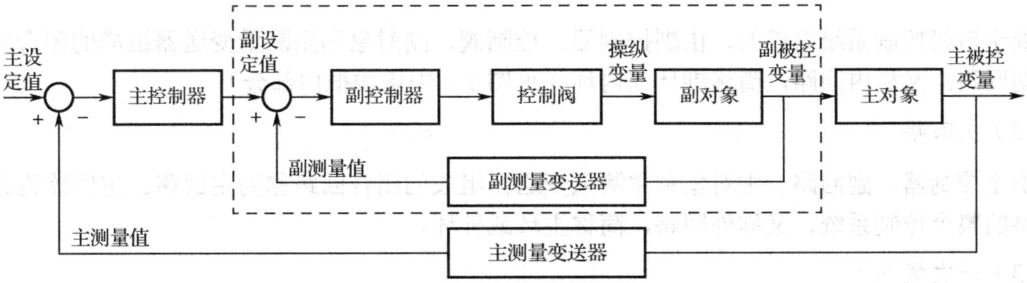

图 7-4　串级控制系统的通用原理图

1）主被控变量

主被控变量是生产过程中的工艺控制指标，在串级控制系统中起主导作用，简称主变量，如上例中的原料油出口温度 T_1。

2）副被控变量

副被控变量串级控制系统中为了稳定主被控变量而引入的中间辅助变量，简称副变量，如上例中的炉膛温度 T_2。

3）主对象（主过程）

主对象是生产过程中所要控制的、用主变量表征其特性的生产设备。其输入量为副变量，输出量为主变量，它表示主变量与副变量之间的通道特性，如上例中原料油的炉内受热管道。

4）副对象（副过程）

副对象是用副变量表征其特性的生产设备。其输入量为操纵变量，输出量为副变量，它表示副变量与操纵变量之间的通道特性，在上例中主要指燃料油燃烧装置及炉膛部分。

5）主控制器

主控制器按主变量的测量值与主设定值的偏差而工作，其输出作为副变量设定值（简称副设定值），如上例中的出口温度控制器 T_1C。

6）副控制器

副控制器的设定值来自主控制器的输出，并按副变量的测量值与副设定值的偏差进行工作，其输出直接去操纵控制阀，如上例中的炉膛温度控制器 T_2C。

7）主设定值

主设定值是主变量的期望值，由主控制器内部设定。

8）副设定值

副设定值是指由主控制器的输出信号提供的副控制器的设定值。

9）主测量值

主测量值是由主测量变送器测得的主变量值。

10）副测量值

副测量值是由副测量变送器测得的副变量值。

11）副回路

处于串级控制系统内部的，由副控制器、控制阀、副对象和副测量变送器组成的闭合回路称为副回路，又称内回路，简称副环或内环（见图 7-4 中虚线框内部分）。

12）主回路

由主控制器、副回路、主对象和主测量变送器组成的闭合回路称为主回路。主回路为包括副回路的整个控制系统，又称外回路，简称主环或外环。

13）一次扰动

一次扰动指作用在主对象上、不包含在副回路内的扰动，如上例中被加热物料的流量和初温变化 $f_1(t)$。

14）二次扰动

二次扰动指作用在副对象上，即包含在副回路内的扰动，如上例中燃料方面的扰动 $f_2(t)$和烟囱抽力的变化 $f_3(t)$。

一般说来，主控制器的设定值是由工艺规定的，它是一个定值，因此，主环是一个定值控制系统。而副控制器的设定值是由主控制器的输出提供的，它随主控制器输出的变化而变化，因此，副回路是一个随动控制系统。

由图 7-4 可以看出，串级控制系统在结构上具有以下特征：

（1）将原被控对象分解为两个串联的被控对象。

（2）以连接分解后的两个被控对象的中间变量为副被控变量，构成一个简单控制系统，称为副控制系统、副回路或副环。

（3）以原对象的输出信号（即分解后的第二个被控对象的输出信号）为主被控变量，构成一个控制系统，称为主控制系统、主回路或主环。

（4）主控制系统中控制器的输出信号作为副控制系统控制器的设定值，副控制系统的输出信号作为主被控对象的输入信号。

（5）主回路是定值控制系统。对主控制器的输出而言，副回路是随动控制系统；对进入副回路的扰动而言，副回路是定值控制系统。

7.1.3　串级控制系统的工作过程

仍以管式加热炉为例，来说明串级控制系统是如何有效地克服被控对象的容量滞后而提高控制质量的。对于图 7-2 所示的加热炉出口温度与炉膛温度串级控制系统，为了便于分析，先假定已根据工艺的实际情况选定控制阀为气开式，气源中断时关闭控制阀，以防止炉管烧坏而酿成事故。温度控制器 T_1C 和 T_2C 都采用反作用方式（控制阀气开、气关形式的选择原则与简单控制系统时相同，主、副控制器的正、反作用方式的选择原则留待下面再介绍），并且假定系统在扰动作用之前处于稳定的“平衡”状态，即此时被加热物料的流量和温度不变，燃料的流量与热值不变，烟囱抽力也不变，加热炉出口温度和炉膛温度均处在相对平衡状态，燃料控制阀也相应地保持在一定的开度上，此时加热炉出口温度稳定在设定值上。

当某一时刻系统中突然引入了某个扰动时，系统的稳定状态遭到破坏，串级控制系统便开始了其控制过程。下面针对不同的扰动情况来分析该系统的工作过程。

1．当只有二次扰动作用时

进入副回路的二次扰动有来自燃料热值的变化、压力的波动 $f_2(t)$和烟囱抽力的变化 $f_3(t)$扰动。

$f_2(t)$和 $f_3(t)$先影响炉膛温度，使副控制器产生偏差，于是副控制器的输出立即开始变化，去调整控制阀的开度以改变燃料流量，克服上述扰动对炉膛温度的影响。在扰动不太大的情况下，由于副回路的控制速度比较快，及时校正了扰动对炉膛温度的影响，可使该类扰动对加热炉出口温度几乎无影响；当扰动的幅值较大时，经过副回路的及时校正也可使其对加热炉出口温度的影响比无副回路时大大减弱，再经主回路进一步控制，使加热炉出口温度及时调回到设定值上来。可见，由于副回路的作用，控制作用变得更快、更强。

读者可自行分析当燃料压力升高时串级控制系统的控制过程。

2．当只有一次扰动作用时

一次扰动主要有来自被加热物料的流量波动和初温变化 $f_1(t)$。

一次扰动直接作用于主过程，首先使加热炉出口温度发生变化，副回路无法对其实施及时的校正，但主控制器立即开始动作，通过主控制器输出的变化去改变副回路的设定值，再通过副回路的控制作用去及时改变燃料流量，以克服扰动 $f_1(t)$对加热炉出口温度的影响。在这种情况下，副回路的存在仍可加快主回路的控制速度，使一次扰动对加热炉出口温度的影响比简单控制（无副回路）时要小。这表明，当扰动作用于主对象时，串级控制系统也能有效地予以克服。

读者可自行分析当被加热物料流量增大时串级控制系统的控制过程。

3．当一次扰动和二次扰动同时作用时

当作用在主、副对象上的一、二次扰动同时出现时，两者对主、副变量的影响又可分为同向和反向两种情况。

1）一、二次扰动同向作用时

在系统各环节设置正确的情况下，如果一、二次扰动的作用是同向的，也就是均使主、副变量同时增大或同时减小，则主、副控制器对控制阀的控制方向是一致的，即大幅度关小或开大阀门，加强控制作用，使加热炉出口温度很快调回到设定值上。

例如，当加热炉出口温度因原料油流量的减小或初温的上升而升高，同时炉膛温度也因燃

料压力的增大而升高时，加热炉出口温度升高，主控制器感受的偏差为正，因此它的输出减小，也就是说，副控制器的设定值减小。与此同时，炉膛温度升高，使副测量值增大。这样一来，副控制器感受的偏差是两方面作用之和，是一个比较大的正偏差。于是它的输出要大幅度地减小，控制阀则根据这一输出信号，大幅度地关小阀门，燃料流量则大幅度地降下来，使加热炉出口温度很快回复到设定值。

2）一、二次扰动反向作用时

如果一、二次扰动的作用使主、副变量反向变化，即一个增大而另一个减小，此时主、副控制器控制阀的方向是相反的，控制阀的开度只需做较小的调整即可满足控制要求。

例如，当加热炉出口温度因原料油流量的减小或初温的上升而升高，而炉膛温度却因燃料压力的减小而降低时，加热炉出口温度升高，使主控制器的输出减小，即副控制器的设定值也减小。与此同时，炉膛温度降低，副控制器的测量值减小。这两方面作用的结果，使副控制器感受的偏差就比较小，其输出的变化量也比较小，燃料流量只需做很小的调整就可以了。事实上，主、副变量反向变化，它们本身之间就有互补作用。

从上述分析中可以看出，在串级控制系统中，由于引入了一个副回路，因而能及早克服从副回路进入的二次扰动对主变量的影响，又能保证主变量在其他扰动（一次扰动）作用下能及时加以控制，因此能大大提高系统的控制质量，以满足生产的要求。

7.1.4 串级控制系统的分析

从总体来看，串级控制系统仍然是一个定值控制系统，因此主变量在扰动作用下的过渡过程和简单定值控制系统的过渡过程具有相同的品质指标和类似的形式。但是和简单控制系统相比，串级控制系统在结构上增加了一个与之相连的副回路，因此具有很多特点，如下所述。

1. 副回路改善了对象的动态特性，提高了系统的工作频率

串级控制系统在结构上区别于简单控制系统的主要标志是，用一个闭合的副回路代替了原来的一部分被控对象。所以，也可以把整个副回路看成主回路的一个环节，或把副回路称为等效副对象 $G'_{p2}(s)$，如图 7-5（a）、（b）所示。

$G'_{p2}(s)$ 为

$$G'_{p2}(s)=\frac{Y_2(s)}{X_2(s)}=\frac{G_{c2}(s)G_v(s)G_{p2}(s)}{1+G_{c2}(s)G_v(s)G_{p2}(s)G_{m2}(s)} \tag{7-1}$$

设 $G_{c2}(s)=K_{c2}$，$G_v(s)=K_v$，$G_{p2}(s)=\frac{K_{02}}{T_{02}s+1}$，$G_{m2}(s)=K_{m2}$，并代入式（7-1），化简为一阶形式，可得

$$G'_{p2}(s)=\frac{K_{c2}K_vK_{02}}{T_{02}s+1+K_{c2}K_vK_{02}K_{m2}}=\frac{\dfrac{K_{c2}K_vK_{02}}{1+K_{c2}K_vK_{02}K_{m2}}}{1+\dfrac{T_{02}s}{1+K_{c2}K_vK_{02}K_{m2}}}=\frac{K'_{02}}{T'_{02}s+1} \tag{7-2}$$

式中

$$K'_{02}=\frac{K_{c2}K_vK_{02}}{1+K_{c2}K_vK_{02}K_{m2}} \tag{7-3}$$

$$T'_{02}=\frac{T_{02}}{1+K_{c2}K_vK_{02}K_{m2}}\tag{7-4}$$

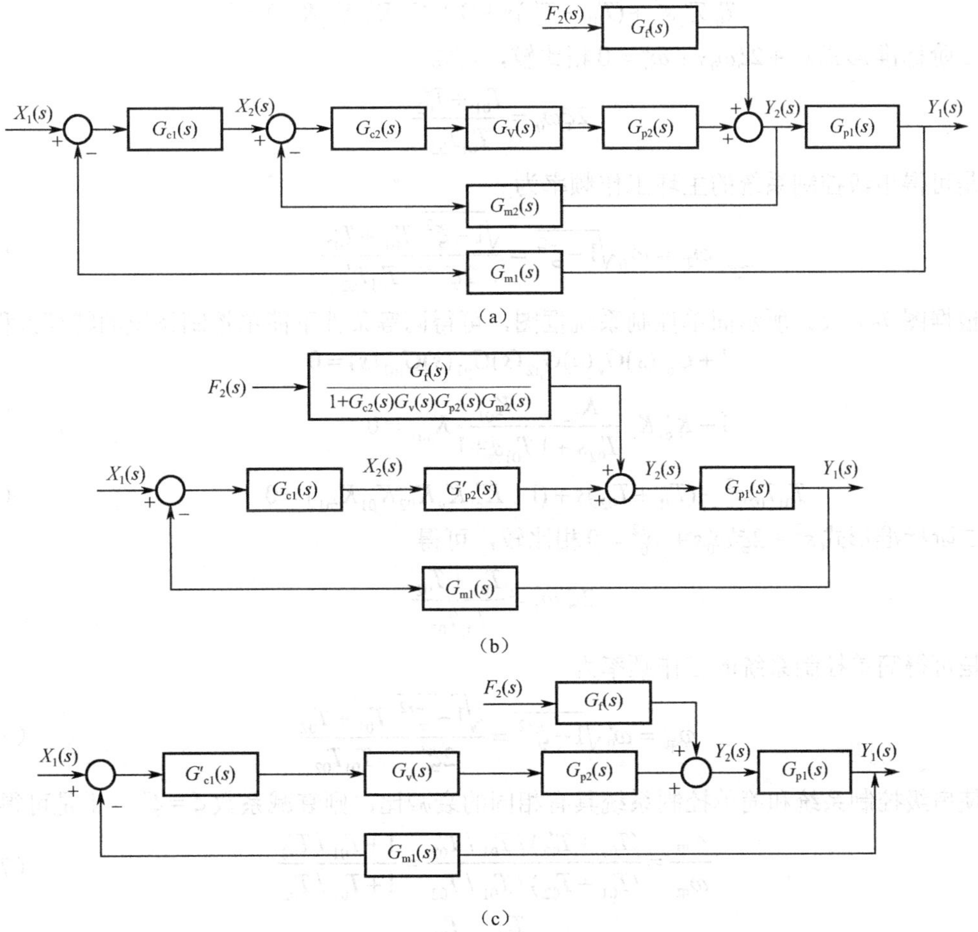

图 7-5　副回路内扰动的影响

因为在任何条件下，$1+K_{c2}K_vK_{02}K_{m2}>1$，因此可得

$$T'_{02}<T_{02}$$

由于副过程在一般情况下可以用一阶滞后环节来表示，所以如果副控制器采用纯比例作用，则串级控制系统由于副回路的存在，改善了过程的动态特性，使等效副对象的时间常数T'_{02}减小为副对象原值的$1/(1+K_{c2}K_vK_{02}K_{m2})$倍。等效副对象时间常数的减小，意味着对象的容量滞后减小，这会使系统的反应速度加快，控制更为及时，并且这种效果随着副控制器放大倍数K_{c2}的增加而更加显著。如果匹配得当，在主控制器投入运行时，副回路能很好地随动，近似于一个 1∶1 的比例环节。主控制器的等效对象将只是原来被控对象中剩下的部分，因此对象容量滞后的减小，相当于增加了微分作用的超前环节，使控制过程加快，所以串级控制系统对于克服容量滞后大的对象是有效的。

综上所述，等效副对象时间常数的减小，可提高系统的控制质量。

从另一方面分析，由于等效副对象时间常数的减小，系统的工作频率因此可获得提高。

根据图 7-5（b），可得串级控制系统的闭环特征方程为

$$1+G_{c1}(s)G'_{p2}(s)G_{p1}(s)G_{m1}(s)=0\tag{7-5}$$

设 $G_{p1}(s)=\dfrac{K_{01}}{T_{01}s+1}$，$G_{c1}(s)=K_{c1}$，$G_{m1}(s)=K_{m1}$，则有

$$T_{01}T'_{02}s^2+(T_{01}+T'_{02})s+(1+K_{c1}K'_{02}K_{01}K_{m1})=0 \tag{7-6}$$

与二阶标准形式 $s^2+2\xi\omega_0 s+\omega_0^2=0$ 相比较，可得

$$2\xi\omega_0=\frac{T_{01}+T'_{02}}{T_{01}T'_{02}}$$

于是可得串级控制系统的主环工作频率为

$$\omega_{串}=\omega_0\sqrt{1-\xi^2}=\frac{\sqrt{1-\xi^2}}{2\xi}\frac{T_{01}+T'_{02}}{T_{01}T'_{02}} \tag{7-7}$$

而根据图 7-5（c）所示简单控制系统框图，可得同等条件下简单控制系统的特征方程为

$$1+G'_{c1}(s)G_v(s)G_{p2}(s)G_{p1}(s)G_{m1}(s)=0$$

$$1+K'_{c1}K_v\frac{K_{02}}{T_{02}s+1}\frac{K_{01}}{T_{01}s+1}K_{m1}=0 \tag{7-8}$$

$$T_{01}T_{02}s^2+(T_{01}+T_{02})s+(1+K'_{c1}K_vK_{02}K_{01}K_{m1})=0 \tag{7-9}$$

与二阶标准形式 $s^2+2\xi'\omega'_0 s+\omega_0'^2=0$ 相比较，可得

$$2\xi'\omega'_0=\frac{T_{01}+T_{02}}{T_{01}T_{02}}$$

于是可得简单控制系统的工作频率为

$$\omega_{单}=\omega'_0\sqrt{1-\xi'^2}=\frac{\sqrt{1-\xi'^2}}{2\xi'}\frac{T_{01}+T_{02}}{T_{01}T_{02}} \tag{7-10}$$

若使串级控制系统和简单控制系统具有相同的衰减比，则衰减系数 $\xi=\xi'$，于是可得

$$\frac{\omega_{串}}{\omega_{单}}=\frac{(T_{01}+T'_{02})/T_{01}/T'_{02}}{(T_{01}+T_{02})/T_{01}/T_{02}}=\frac{1+T_{01}/T'_{02}}{1+T_{01}/T_{02}} \tag{7-11}$$

因为

$$\frac{T_{01}}{T'_{02}}>\frac{T_{01}}{T_{02}}$$

所以

$$\omega_{串}>\omega_{单} \tag{7-12}$$

由此可见，当主、副对象都是一阶惯性环节，主、副控制器均采用纯比例作用时，与简单控制系统相比，在相同衰减比的条件下，串级控制系统的工作频率要高于简单控制系统。而且当主、副对象特性一定时，副控制器的放大系数 K_{c2} 整定得越大，串级控制系统的工作频率提高得越明显。当副控制器的放大系数 K_{c2} 不变时，随着 T_{01}/T_{02} 比值的增加，串级控制系统的工作频率也越高。即使扰动作用于主对象，系统的工作频率仍然可以提高，衰减振荡周期就可以缩短，过渡过程的时间相应地也将减少，因而控制质量获得了改善。

综上所述，由于副回路的存在，串级控制系统改善了被控对象的动态特性，使控制过程加快，从而有效地克服了容量滞后，使整个系统的工作频率比简单控制系统的工作频率有所提高，进一步提高了控制质量。

2．能迅速克服进入副回路扰动的影响，提高了系统的抗扰动能力

与同等条件下的简单控制系统相比较，串级控制系统由于副回路的存在，能迅速克服进入副回路扰动的影响，从而大大提高抗二次扰动的能力（抗一次扰动的能力也有所提高）。这是因

为当扰动进入副回路后，在它还未影响到主变量之前，首先由副变量检测到扰动的影响，并通过副回路的定值控制作用，及时调节操纵变量，使副变量回复到设定值，从而使扰动对主变量的影响减小，即副回路对扰动进行粗调，主回路对扰动进行细调。由于对进入副回路的扰动有两级控制措施，即使扰动作用会影响主回路，也比单回路的控制及时。因此，串级控制系统能迅速克服进入副回路扰动的影响。

串级控制系统的这个特点，仍以加热炉出口温度与炉膛温度串级控制系统为例来加以说明。当燃料油输送管道的压力增大时，在控制阀开度不变的情况下燃料流量增大，如果没有副回路的作用，将通过滞后较大的温度过程，直到它使出口温度升高时控制器才动作。而在串级控制系统中，由于副回路的存在，当燃料油压力的波动影响到炉膛温度时，副控制器即能及时控制。这样，即使出口温度有所升高，也肯定比没有副回路时小得多，并且又兼有主控制器进一步控制来克服这个扰动，因此总的控制效果比简单控制时好。

假使采用框图来分析，则可进一步揭示问题的本质。将图 7-5（a）所示串级控制系统的框图进行变换，其等效框图如图 7-5（b）所示。如与图 7-5（c）所示的简单控制系统相比较，扰动作用的影响将减小为原来的$1/[1+G_{c2}(s)G_{v}(s)G_{p2}(s)G_{m2}(s)]$。由此可见，串级控制系统由于副回路的存在，扰动作用的影响将大为减小，因而对于进入副回路的二次扰动具有较强的克服能力。

根据生产实践的统计数据，与简单控制系统的控制质量相比，当扰动作用于副回路时，串级控制系统的质量提高 10～100 倍；当扰动作用于主回路时，串级控制系统的质量也将提高 2～5 倍，所以串级控制系统改善了控制系统的性能指标。

3. 对负荷变化有一定的自适应能力

在简单控制系统中，控制器的参数是在一定的负荷（即一定的工作点）、一定的操作条件下，根据该负荷下的对象特性，按一定的质量指标整定得到的。因此，一组控制器参数只能适应于一定的生产负荷和操作条件。如果被控对象具有非线性，则随着负荷和操作条件的改变，对象特性就会发生改变。这样，在原负荷下整定所得的控制器参数就不再适应，需要重新整定。如果仍用原先的参数，控制质量就会下降。这一问题在简单控制系统中是难以解决的。

但是，在串级控制系统中，主回路虽然是一个定值控制系统，而副回路对主控制器来说却是一个随动控制系统，其设定值是随主控制器的输出而变化的。这样，当负荷或操作条件发生变化时，主控制器就可以按照负荷或操作条件的变化情况，及时调整副控制器的设定值，使系统运行在新的工作点上，从而保证在新的负荷和操作条件下，控制系统仍然具有较好的控制质量。从这一意义上来讲，串级控制系统具有一定的自适应能力。

根据以上分析可知，如果过程存在非线性，则在系统设计时可以通过选择适当的副变量而将过程的非线性部分纳入副回路中，当操作条件或负荷发生变化时，虽然副回路的衰减比会发生一些变化，稳定裕度会降低一些，但是它对主回路稳定性的影响却很小，分析如下。

等效副回路的放大倍数为

$$K'_{02}=\frac{K_{c2}K_{v}K_{02}}{1+K_{c2}K_{v}K_{02}K_{m2}}$$

当副控制器的放大倍数（比例增益）K_{c2} 整定得足够大时，副回路前向通道的放大倍数将远大于1，即 $K_{c2}K_{v}K_{02}K_{m2}>>1$，则

$$K'_{02}=\frac{K_{c2}K_{v}K_{02}}{1+K_{c2}K_{v}K_{02}K_{m2}}\approx\frac{K_{c2}K_{v}K_{02}}{K_{c2}K_{v}K_{02}K_{m2}}=\frac{1}{K_{m2}} \tag{7-13}$$

也就是说，当副控制器的放大倍数K_{c2}整定得足够大时，等效副回路的放大倍数只取决于测量变送环节的放大倍数K_{m2}，而与副对象的放大倍数K_{02}无关。

由以上分析可以看出，由于副回路的存在，串级控制系统具有一定的自适应能力，适应负荷和操作条件的变化。

综上所述，串级控制系统由于副回路的存在，对于进入其中的扰动具有较强的克服能力；由于副回路的存在改善了过程的动态特性，提高了系统的工作频率，所以控制质量比较高；此外，副回路的快速随动特性使串级控制系统对负荷的变化具有一定的自适应能力。因此对于控制质量要求较高、扰动大、滞后时间长的过程，当采用简单控制系统达不到质量要求时，采用串级控制方案往往可以获得较为满意的效果。不过串级控制系统比简单（单回路）控制系统所需的仪表多，系统的投运和参数的整定相应也要复杂一些。因此，如果单回路控制系统能够解决问题，就尽量不要采用串级控制方案。

7.1.5 串级控制系统的设计

串级控制系统的
MATLAB 仿真实例

只有根据工艺控制要求合理地设计串级控制系统，才能使串级控制的优越性得到充分的发挥。串级控制系统的设计工作主要包括主、副被控变量的选择，主、副控制器控制规律的选择及正、反作用方式的确定。

1. 主、副被控变量的选择

主被控变量（简称主变量）的选择与简单控制系统中被控变量的选择原则相同。当主变量确定以后，副被控变量（简称副变量）的选择是串级控制系统设计的关键问题。副变量选择得合理与否，决定了串级控制系统的特点能否得到充分的发挥，以及串级控制系统的控制质量能否比简单控制时有明显的提高。因此，副变量的选择原则是要充分发挥串级控制系统的优点。

主、副变量的选择原则如下：

（1）根据工艺过程的控制要求选择主变量。主变量应反映工艺指标，并且主变量的选择应使主对象有较大的增益和足够的灵敏度。

（2）副变量的选择应使副回路包含主要扰动，并应包含尽可能多的扰动。

由于串级控制系统的副回路具有控制速度快、抗二次扰动能力强的特点，所以如果在设计中把对主变量影响最严重、变化最剧烈、最频繁的扰动包含在副回路内，就可以充分利用副回路快速抗扰动的性能，将扰动的影响抑制在最低限度，这样，扰动对主变量的影响就会大大减小。而在某些情况下，系统的扰动较多而难以分出主次，这时应考虑使副回路能尽量多地包含一些扰动，这样就可以充分发挥副回路的快速抗扰动功能，以提高串级控制系统的控制质量。

必须指出，副回路应尽可能多地包含一些扰动，但并非越多越好，因为事物总是一分为二的。副变量越靠近主变量，它包含的扰动量越多，但同时通道变长，滞后增加；副变量越靠近操纵变量，它包含的扰动量越少，通道越短。因此，要选择一个适当的位置，使副过程在包含主要扰动的同时，能包含适当多的扰动，从而使副回路的控制作用得以更好地发挥。

对于加热炉出口温度的控制问题，由于产品质量主要取决于出口温度，而且工艺上对它的要求也比较严格，为此需要采用串级控制方案。现有三种方案可供选择，如下所述。

① 控制方案一是以出口温度为主变量、燃料流量为副变量的串级控制系统，如图 7-6 所示。该控制系统的副回路由燃料流量控制回路组成。因此，当燃料上游侧的压力波动时，因扰动进入副回路，能迅速克服该扰动的影响。但该控制方案因燃料的黏度较大、导压管易堵而不常被采用。

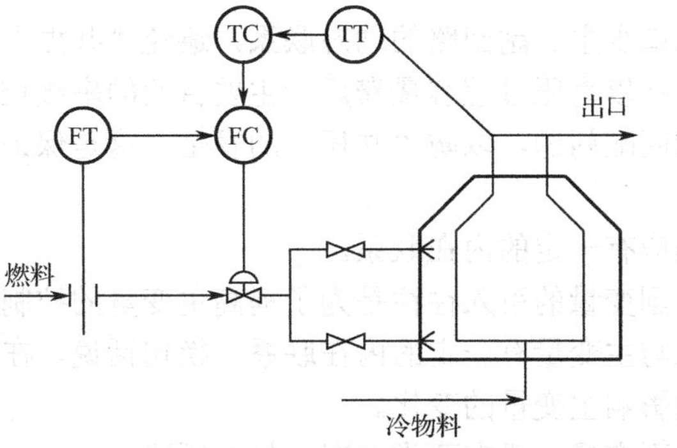

图 7-6　加热炉出口温度与燃料流量串级控制系统

② 控制方案二是以出口温度为主变量、燃料油压力为副变量，组成如图 7-7 所示的加热炉出口温度与燃料油压力串级控制系统。该控制系统的副回路由燃料油压力控制回路组成。因阀后压力与燃料流量之间有一一对应关系，因此用阀后压力作为燃料流量的间接变量，组成串级控制系统。同样，该控制方案因燃料油的黏度大、喷嘴易堵，故常用于使用自力式压力控制装置进行调节的场合，并需要设置燃料油压力的报警联锁系统。这种方案的副对象仅仅是一段管道，时间常数很小，可以更及时地克服燃料油压力的波动。

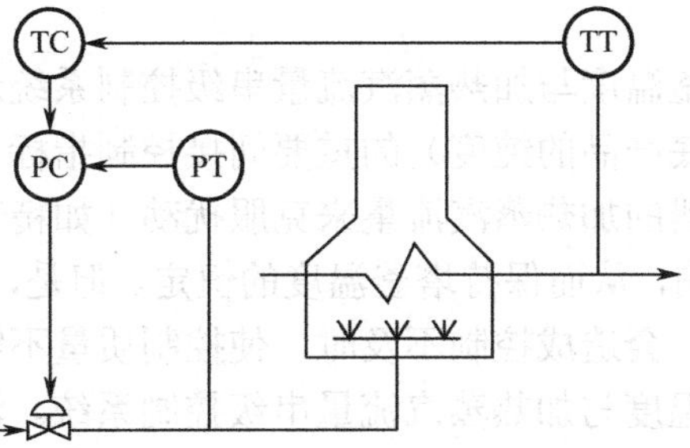

图 7-7　加热炉出口温度与燃料油压力串级控制系统

③ 控制方案三是以出口温度为主变量、炉膛温度为副变量的串级控制系统。该控制系统的副回路由炉膛温度控制回路组成，用于克服燃料油热值或成分的变化造成的影响，这是控制方案一和方案二所不及的。但炉膛温度检测点的位置应合适，要能够及时反映炉膛温度的变化。

（3）主、副回路的时间常数不应太接近，即工作频率错开，以防“共振”现象的发生。

在串级控制系统中，主、副对象的时间常数不能太接近。这一方面是为了保证副回路具有快速的抗扰动性能；另一方面是由于串级控制系统中主、副回路之间是密切相关的，副变量的变化会影响到主变量，而主变量的变化通过反馈回路又会影响到副变量。如果主、副对象的时间常数比较接近，则主、副回路的工作频率也就比较接近，这样一旦系统受到扰动，就有可能产生“共振”。系统的“共振”，轻则会使系统的控制质量下降，严重时还会导致系统发散而无法工作，因此，必须设法避免串级控制系统“共振”的发生。防止“共振”现象发生的措施是，在设计阶段选择副变量时，应使主、副对象的时间常数错开，即有一个很好的匹配。

通常希望副变量有较高的灵敏度，当扰动进入后能及时调节，但不要苛求副对象时间常数的减小。若副对象的时间常数过小，则广义对象动态特性的改善不多，且副回路包含的扰动就少，系统的抗扰动能力反而减弱了。反之，若副对象的时间常数过大，虽然副回路包含了更多的扰动，但其调节迟缓，对扰动不能及时克服。这样，当扰动影响副回路时也直接影响主回路，副回路的超前调节作用不明显。因此，必须保证 $T_{01} > 3T_{02}$。原则上，主、副对象的时间常数之比应在 3～10 范围内，以减少主、副回路的动态联系，避免“共振”。

特别需要指出的是，在以克服过程容量滞后为主要目的的串级控制系统的设计中，必须注意主、副对象时间常数的匹配问题，以防“共振”的发生。这是保证串级控制系统正常运行和安全生产的前提。

（4）主、副变量之间应有一定的内在联系。

在串级控制系统中，副变量的引入往往是为了提高主变量的控制质量。因此，在主变量确定以后，选择的副变量应与主变量有一定的内在联系。换句话说，在串级控制系统中，副变量的变化应在很大程度上能影响主变量的变化。

选择串级控制系统的副变量一般有两类情况，如下所述。

① 一类情况是选择与主变量有一定关系的某一中间变量作为副变量。例如，在前面多次举例的管式加热炉出口温度与炉膛温度串级控制系统中，选择的副变量是燃料进入量至原料油出口温度通道中间的一个变量，即炉膛温度。由于它的滞后小、反应快，可以提前预报主变量的变化，因此控制炉膛温度对平稳原料油出口温度的波动有着显著的作用。

② 另一类情况是选择的副变量就是操纵变量本身，这样能及时克服它的波动，减小对主变量的影响。例如，管式加热炉出口温度与燃料流量串级控制系统中，燃料流量既是操纵变量，又是副变量。这样，当扰动来自于操纵变量方面，即燃料油的流量或上游侧的压力波动时，副回路能及时加以克服。

图 7-8 所示为精馏塔塔釜温度与加热蒸汽流量串级控制系统示意图。精馏塔塔釜温度是保证产品分离纯度（主要指塔底产品的纯度）的重要间接控制指标，一般要求它保持在一定的数值。通常通过改变进入再沸器的加热蒸汽流量来克服扰动（如精馏塔的进料流量、温度及组分的变化等）对塔釜温度的影响，从而保持塔釜温度的恒定。但是，由于温度对象的滞后比较大，当蒸汽压力波动比较严重时，会造成控制不及时，使控制质量不够理想。为解决这个问题，可以构成如图 7-9 所示的塔釜温度与加热蒸汽流量串级控制系统。温度控制器 TC 的输出作为蒸汽流量控制器 FC 的设定值，即由温度控制的需要来决定流量控制器设定值的“变”与“不变”，或变化的“大”与“小”。通过这套串级控制系统，能够在塔釜温度稳定不变时，使蒸汽流量保持恒定值；而当塔釜温度在外来扰动作用下偏离设定值时，又要求蒸汽流量能做相应的调整，以使能量的需要与供给之间得到平衡，从而使塔釜温度保持在工艺要求的数值上。

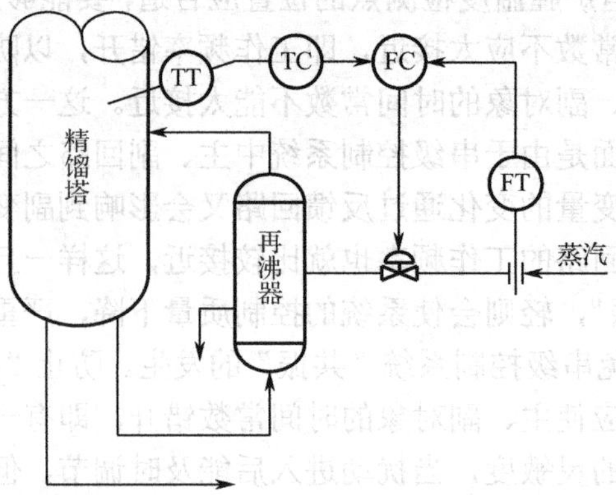

图 7-8　精馏塔塔釜温度与加热蒸汽流量串级控制系统示意图

在这个例子中，选择的副变量就是操纵变量（加热蒸汽流量）本身。这样，当主要扰动来自蒸汽压力或流量的波动时，副回路能及时加以克服，以大大减小这种扰动对主变量的影响，使塔釜温度的控制质量得以提高。

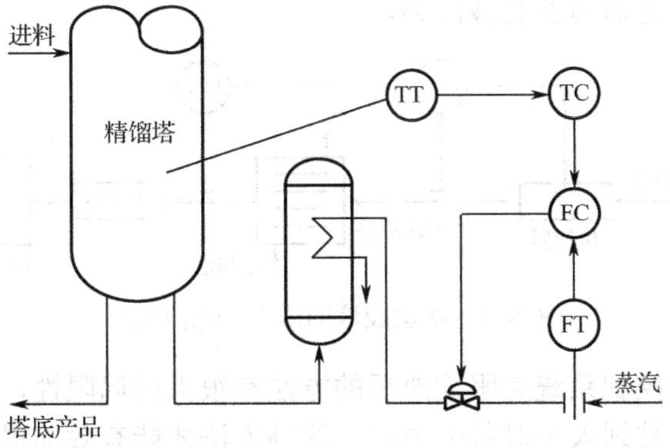

图 7-9　精馏塔塔釜温度与加热蒸汽流量串级控制系统

（5）当被控过程具有非线性环节时，副变量的选择一定要使过程的主要非线性环节纳入副回路中。

如前所述，串级控制系统具有一定的自适应能力。当操作条件或负荷变化时，主控制器可以适当地修改副控制器的设定值，使副回路在一个新的工作点上运行，以适应变化的情况。非线性环节被包含在副回路之中，它的非线性对主变量的影响就很小了。图 7-10 所示的醋酸乙炔合成反应器中部温度与换热器出口温度串级控制系统就是一例。

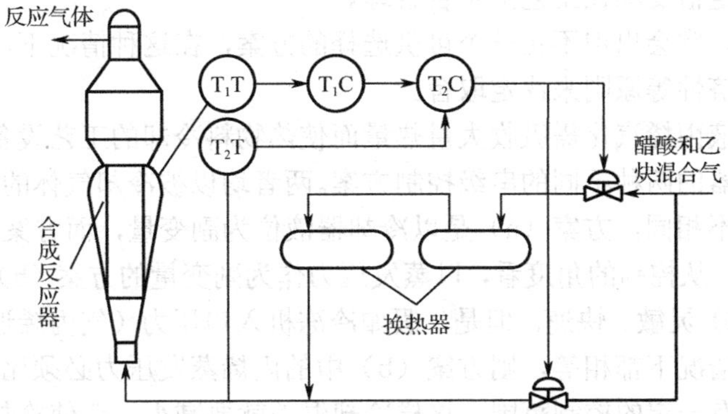

图 7-10　合成反应器中部温度与换热器出口温度串级控制系统

必须指出，在将非线性环节纳入副回路时，仍需注意主、副过程时间常数的匹配。

（6）所选的副变量应使副回路尽量少包含或不包含纯滞后。

对于具有较大纯滞后的对象，往往由于控制不及时而使控制质量很差，这时可采用串级控制系统，并通过合理选择副变量尽量将被控过程的纯滞后部分放到主对象中去，以提高副回路的快速抗扰动功能，及时对扰动采取控制措施，将扰动的影响抑制在最小限度内，从而提高主变量的控制质量。

某化纤厂纺丝胶液的压力工艺流程如图 7-11 所示。图中，纺丝胶液由计量泵（作为执行器）输送至板式换热器中进行冷却，随后送往过滤器滤去杂质，然后送往喷丝头喷丝。工艺上要求过滤前的胶液压力稳定在 0.25MPa，因为压力波动将直接影响到过滤效果和后面工序的喷丝质量。由于胶液黏度大，且被控对象控制通道的纯滞后比较大，单回路压力控制方案效果不好。为了提高控制质量，可在计量泵与冷却器之间，靠近计量泵（执行器）的某个适当位置选择一个压力测量点，并以它为副变量组成一个压力与压力的串级控制系统。当纺丝胶液的黏度发生变化或因计量泵前的混合器有污染而引起压力变化时，副变量可及时得到反映，并通过副回路进行克服，从而稳定了过滤器前的胶液压力。

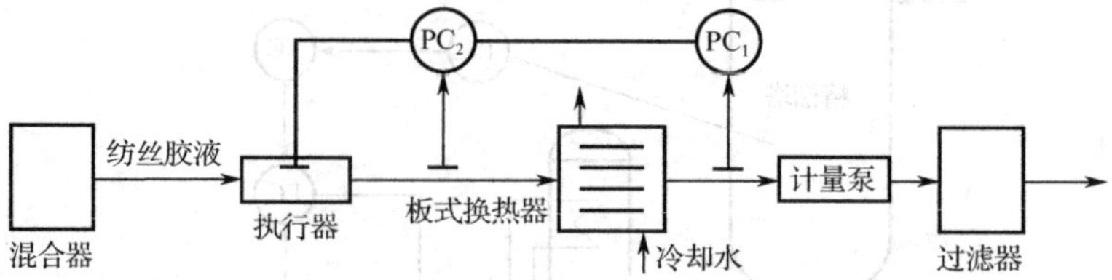

图 7-11 纺丝胶液的压力工艺流程

应当指出，利用串级控制系统克服纯滞后的方法有很大的局限性，即只有当纯滞后环节能够大部分乃至全部都可以被划入主对象中去时，这种方法才能有效地提高系统的控制质量，否则将不会获得很好的效果。

(7) 选择副变量时需考虑工艺上的合理性和方案的经济性。

在选择副变量时，除了必须遵守上述几条原则，还必须考虑控制方案在工艺上的合理性。一方面，主、副变量之间应有一定的内在联系；另一方面，因为自动控制系统是为生产服务的，因此在设计系统时，首先要考虑生产工艺的要求，考虑所设置的系统是否会影响到工艺系统的正常运行，然后再考虑其他方面的要求，否则将会导致所设计的串级控制系统从控制角度上看是可行的、合理的，但却不符合工艺操作上的要求。基于以上两方面的原因，在选择副变量时，必须考虑副变量的设定值变动在工艺上是否合理。

在选择副变量时，常会出现不止一个可供选择的方案，在这种情况下，可以根据对主变量控制品质的要求及经济性等原则来决定取舍。

丙烯冷却器是以液丙烯汽化需吸收大量热量而使热物料冷却的工艺设备。图 7-12 (a)、(b) 所示分别为丙烯冷却器的两种不同的串级控制方案。两者均以被冷却气体的出口温度为主变量，但副变量的选择却各不相同，方案 (a) 是以冷却器液位为副变量，而方案 (b) 是以蒸发后的气丙烯压力为副变量。从控制的角度看，以蒸发压力作为副变量的方案 (b) 要比以冷却器液位作为副变量的方案 (a) 灵敏、快速。但是，假如冷冻机入口压力（气丙烯返回冷冻压缩机冷凝后重复使用）在两种情况下都相等，则方案 (b) 中的丙烯蒸发压力必须比方案 (a) 中的气相压力要高一些，才能有一定的控制范围，这样冷却温差就要减小，会使冷却剂利用不够充分。而且方案 (b) 还需要另外设置一套液位控制系统，以维持一定的蒸发空间，防止气丙烯带液进入冷冻机而危及后者的安全，这样方案 (b) 的仪表投资费用相应地也要有所增加。相比之下，方案 (a) 虽然较为迟钝一些（因为它是借助于传热面积的改变以达到控制温度的目的的，因此反应比较慢），不如方案 (b) 灵敏，但是却较为经济，所以，在对出口温度的控制要求不是很高的情况下，完全可以采用方案 (a)。当然，决定取舍时还应考虑其他各方面的条件及要求。

以上虽然给出了主、副变量选择的基本原则，但是，在一个实际的被控过程中，可供选择的副变量并非都能满足控制要求，必须根据实际情况综合考虑。

2. 主、副控制器控制规律的选择

串级控制系统有主、副两个控制器，它们在系统中所起的作用是不同的。主控制器起定值控制作用，副控制器起随动控制作用，这是选择控制规律的基本出发点。

从串级控制系统的结构上看，主回路是一个定值控制系统，因此主控制器控制规律的选择与简单控制系统类似。但采用串级控制系统的主变量往往是工艺操作的主要指标，工艺要求较严格，允许波动的范围很小，一般不允许有余差。因此，通常都采用比例积分（PI）控制规律或比例积分微分（PID）控制规律。这是因为比例作用是一种最基本的控制作用，为了消除余差，主控制器必须具有积分作用，有时，过程控制通道的容量滞后比较大（像温度过程和成分过程等），为了克服容量滞后，可以引入微分作用来加速过渡过程。

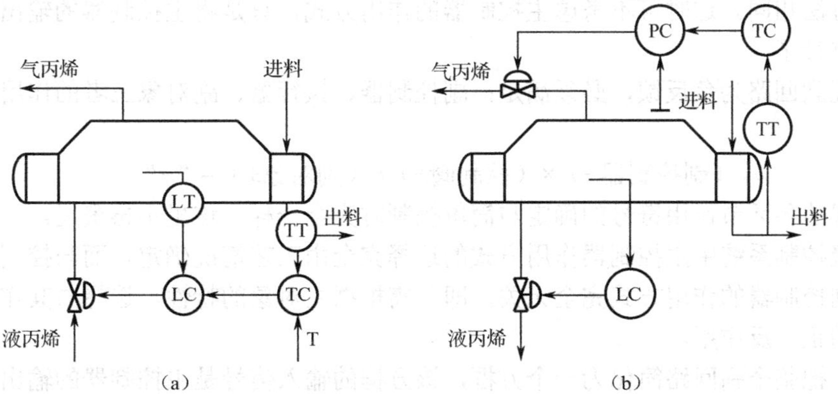

图 7-12　丙烯冷却器两种不同的串级控制方案

副回路既是随动控制系统又是定值控制系统，而副变量则是为了稳定主变量而引入的辅助变量，一般无严格的指标要求。为了提高副回路的快速性，副控制器最好不带积分作用，在一般情况下，副控制器只采用纯比例（P）控制规律就可以了。但是在选择流量参数作为副变量的串级控制系统中，由于流量过程的时间常数和时滞都很小，为了保持系统稳定，比例度必须选得较大。这样，比例控制作用偏弱，为了防止同向扰动的积累也适当引入较弱的积分作用，这时副控制器采用比例积分（PI）控制规律。此时引入积分作用的目的不是为了消除余差，而是为了增强控制作用。一般副回路的容量滞后相对较小，所以副控制器无须引入微分控制作用。这是因为副回路本身就起着快速随动作用，如果引入微分规律，当其设定值突变时易产生过调而使控制阀动作幅度过大，对系统控制不利。

综上所述，主、副控制器控制规律的选择应根据控制系统的要求确定。

1）主控制器控制规律的选择

根据主回路是定值控制系统的特点，为了消除余差，应采用积分控制规律；通常串级控制系统用于慢对象，为此，也可采用微分控制规律。据此，主控制器的控制规律通常为 PID 或 PI。

2）副控制器控制规律的选择

副回路对主回路而言是随动控制系统，对副变量而言是定值控制系统。因此，从控制要求看，通常无消除余差的要求，即可不用积分作用；但当副变量是流量并有精确控制该流量的要求时，可引入较弱的积分作用。因此，副控制器的控制规律通常为 P 或 PI。

例如，在加热炉出口温度与炉膛温度控制系统中，主（出口温度）控制器应选 PID 控制规律，而副控制器只需选择纯比例（P）控制规律就可以了。而在加热炉出口温度与燃料流量控制系统中，副控制器则应选择比例积分（PI）控制规律，并且应将比例度选得较大。

3. 主、副控制器正、反作用方式的选择

与简单控制系统一样，一个串级控制系统要实现正常运行，其主、副回路都必须构成负反馈，因而必须正确选择主、副控制器的正、反作用方式。

根据各种不同情况，主、副控制器的正、反作用方式的选择方法如下所述。

（1）串级控制系统中副控制器作用方式的选择，是根据工艺安全等要求，在选定控制阀的气开、气关形式后，按照使副回路构成副反馈系统的原则来确定的。因此，副控制器的作用方式与副对象特性及控制阀的气开、气关形式有关，其选择方法与简单控制系统中控制器正、反作用的选择方法相同。这时可不考虑主控制器的作用方式，只是将主控制器的输出作为副控制器的设定值就行了。

为了保证副回路为负反馈，必须满足：副控制器、执行器、副对象三者的作用符号相乘为负，即

（副控制器±）×（控制阀±）×（副对象±）=“−”

满足该式的各环节作用符号的确定与简单控制时完全一样，这里不再赘述。

（2）串级控制系统中主控制器作用方式的选择完全由工艺情况确定，而与控制阀的气开、气关形式及副控制器的作用方式完全无关，即只需根据主对象的特性，选择与其作用方向相反的主控制器的正、反作用。

选择时，把整个副回路简化为一个方框，该方框的输入信号是主控制器的输出信号（即副变量的设定值），而输出信号就是副变量，且副回路（即副环）方框的输入信号与输出信号之间总是正作用，即输入增加，输出也增加。这样，就可将串级控制系统简化成如图 7-13 所示的形式。

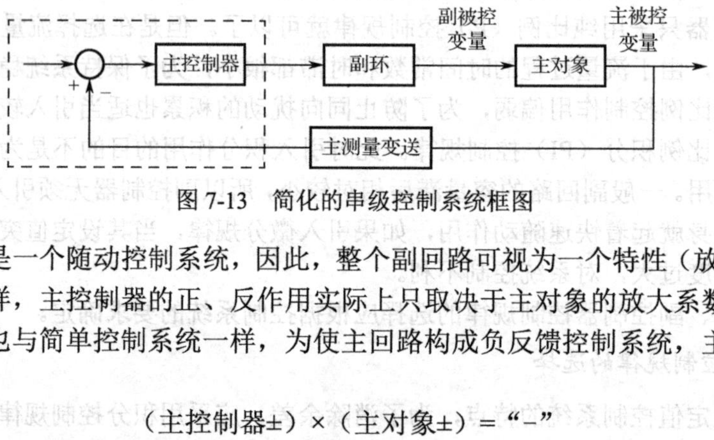

图 7-13 简化的串级控制系统框图

由于副回路是一个随动控制系统，因此，整个副回路可视为一个特性（放大系数）为“正”的环节看待。这样，主控制器的正、反作用实际上只取决于主对象的放大系数符号。主控制器作用方式的选择也与简单控制系统一样，为使主回路构成负反馈控制系统，主控制器的正、反作用方式应满足：

（主控制器±）×（主对象±）=“−”

即主控制器的正、反作用方式应与主对象的特性相反。

对于图 7-9 所示的塔釜温度与蒸汽流量串级控制系统，其主、副控制器正、反作用方式的选择步骤如下所述。

① 分析主、副变量。

主变量：塔釜温度；

副变量：加热蒸汽流量。

② 确定副控制器的正、反作用。

控制阀：气关阀，符号为“−”；

副对象：因加热蒸汽流量既是操纵变量又是副变量，故该环节为“+”；

副控制器：为保证副回路构成负反馈，应选正作用。

③ 确定主控制器的正、反作用。

主对象：当加热蒸汽流量增加时，塔釜温度随之升高，因此，该环节为“+”；

主控制器：为保证主回路构成负反馈，应选反作用。

④ 主控制器方式更换。由于副控制器是正作用，因此，当控制系统从串级切换到主控时，应将主控制器的作用方式从原来的反作用切换到正作用。

4．串级控制系统的实施

在主、副变量和主、副控制器的选型确定之后，就可以考虑串级控制系统的构成方案了。由于仪表种类繁多，生产上对系统功能的要求也各不相同，因此对于一个具体的串级控制系统就有着不同的实施方案。究竟采用哪种方案，要根据具体的情况和条件而定。

一般来说，在选择具体的实施方案时，应考虑以下几个问题。

（1）所选择的方案应能满足指定的操作要求。主要是考虑在串级运行之外，是否需要副回路或主回路单独进行自动控制，然后才能选择相应的方案。

（2）实施方案应力求实用、简单可靠。在满足要求的前提下，所需仪表装置应尽可能投资少，这样既可使操作方便，又保证经济性。采用仪表越多，出现故障的可能性也就越大。

（3）所选用的仪表信号必须互相匹配。在选用不同类型的仪表组成串级控制系统时，必须配备相应的信号转换器，以达到信号匹配的目的。

（4）所选用的副控制器必须具有外给定输入接口，否则无法接收主控制器输出的外给定信号。

（5）实施方案应便于操作，并能保证投运时实现无扰动切换。串级控制系统有时要进行副回路单独控制，有时要进行遥控，甚至有时要进行“主控”（即主控制器的输出直接控制控制阀。当有“主控”要求时，需增加一个切换开关，作“串级”与“主控”切换之用），所有这些操作之间的切换工作要能方便地实现，并且要求切换时应保证无扰动。

为了说明上述原则的应用，下面以常见的用 DDZ-Ⅲ型（或Ⅱ型）单元组合仪表组成的串级控制系统为例进行说明。

图 7-14 所示为一般的串级控制方案。该方案中采用了两台控制器，主、副变量通过一台双笔记录仪进行记录。由于副控制器的输出信号是 DC 4～20mA，而气动控制阀只能接收 20～100kPa 的气压信号，因此，在副控制器与气动控制阀之间设置了一个电-气转换器，由它将 DC 4～20mA 的电流信号转换成 20～100kPa 的气压信号送往控制阀（也可直接在控制阀上设置一台电-气阀门定位器来完成电-气信号的转换工作）。此外，如果副变量是流量参数，而采用孔板作为流量测量元件，则应在副变送器之后增加一台开方器（如果主变量是流量，也需如此处理）。

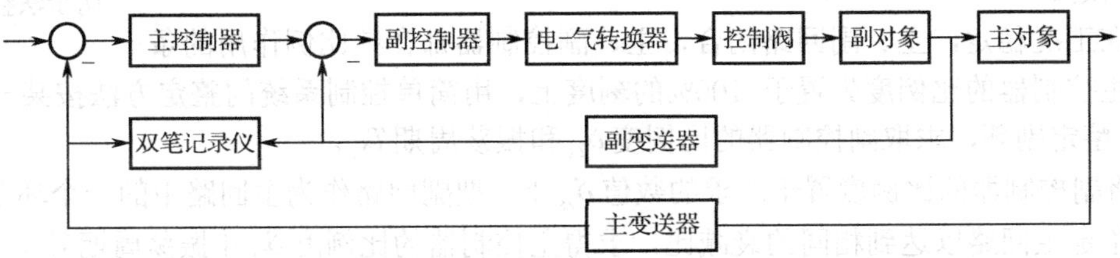

图 7-14　用 DDZ-Ⅲ型、Ⅱ型仪表组成串级控制系统框图

本方案可实现串级控制、副回路单独控制和遥控三种操作，比较简单、方便、实用，是使用较为普遍的一种串级控制方案。

图 7-15 所示为能实现主控-串级切换的串级控制方案。

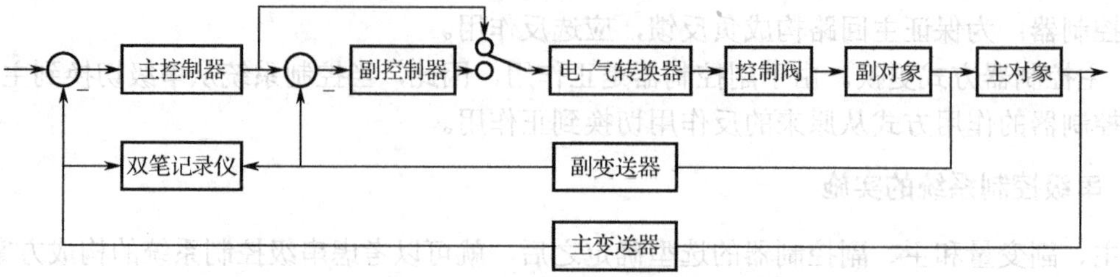

图 7-15　用电动Ⅲ型、Ⅱ型仪表组成主控-串级切换控制框图

本方案的特点是在副控制器的输出端上增加了一个主控-串级切换开关，并且与主控制器的输出相连接。因此，该方案除能进行手动遥控、副回路自控和串级控制外，还能实现主回路直接自控。但是，对这种主回路的直接自控方式应当限制使用，特别是当副控制器为正作用时，只有主控制器改变原作用方式后，方可进行这种主回路的直接自控。当切换回串级控制时，主控制器又要进行换向，否则将会造成严重的生产事故，这一点必须引起重视。因此，在不是特别需要的情况下，建议不要采用这种方案。

7.1.6　串级控制系统的整定方法

串级控制系统在结构上有主、副两个控制器相互关联，因其控制器参数的整定要比简单控制系统复杂，所以在整定串级控制系统的控制器参数时，首先必须明确主、副回路的作用，以及对主、副变量的控制要求，然后通过控制器参数整定，使系统运行在最佳状态。

从整体上看，串级控制系统的主回路是一个定值控制系统，要求主变量有较高的控制精度，其控制品质的要求与简单定值控制系统控制品质的要求相同；但就一般情况而言，串级控制系统的副回路是为提高主回路的控制品质而引入的一个随动控制系统，因此，对副回路没有严格的控制品质的要求，只要求副变量能够快速、准确地跟踪主控制器的输出变化，即作为随动控制系统考虑。这样对副控制器的整定要求不高，从而可以使整定简化。

串级控制系统的整定方法比较多，有逐步逼近法、两步整定法和一步整定法等。整定的顺序都是先副环后主环，这是它们的共同点。在此仅介绍目前在工程上常用的两步整定法和一步整定法。

1. 两步整定法

所谓两步整定法就是分两步进行整定，先整定副环，再整定主环。具体步骤如下所述。

两步法整定实例

（1）在工况稳定，主、副回路闭合，主、副控制器都在纯比例作用的条件下，将主控制器的比例度先置于 100%的刻度上，用简单控制系统的整定方法按某一衰减比（如 4∶1）整定副环，求取副控制器的比例度 δ_{2s} 和振荡周期 T_{2s} 。

（2）将副控制器的比例度置于所求的数值 δ_{2s} 上，把副回路作为主回路中的一个环节，用同样的方法整定主回路以达到相同的衰减比，求得主控制器的比例度 δ_{1s} 和振荡周期 T_{1s}。

（3）根据所得到的 δ_{1s} 、T_{1s} 、δ_{2s} 、T_{2s} 的数值，结合主、副控制器的选型，按前面简单控制系统整定时所给出的衰减曲线法经验公式，计算出主、副控制器的比例度 δ 、积分时间 T_I 和微分时间 T_D。

（4）按“先副环后主环”、“先比例次积分最后微分”的整定顺序，将上述计算所得的控制器参数分别加到主、副控制器上。

（5）观察主变量的过渡过程曲线，如不满意，可对整定参数做适当调整，直到获得满意的过渡过程为止。

2. 一步整定法

两步整定法虽能满足主、副变量的要求，但要分两步进行，需寻求两个 4∶1 的衰减振荡过程，比较烦琐，且较为费时。为了简化步骤，串级控制系统中主、副控制器的参数整定可以采用一步整定法。

所谓一步整定法，就是根据经验先将副控制器的参数一次放好，不再变动；然后按照一般简单控制系统的整定方法，直接整定主控制器的参数。

一步整定法的依据是：在串级控制系统中，一般来说，主变量是工艺的主要操作指标，直接关系到产品的质量或生产过程的正常运行，因此，对它的要求比较严格；而副变量的设置主要是为了提高主变量的控制质量，对副变量本身没有很高的要求，允许它在一定范围内变化。因此，在整定时不必将过多的精力放在副环上，只要根据经验把副控制器的参数置于一定数值后，一般不再进行调整，而集中精力整定主环，使主变量达到规定的质量指标要求即可。虽然按照经验一次设置的副控制器参数不一定合适，但是没有关系，因为对于一个具体的串级控制系统来说，在一定范围内，主、副控制器的放大系数是可以互相匹配的。如果副控制器的放大系数（比例度）不合适，可以通过调整主控制器的放大系数（比例度）来进行补偿，结果仍然可使主变量实现 4∶1 的衰减振荡过程。经验证明，这种整定方法对于对主变量的精度要求较高，而对副变量没有什么要求或要求不严，允许它在一定范围内变化的串级控制系统是很有效的。

根据长期实践和大量的经验积累，人们总结得出副控制器在不同副变量情况下的经验比例度取值范围，见表 7-1。

表 7-1　副控制器比例度经验值

副变量类型	温度	压力	流量	液位
比例度/%	20～60	30～70	40～80	20～80

一步整定法的整定步骤如下所述。

（1）在生产正常、系统为纯比例运行的条件下，按照表 7-1 所列的经验数据，将副控制器的比例度调到某一适当的数值。

（2）将串级控制系统投运后，按简单控制系统的某种参数整定方法直接整定主控制器参数。

（3）观察主变量的过渡过程，适当调整主控制器参数，使主变量的品质指标达到规定的质量要求。

（4）如果系统出现“共振”现象，可加大主控制器或减小副控制器的比例度值，以消除“共振”。如果“共振”剧烈，可先转入手动，待生产稳定后，再在比产生“共振”时略大的控制器比例度下重新投运和整定，直至达到满意时为止。

7.1.7　串级控制系统的应用举例

1. 用于具有较大纯滞后的过程

一般工业过程均具有纯滞后，而且有些比较大。当工业过程纯滞后时间较长，用简单控制系统不能满足工艺控制要求时，可考虑采用串级控制系统。其设计思路是，在离控制阀较近、纯滞后较小的地方选择一个副变量，构成一个控制通道短且纯滞后较小的副回路，把主要扰动纳入副回路中。这样就可以在主要扰动影响主变量之前，由副回路对其实施及时的控制，从而大大减小主变量的波动，提高控制质量。

应该指出，利用副回路的超前控制作用来克服过程的纯滞后仅仅是对二次扰动而言的。当扰动从主回路进入时，这一优越性就不存在了。因为一次扰动不直接影响副变量，只有当主变量改变以后，控制作用通过较大的纯滞后才能对主变量起控制作用，所以对改善控制品质作用不大。

下面举例说明。

【例 7-1】 锅炉过热蒸汽温度串级控制系统。

锅炉是石油、化工、发电等工业过程中必不可少的重要动力设备，它所产生的高压蒸汽既可作为驱动透平（涡轮）的动力源，又可作为精馏、干燥、反应、加热等过程的热源。锅炉设备的控制任务是，根据生产负荷的需要，供应一定压力或温度的蒸汽，同时要使锅炉在安全、经济的条件下运行。锅炉的蒸汽过热系统包括一级过热器、减温器、二级过热器。工艺要求选取过热蒸汽温度为被控变量，减温水流量作为操纵变量，使二级过热器出口温度 T_1 维持在允许范围内，并保护过热器使管壁温度不超过允许的工作温度。

影响过热蒸汽温度的扰动因素很多，如蒸汽流量、燃烧工况、减温水流量、流经过热器的烟气温度和流速等。在各种扰动下，控制过程的动态特性都有较大的惯性和纯滞后，这给控制带来一定的困难，所以要选择合理的控制方案，以满足工艺要求。

根据工艺要求，如果以二级过热器出口温度作为被控变量，选取减温水流量作为操纵变量组成简单控制系统，由于控制通道的时间常数及纯滞后均较大，则往往不能满足生产的要求。因此，常采用如图 7-16 所示的串级控制系统，以减温器出口温度 T_2 作为副变量，将减温水压力波动等主要扰动纳入纯滞后极小的副回路，利用副回路具有较强的抗二次扰动能力这一特点将其克服，从而提高对过热蒸汽温度的控制质量。

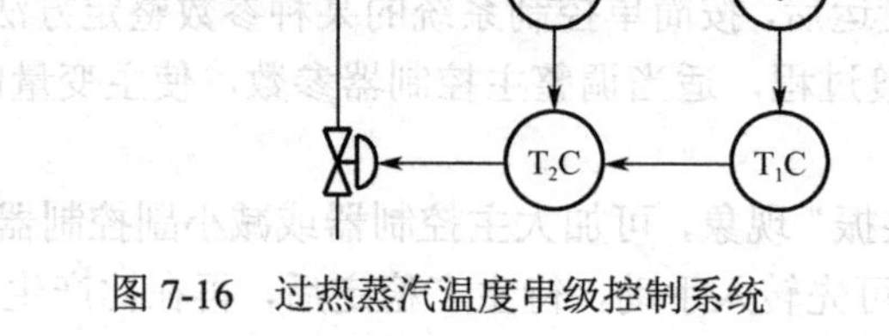

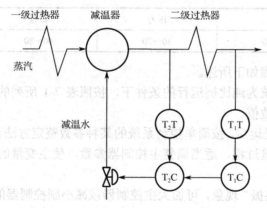

图 7-16 过热蒸汽温度串级控制系统

【例 7-2】 造纸厂网前箱温度串级控制系统。

某造纸厂网前箱的温度控制系统如图 7-17 所示。纸浆用泵从储槽送至混合器，在混合器内用蒸汽加热至 72℃左右，经过立筛、圆筛除去杂质后送到网前箱，再去铜网脱水。为了保证纸张质量，工艺要求网前箱温度保持在 61℃左右，最大偏差不得超过 1℃。

若采用简单控制系统，从混合器到网前箱的纯滞后时间达 90s，当纸浆流量波动 35kg/min 时，温度最大偏差达 8.5℃，过渡过程时间长达 450s，控制质量较差，不能满足工艺要求。

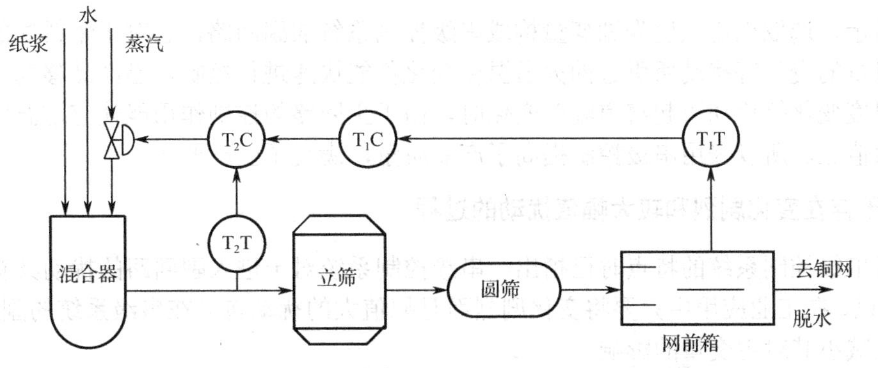

图 7-17　网前箱温度串级控制系统

为了克服 90s 的纯滞后，在控制阀较近处选择混合器出口温度为副变量，网前箱出口温度为主变量，构成串级控制系统，把纸浆流量达 35kg/min 的波动及蒸汽压力波动等主要扰动包括在了纯滞后极小的副回路中。当上述扰动出现时，由于副回路的快速控制，网前箱温度的最大偏差在 1℃以内，过渡过程时间为 200s，完全满足工艺要求。

2. 用于具有较大容量滞后的过程

在工业生产中，有许多以温度或质量参数作为被控变量的控制过程，其容量滞后往往比较大，而生产上对这些参数的控制要求又比较高。如果采用简单控制系统，则因容量滞后 τ_c 较大，对控制作用反应迟钝而使超调量增大，过渡过程时间长，其控制质量往往不能满足生产要求。如果采用串级控制系统，可以选择一个滞后较小的副变量组成副回路，使等效副过程的时间常数减小，以提高系统的工作频率，加快响应速度，增强抗各种扰动的能力，从而取得较好的控制质量。但是，在设计和应用串级控制系统时要注意：副回路时间常数不宜过小，以防止包括的扰动太少；但也不宜过大，以防止产生共振。副变量要灵敏可靠、有代表性，否则串级控制系统的特点得不到充分发挥，控制质量仍然不能满足要求。

【例 7-3】 辊道窑中烧成带窑道温度与火道温度的串级控制系统。

辊道窑主要用于素烧或釉烧地砖、外墙砖、釉面砖等产品。由于辊道窑烧成时间短，要求烧成温度在较小的范围内波动，所以必须对烧成带和其他各区的温度实现自动控制。其中烧成带窑温控制可确保其窑温稳定，以保证烧成质量。由于辊道窑有马弗板，窑温过程的时间常数很大，放大倍数较小；随着窑龄的增长，马弗板老化与堆积物增多，使其传热系数减小，火道向窑道的传热效率降低，时间常数增大。因此，需设计如图 7-18 所示的窑道温度与火道温度的串级控制系统。

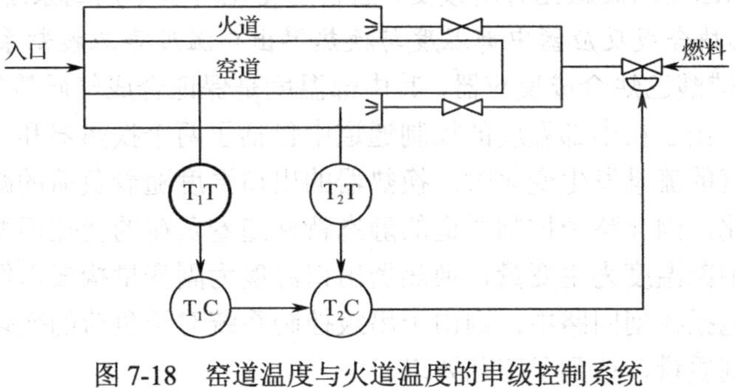

图 7-18　窑道温度与火道温度的串级控制系统

如图所示，选取火道温度为副变量构成串级控制系统的副回路，它对于燃料油的压力和黏度、助燃风量的变化等扰动所引起的火道温度变化都能快速进行控制。当产品移动速度变化、窑内冷风温度变化等扰动引起窑道温度变化时，由于主回路的控制作用能使窑道温度稳定在预先设定的数值上。所以采用串级控制提高了产品质量，满足了生产要求。

3．用于存在变化剧烈和较大幅值扰动的过程

在分析串级控制系统的特点时已指出，串级控制系统对于进入副回路的扰动具有较强的抑制能力。所以，在工业应用中只要将变化剧烈而且幅值大的扰动包含在串级系统的副回路之中，就可以大大减小其对主变量的影响。

【例 7-4】 某厂精馏塔提馏段塔釜温度的串级控制。

精馏塔是石油、化工等众多生产过程中广泛应用的主要工艺设备。精馏操作的机理是：利用混合液中各组分挥发度的不同，将各组分进行分离并分别达到规定的纯度要求。

某精馏塔，为了保证塔底产品符合质量要求，以塔釜温度作为控制指标，生产工艺要求塔釜温度偏差控制在±1.5℃范围内。在实际生产过程中，蒸汽压力变化剧烈，而且幅度大（有时从 0.5MPa 突然降到 0.3MPa，压力变化了 40%）。对于如此大的扰动作用，若采用简单控制系统，在达到最好的整定效果时，塔釜温度的最大偏差仍达 10℃左右，无法满足生产工艺要求。

若采用如图 7-9 所示的以蒸汽流量为副变量、塔釜温度为主变量的串级控制系统，把蒸汽压力变化这个主要扰动包括在副回路中，充分运用串级控制系统对于进入副回路的扰动具有较强抑制能力的特点，并把副控制器的比例度调节到 20%，则实际运行表明，塔釜温度的最大偏差不超过 1.5℃，完全满足了生产工艺要求。

4．用于具有非线性特性的过程

一般工业过程的静态特性都有一定的非线性，负荷的变化会引起工作点的移动，导致过程的静态放大系数发生变化。当负荷比较稳定时，这种变化不大，因此可以不考虑非线性的影响，可使用简单控制系统。但当负荷变化较大且频繁时，就要考虑它所造成的影响了。因负荷变化频繁，显然用重新整定控制器参数来保证系统的稳定性是行不通的。虽然可通过选择控制阀的特性来补偿，使整个广义过程具有线性特性，但常常受到控制阀种类等各种条件的限制，所以这种补偿也是很不完全的，此时简单控制系统往往不能满足生产工艺要求。有效的办法是利用串级控制系统对操作条件和负荷变化具有一定自适应能力的特点，将被控对象中具有较大非线性的部分包括在副回路中，当负荷变化引起工作点移动时，由主控制器的输出自动地重新调整副控制器的设定值，继而由副控制器的控制作用来改变控制阀的开度，使系统运行在新的工作点上。虽然这样会使副回路的衰减比有所改变，但它的变化对整个控制系统的稳定性影响较小。

【例 7-5】 醋酸乙炔合成反应器中部温度与换热器出口温度串级控制系统。

如图 7-10 所示的醋酸乙炔合成反应器，其中部温度是保证合成气质量的重要参数，工艺要求对其进行严格控制。由于在中部温度的控制通道中包括了两个换热器和一个合成反应器，所以当醋酸和乙炔混合气的流量发生变化时，换热器的出口温度随着负荷的减小而显著地升高，并呈明显的非线性变化，因此整个控制通道的静态特性随着负荷的变化而变化。

如果选取反应器中部温度为主变量，换热器出口温度为副变量构成串级控制系统，将具有非线性特性的换热器包括在副回路中，则由于串级控制系统对于负荷的变化具有一定的自适应能力，从而提高了控制质量，达到了工艺要求。

综上所述，串级控制系统的适用范围比较广泛，尤其是在被控过程滞后较大或具有明显的

非线性特性、负荷和扰动变化比较剧烈的情况下，对于单回路控制系统不能胜任的工作，串级控制系统则显示出了它的优越性。但是，在具体设计系统时应结合生产要求及具体情况，抓住要点，合理地运用串级控制系统的优点。否则，如果不加分析地到处套用，不仅会造成设备的浪费，而且也得不到预期的效果，甚至会引起控制系统的失调。

7.2　前馈控制系统

7.2.1　前馈控制系统的基本概念

对于闭环的控制系统所采取的反馈控制，是按照被控变量与设定值的偏差来进行控制的。反馈控制的特点在于，总是在被控变量出现偏差后，控制器才开始动作，以补偿扰动对被控变量的影响。如果扰动虽已发生，但被控变量还未变化，控制器则不会有任何控制作用，因此，反馈控制作用总是落后于扰动作用，控制很难达到及时。即便是采用微分控制，虽可用来克服对象及环节的惯性滞后和容量滞后，但是此方法不能克服纯滞后 τ_0。

考虑到产生偏差的直接原因是扰动，因此，如果直接按扰动实施控制，而不是按偏差进行控制，从理论上说，就可以把偏差完全消除。即在这样的一种控制系统中，一旦出现扰动，控制器将直接根据所测得的扰动大小和方向，按一定的规律实施控制作用，以补偿扰动对被控变量的影响。由于扰动发生后，在被控变量还未出现变化时，控制器就已经进行控制，所以称此种控制为“前馈控制”（或称为扰动补偿控制）。这种前馈控制作用如能恰到好处，则可以使被控变量不再因扰动作用而产生偏差，因此它比反馈控制及时。

图 7-19 所示为换热器的前馈控制系统及其框图。

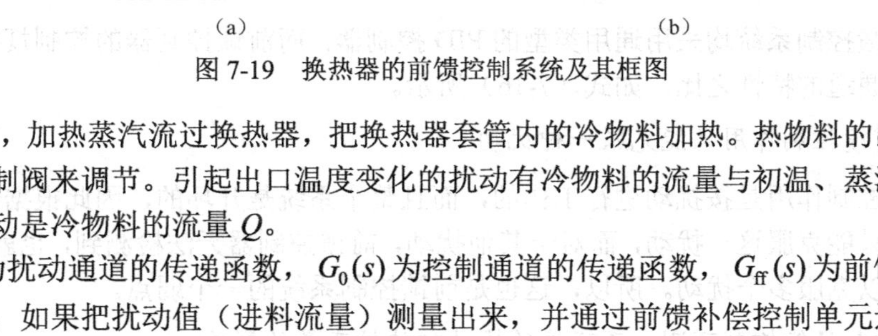

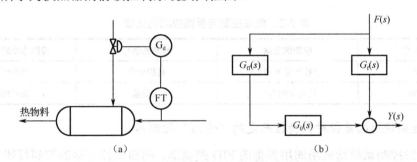

图 7-19　换热器的前馈控制系统及其框图

图 7-19 中，加热蒸汽流过换热器，把换热器套管内的冷物料加热。热物料的出口温度用蒸汽管路上的控制阀来调节。引起出口温度变化的扰动有冷物料的流量与初温、蒸汽压力等，其中最主要的扰动是冷物料的流量 Q。

设 $G_f(s)$ 为扰动通道的传递函数，$G_0(s)$ 为控制通道的传递函数，$G_{ff}(s)$ 为前馈补偿控制单元的传递函数，如果把扰动值（进料流量）测量出来，并通过前馈补偿控制单元进行控制，则

$$Y(s) = G_f(s)F(s) + G_{ff}(s)G_0(s)F(s) = [G_f(s) + G_{ff}(s)G_0(s)]F(s) \tag{7-14}$$

为了使扰动对系统输出的影响为零，应满足

$$G_f(s) + G_{ff}(s)G_0(s) = 0 \tag{7-15}$$

即

$$G_{\mathrm{ff}}(s)=-\frac{G_{\mathrm{f}}(s)}{G_{0}(s)} \tag{7-16}$$

式（7-16）即为完全补偿时的前馈控制器模型。由此可见，前馈控制的好坏与扰动特征和对象模型密切相关。对于精确的对象与扰动数学模型，前馈控制系统可以做到无偏差控制。然而，这只是理论上的愿望。实际过程中，由于过程模型的时变性、非线性，以及扰动的不可完全预见性等影响，前馈控制只能在一定程度上补偿扰动对被控变量的影响。

7.2.2 前馈控制系统的特点及局限

1. 前馈控制的特点

1）前馈控制是一种开环控制

图 7-19 所示系统中，当测量到冷物料流量变化的信号后，通过前馈控制器，其输出信号直接控制控制阀的开度，从而改变加热蒸汽的流量。但加热器出口温度并不反馈回来，它是否被控制在原来的数值上是得不到检验的，所以前馈控制是一种开环控制，从某种意义上来说这是前馈控制的不足之处。因此，前馈控制对被控对象特性的掌握必须比反馈控制清楚，才能实现一个较合适的前馈控制作用。

2）前馈控制是一种按扰动大小进行补偿的控制

扰动一旦出现，前馈控制器就检测到其变化情况，及时有效地抑制扰动对被控变量的影响，而不是像反馈控制那样，要待被控变量产生偏差后再进行控制。在理论上，前馈控制可以把偏差彻底消除。如果控制作用恰到好处，前馈控制一般比反馈控制要及时。这个特点也是前馈控制的一个主要特点。基于这个特点，可把前馈控制与反馈控制做如下比较，具体见表 7-2。

表 7-2　前馈控制与反馈控制的比较

控 制 类 型	控制的依据	检测的信号	控制作用的发生时间
反馈控制	被控变量的偏差	被控变量	偏差出现后
前馈控制	扰动量的大小	扰动量	偏差出现前

3）前馈控制使用的是视对象特性而定的“专用”控制器

一般的反馈控制系统均采用通用类型的 PID 控制器，而前馈控制器的控制规律为对象的扰动通道与控制通道的特性之比，如式（7-16）所示。

4）一种前馈控制作用只能克服一种扰动

由于前馈控制作用是按扰动进行工作的，而且整个系统是开环的，因此根据一种扰动而设置的前馈控制只能克服这一扰动，而对于其他扰动，前馈控制器无法检测到，也就无能为力了；反馈控制却可以克服多个扰动。所以，这也是前馈控制系统的一个弱点。

5）前馈控制只能抑制可测、不可控的扰动对被控变量的影响

如果扰动是不可测的，那就不能进行前馈控制；如果扰动是可测可控的，则只要设计一个定值控制系统就行了，而无须采用前馈控制。

2. 前馈控制的局限

前馈控制虽然是减小被控变量动态偏差的一种有效的方法，但实际上，它却做不到对扰动的完全补偿，主要原因如下所述。

（1）在实际工业生产过程中，影响被控变量的扰动因素很多，不可能对每个扰动都设计一套独立的前馈控制器。

（2）对不可测的扰动无法实现前馈控制。

（3）前馈控制器的控制规律取决于控制通道传递函数 $G_0(s)$ 和扰动通道传递函数 $G_f(s)$，而 $G_0(s)$ 和 $G_f(s)$ 的精确值很难得到，即便得到有时也很难实现。所以为了获得满意的控制效果，合理的控制方案是把前馈控制和反馈控制结合起来，组成前馈-反馈控制系统。这样，一方面可以利用前馈控制有效地减小主要扰动对被控变量的影响；另一方面，则利用反馈控制使被控变量稳定在设定值上，从而保证系统具有较高的控制质量。

7.2.3　前馈-反馈控制系统

单纯的前馈控制往往不能很好地补偿扰动，存在不少局限性。主要表现在：不存在被控变量的反馈，无法检验被控变量的实际值是否为希望值；其次，不能克服其他扰动引起的误差。为了解决这一局限性，可以将前馈与反馈结合起来使用，构成前馈-反馈控制系统，以达到既能发挥前馈控制校正及时的特点，又保持了反馈控制能克服多种扰动并能始终对被控变量予以检验的优点。

图 7-20（a）、（b）所示为换热器前馈-反馈控制系统示意图及其框图。

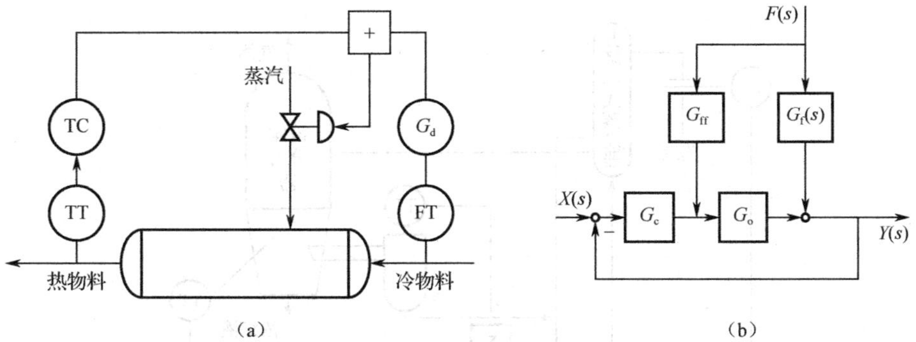

图 7-20　换热器前馈-反馈控制系统

由图可知，当冷物料（生产负荷）流量发生变化时，前馈控制器及时发出控制命令，补偿冷物料流量变化对换热器出口温度的影响；同时，对于未引入前馈控制的冷物料的温度、蒸汽压力等扰动，其对出口温度的影响则由 PID 反馈控制器来克服。前馈作用加反馈作用，使得换热器的出口温度稳定在设定值上，获得较理想的控制效果。

在前馈-反馈控制系统中，控制输入 $X(s)$、扰动输入 $F(s)$对输出的共同影响为

$$Y(s)=\frac{G_c(s)G_0(s)}{1+G_c(s)G_0(s)}X(s)+\frac{G_f(s)+G_{ff}(s)G_0(s)}{1+G_c(s)G_0(s)}F(s) \tag{7-17}$$

如果要实现对扰动 $F(s)$的完全补偿，则上式的第二项应为零，即

$$G_f(s)+G_{ff}(s)G_0(s)=0 \quad 或 \quad G_{ff}(s)=-\frac{G_f(s)}{G_0(s)}$$

可见，前馈-反馈控制系统对扰动$F(s)$实现完全补偿的条件与开环前馈控制相同。所不同的是，扰动$F(s)$对输出的影响只有开环前馈控制情况下的$1/[1+G_c(s)G_0(s)]$，这是由于反馈控制起作用的结果。由此表明，经过开环补偿以后，输出的变化已经不太大了，再经过反馈控制进一步减小为$1/[1+G_c(s)G_0(s)]$，从而充分体现了前馈-反馈控制的优越性。

此外，由式（7-17）可知，复合控制系统的特征方程式为

$$1+G_c(s)G_0(s)=0$$

这一特征方程式只和$G_c(s)$、$G_0(s)$有关，而与$G_{ff}(s)$无关，即与前馈控制器无关。这就说明，加入前馈控制器并不影响系统的稳定性，系统的稳定性完全取决于闭环控制回路。这就给设计工作带来了很大的方便。在设计复合控制系统时，可以先根据闭环控制系统的设计方法进行设计，而暂不考虑前馈控制器的作用，使系统满足一定的稳定性要求和一定的过渡过程品质要求。当闭环系统确定以后，再根据不变性原理设计前馈控制器，进一步消除干扰对输出的影响。

前馈-反馈控制系统的MATLAB仿真实例

7.2.4 应用举例

引入前馈控制的原则

【例 7-6】 蒸发过程的浓度控制。

蒸发是借加热作用使溶液浓缩或使溶液质析出的物理操作过程。它在轻工、化工等生产过程中得到了广泛的应用，如造纸、制糖、海水淡化、制碱等，都采用蒸发工艺。在蒸发过程中，对浓度的控制是必需的。下面以葡萄糖生产过程中蒸发器浓度控制为例，介绍前馈-反馈控制在蒸发过程中的应用。图 7-21 所示为葡萄糖生产过程中蒸发器浓度控制流程图。

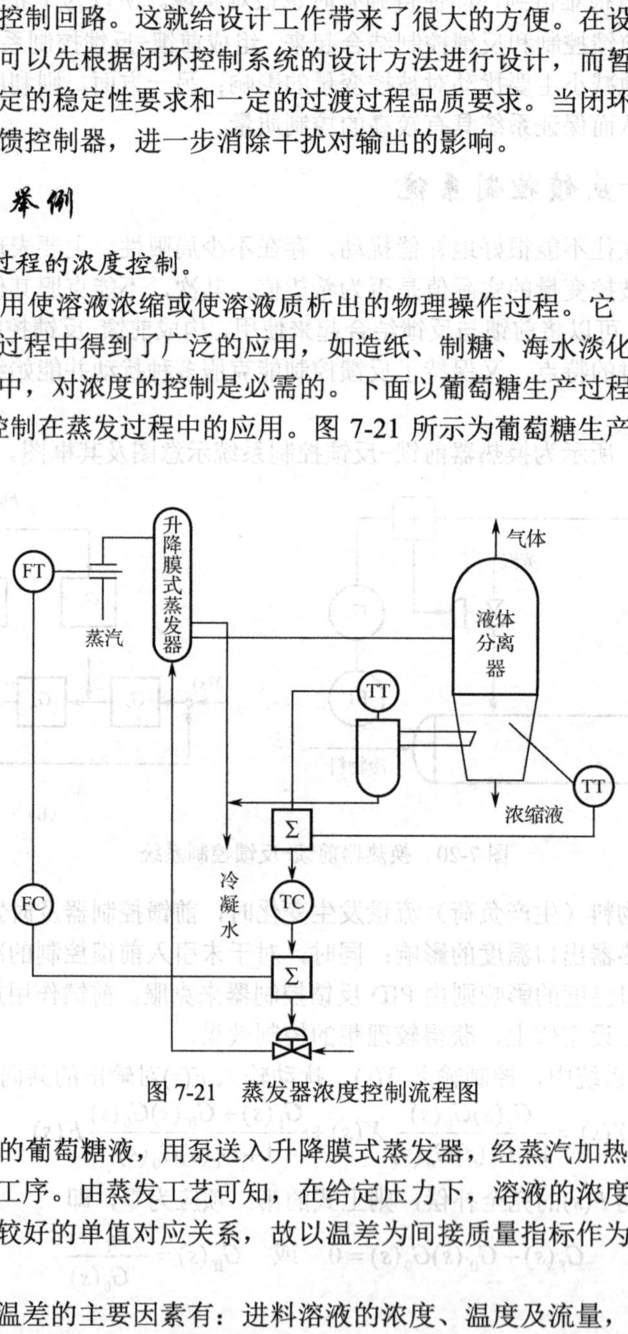

图 7-21 蒸发器浓度控制流程图

初蒸浓度为 50%的葡萄糖液，用泵送入升降膜式蒸发器，经蒸汽加热蒸发至 73%的葡萄糖液，然后送至下一道工序。由蒸发工艺可知，在给定压力下，溶液的浓度与溶液的沸点和水的沸点之差（温差）有较好的单值对应关系，故以温差为间接质量指标作为被控参数以反映浓度的高低。

由图可知，影响温差的主要因素有：进料溶液的浓度、温度及流量，加热蒸汽的压力及流

量等，其中对温差影响最大的是进料溶液的流量和加热蒸汽的流量。为此，采用以加热蒸汽流量为前馈信号，以温差为反馈信号，进料量溶液为控制参数构成的前馈-反馈控制系统。

【例 7-7】 锅炉汽包水位的控制。

锅炉是火力发电工业中的重要设备。在锅炉的正常运行中，汽包水位是其重要的工艺指标。当汽包水位过高时，易使蒸汽带液，这不仅会降低蒸汽的质量和产量，而且会导致汽轮机叶片的损坏；当水位过低时，轻则影响汽、水平衡，重则会使锅炉烧干而引起爆炸。所以必须将水位严格控制在规定的工艺范围内。

锅炉汽包水位控制的主要任务是使给水量能适应蒸汽量的需要，并保持汽包水位在规定的工艺范围内。显然，汽包水位是被控参数。引起汽包水位变化的主要因素为蒸汽用量和给水流量。蒸汽用量是负荷，随发电需要而变化，一般为不可控因素；给水流量可以作为控制参数，以此构成锅炉汽包水位控制系统。但由于锅炉汽包在运行过程中常常出现“虚假水位”，即在燃料量不变的情况下，当蒸汽用量突然增加时，会使汽包内的压力突然降低，导致水的沸腾加剧，气泡大量增加。由于气泡的体积比同重量水的体积大得多，结果形成了汽包内水位“升高”的假象。反之，当蒸汽量突然减少时，由于汽包内蒸汽压力上升，水的沸腾程度降低，又导致汽包内水位“下降”的假象。无论上述哪种情况，均会引起汽包水位控制的误动作而影响控制效果。解决这一问题的有效办法之一是，将蒸汽流量作为前馈信号，汽包水位作为主被控参数，给水流量作为副被控参数，构成前馈-反馈串级控制系统，如图 7-22 所示。

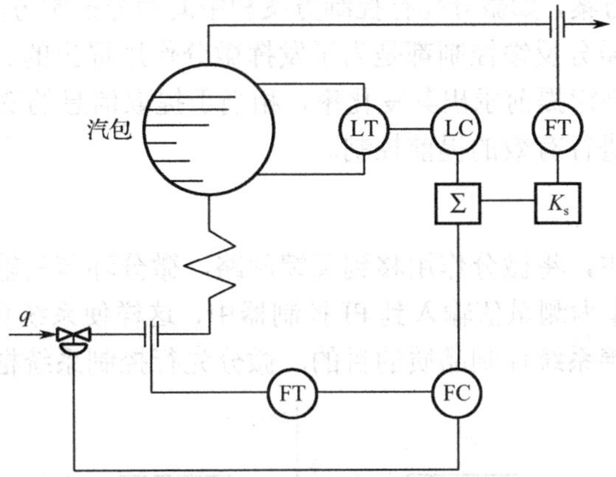

图 7-22　锅炉汽包水位前馈-反馈串级控制系统

该系统不但能通过副回路及时克服给水压力这一很强的干扰，而且还能实现对蒸汽负荷的前馈补偿以克服“虚假”水位的影响，从而保证了锅炉汽包水位具有较高的控制质量，满足工艺要求。

7.3　大滞后过程控制系统

7.3.1　大滞后过程与常规控制方案

1. 大滞后过程

在工业生产过程中，被控对象除了具有容积时延外，往往不同程度地存在着纯滞后。如在热交换器中，被控变量是被加热物料的出口温度，而控制变量是载热介质，当改变载热介质流量后，对物料出口温度的影响必然要滞后一段时间，即介质经管道所需的时间。此外，如反应器、管道混合、皮带传送、轧辊传输、多容量、多个设备串联及用分析仪表测量流体的成分等过程都存在着较大的纯滞后。在这些过程中，由于纯滞后的存在，使得被控变量不能及时反映系统所受到的扰动，即使测量信号到达控制器，控制机构接收控制信号后立即动作，也需要经过纯滞后时间τ以后，才波及被控变量，使之受到控制。因此，这样的过程必然会产生较明显的超调量和较长的调节时间。所以，具有纯滞后的过程被公认为是较难控制的过程，其难控程度将随着纯滞后时间τ占整个过程动态的份额的增加而增加。一般认为，广义被控对象的纯滞后时间τ与时间常数T之比大于0.5，则称该过程是具有大滞后的工艺过程。当τ/T增加时，过程中的相位滞后增加，使上述现象更为突出，有时甚至会因为超调严重而出现聚爆、结焦等停产事故；有时则可能引起系统的不稳定，被控变量超过安全限，从而危及设备及人身安全。因此大迟延系统一直受到人们的关注，成为控制理论研究的重要课题之一。

为了突出广义被控对象包含了大滞后时间τ，本节中凡涉及广义被控对象的特性均用$G_P(s)e^{-\tau s}$表示，其中，$G_P(s)$表示广义被控对象除去纯滞后环节$e^{-\tau s}$后剩下的动态数学模型。

2. 常规控制方案

在大滞后系统控制中，为了充分发挥PID控制的作用，改善滞后问题，主要采用常规PID的变形方案，如微分先行控制方案和中间微分控制方案等。

常规控制方案比较

微分先行控制和中间微分反馈控制都是为了发挥微分作用提出的。微分的作用是超前，根据变化规律提前求出其变化率，相当于提取信息的变化趋势。所以可对大滞后系统进行有效的提前控制。

1）微分先行控制

在微分先行控制方案中，将微分作用移到反馈回路，微分环节的输出信号包括了被控变量及其变化速度值。将它们作为测量值输入到PI控制器中，这样使系统克服超调的作用加强，从而补偿过程滞后，达到改善系统控制品质的目的。微分先行控制系统框图如图7-23所示。

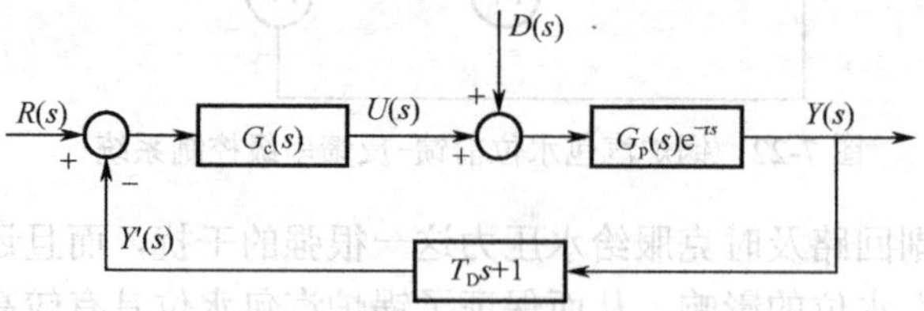

图7-23 微分先行控制系统框图

在图7-23中，$G_P(s)$为广义被控对象除去纯滞后环节$e^{-\tau s}$后的传递函数；$G_c(s)$为比例积分控制器的传递函数；（$T_D s+1$）为微分环节的传递函数。

若系统采用微分环节，则从图7-23可以推导出系统输出$Y(s)$与输入$R(s)$之间的传递函数为

$$\frac{Y(s)}{R(s)}=\frac{G_c(s)G_p(s)e^{-\tau s}}{1+(T_D s+1)G_c(s)G_p(s)e^{-\tau s}} \tag{7-18}$$

若不采用微分环节，则系统输出$Y(s)$与输入$R(s)$之间的传递函数为

$$\frac{Y(s)}{R(s)}=\frac{G_c(s)G_p(s)e^{-\tau s}}{1+G_c(s)G_p(s)e^{-\tau s}} \tag{7-19}$$

显然，采用微分环节的微分先行控制与不采用微分环节的常规控制形式相比，系统的开环传递函数多了一个零点。实践表明，采用 PI 控制的微分先行控制方案可较好地抑制系统的超调量，反应速度明显加快，控制品质得到较大改善。

2）中间微分反馈控制

与微分先行控制方案的设想类似，中间微分反馈控制也是适当配置零极点以改善控制品质。中间微分反馈控制系统框图如图 7-24 所示。

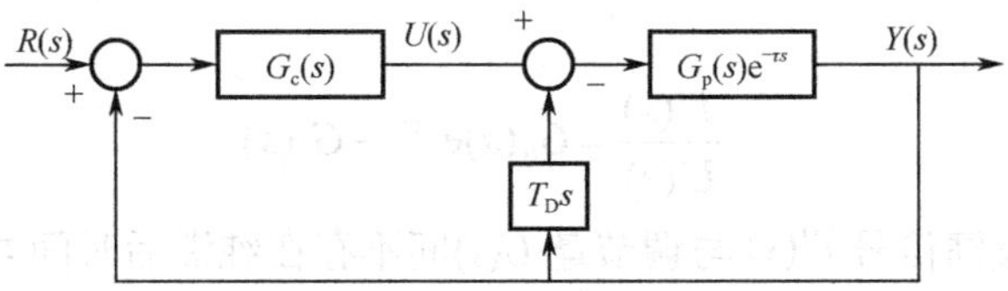

图 7-24　中间微分反馈控制系统框图

由图 7-24 可见，微分只对系统输出起作用，并作为控制变量的一部分，这样的方式能在被控变量变化时及时根据其变化的速度大小起附加校正作用。微分校正作用与 PI 控制器的输出信号无关，仅在动态时起作用，而在静态时或在被控变量变化速度恒定时就失去作用。

由图 7-24 可得系统输出 $Y(s)$ 与输入 $R(s)$ 之间的传递函数为

$$\frac{Y(s)}{R(s)}=\frac{G_c(s)G_p(s)e^{-\tau s}}{1+[T_D s+G_c(s)]G_c(s)G_p(s)e^{-\tau s}} \tag{7-20}$$

微分先行控制与中间微分反馈控制都能有效地克服超调现象，缩短调节时间，而且它无须特殊设备，因此有一定使用价值。但这两种控制方式仍有较大的超调，且响应速度很慢，不适用于控制精度要求很高的场合。

7.3.2　大滞后过程的预估补偿控制

1. 史密斯预估控制

不同于前馈补偿，针对大滞后过程的预估补偿控制是按照过程的特性预估出一种模型加入到反馈系统中，以补偿过程的动态特性，这种预估补偿控制也因其预估模型的不同而形成不同的方案。史密斯预估补偿方法是得到广泛应用的方案之一。

史密斯预估控制的基本思想是预先估计出被控过程的动态模型，然后设计一个预估器对其进行补偿，使被滞后了 τ 时间的被控量提前反馈到调节器的输入端，使调节器提前动作，以减小超调和加速调节过程。其控制系统框图如图 7-25 所示。

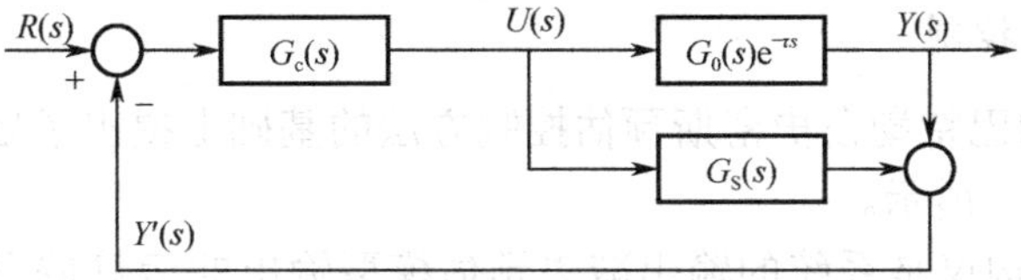

图 7-25　史密斯预估控制系统框图

图中，G_0（s)是被控过程无纯滞后环节 $e^{-\tau s}$ 的传递函数；$G_s(s)$是史密斯预估器的传递函数。

假如没有此预估器，则由控制器 $U(s)$ 到被控量 $Y(s)$ 之间的传递函数为

$$\frac{Y(s)}{U(s)}=G_0(s)\mathrm{e}^{-\tau s} \tag{7-21}$$

式（7-21）表明，受到调节器作用的被控量要经过纯滞后时间 τ 之后才能反馈到调节器的输入端，这就导致调节作用不及时。此外，系统的闭环传递函数为

$$\frac{Y(s)}{X(s)}=\frac{G_c(s)G_0(s)\mathrm{e}^{-\tau s}}{1+G_c(s)G_0(s)\mathrm{e}^{-\tau s}} \tag{7-22}$$

由式（7-22）可见，闭环特征方程式中含有 $\mathrm{e}^{-\tau s}$ 项，这会对系统的稳定性产生不利影响。当采用史密斯预估器以后，调节量 $U(s)$ 与反馈到调节器输入端的信号 $Y'(s)$ 之间的传递函数则为

$$\frac{Y'(s)}{U(s)}=G_0(s)\mathrm{e}^{-\tau s}+G_s(s) \tag{7-23}$$

为使调节器接收的反馈信号 $Y'(s)$ 与调节量 $U(s)$ 间不存在纯滞后时间 τ，则要求式（7-23）为

$$\frac{Y'(s)}{U(s)}=G_0(s)\mathrm{e}^{-\tau s}+G_s(s)=G_0(s) \tag{7-24}$$

由此可得预估器的传递函数为

$$G_s(s)=G_0(s)(1-\mathrm{e}^{-\tau s}) \tag{7-25}$$

史密斯预估控制系统的实施框图如图 7-26 所示。

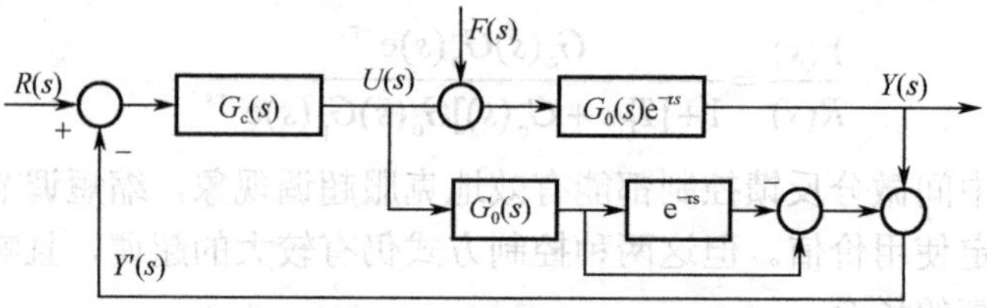

图 7-26　史密斯预估控制系统的实施框图

由图 7-26 可得系统的闭环传递函数为

$$\frac{Y(s)}{X(s)}=\frac{G_c(s)G_0(s)\mathrm{e}^{-\tau s}}{1+G_c(s)G_0(s)} \tag{7-26}$$

由式（7-26）可见，史密斯预估控制的闭环特征方程中已经没有了 $\mathrm{e}^{-\tau s}$ 项。换句话说，该系统与原系统相比已经消除了纯滞后对系统稳定性的影响。

2. 改进的史密斯预估控制

理论上史密斯预估控制能克服大滞后的影响，但由于史密斯预估器需要知道被控过程精确的数学模型，且对模型的误差十分敏感，因而难以在工业生产过程中广泛应用。

1）增益自适应补偿控制

1977 年，贾尔斯和巴特勒在史密斯预估控制方法的基础上提出了增益自适应预估控制方案，其系统框图如图 7-27 所示。

增益自适应预估结构仅是系统的输出减去预估模型输出的运算被系统的输出除以模型的输出运算所取代，而对预估器输出做修正的加法运算改成了乘法运算。除法器的输出还串一个超前环节，其超前环节时间常数即为过程的纯滞后时间 τ，用来使延时了的输出比值有一个超

前作用。这些运算的结果使预估器的增益可根据预估模型和系统输出的比值有相应的校正值。

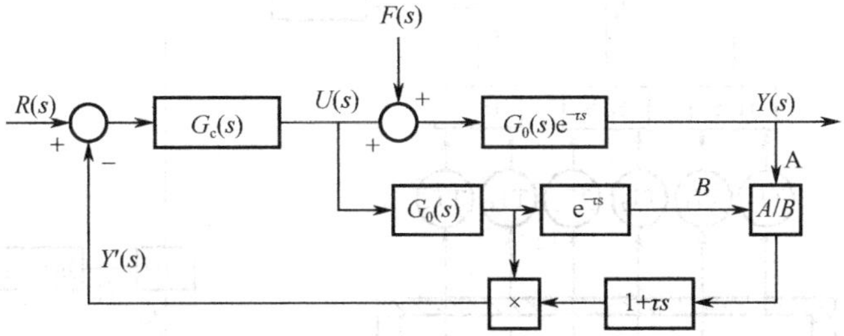

图 7-27　增益自适应预估控制系统框图

增益自适应补偿过程响应比一般史密斯预估器要好，尤其是对模型不准确的情况。

2）动态参数自适应预估控制

动态参数自适应预估控制是由 C.C.Hang 提出的又一改进型史密斯预估控制方案。动态参数自适应预估控制系统框图如图 7-28 所示。

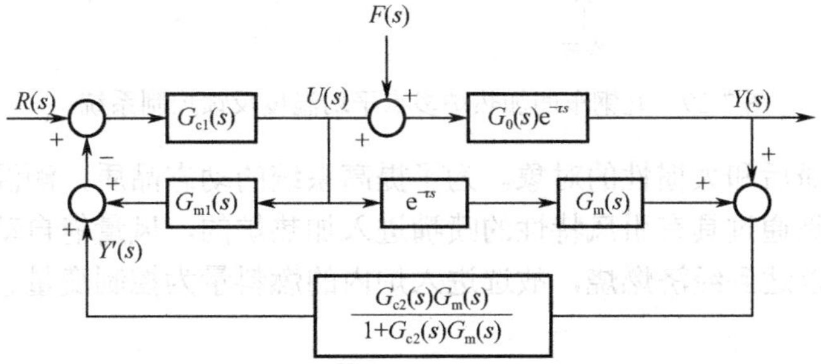

图 7-28　动态参数自适应预估控制系统框图

与史密斯预估控制方案相比，动态参数自适应预估控制方案多了一个调节器 $G_{c2}(s)$，反馈通道的传递函数不是 1 而是 $G_f(s)$，即

$$G_f(s)=\frac{G_{c2}(s)G_m(s)}{1+G_{c2}(s)G_m(s)}$$

通过理论分析可以证明动态参数自适应预估控制方案优于史密斯预估控制方案，且其对模型精度的要求明显降低，有利于改善系统的控制性能。

7.3.3 应用举例

【例 7-8】 加热炉温度预估补偿控制。

炼钢厂轧钢车间在对工件轧制之前，先要将工件加热到一定的温度。图 7-29 表示其中一个加热工段的温度控制系统。系统中采用六台设有断偶报警装置的温度变送器、三台高值选择器、一台加法器、一台 PID 调节器和一台电-气转换器。

采用高值选择器的目的是提高控制系统的工作可靠性，当每对热电偶中有一个断偶时，系统仍能正常运行。加法器实现三个信号的平均，即在加法器的三个输入通道均设置分流系数 $\alpha=1/3$，从而得到

$$I_{\Sigma}=\frac{1}{3}I_1+\frac{1}{3}I_2+\frac{1}{3}I_3$$

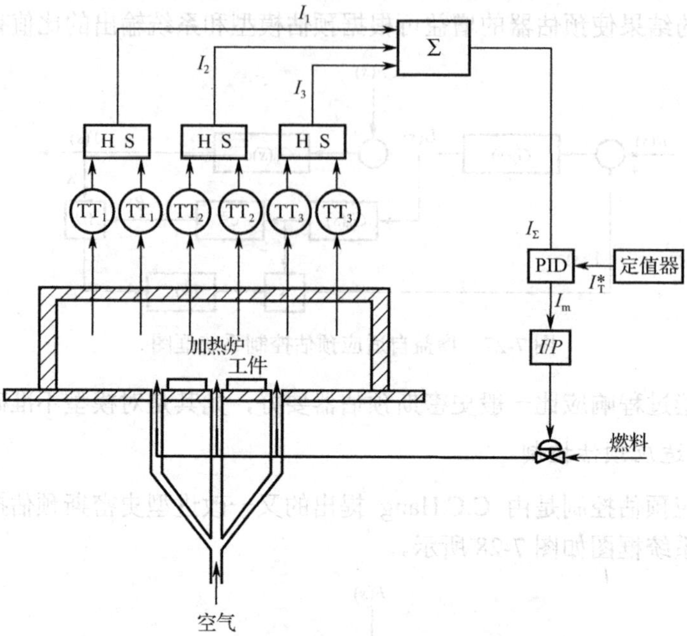

图 7-29　轧钢车间加热炉多点平均温度反馈控制系统

加热炉是一个大滞后和大惯性的对象。为了提高系统的动态品质，测温元件选用小惯性热电偶。加热炉的燃料是通过具有引风特性的喷嘴进入加热炉的，风量能自动跟随燃料量的变化按比例增加或减少，以达到经济燃烧，故选进入炉内的燃料量为控制变量。通过试验测得加热炉的数学模型为

$$W_1(s)=\frac{9.9e^{-80s}}{120s+1}$$

温度传感器与变送器的数学模型为

$$W_m(s)=\frac{0.107}{10s+1}$$

因此，广义被控对象的数学模型为

$$W_0(s)=W_1(s)W_m(s)=\frac{1.06e^{-80s}}{(120s+1)(10s+1)}$$

由于$10s+1\approx e^{10s}$，故上式可转化为

$$W_0(s)=\frac{1.06e^{-90s}}{(120s+1)}$$

由于本例中广义对象的纯滞后时间与其时间常数的比值较大，即$\tau/T=0.75$，若采用普通的 PID 调节器（如图 7-29 所示），则无论怎样整定 PID 调节器的参数，过渡过程的超调量及过渡过程的时间仍很大。因此，对该大时间滞后系统，考虑采用如图 7-30 所示的史密斯预估补偿方案。

加入史密斯预估补偿环节后，PID 调节器控制的对象包括原来的广义对象和补偿环节，从而等效被控对象的传递函数为

$$\overline{W_0}(s)=\frac{1.06e^{-90s}}{120s+1}+\frac{1.06}{120s+1}(1-e^{-90s})=\frac{1.06}{120s+1}$$

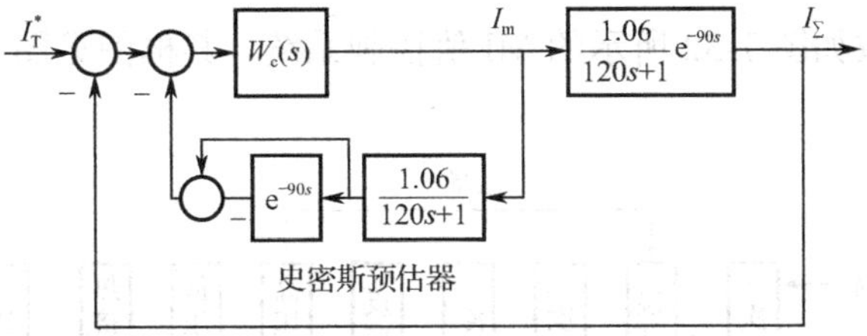

图 7-30　加热炉温度史密斯预估补偿控制系统框图

可见等效被控对象 $\overline{W_0}(s)$ 中，不再包含纯滞后因素，因此调节器的整定变得很容易且可得到较高的控制品质。但单纯的史密斯预估补偿方案要求广义对象的模型要有较高的精度和相对稳定性，否则控制品质又会明显下降。而加热炉由于使用时间长短及每次处理工件的数量均不尽相同，其特性参数会发生变化。为提高加热炉的控制品质，改用图 7-31 所示的具有增益自适应补偿的多点温度平均值控制系统。这是一种典型的能够适应过程静态增益变化的大滞后补偿控制系统。

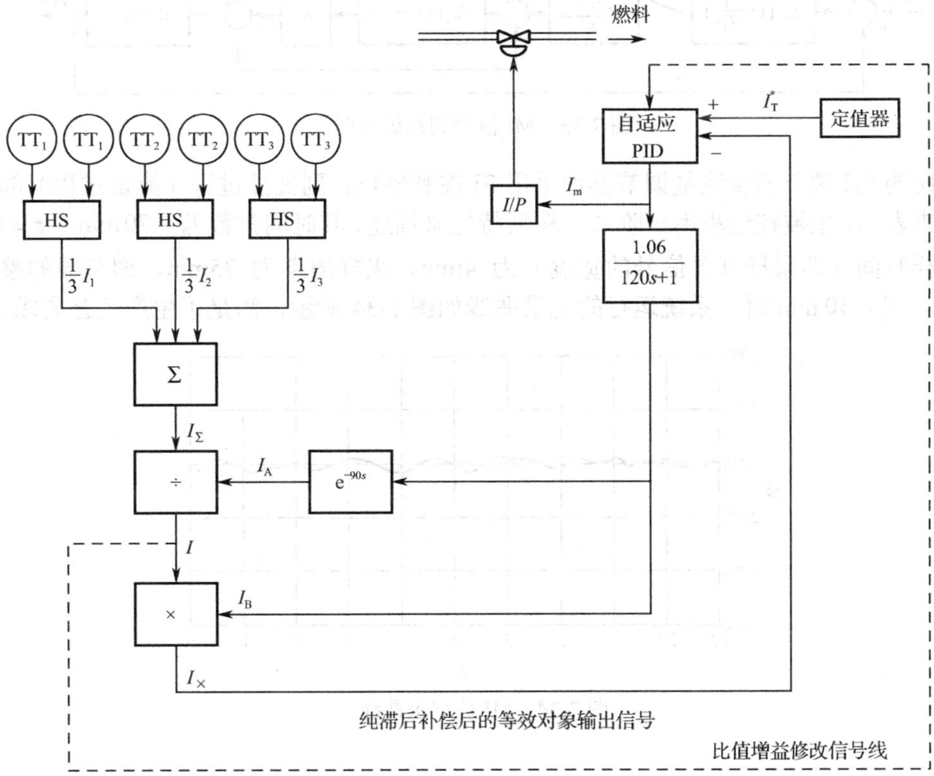

图 7-31　具有增益自适应补偿的多点温度平均值控制系统

【例 7-9】 高压聚乙烯熔融值采样控制。

图 7-32 所示为某高压聚乙烯生产线，原料乙烯和添加剂（C.T.A）先经过压缩，然后经混合、二次压缩、冷却、反应、高压分离、低压分离等工艺过程，进入热挤压机，挤压成型后切粒（成品）。

熔融值是聚乙烯成品的主要质量指标之一（以下简称 MI 指标），它主要通过调节原料入口处的添加剂量来控制。为此，在热挤压机出口处安装 MI 值变送器，其输出为标准的电流信号，送给 MI 调节器，调节器的输出经采样器（由采样开关和零阶保持器组成）后，作为 C.T.A.流量调节器的外给定，构成如图 7-32 所示的 MI 值控制系统，其框图见图 7-33，为一串级采样控制系统。

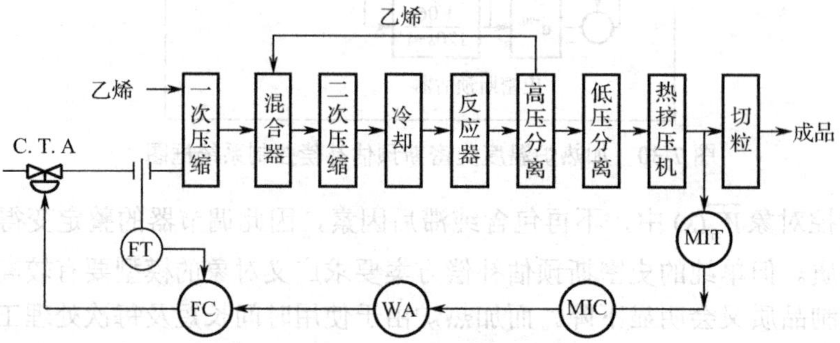

图 7-32　高压聚乙烯生产线及熔融值控制系统

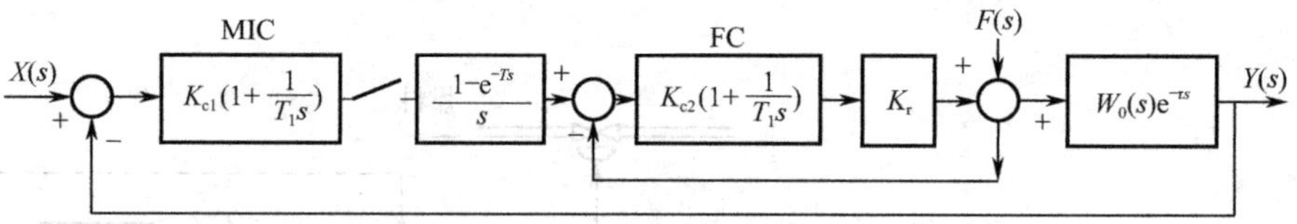

图 7-33　MI 值控制系统框图

该系统的 MI 调节器及流量调节器均采用 PI 控制规律，副被控过程（流量过程）的特性用放大环节来表示，主被控过程用一阶加纯滞后特性来描述，其时间常数 $T_0 = 70\,\text{min}$，$\tau = 15\,\text{min}$。

当采样时间（即采样开关信号的宽度）为 4min，采样周期为 25min，调节器的整定参数 $\delta = 300\,\%$，$T_1 = 30\,\text{min}$ 时，系统运行的记录曲线如图 7-34 所示，满足了生产工艺要求。

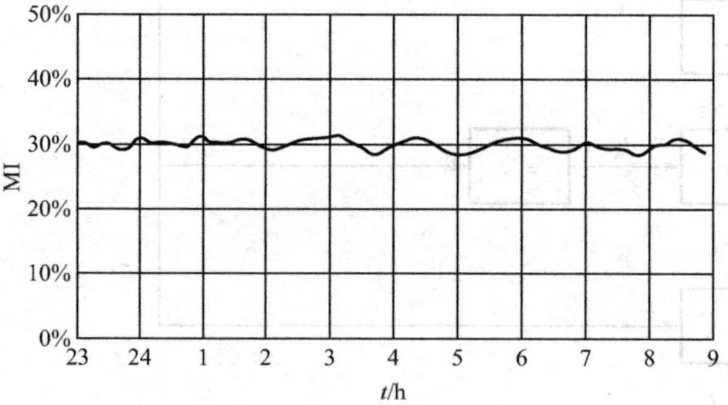

图 7-34　MI 值记录曲线

习题

7-1 设置串级控制系统的目的是什么？串级控制系统的结构特点是什么？串级控制系统的工作原理是什么？串级控制系统的应用场合有哪些？

7-2 设置前馈控制的目的是什么？

7-3 前馈-反馈控制系统的工作原理是什么？

7-4 为什么大滞后过程是一种难控制的过程？

7-5 在设计某加热炉出口温度（主参数）与炉膛温度（副参数）的串级控制系统中，主调节器采用 PID 控制规律，副调节器采用 P 控制规律，为了使系统运行在最佳状态，采用两步整定法整定主、副参数，按 4∶1 衰减曲线法测得 $\delta_{2s}=42\%$、$T_{2s}=25\text{s}$、$\delta_{1s}=75\%$、$T_{1s}=60\text{s}$，试求主、副调节器的整定参数值。

7-6 在现代化都市中，需将生活污水和工业污水等进行处理之后再排入江河湖泊之中，以保护环境。为此，可采用图 7-35 所示的三个大容量的澄清池、过滤池和清水池进行处理。工艺要求清水池水位稳定在某一高度。在污水处理过程中污水流量经常波动，是诸干扰因素中最主要的一个扰动。试设计一个串级过程控制系统。

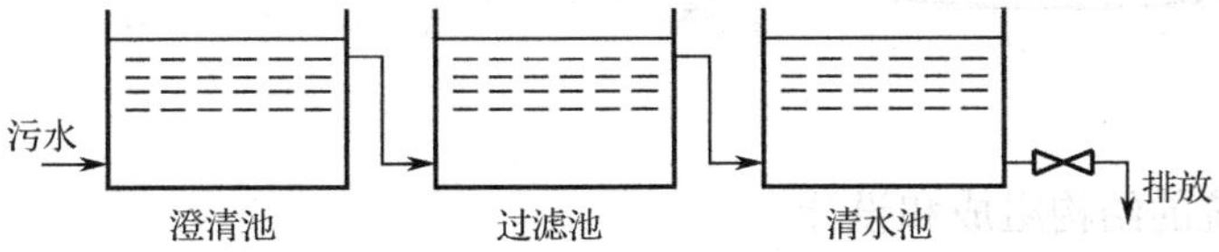

图 7-35　习题 7-6 图

7-7 已知某一前馈-反馈控制系统，其过程控制通道的传递函数为

$$G_0(s)=\frac{K_0}{(T_{01}s+1)(T_{02}s+1)}\mathrm{e}^{-\tau_0 s}$$

干扰通道的传递函数为

$$G_{\mathrm{f}}(s)=\frac{K_{\mathrm{f}}}{(T_{\mathrm{f}}s+1)(T_{02}s+1)}\mathrm{e}^{-\tau_{\mathrm{f}} s}$$

试写出前馈调节器的传递函数，并讨论其实现的可能性。

7-8 假设过程的传递函数和模型的传递函数为

$$G_0(s)=\frac{4}{(20s+1)}\mathrm{e}^{-20s}, \qquad G_0'(s)=\frac{4}{(20s+1)}\mathrm{e}^{-15s}$$

试分别用史密斯预估控制方案和参数自适应预估控制方案对其进行仿真，画出设定值干扰和负荷干扰下的仿真波形，并比较其控制性能。

第8章

实现特殊要求的过程控制系统

本章知识点：

- 比值控制系统的结构组成和设计
- 均匀控制系统的结构组成和设计
- 分程控制系统的结构组成和设计
- 自动选择性控制系统的结构组成和设计

基本要求：

- 掌握比值控制系统的结构组成和设计
- 掌握分程控制系统的结构组成和设计
- 了解均匀和自动选择性控制系统的结构组成和设计

能力培养：

通过对本章的学习，能够根据现场工艺要求，设计出符合生产要求的比值控制系统、均匀控制系统、分程控制系统和自动选择性控制系统。

8.1 比值控制

8.1.1 比值控制原理

在许多生产过程中，工艺上常常要求两种或两种以上的物料保持一定的比例关系，一旦比例失调，就会影响生产的正常进行，造成产量下降、质量降低、能源浪费、环境污染，甚至造成安全事故。例如，燃气隧道窑在陶瓷制品的烧结过程中利用的是煤气燃料，煤气在窑内燃烧时应混合一定比例的助燃风。工艺上要求煤气与助燃空气的比例为 1∶1.05 为最佳，若助燃空气不足，煤气得不到充分燃烧，将会造成能源浪费、环境污染；若助燃空气过量，空气中不助燃的气体又将大量热量带走，造成热效率降低。因此，在考虑节能、环保的情况下，对煤气和助燃空气流量的比例加以控制是非常必要的。

凡是两个或多个参数自动维持一定比值关系的过程控制系统，统称为比值控制系统。需要保持一定比例关系的两种物料中，总有一种起主导作用的物料，这种物料称为主物料；另一种物料在控制过程中则跟随主物料的变化而成比例地变化，这种物料称为从物料。

由于主、从物料均为流量参数，故又分别称为主流量（q_1）和从流量（q_2），两者的比值为 K（$q_2/q_1=K$）。由于从物料是跟随主物料变化的物流量，因此比值控制系统中的核心部分是随动控制。

1. 单闭环比值控制

单闭环比值控制系统的工艺流程图和原理框图如图 8-1 所示。

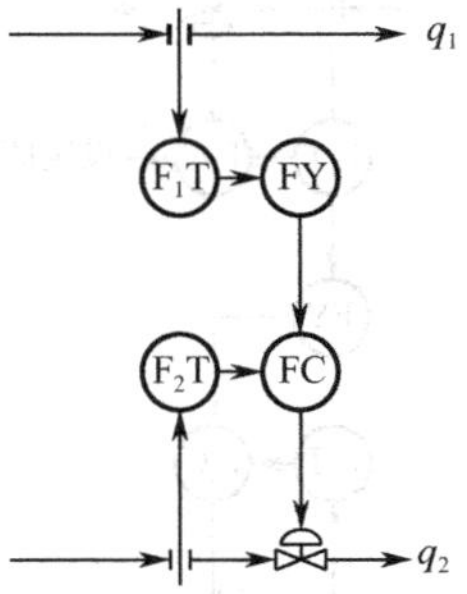

（a）工艺流程图

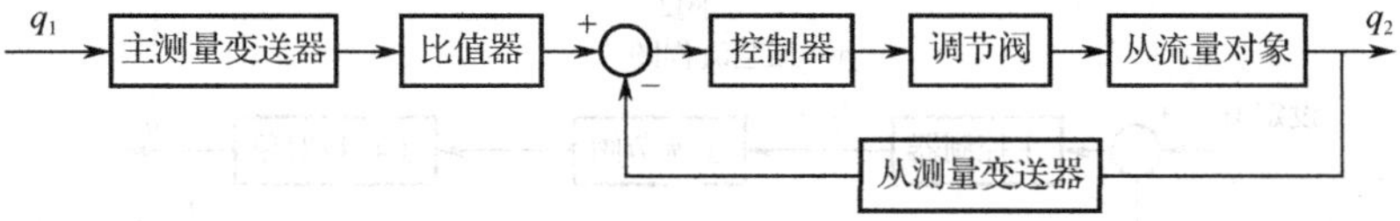

（b）原理框图

图 8-1　单闭环比值控制系统

在稳定状态下，单闭环比值控制系统中的两种物料流量保持 $q_2/q_1=K$（q_2 为从流量，q_1 为主流量）的比值关系。当主物料不变时，比值器的输出保持不变，此时从物料回路是一个定值控制系统；如果从物料流量 q_2 受到外界干扰发生了变化，经过从物料回路的控制作用，可把变化了的 q_2 再调回到稳态值，维持 q_1 与 q_2 的比值关系不变。当主物料流量 q_1 受到干扰发生变化时，比值器经过比值运算后其输出也相应发生变化，即从物料控制回路的给定值发生变化，经过从物料控制回路的调整使从物料流量 q_2 随着主物料流量 q_1 的变化而成比例变化，将变化后的 q_1 和 q_2 仍维持原来比值关系不变。可以看出，此时从物料控制回路是一个随动控制系统。当主物料流量 q_1 和从物料流量 q_2 同时受到干扰而发生变化时，从物料回路的控制过程是上述两种情况的叠加，不过从物料回路首先应满足使 q_2 随 q_1 成比值关系的变化。

单闭环比值控制不但能使从物料流量 q_2 跟随主物料流量 q_1 的变化而变化，而且也可以克服从物料流量 q_2 本身干扰对比值的影响，从而实现了主、从物料精确的比值控制，所以在工程上得到了广泛应用。

应当指出的是，由于从物料的调整需要一定的时间，不可能做到理想的随动，所以单闭环比值系统一般只用于负荷变化不大的场合。原因是该方案中主物料流量不是确定值，它是随系统负荷升降或受干扰的作用而任意变化的。因此当主物料流量 q_1 出现大幅度波动时，从物料流量 q_2 难以跟踪，主、从物料的比值会较大地偏离工艺的要求，这在有的生产过程中是不允许的。

2. 双闭环比值控制

在比值控制精度要求较高而主物料流量 q_1 又允许控制的场合下，很自然地就想到对主物料也进行定值控制，这就形成了双闭环比值系统。其工艺流程图和原理框图如图 8-2 所示。

在双闭环比值控制系统中，当主物料流量 q_1 受到干扰发生波动时，主物料回路对其进行定值控制，使主物料流量始终稳定在设定值附近，因此主物料回路是一个定值控制系统；而从物料回路是一个随动控制系统，主物料流量 q_1 发生变化时，通过比值器的输出使从物料回路控制器的设定值也发生改变，从而使从物料流量 q_2 随着主物料流量 q_1 的变化而成比例地变化。当

从物料流量 q_2 受到干扰时，与单闭环比值控制系统一样，经过从物料回路的调节，使从物料流量 q_2 稳定在比值器输出值上。

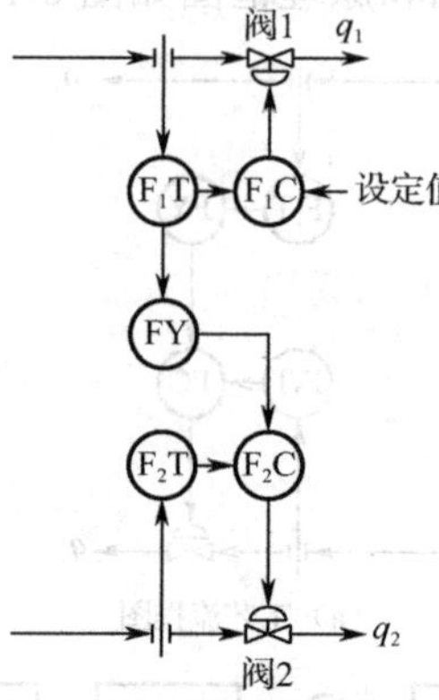

（a）工艺流程图

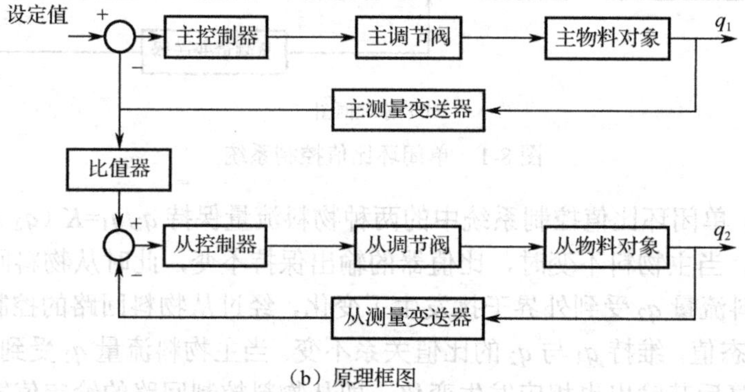

（b）原理框图

图 8-2 双闭环比值控制系统

双闭环比值控制系统和单闭环比值控制系统的区别仅在于增加了主物料控制回路。显然，由于实现了主物料流量 q_1 的定值控制，克服了干扰的影响，使主物料流量 q_1 变化平稳。当然与之成比例的从物料流量 q_2 的变化也将比较平稳。当系统需要升降负荷时，只要改变主物料流量 q_1 的设定值，主、从物料就会按比例同时增加或减少，从而克服上述单闭环比值控制系统的缺点。

根据双闭环比值控制系统的优点，它常用在主物料干扰比较频繁、工艺上经常需要升降负荷及工艺上不允许负荷有较大波动的场合。

3. 变比值控制系统

前面介绍的两种比值控制系统都属于定比值控制系统，因为它们的主、从物料流量之间的比值都是确定的，控制的目的是要保持主、从物料流量的比值关系为恒值。但在有些生产过程中，要求两种物料的比值能灵活地根据另一个参数的变化来不断地修正，显然这是一个变比值控制问题。

因为在实际生产过程中，使两种物料的流量比值恒定往往并不是目的，真正的控制目的大多是两种物料混合或反应以后的产品的产量、质量或系统的节能、环保及安全等。也就是说，比值控制只是生产过程的一个中间手段。如果两种物料的比值对被控变量影响比较显著，可以将两种物料的比值作为操纵变量加以利用，用于克服其他干扰对被控变量的影响。采用这种通过控制中间变量保证最终目标的方式，是由于最终目标往往不易测量或这两种物料成分稳定且其比值对最终目标影响显著。例如，燃烧系统中，由于燃烧效率不易测量，当燃料的热值稳定、空气中的氧含量稳定时，就可以采用空燃比作为高效燃烧的控制参数。但是，如果燃料的品质无法保持稳定，如燃烧劣质煤的锅炉；或空气中的氧含量不确定，如汽车在不同的海拔高度运行，就不能简单地采用空燃比作为高效燃烧的被控参数，而必须引入可以直接反应燃烧效率的直接参数。例如，燃烧系统可以引入烟气中的氧含量作为直接控制目标，并以此修订空燃比。

图 8-3 所示为氧化炉温度与氨气/空气变比值控制系统。氧化炉是硝酸生产中的一个关键设备。原料氨气和空气首先在混合器中混合，经过滤器后通过预热器进入氧化炉中，在铂触媒的作用下进行氧化反应，生成一氧化氮气体，同时放出大量热量，反应后生成的一氧化氮气体通过预热器进行热量回收，并经快速冷却器降温，再进入硝酸吸收塔，与空气第二次氧化后再与水作用生成稀硝酸。在整个生产过程中，稳定氧化炉的操作是保证优质高产、低耗、无事故的首要条件。而稳定氧化炉操作的关键条件是反应温度，一般要求炉内反应温度为 840±5℃。因此，氧化炉温度可以间接表征氧化生产的质量指标。

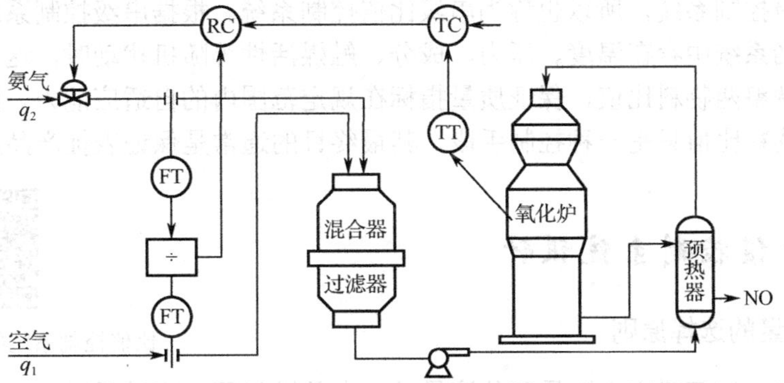

图 8-3　氧化炉温度与氨气/空气变比值控制系统

经测定，影响氧化炉反应温度的主要因素是氨气和空气的比值，当混合器中氨气含量减小 1%时，氧化炉温度将会下降 64℃。因此可以设计一个比值控制系统，使进入氧化炉的氨气和空气的比值恒定，从而达到稳定氧化炉温度的目的。然而，对氧化炉温度构成影响的还有其他很多因素，如进入氧化炉的氨气、空气的初始温度，负荷的变化，进入混合器前氨气、空气的压力变化，铂触媒的活性变化及大气环境温度的变化等，都会对氧化炉温度造成影响，也就是说，单靠比值控制系统使氨气和空气的流量比值恒定，还不能最终保证氧化炉温度的恒定。因此，必须根据氧化炉温度的变化，适当改变氨气和空气的流量比，以维持氧化炉温度不变。所以就设计出了图 8-3 所示的以氧化炉温度为主变量，以氢气和空气的比值为副变量的串级比值控制系统，也称为变比值控制系统。其原理框图如图 8-4 所示。

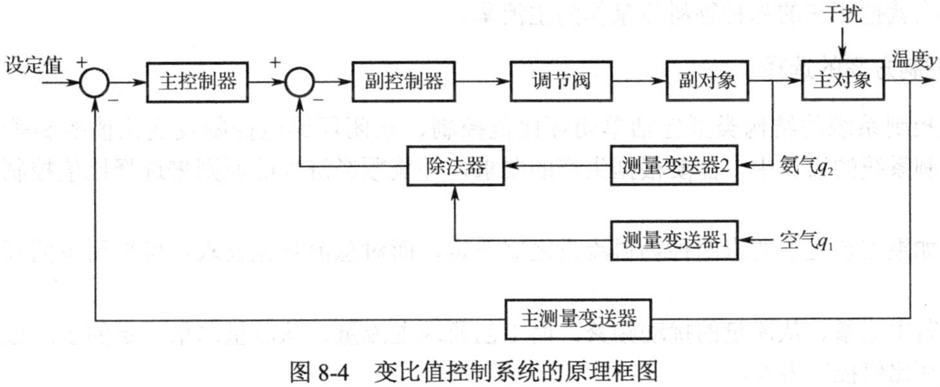

图 8-4　变比值控制系统的原理框图

变比值控制系统在稳定状态下，主物料流量 q_1 和从物料流量 q_2 经过测量变送器后送入除法器相除，除法器的输出即为它们的比值，同时又作为副控制器的测量值。当主被控变量（氧化炉温度）y 稳定不变时，主控制器的输出也稳定不变，并且和比值信号相等，调节阀稳定于某一开度。当主物料流量 q_1 受到干扰发生波动时，除法器输出要发生改变，副控制器经过调节作用改变调节阀开度，使从物料流量 q_2 也发生变化，保证 q_1 与 q_2 的比值不变。但当主对象受到干扰引起主被控变量 y 发生变化时，主控制器的测量值将发生变化。当系统设定值变化时，主控制器的输出将发生改变，也就是改变了副控制器的设定值，从而引起从物料流量 q_2 的变化。在主物料流量 q_1 不变时，除法器输出要发生改变。所以系统最终利用主物料流量 q_1 与从物料流量 q_2 的比值变化来稳定主对象的主被控变量 y。

由此可见，变比值控制系统是两物料比值随另一个参数变化的一种比值控制系统。其结构是串级控制系统与比值控制系统的结合。它实质上是一种以某种质量指标为主变量，两物料比值为副变量的串级控制系统，所以也称为串级比值控制系统。根据串级控制系统具有一定自适应能力的特点，当系统中存在温度、压力、成分、触媒活性等随机扰动时，这种变比值控制系统也具有能自动调整两物料比值，保证质量指标在规定范围内的自适应能力。因此，在变比值控制系统中，两物料比值只是一种控制手段，其最终目的通常是保证表征产品质量指标的主被控变量恒定。

8.1.2 比值控制系统设计

比值控制系统的 matlab 仿真实例

1. 主、从流量的选择原则

在实际工程中，如何确定主流量和从流量是一个关键问题，应遵循以下几个原则。

（1）在生产中对生产负荷起主导作用的物料流量，一般选为主流量，其他需要跟随主物料变化的物料流量，则为从流量。

（2）在生产中不可控的物料流量，一般选为主流量。在这种情况下，将可控的物料流量选为从流量，从而可以组成单闭环比值控制系统。

（3）若生产过程中的两种物料均可控，则分析两种物料的供应情况，将有可能供应不足的物料流量选为主流量。当出现供应不足的现象时，从流量可以跟随主流量变化，从而主流量与从流量的比值关系仍然维持不变。

（4）当生产工艺有特殊要求时，主流量、从流量的确定以服从工艺需要为原则。比如，对安全性特别强调的生产过程，在确定主流量、从流量的时候就需要考虑安全生产的特殊要求，可以分别分析两种物料流量在失控情况下，哪一种情况必须保持比值一定，否则就会出现安全事故，那么就把相应的那种物料流量作为主流量。

2. 控制方案的选择

比值控制系统的结构类型包括单闭环比值控制、双闭环比值控制及变比值控制等几种类型。在控制系统的设计中，需要根据生产的要求，并兼顾经济性的原则来选择比值控制的结构类型。

（1）如果工艺上仅要求两种物料流量之比一定，而对总流量无要求，可采用单闭环比值控制方案。

（2）若主流量、从流量的扰动频繁，而工艺要求主流量、从流量总量恒定的生产过程，可采用双闭环比值控制方案。

（3）当生产工艺要求两种物料流量的比值要随着第三个参数进行调节时，可采用变比值控制方案。

3．调节规律的确定

根据 PID 控制原理，结合比值控制方案和控制要求，可以确定调节规律。

在图 8-1 所示的单闭环比值控制系统中，比值器起比值计算作用，若用调节器实现，则选 P 调节；设置调节器 FC 的目的是使从流量保持稳定，为保证控制精度可选 PI 调节规律。

在图 8-2 所示的双闭环比值控制系统中，不仅要求两流量保持恒定的比值关系，而且主、从流量均要实现定值控制，其对控制精度的要求较高，所以两个调节器均应选 PI 调节规律；比值器如同单闭环比值控制系统一样，选 P 调节器即可。

4．比值系数的换算

比值控制用于解决不同物料流量之间的比例关系问题。工艺要求的比值系数 K，是不同物料之间的体积流量或重量流量之比，而比值器参数 K'，则是仪表的读数，一般情况下它与实际物料流量的比值 K 并不相等。因此在设计比值控制系统时必须根据工艺要求的比值系数 K 计算出比值器参数 K'。当使用单元组合仪表时，因输入/输出参数均为统一标准信号，所以比值器参数 K' 必须由实际物料流量的比值系数 K 折算成仪表的标准统一信号。以下分两种情况进行讨论。

1）流量与检测信号呈非线性关系

当采用差压式流量传感器（如孔板）测流量时，压差与流量的平方成正比，即

$$q = C\sqrt{\Delta p} \tag{8-1}$$

式中，C 为差压式流量传感器的比例系数。

当物料流量从 0 变化到 $\Delta q_{\max}$ 时，差压则从 0 变化到 $\Delta p_{\max}$。相应地，变换器的输出则由 DC 4mA 变化到 DC 20mA（对 DDZ-Ⅲ型仪表而言）。此时，任何一个流量值 q_1 和 q_2 所对应的变送器的输出电流信号 I_1 和 I_2 应为

$$\begin{aligned} I_1 &= \frac{q_1^2}{q_{1\max}^2} \times 16\text{mA} + 4\text{mA} \\ I_2 &= \frac{q_2^2}{q_{2\max}^2} \times 16\text{mA} + 4\text{mA} \end{aligned} \tag{8-2}$$

式中，q_1 为主流量的体积流量或重量流量；q_2 为从流量的体积流量或重量流量；$q_{1\max}$ 为测量 q_1 所用变送器的最大量程；$q_{2\max}$ 为测量 q_2 所用变送器的最大量程；I_1 和 I_2 分别为测量 q_1 和 q_2 时所用变送器的输出电流（mA）。

根据生产工艺要求可知 $K = \dfrac{q_2}{q_1}$，根据式（8-2），则有

$$K^2 = \frac{q_2^2}{q_1^2} = \frac{q_{2\max}^2 (I_2 - 4\text{mA})}{q_{1\max}^2 (I_1 - 4\text{mA})} = \frac{q_{2\max}^2}{q_{1\max}^2} K'$$

由此，可得

$$K' = \left(K \frac{q_{1\max}}{q_{2\max}} \right)^2 = \frac{I_2 - 4\text{mA}}{I_1 - 4\text{mA}} \tag{8-3}$$

式（8-3）表明，当物料流量的比值 K 一定、流量与其检测信号呈平方关系时，比值器的参数与物料流量的实际比值和最大值之比的乘积也呈平方关系。

2）流量与检测信号呈线性关系

为了使流量与检测信号呈线性关系，在系统设计时，可在压差变送器之后串接一个开方器，比值器参数的计算与上述不同。设开方器的输出为 I'，I' 与 q 的线性关系为

$$I_1' = \frac{q_1}{q_{1\max}} \times 16\text{mA} + 4\text{mA}$$
$$I_2' = \frac{q_2}{q_{2\max}} \times 16\text{mA} + 4\text{mA} \tag{8-4}$$

进而有

$$K = \frac{q_2}{q_1} = \frac{q_{2\max}(I_2' - 4\text{mA})}{q_{1\max}(I_1' - 4\text{mA})} = \frac{q_{2\max}}{q_{1\max}} K'$$

即

$$K' = K\frac{q_{1\max}}{q_{2\max}} = \frac{I_2' - 4\text{mA}}{I_1' - 4\text{mA}} \tag{8-5}$$

由式（8-5）可知，当物料流量的比值 K 一定，流量与其测量信号呈线性关系时，比值器的参数与物料的实际比值和最大值之比的乘积也是线性关系。

8.1.3 比值控制系统参数整定

在比值控制系统中，双闭环比值控制系统的主流量回路可按单回路控制系统进行整定；变比值控制系统因结构上属于串级控制系统，所以主调节器可按串级控制系统的整定方法进行。这样，比值控制系统的参数整定，主要是讨论单闭环、双闭环以及变比值控制从流量回路的整定问题。由于这些回路本质上都属随动系统，要求从流量快速、准确地跟随主流量变化，而且不宜有超调，所以最好整定在振荡与不振荡的临界状态。具体整定步骤可归纳如下：

（1）在满足生产工艺流量比的条件下，计算比值器的参数 K'，将比值控制系统投入运行。

（2）将积分时间置于最大，并由大到小逐渐调节比例度，使系统响应迅速，处于振荡与不振荡的临界状态。

（3）若欲投入积分作用，则先适当增大比例度，再投入积分作用，并逐步减小积分时间，直到系统出现振荡与不振荡或稍有超调为止。

8.2 均匀控制系统

8.2.1 均匀控制系统概述

1. 均匀控制系统的概念

在连续生产过程中，前一设备的出料往往是后一设备的进料。随着生产的不断强化，前后生产过程的联系也越来越紧密。例如，用精馏方法分离多组分混合物时，往往有几个塔串联在一起运行；又如，在石油裂解气深冷分离的乙烯装置中，也有多个塔串联在一起进行连续生产。

为了保证这些相互串联的塔能够正常地连续运行，要求进入后续塔的流量应保持在一定的范围内，这就不可避免地要求前一个塔的液位既不能过高也不能过低。

图 8-5 所示为两个串联的精馏塔各自设置的两个控制系统。图中，A 塔的出料是 B 塔的进料。为了使 A 塔的液位保持稳定，设计了 A 塔液位控制系统；根据 B 塔进料稳定的要求，又设计了 B 塔进料流量控制系统。显然，若按照这两个控制系统的各自要求，两个塔的供求关系是相互矛盾的。为了解决这一矛盾，简单的办法是在两个塔之间增加一个缓冲器。这样做不但增加了投资成本，而且还会使物料储存的时间过长。这对于某些生产连续性很强的过程是不希望的。

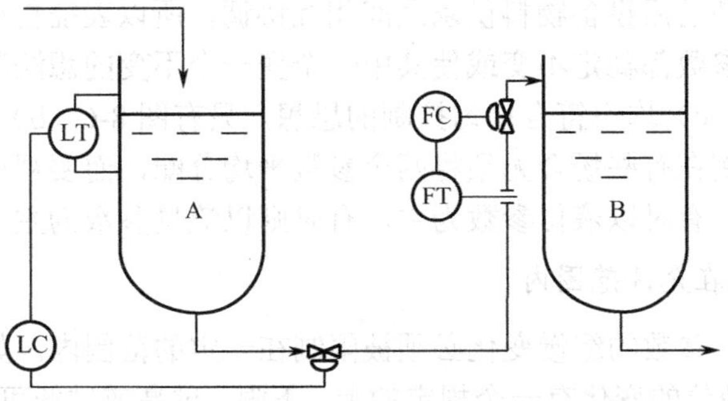

图 8-5　前后精馏塔间不协调的控制方案

为了解决问题，提出了均匀控制方法。均匀控制的设计思想是将液位控制与流量控制统一在一个控制系统中，从系统内部解决两种工艺参数供求之间的关系，使 A 塔的液位在允许的范围内波动的同时，也使流量平稳、缓慢地变化。为了实现上述控制思想，可将图 8-5 中的流量控制系统删去，只设置一个液位控制系统。这样可能出现三种情况，如图 8-6 所示。其中，图 8-6（a）所示液位控制系统具有较强的控制作用，所以在干扰作用下，为使液位控制成稳定的直线，下一设备流量需产生较大的变化；图 8-6（b）所示液位控制系统的控制作用相对适中，在干扰作用下，液位在较小的范围内发生一些变化，与此同时，流量也在一定范围内产生了缓慢变化；图 8-6（c）所示液位控制系统的控制作用较小，在干扰作用下，由于流量的调节作用很小（即基本不变），从而导致液位产生大幅度波动。显然，图 8-6（b）所示情况符合均匀控制的要求。

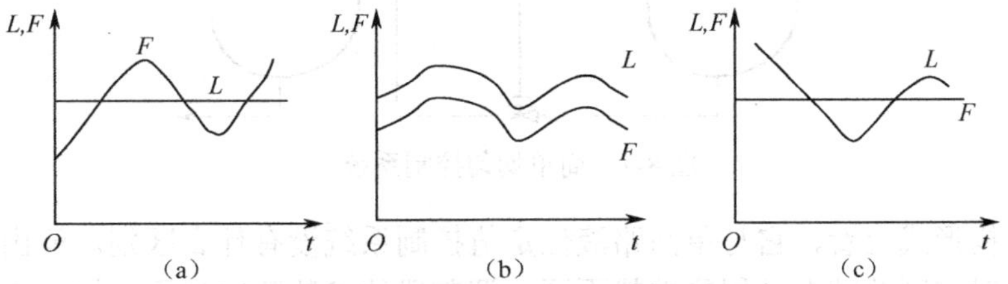

图 8-6　液位控制时前后设备的液位、流量关系

使两个有关联的被控变量在规定范围内缓慢、均匀地变化，使前后设备在物料的供应上相互兼顾、均匀协调的系统称为均匀控制系统。

2．均匀控制系统的特点

均匀控制系统具有如下特点：

1）系统结构无特殊性

同样一个单回路液位控制系统，由于控制作用的强弱不同，既可以是图 8-6（a）所示的单回路定值控制系统，也可以成为图 8-6（b）所示的均匀控制系统。因此，均匀控制取决于控制目的而不是取决于控制系统的结构。在结构上，它既可以是一个单回路控制系统，也可以是其他结构形式。所以，对于一个已定结构的控制系统，能否实现均匀控制，主要取决于其调节器的参数如何整定。事实上，均匀控制是靠降低控制回路的灵敏度而不是靠结构的变化体现的。

2）参数均应缓慢地变化

均匀控制的任务是使前后设备物料供求之间相互协调，所以表征物料的所有参数都应缓慢变化。那种试图把两个参数都稳定不变或使其中一个变一个不变的想法都不能实现均匀控制。由此可见，图 8-6（a）、（c）均不符合均匀控制的思想，只有图 8-6（b）才是均匀控制。此外，还需注意的是，均匀控制在有些场合无须将两个参数平均分配，而要视前后设备的特性及重要性等因素来确定其主次，有时以液位参数为主，有时则以流量参数为主。

3）参数变化应限制在允许范围内

在均匀控制系统中，参数的缓慢变化必须被限制在一定的范围内。如在图 8-5 所示的两个串联的精馏塔中，A 塔液位的变化有一个规定的上、下限，过高或过低可能造成“冲塔”或“抽干”的危险。同样，B 塔的进料流量也不能超过它所能承受的最大负荷和最低处理量，否则精馏过程难以正常进行。

3. 均匀控制系统的分类

均匀控制系统有多种类型，常见的有简单均匀控制系统和串级均匀控制系统。

1）简单均匀控制系统

简单均匀控制系统的结构形式如图 8-7 所示。

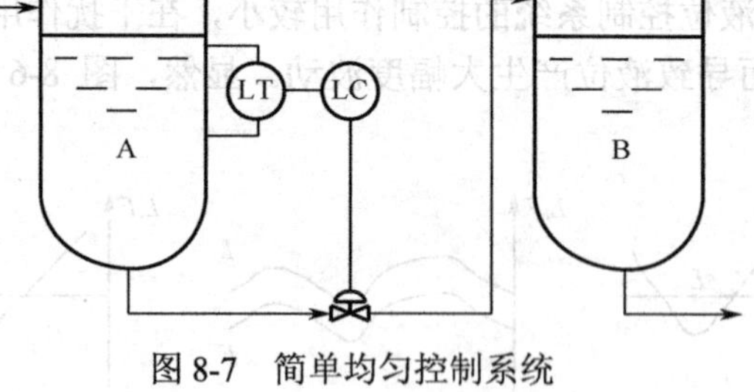

图 8-7 简单均匀控制系统

从系统的结构形式上看，它与单回路液位定值控制系统没有什么区别。但由于它们的控制目的不同，所以对控制的动态过程要求就不同，调节器的参数整定也不一样。均匀控制系统在调节器参数整定时，比例作用和积分作用均不能太强，通常需设置较大的比例度（大于 100%）和较长的积分时间，以较弱的控制作用达到均匀控制的目的。

简单均匀控制系统的最大优点是结构简单、投运方便、成本低。其不足之处是，它只适用于干扰较小、对控制要求较低的场合。当被控过程的自平衡能力较强时，简单均匀控制的效果较差。

值得注意的是，当调节阀两端的压差变化较大时，流量大小不仅取决于调节阀开度的大小，还将受到压差波动的影响。此时，简单均匀控制已不能满足要求，需要采用较为复杂的均匀控制方案。

2）串级均匀控制系统

为了克服调节阀前后压差波动对流量的影响，设计了以液位为主参数、以流量为副参数的串级均匀控制系统，如图 8-8 所示。在结构上，它与一般的液位-流量串级控制系统没有什么区别。这里采用串级形式的目的并不是为了提高主参数液位的控制精度，而流量副回路的引入也主要是为了克服调节阀前后压差波动对流量的影响，使流量变化平缓。为了使液位的变化也比较平缓，以达到均匀控制的目的，液位调节器的参数整定与简单均匀控制系统类似，这里不再重复。

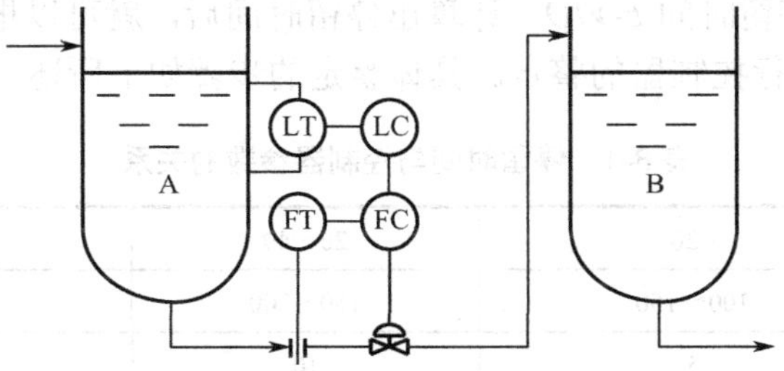

图 8-8　串级均匀控制系统

8.2.2　均匀控制系统的设计

1. 控制方案的选择

（1）干扰较小、对控制要求较低的场合，可选择简单均匀控制系统方案。
（2）干扰较大、对控制要求较高的场合，可选择串级均匀控制系统方案。

2. 控制器控制规律的选择

（1）简单均匀控制系统的调节器及串级均匀控制系统的主调节器一般采用比例或比例积分调节规律。

（2）串级均匀控制的副调节器一般采用比例调节规律。如果为了使副参数变化更加平稳，也可采用比例积分调节规律。

（3）在所有的均匀控制系统中，都不应采用微分调节，因为微分作用是加速动态过程的，与均匀控制的目的不符。

3. 控制器的参数整定

通过前面的分析，可知简单均匀控制结构属于单回路控制系统，因此可按单回路控制系统的整定方法进行参数整定。其比例度要宽、积分时间要长，就可以达到均匀协调的最终目的。对于串级均匀控制系统来说，有两种整定方法。

1）经验逼近法

首先对副控制器的参数进行整定，将其比例度取一个适当值，并由小到大调整，观察副回路的响应曲线，使被控变量呈现缓慢无振荡的衰减过程，并在允许的波动范围内。如果需要加入积分控制，则将比例度适当放大后，再设置一个较大的积分时间，通过观察过渡过程曲线，若副回路的被控变量在允许的波动范围内，则逐步减小积分时间，直到达到被控变量的最大波动范围时为止。在此基础上，对主控制器的参数按上述方法进行整定，需要注意的是，在整定主参数的时候还要观察副参数的变化曲线，使二者的变化曲线满足均匀控制的要求。

2）停留时间法

对于有些被控对象来说，其特性往往难以测定，这给控制器参数的整定带来了许多困难。由于均匀控制系统中被控对象的特殊性，即前后装置或设备相连，前一装置或设备的出料量是后一装置或设备的进料量，而后一装置或设备的出料又输送给其他的装置或设备。根据这一特点，可以计算介质在装置或设备中的停留时间，然后再整定控制参数，这里所述的停留时间是指介质在对象的被控参数允许变化范围内通过所需的时间。假设这个变化范围的体积为 V，当介质的流量为 Q 时，则停留时间 $t=V/Q$。计算出停留时间后，就可以根据表 8-1 所示的停留时间与控制参数间的关系进行控制器的整定。具体整定的步骤如下所述。

表 8-1　停留时间与控制器参数的关系

停留时间/min	<20	20～40	>40
比例度/%	100～150	150～200	200～250
积分时间/min	5	10	15

（1）根据容器的特点及介质的流量参数，计算出停留时间 t。

（2）对副控制器按经验法整定，使副回路的被控变量呈现缓慢无振荡的衰减过程，并在允许的波动范围内变化。

（3）由表 8-1 确定主控制器的比例度和积分时间，并投入运行，观察曲线变化情况，便于进一步调整。

（4）如果对副回路参数的控制指标要求较高，则主控制器的参数宜偏大一些；如果主回路参数的控制指标要求较高，则主控制器的参数要偏小一些；若对两者的控制要求均较高，则需要细心调整，相互兼顾，直到过渡过程曲线符合均匀控制的要求为止。

8.3　分程控制系统

8.3.1　分程控制的概念

在一个控制系统中，一个控制器的输出可以同时控制两台甚至两台以上的控制阀，控制器的输出信号被分割成若干个信号范围段，由每一段信号去控制一台控制阀。这样的系统称为分程控制系统，其框图如图 8-9 所示。

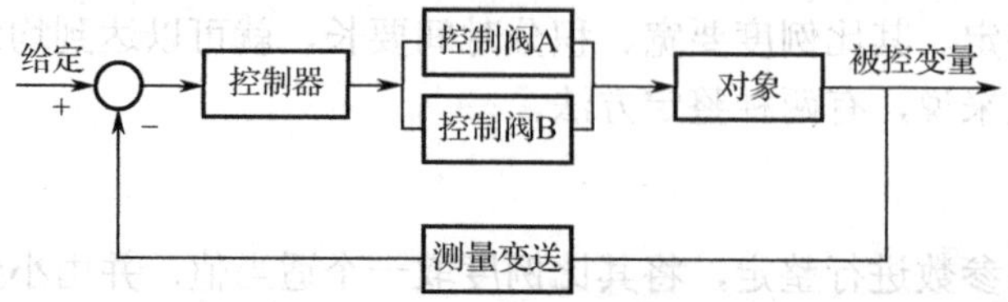

图 8-9　分程控制系统框图

分程控制系统中控制器输出信号的分段一般是由附设在控制阀上的阀门定位器来实现的。阀门定位器相当于一台可变放大系数且零点可以调整的放大器。如果在分程控制系统中采用了两台分程阀，在图 8-9 中分别为控制阀 A 和控制阀 B，将执行器的输入信号 20～100kPa 分为两段，要求 A 阀在 20～60kPa 信号范围内做全行程动作（即由全关到全开或由全开到全关），B 阀在 60～100kPa 信号范围内做全行程动作，那么就可以对附设在控制阀 A、B 上的阀门定位器进行调整，使控制阀 A 在 20～60kPa 的输入信号下走完全行程，使控制阀 B 在 60～100kPa 的输入信号下走完全行程。这样一来，当控制器输出信号在小于 60kPa 范围内变化时，就只有控制阀 A 随着信号压力的变化改变自己的开度，而控制阀 B 则处于某个极限位置（全开或全关），其开度不变。当控制器输出信号在 60～100kPa 范围内变化时，控制阀 A 因已移动到极限位置开度不再变化，控制阀 B 的开度却随着信号大小的变化而变化。

分程控制系统根据控制阀的开、关形式可以划分为两类：一类是两个控制阀同向动作，即随着控制器输出信号（即阀压）的增大或减小，两控制阀都开大或关小，其动作过程如图 8-10 所示，其中图 8-10（a）为气开阀的情况，图 8-10（b）为气关阀的情况；另一类是两个控制阀异向动作，即随着控制器输出信号的增大或减小，一个控制阀开大，另一个控制阀则关小，如图 8-11 所示，其中图 8-11（a）所示为 A 为气关阀、B 为气开阀的情况，图 8-11（b）所示为 A 为气开阀、B 为气关阀的情况。

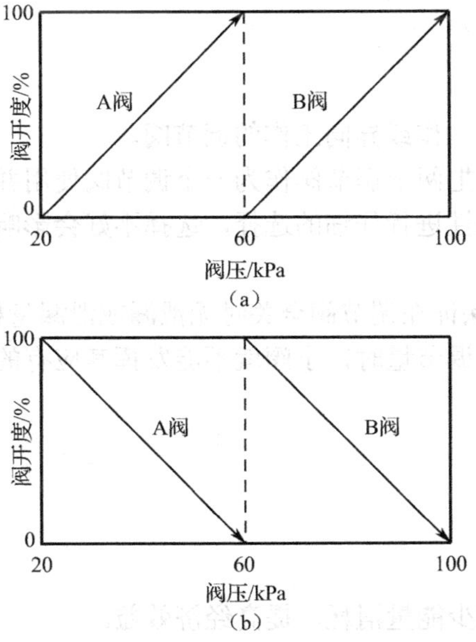

图 8-10　两阀同向动作

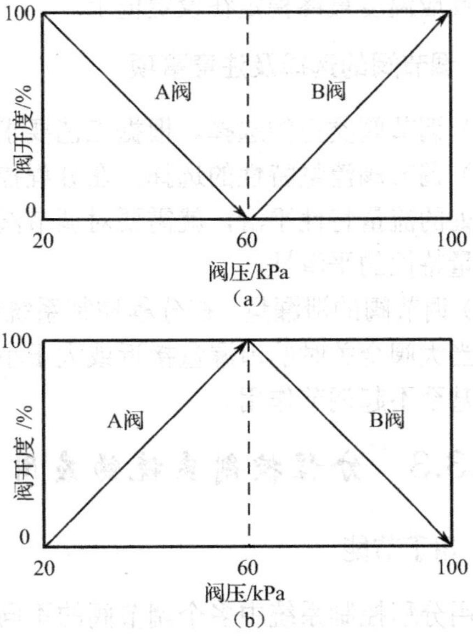

图 8-11　两阀异向动作

分程阀同向或异向动作的选择问题，要根据生产工艺的实际需要来确定。

8.3.2　分程控制系统的设计

分程控制系统本质上是属于单回路控制系统，因此单回路控制系统的设计原则完全适用于分程控制系统的设计。但是，它与单回路控制系统相比，由于调节器的输出信号要进行分程而且所用调节阀较多，所以在系统设计上也有一些特殊之处。

1. 调节器输出信号的分程

在分程控制中，调节器输出信号究竟需要分成几个区段，每一区段的信号控制哪一个调节阀，每个调节阀又选用什么形式，所有这些都取决于工艺要求。

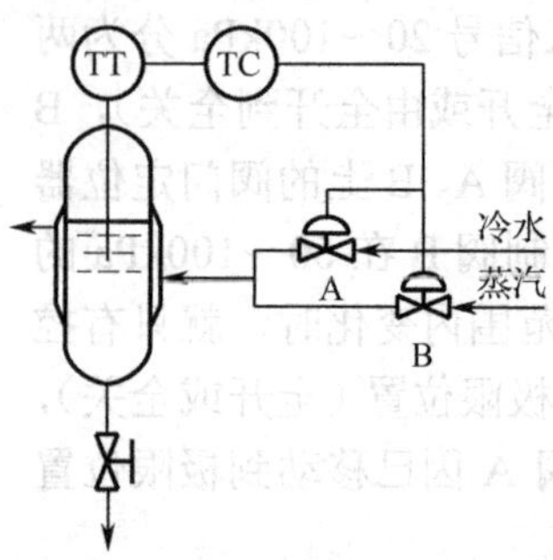

图 8-12 间歇式化学反应器分程控制系统流程图

在图 8-12 所示的间歇式化学反应器温度分程控制中，为了设备安全，在系统出现故障时避免反应器温度过高，要求系统无信号时输入热量处于最小的情况，因而蒸汽阀选为气开式，冷水阀选为气关式，温度调节器选为反作用方式。根据节能要求，当温度偏高时，总是先关小蒸汽阀再开大冷水阀。由于温度调节器为反作用，温度增高时调节器的输出信号下降。将两者综合起来即要求在信号下降时先关小蒸汽阀，再开大冷水阀。这就意味着蒸汽阀的分程区间处在高信号区（如 0.06～0.1MPa）；冷水阀的分程区间处在低信号区（0.02～0.06MPa）。冷水阀和蒸汽阀的动作关系如图 8-11（a）所示。

该反应器温度分程控制系统的工作过程是：在化学反应开始前，实际温度远低于设定值，具有反作用的调节器输出信号处于高信号区，B 阀打开并工作，通入蒸汽升温；当温度逐渐升高时调节器输出信号逐渐减小，B 阀开度也随之减小，直至温度等于设定值，引发化学反应；当化学反应开始后，会产生大量的反应热，实际温度高于反应温度，此时调节器的输出信号继续下降至低信号区，B 阀关闭，A 阀打开并工作，通入冷水移走反应热，使反应温度最终稳定在设定值上。

2．调节阀的选择及注意事项

（1）调节阀类型的选择。根据工艺要求选择同向工作或异向工作的调节阀。

（2）调节阀流量特性的选择。在分程控制中，若把两个调节阀作为一个调节阀使用并要求分程点处的流量特性平滑，就需要对调节阀的流量特性进行仔细的选择，选择不好会影响分程点处流量特性的平滑性。

（3）调节阀的泄漏量。在分程控制系统中，必须保证在调节阀全关时无泄漏或泄漏量极小。尤其是当大阀全关时的泄漏量接近或大于小阀的正常调节量时，小阀就不能发挥其应有的调节作用，甚至不起调节作用。

8.3.3 分程控制系统的应用

1．用于节能

利用分程控制系统中多个调节阀的不同功能以减少能量消耗，提高经济效益。

【例 8-1】 温度分程控制系统。

在某生产过程中，冷物料通过热交换器用热水（工业废水）对其进行加热，当用热水加热不能满足出口温度的要求时，则同时使用蒸汽加热。为达到此目的，可设计图 8-13 所示的温度分程控制系统。

在该控制系统中，蒸汽阀和热水阀均选用气开式，控制器为反作用。在一般情况下，蒸汽阀关闭，热水阀工作；若在此情况下仍不能满足出口温度要求，则控制器在输出信号的同时使蒸汽阀打开，以满足出口温度的要求。可见，采用分程控制，可节省能源、降低能耗。

2．用作生产安全的防护措施

有时为了生产安全起见，需要采取不同的控制手段，这时可采用分程控制方案。

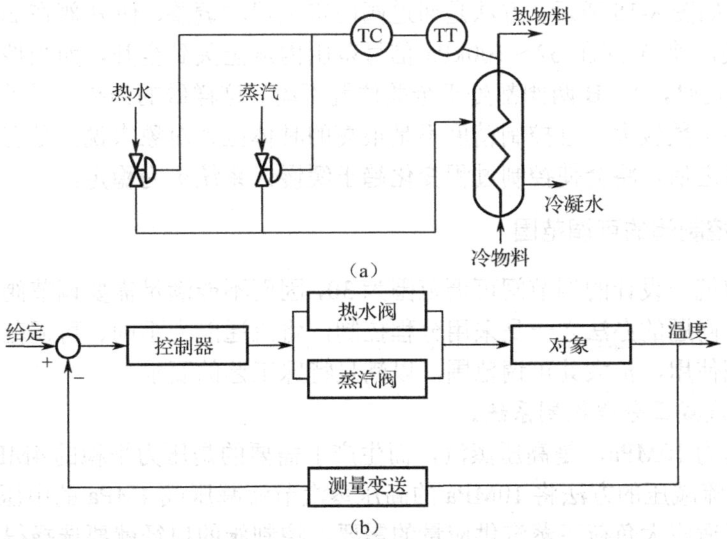

图 8-13　温度分程控制系统

【例 8-2】 氮封分程控制系统。

在各类炼油或石油化工厂中，有许多存放各种油品或石油化工产品的储罐。这些油品或石油产品不宜与空气长期接触，因为空气中的氧气会使油品氧化而变质，甚至引起爆炸。为此，常常在储罐上方充以惰性气体 N_2，以使油品与空气隔绝，通常称为氮封。为了保证空气不进入储罐，一般要求氮气压力应保持为微正压。

这里需要考虑的一个问题就是储罐中物料量的增减会导致氮封压力的变化。当抽取物料时，氮封压力会下降，如不及时向储罐中补充 N_2，储罐就有被吸瘪的危险。而当向储罐中打料时，氮封压力又会上升，如不及时排出储罐中的一部分 N_2 气体，储罐就可能被鼓坏。为了维持氮封压力，可采用图 8-14 所示的分程控制方案。

本方案中采用的 A 阀为气开式，B 阀为气关式，它们的分程特性如图 8-15 所示。

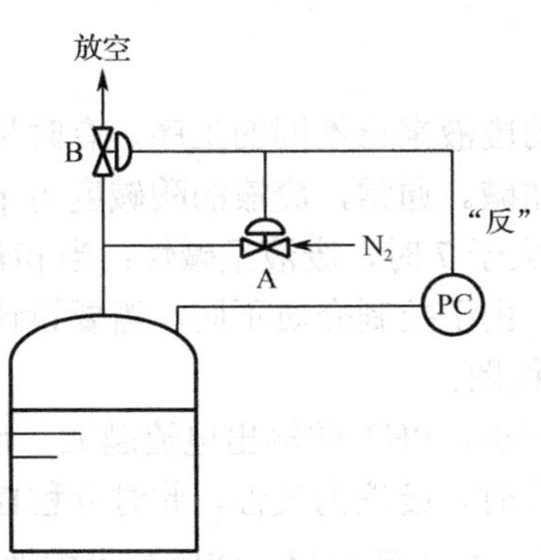

图 8-14　氮封分程控制系统

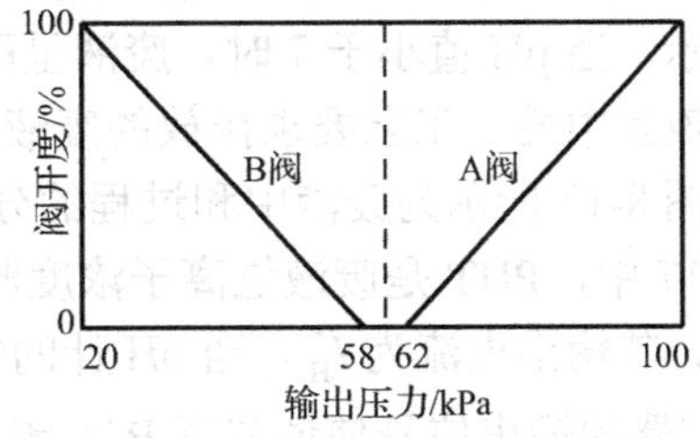

图 8-15　氮封分程阀特性

当储罐压力升高时，测量值将大于给定值，压力控制器 PC 的输出将下降，这样 A 阀将关闭，而 B 阀将打开，于是通过放空的办法将储罐内的压力降下来。当储罐内压力降低，测量值小于给定值时，控制器输出将变大，此时 B 阀将关闭，而 A 阀将打开，于是 N_2 气体被补充加入储罐中，以提高储罐的压力。

为了防止储罐中压力在给定值附近变化时 A、B 两阀的频繁动作，可在两阀信号交接处设置一个不灵敏区，如图 8-15 所示。方法是通过阀门定位器的调整，使 B 阀在 20～58kPa 信号范围内从全开到全关，使 A 阀在 62～100kPa 信号范围内从全关到全开，而当控制器输出压力在 58～62kPa 范围变化时，A、B 两阀都处于全关位置不动。这样做的结果，对于储罐这样一个空间较大，因而时间常数较大，且控制精度不是很高的具体压力对象来说，是有益的。因为留有这样一个不灵敏区之后，将会使控制过程变化趋于缓慢，系统更为稳定。

3. 用于扩大控制阀的可调范围

由于我国目前统一设计的调节阀可调范围为 30，因而不能满足需要调节阀可调范围大的生产过程。解决这一问题的办法之一是采用分程控制，将流通能力不同、可调范围相同的两个调节阀当一个调节阀使用，扩大其可调范围，以满足特殊工艺的要求。

【例 8-3】 蒸汽减压分程控制系统。

锅炉产气压力为 10MPa，是高压蒸汽，而生产上需要的是压力平稳的 4MPa 的中压蒸汽。为此，需要通过节流减压的方法将 10MPa 的高压蒸汽节流减压成 4MPa 的中压蒸汽。在选择控制阀口径时，为了适应大负荷下蒸汽供应量的需要，控制阀的口径就要选择得很大。然而，在正常情况下，蒸汽量却不需要这么大，这就要将阀关小。也就是说，正常情况下控制阀只在小开度下工作。而大阀在小开度下工作时，除了阀特性会发生畸变外，还容易产生噪声和振荡，这样就会使控制效果变差，控制质量降低。为解决这一矛盾，可采用两台控制阀，构成分程控制方案，如图 8-16 所示。

在该分程控制方案中采用了 A、B 两台控制阀（假定根据工艺要求均选择为气开阀）。其中，A 阀在控制器输出压力为 20～60kPa 时，从全关到全开，B 阀在控制器输出压力为 60～100kPa 时由全关到全开。这样在正常情况下，即小负荷时，B 阀处于关闭状态，只通过 A 阀开度的变化来进行控制。在大负荷时，A 阀已全开却仍满足不了蒸汽量的需要，中压蒸汽管线的压力仍达不到给定值，于是反作用式的压力控制器 PC 输出增加，超过了 60kPa，使 B 阀也逐渐打开，以弥补蒸汽供应量的不足。

4. 用于两个不同控制介质的生产过程

【例 8-4】 废液中和过程的分程控制系统。

在工业废液中和过程控制中，由于工业生产中排放的废液来自不同的工序，有时呈酸性，有时呈碱性，因此，需要根据废液的酸碱度决定加酸或加碱。通常，废液的酸碱度用 pH 值的大小来表示。当 pH 值小于 7 时，废液呈酸性；当 pH 值大于 7 时，废液呈碱性；当 pH 值等于 7 时，废液呈中性。工艺要求排放的废液要维持在中性。由于控制介质不同，需要设计分程控制系统。图 8-17 所示为废液中和过程的分程控制系统流程图。

图 8-17 中，PHT 是废液氢离子浓度测量仪。pH 值越小，PHT 的输出电流越大。设 pH 值等于 7 时，其输出电流为 I_H^*。当 pH 计的输出电流 $I_H > I_H^*$ 时，废液为酸性，此时分程控制系统的 pH 调节器的输出信号使调节阀 B 关闭，调节阀 A 打开，加入适量碱，使废液为中性；反之，当 $I_H < I_H^*$ 时，废液为碱性，pH 调节器的输出信号使调节阀 A 关闭，调节阀 B 打开，加入适量酸，使废液为中性。

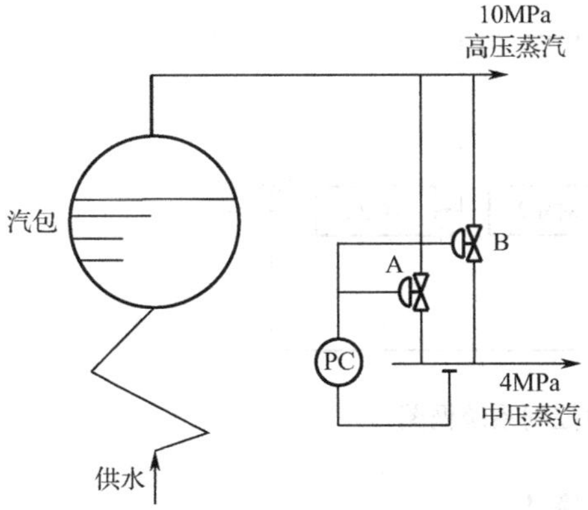

图 8-16　蒸汽减压分程控制系统

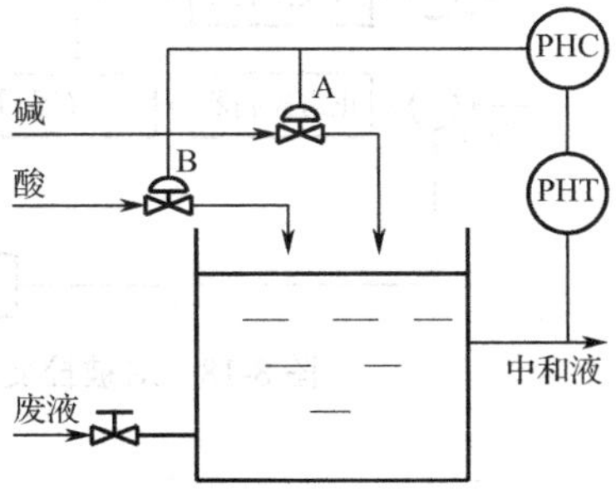

图 8-17　废液中和过程的分程控制系统流程图

8.4　自动选择性控制系统

8.4.1　自动选择性控制的概念

在生产过程中，一般都会有一定的安全保护措施。例如，声光报警或自动安全联锁。随着生产的现代化，现在的生产多是大规模的连续生产，安全联锁装置在故障时强行使一些设备停车，引起大面积停工停产，将会造成很大的经济损失。因此一种既能自动起保护作用又不停车，从而有效地防止生产事故的发生，减少开/停车次数的“软保护”措施就应运而生了。这就是自动选择性控制系统，也称为取代控制系统、超驰控制系统、自动保护控制系统或软保护控制系统。

自动选择性控制是指将工艺生产过程的限制条件所构成的逻辑关系叠加到正常控制系统上的一种控制方法。它的基本做法是：当生产操作趋向极限条件时，通过选择器，选择一个用于不正常工况下的备用控制系统自动取代正常工况下的控制系统，使工况能自动脱离极限条件回到正常工作状况。此时，备用控制系统又通过选择器自动脱离工作状态重新进入备用状态，而正常工况下的控制系统又自动投入运行。

8.4.2　自动选择性控制系统的类型及工作过程

根据自动选择性控制系统中被选择的变量性质，自动选择性控制系统可以分为：对被控变量的自动选择性控制系统、对操纵变量的自动选择性控制系统和对测量信号的自动选择性控制系统。

1. 对被控变量的自动选择性控制系统

对被控变量进行选择的控制系统，是自动选择性控制系统的基本类型，其框图如图 8-18 所示。

图 8-19 所示为一个在温度和液位两个被控变量之间进行选择的液态氨冷却器自动选择性控制系统。

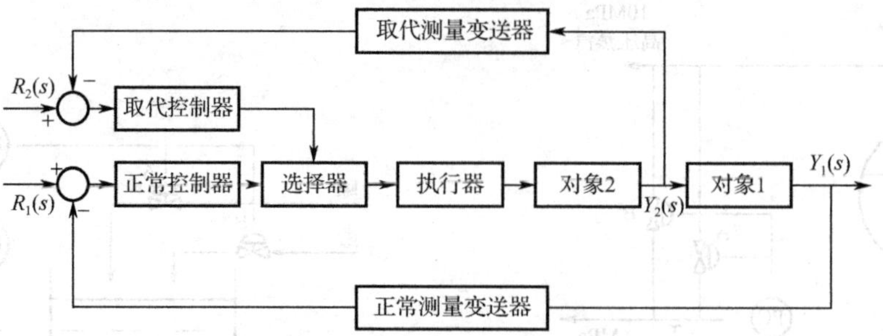

图 8-18　对被控变量的自动选择性控制系统框图

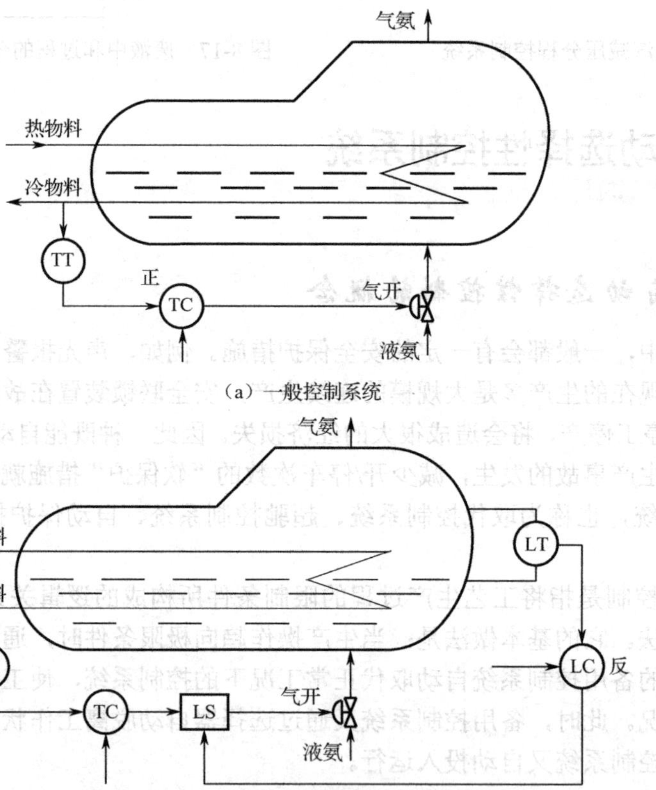

图 8-19　液态氨冷却器自动选择性控制系统

液氨蒸发冷却器是工业生产中用得很多的一种换热设备，它利用液氨的蒸发吸收大量的汽化热来冷却流经管内的被冷却物料。工艺上要求被冷却物料的出口温度稳定为某一定值，所以被冷却物料的出口温度作为被控变量，以液态氨的流量为操纵变量，构成正常工况下的单回路温度定值控制系统，如图 8-19（a）所示。从安全角度考虑，调节阀选用气开式，温度控制器选择正作用方式。当被冷却物料的出口温度升高时，控制器的输出增大，调节阀开度增大，液态氨流量增大，从而有更多的液态氨汽化，使被冷却物料的出口温度下降。

这一控制方案实际上是基于改变换热器列管淹没在液氨中的多少，以改变传热面积来达到控制温度的目的的。所以液面的高度也间接反映了传热面积的变化情况。在正常情况下，操纵液氨流量使被冷却物料的出口温度得到控制，而液位在允许的范围内变化。如果突然出现非正常工况，假设有杂质油漏入被冷却物料管线，使导热系数下降，原来的传热面积不能带走同样多的热量，只有使液位升高，加大传热面积。如果当液位升高到全部淹没换热器的所有列管时，传热面积达到极限，出口温度仍没有降下来，温度控制器会不断地开大调节阀门，使液位继续升高。这时就可能导致生产事故。这是因为汽化氨要经过压缩后，变成液氨重复使用，如果液面太高，会导致气氨中夹带液氨进入压缩机，损坏压缩机叶片。为了保护压缩机的安全，要求氨蒸发器有足够的汽化空间，这就限制了氨液面的上限高度（安全软限），这是根据工艺操作所提出的限制条件。为此，需要在温度控制系统的基础上，增加一个液面超限的取代单回路控制系统，如图 8-19（b）所示。显然，从工艺上看，操纵变量只有液氨的流量一个，而被控变量有温度和液位两个，从而形成了对被控变量的自动选择性控制系统。其中液位控制器选择反作用方式，选择器为低值选择器 LS。

在正常情况下，液态氨冷却器自动选择性控制系统液位处于安全范围内，低于界限值，由于液位控制系统的反作用使其输出高于温度控制器的输出，从而低值选择器选中了温度控制器，液位控制器处于开环待命状态，这是正常工况下的控制系统。当氨的液位到达了高限时，要保护压缩机不致损坏已成为主要矛盾，冷物料出口温度暂时将为次要矛盾。此时，由于液位升高而使液位控制器的输出减小，同时冷物料出口温度较高，正作用的温度控制器输出较大，因而低值选择器立即选中液位控制器，而温度控制器成为开环状态。在液位控制器的作用下，液位恢复到正常高度，温度对象的故障排除后，温度控制器又会自动恢复工作，液位控制器再次处于待命状态。

2. 对操纵变量的自动选择性控制系统

对操纵变量的自动选择性控制系统原理框图如图 8-20 所示。其被控变量只有一个，而操纵变量却有两个，选择器对操纵变量加以选择。

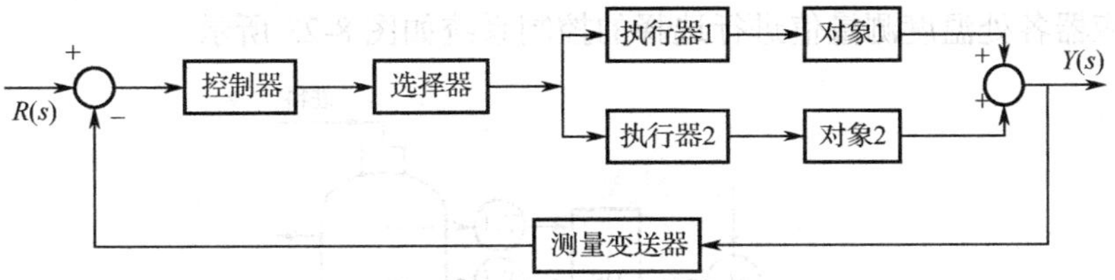

图 8-20　对操纵变量的自动选择性控制系统原理框图

图 8-21 所示为一个在 A 燃料和 B 燃料两个操纵变量之间进行选择的加热炉自动选择性控制系统。

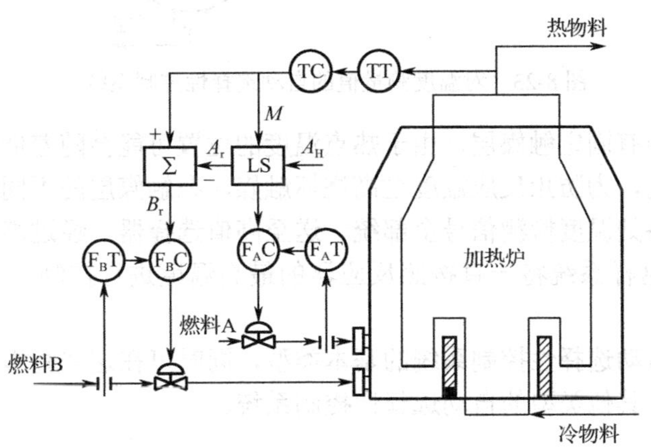

图 8-21　对燃料的自动选择性控制系统

当低热值燃料 A 的流量没有超过上限值 A_H 时，尽量用 A 燃料。一旦超过上限值 A_H，则用高热值燃料 B 来补充。在正常工况下，温度控制器 TC 的输出为 M，而且 $M<A_H$，经低值选择器 LS 后 M 作为燃料 A 流量控制器 F_AC 的设定值，构成主变量为出口温度、副变量为燃料 A 流量的串级控制系统。此时，$A_r=M$，因此，$B_r=M-A_r=0$，故燃料 B 的阀门全关。

在工况变化时，若出现 $M>A_H$ 的情况，LS 选择 A_H 作为输出，使得 $A_r=A_H$，则燃料 A 流量控制器 F_AC 成为定值控制系统，使燃料 A 的流量稳定在 A_H 值上。这时，由于 $B_r=M-A_r=M-A_H>0$，则构成了出口温度与燃料 B 流量的串级控制系统，打开燃料 B 的阀门，以补充燃料 A 的不足，从而保证了出口温度的稳定。

3. 对测量信号的自动选择性控制系统

这类自动选择性控制系统将选择器接在变送器的输出端，主要实现对被控变量的多点测量信号进行选择，其框图如图 8-22 所示。

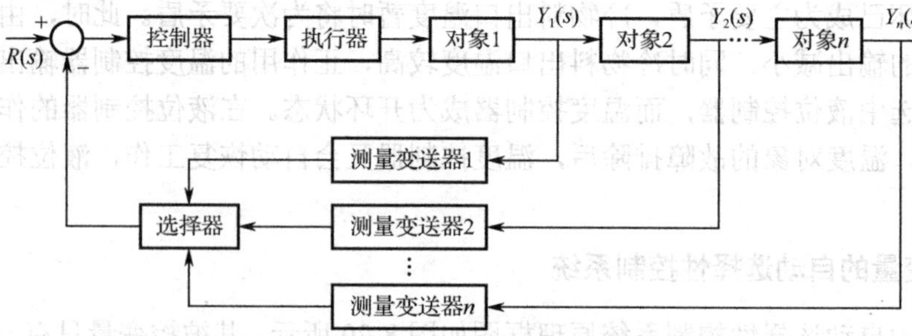

图 8-22 对测量信号的自动选择性控制系统框图

对某一反应器各处温度测量值进行选择的控制系统如图 8-23 所示。

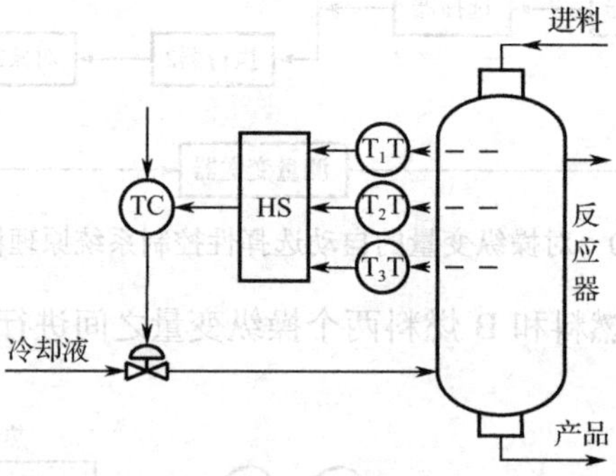

图 8-23 对温度测量值的自动选择性控制系统

图中的反应器内装有固定触媒层，由于热点温度的位置可能会随着催化剂的老化、变质和流动等原因而有所移动，为防止反应温度过高烧坏触媒，在触媒层的不同位置都安装了温度检测点，并将反应器内各处温度检测信号全部统一送至高值选择器，经过高值选择器选出其中的最高温度用于控制，这样系统将一直按照反应器的最高温度进行控制，从而保证了触媒层的安全。

以上三种类型是自动选择性控制系统的基本类型，同时可在这些基本类型的基础上，根据生产过程的要求，设计其他类型的自动选择性控制系统。

8.4.3　自动选择性控制系统的设计

自动选择性控制系统的 matlab 仿真实例

自动选择性控制系统的设计与简单控制系统设计的不同之处在于调节器调节规律的确定及调节器参数整定、选择器的选型、防积分饱和等。

1．调节规律的确定及其参数整定

在自动选择性控制系统中，若采用两个调节器，其中必有一个正常调节器，另一个为取代调节器。对于正常调节器，由于要有较高的控制精度而应该选用 PI 或 PID 调节规律；对于取代调节器，由于在正常生产中开环备用，仅在生产将要出事故时才迅速动作，以防事故发生，故一般选用 P 调节规律即可。

在进行调节器参数确定时，因两个调节器是分别工作的，故可按单回路控制系统的参数整定方法处理。但是，当备用控制系统运行时，取代调节器必须发出较强的调节信号以产生及时的自动保护作用，所以其比例度应该整定得小一些。如果需要积分作用，则积分作用应该整定得弱一些。

2．选择器的选型

选择器是自动选择性控制系统中的一个重要环节。选择器有高值选择器与低值选择器两种。前者选择高值信号通过，后者选择低值信号通过。在确定选择器的选型时，先要根据调节阀的选用原则，确定调节阀的气开、气关形式，进而确定调节器的正、反作用方式，最后确定选择器的类型。确定的原则是：如果取代调节器的输出信号为高值，则选择高值选择器；反之，则选择低值选择器。

3．积分饱和及其克服措施

在选择性控制系统中，由于选用了选择器，未被选用的调节器总是处于开环状态。无论哪一个调节器处于开环状态，只要有积分作用都有可能产生积分饱和，即由于长时间存在偏差导致调节器的输出达到最大或最小。积分饱和使处于备用状态的调节器一旦启用如不能及时动作会短时间丧失控制功能，必须退出饱和后才能正常工作，这会给生产安全带来严重影响。

一般而言，积分饱和产生的必要条件一是调节器具有积分作用，二是调节器输入偏差长期存在。为解决上述问题，通常采用外反馈法、积分切除法、限幅法等措施加以克服。

1）外反馈法

外反馈法是指调节器处于开环状态下不选用调节器自身的输出作为反馈，而是用其他相应的信号作为反馈以限制其积分作用的方法。图 8-24 所示为积分外反馈原理示意图。

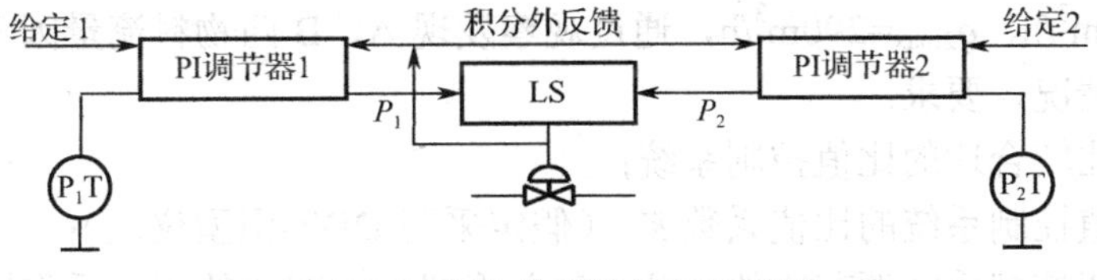

图 8-24　积分外反馈原理示意图

在选择性控制系统中，设两台 PI 调节器的输出分别为 P_1、P_2。选择器选中其中之一后，一方面送至调节阀，同时又反馈到两个调节器的输入端，以实现积分外反馈。

若选择器为低值选择器，设 $P_1<P_2$，PI 调节器 1 被选中，其输出为

$$P_1 = K_{c1}\left(e_1 + \frac{1}{\tau_{I1}}\int e_1 dt\right) \tag{8-6}$$

由图 8-24 可见，积分反馈信号就是其本身的输出 P_1。因此，PI 调节器 1 仍保持 PI 调节规律。

此时 PI 调节器 2 处于备用状态，其输出为

$$P_2 = K_{c2}\left(e_2 + \frac{1}{\tau_{I2}}\int e_1 dt\right) \tag{8-7}$$

式（8-7）中积分项的偏差是 e_1，并非其本身的偏差 e_2，因此不存在对 e_2 的积累而带来的积分饱和问题。当系统处于稳态时，$e_1=0$，PI 调节器 2 仅有比例作用。所以，处在开环状态的备用调节器不会产生积分饱和。一旦生产过程发生异常，而该调节器的输出又被选中时，其输出反馈到自身的积分环节，立即产生 PI 调节动作，投入系统运行。

2）积分切除法

所谓积分切除法，是指调节器具有 PI/P 调节规律，即当调节器被选中时具有 PI 调节规律，一旦处于开环状态，立即切除积分功能而仅保留比例功能。这是一种特殊的调节器。若用计算机进行选择性控制，只要利用计算机的逻辑判断功能，编出相应的程序即可。

3）限幅法

所谓限幅法，是指利用高值或低值限幅器使调节器的输出信号不超过工作信号的最高值或最低值。至于是用高值限幅器还是用低值限幅器，则要根据具体工艺来决定。若调节器处于备用、开环状态，由于积分作用会使输出逐渐增大，则要用高值限幅器；反之，则用低值限幅器。

习题

8-1 设置比值控制系统的目的是什么？它有哪些类型？每种类型比值控制系统的工作原理是什么？

8-2 设置均匀控制系统的目的是什么？均匀控制系统有哪些特点？

8-3 设置分程控制系统的目的是什么？分程控制系统的应用场合有哪些？

8-4 设置自动选择性控制系统的目的是什么？自动选择性控制系统有哪些类型？

8-5 什么是自动选择性控制系统的积分饱和现象？积分饱和现象有哪些危害？如何克服系统的积分饱和问题？

8-6 某化学反应过程要求参与反应的 A、B 两物料保持 $q_1:q_2=4:2.5$ 的比例，两种物料的最大流量 $q_{1\max}=625\text{m}^3/\text{h}$，$q_{2\max}=290\text{m}^3/\text{h}$，通过观察发现 A、B 两物料流量因管道压力波动而经常变化。根据上述情况，要求：

（1）设计一个比较合适的比值控制系统；

（2）计算该比值控制系统的比值系数 K'（假定采用 DDZ-Ⅲ型仪表）；

（3）选择该比值控制系统调节阀的气开、气关形式和调节器的正、反作用方式。

8-7 图 8-25 所示为一脱乙烷塔塔顶的气液分离器。由脱乙烷塔塔顶出来的气体经过冷凝器进入分离器，由分离器出来的气体去加氢反应器。分离器内的压力需要比较稳定，因为它直接影响精馏塔的塔顶压力。为此，通过控制出来的气相流量来稳定分离器内的压力，但出来的物料是去加氢反应器的，也需要平稳，所以采用压力与流量串级均匀控制系统。要求：

（1）画出该系统的框图；

（2）说明它与一般串级控制系统的异同点。

8-8 图8-26所示为储罐氮封过程示意图。工艺要求储罐内的氮气压保持微量正压，当储罐内液体上升时，应停止补充氮气并将压缩的氮气适量排出；反之应停止放出氮气。试设计充氮分程控制系统，要求：

（1）确定调节阀的气开、气关形式；

（2）确定调节器的正、反作用方式及其调节规律；

（3）确定两阀的分程动作关系；

（4）画出控制系统的流程图和框图。

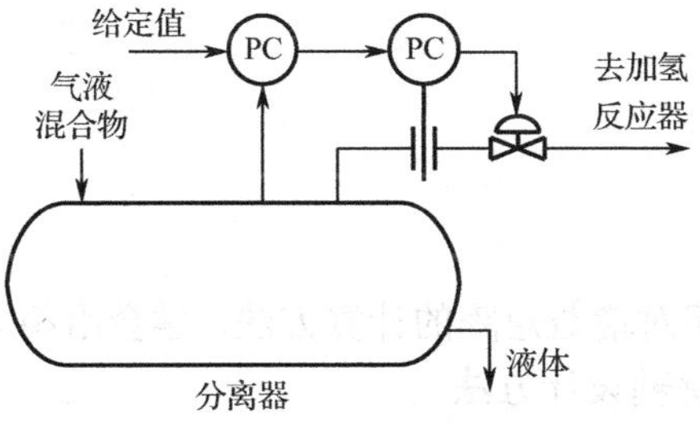

图8-25　习题8-7图

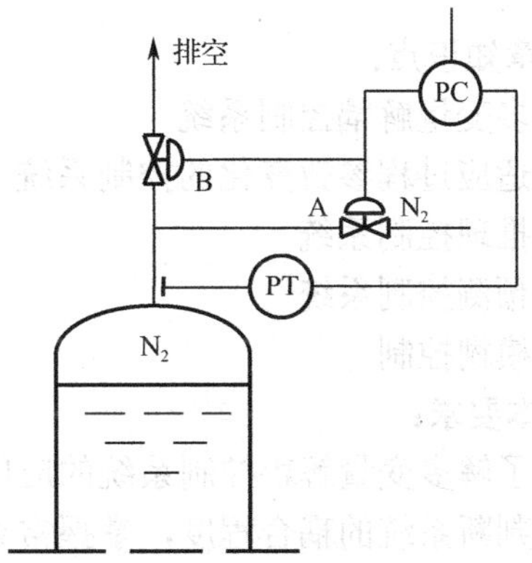

图8-26　习题8-8图

8-9 图8-27所示的热交换器用以冷却裂解气，冷剂为脱甲烷塔的釜液。正常情况下要求釜液流量维持恒定，以保证脱甲烷塔的操作稳定。但是裂解气冷却后的出口温度不得低于15℃，否则裂解气中含有水分就会生成水合物而堵塞管道。为此需设计一个自动选择性控制系统，要求：

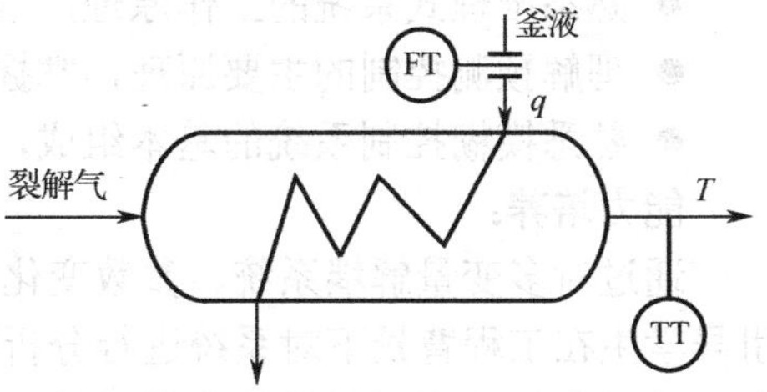

图8-27　习题8-9图

（1）画出该系统的控制流程图和框图；

（2）确定系统调节阀的气开、气关形式，调节器的正、反作用方式及选择器的类型。

第9章 复杂过程控制系统

本章知识点：

- 多变量解耦控制系统
- 适应过程参数变化的控制系统
- 推理控制系统
- 预测控制系统
- 模糊控制

基本要求：

- 了解多变量解耦控制系统的应用场合，掌握相对增益矩阵的计算方法，学会用相对增益判断系统的耦合程度，掌握常见的前馈补偿解耦设计方法
- 了解适应式控制系统的应用背景，熟悉参数变化时的适应控制系统结构及工作原理
- 熟悉推理式系统的工作原理，掌握设计方法
- 理解预测控制的主要原理，掌握单步预测控制的设计方法
- 熟悉模糊控制系统的基本组成，掌握模糊控制器的设计方法

能力培养：

通过对多变量解耦系统、参数变化系统、预测控制系统、智能控制系统等知识点的学习，引导学生在工程背景下对系统进行分析和设计，训练学生理解、分析与设计复杂系统的基本能力；使学生能够根据现场技术指标要求及工程实际需求，运用本章所学知识，正确分析和设计过程控制系统。

9.1 序言

在前面的章节中，讨论了较简单过程控制系统的数字模型及其控制方法，在大多数情况下，这种简单系统能够满足工艺生产的要求。但随着生产规模的不断扩大和生产复杂程度的不断加深，对操作条件要求更加严格，参数间相互关系更加复杂，对控制系统的精度和功能提出许多新的要求，对能源消耗和环境污染也有明确的限制，此时简单控制系统就无能为力了。本章讨论复杂过程的控制问题，所谓复杂过程，是指某些工业过程的输入、输出变量至少在两个以上，变量之间存在耦合现象。在这种系统中，或是由多个测量值、多个调节器；或者由多个测量值、一个调节器、一个补偿器或一个解耦器等组成多个回路的控制系统。所有这些过程，均具有不同程度的复杂性，前面讨论的控制策略和系统设计方法已不能满足要求。针对复杂系统的分析和设计问题，本章将从原理、结构和应用等方面讨论目前已在生产过程中采用的多变量解耦控

制系统、基于时变参数的适应式控制系统、智能控制系统和预测控制系统等。

9.2　多变量解耦控制系统

热泵与朗肯循环耦合系统示意图

实际生产过程中由于生产工艺、生产性能等要求，往往具有多个控制参数和控制变量，需要设置若干个控制回路，才能对生产过程中的多个参数进行准确稳定的控制。在这种情况下，多个控制回路之间可能存在某种程度的相互关联和相互影响，往往需要设计若干个控制回路来稳定多个被控量。由于被控过程存在耦合，其中任一个回路的控制作用发生变化，将会影响到其他回路中被控量的变化。这样的相互耦合可能妨碍各被控参数和控制变量之间的独立控制，严重时甚至会破坏各系统的正常工作。例如，火力发电厂中的锅炉就是一种典型的多输入/多输出过程。图 9-1 所示为锅炉控制系统中各种被控量的相互关系图，它们之间相互耦合、相互影响，共同作用决定生产过程的控制质量、可靠性和安全性。

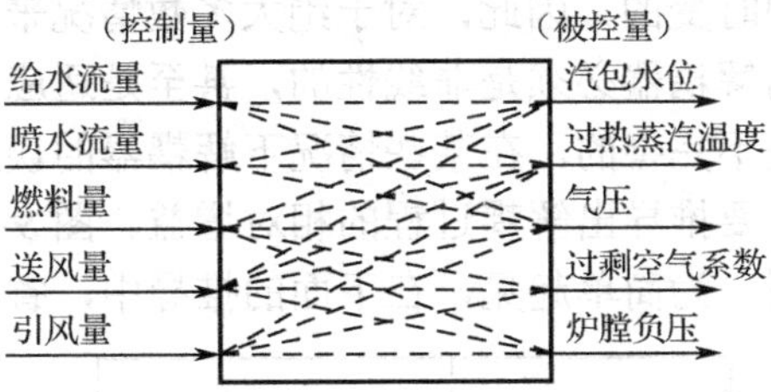

图 9-1　电厂锅炉变量耦合关系图

图 9-2 和图 9-3 所示是精馏塔温度控制系统方案和系统结构图，图中 U_1 的改变同时影响 Y_1 和 Y_2；同样，U_2 的改变也同时影响 Y_1 和 Y_2。因此，这两个控制回路之间存在着相互关联、相互耦合。耦合结构的复杂程度主要取决于实际的被控对象以及对控制系统的品质要求。如果想保证控制方案的完善性和有效性，必须对生产工艺有足够的了解。

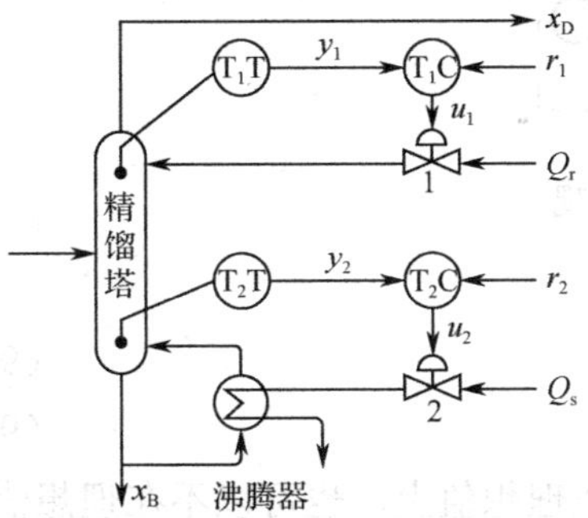

图 9-2　精馏塔温度控制系统方案

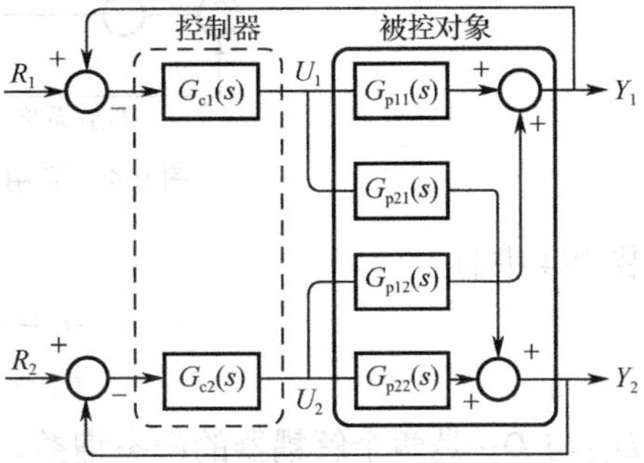

图 9-3　精馏塔温度控制系统结构图

为了消除或减少各控制回路之间的影响，可在各调节器之间建立附加的外部联系，通过对这些联系进行整定，使每个控制变量仅对其配对的控制参数产生影响，对其他的控制参数不产生影响，或者影响很小。也就是说，使各控制参数和控制变量之间的相互耦合消除或者大为减小，把相互关联的多参数控制过程转化为几个彼此独立的单输入/单输出控制过程来处理，实现一个控制器只对其对应的控制过程独立地进行调节，这样的系统称为解耦控制系统。

9.2.1 耦合过程及其要解决的问题

多变量耦合过程控制系统的分析和设计方法与单变量过程控制系统不同，需要解决的主要问题有：

- 在什么情况下必须进行解耦设计，如何设计；
- 如何判断系统的耦合程度；
- 如何最大限度地降低耦合程度。

实际上解耦器一般比较复杂，求出解耦补偿器的数学模型不等于实现了解耦。在解决了解耦系统综合方法后，需要进一步解决耦合系统的实现问题，如稳定性、部分解耦及系统的简化等问题，才能使这种系统得到广泛应用。

1. 解耦系统的稳定性

虽然确定解耦器的数学模型相对容易，但要获得并保持它们的理想值完全是另外一回事。过程控制系统通常是非线性和时变的，因此，对于绝大多数情况来说，解耦器的增益不应该是常数。如果要达到最优化，则解耦器必须是非线性的，甚至是适应性的。如果解耦器是线性和定常的，则可以预料解耦将是不完善的。在某些情况下解耦器的误差可能引起不稳定。为了研究发生这种情况的可能性，需要推导出解耦过程的相对增益。图 9-4 所示为应用前馈补偿器实现双变量解耦控制的系统框图，为简单起见，在下面的推导中，省略了动态矢量。

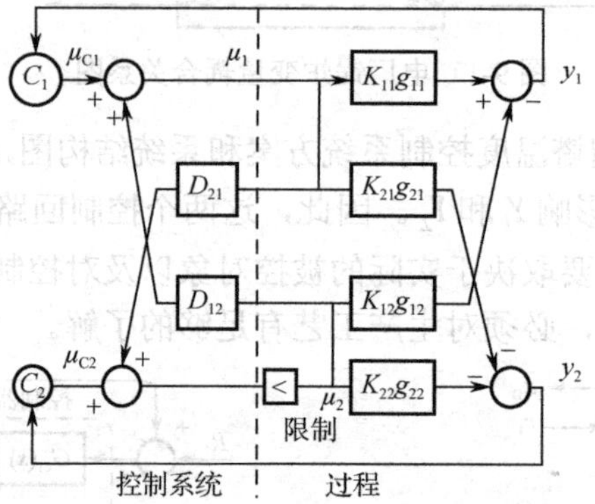

图 9-4 应用前馈补偿法进行解耦

在图 9-4 中有

$$\mu_1 = \mu_{C1} + D_{12}\mu_2 \tag{9-1}$$

$$\mu_2 = \mu_{C2} + D_{21}\mu_1 \tag{9-2}$$

式中，D_{12} 与 D_{21} 是两个解耦器的静态增益，它们可以设置在理想值上，也可以不在理想值上。把式（9-1）和式（9-2）与过程静态方程联立起来，就能求出 y_1 相对于 u_{C1} 的相对增益，它就是解耦过程的相对增益，以λ_{11d}为代表（具体求解方法见后面讲解），有

$$\lambda_{11d} = \frac{1}{1 - \dfrac{(K_{21}+D_{21}K_{22})(K_{12}+D_{12}K_{11})}{(K_{22}+D_{12}K_{21})(K_{11}+D_{21}K_{12})}} \tag{9-3}$$

无论 $D_{21}=-K_{21}/K_{22}$ 还是 $D_{12}=-K_{12}/K_{11}$，都使得$\lambda_{11d}=1$，这时系统被有效地解耦了。然而还存在另外一些极限情况，例如，$D_{12}=-K_{22}/K_{21}$，或 $D_{21}=-K_{11}/K_{12}$，则$\lambda_{11d}=0$；另外一种可能是 $D_{12}=1/D_{21}$，则$\lambda_{11d}\to\infty$。

下面计算过程所允许的解耦器误差，假定两个解耦器数学模型都与理想值有一个共同的偏离因子δ，即

$$D_{12}=(1+\delta)\left(\frac{-K_{12}}{K_{11}}\right)$$

$$D_{21}=(1+\delta)\left(\frac{-K_{21}}{K_{22}}\right)$$

则可以把$\lambda_{11\mathrm{d}}$表示为λ_{11}与δ的函数，即

$$\lambda_{11\mathrm{d}}=-\frac{[1-(\lambda_{11}-1)\delta]^2}{1-(\lambda_{11}-1)\delta(\delta+2)} \tag{9-4}$$

式中，λ_{11}是双变量系统的相对增益。对于$\lambda_{11\mathrm{d}}$为零和无穷大这两种极限情况，式（9-4）的分子和分母必须为零，因而

当$\delta=\dfrac{1}{\lambda_{11}-1}$时，

$$\lambda_{11\mathrm{d}}=0 \tag{9-5}$$

当$\delta=\sqrt{\dfrac{\lambda_{11}}{\lambda_{11}-1}}-1$时，

$$\lambda_{11\mathrm{d}}\to\infty \tag{9-6}$$

为了避免系统中出现不稳定回路，弄清它的容许极限误差十分重要，表 9-1 给出了式（9-6）计算出来的λ_{11}与误差极限δ_∞之间的对应关系。由表 9-1 可知，随着λ_{11}的增加，容许极限误差是减小的。这些结论对设计者是十分有益的。

表 9-1　使相对增益趋于无穷大的解耦器误差

相对增益λ_{11}	误差$\delta_\infty\times100$	相对增益λ_{11}	误差$\delta_\infty\times100$
−5	−8.7	2	41.4
−2	−18.4	4	15.5
−1	−29.3	8	6.9
1.5	73.2	16	3.3

由于过程的增益很少是常数，所以在设计解耦器时，一定要考虑容许极限误差。如果过程增益随着被调量的大小改变，而解耦器的增益是固定的，则解耦器的误差就要变化。因此，即使在设定点上解耦是完善的，随着被调量的变化所产生的偏差也可能导致系统的不稳定，这是设计时需要特别注意的。

2. 部分解耦

当系统中相对增益大于 1 时，就必然存在小于零的增益。一个小于零的相对增益意味着系统存在着不稳定回路。此时若采用部分解耦，即只采用一个解耦器，解除部分系统的关联，就可能切断第三反馈回路，从而消除系统的不稳定性。此外，还可以防止第一回路的干扰进入第二个回路，虽然第二个回路的干扰仍然可以传到第一个回路，但是绝不会再返回到第二个回路。部分解耦得到较广泛的应用，它具有以下优点：

- 切断了经过两个解耦器的第三回路，从而避免此反馈回路出现不稳定；
- 阻止干扰进入解耦回路；

- 避免解耦器误差所引起的不稳定；
- 比完全解耦更易于设计和调整。

3．耦合程度分析

确定各变量之间的耦合程度是多变量耦合控制系统设计的关键问题。可以通过静态耦合结构，利用直接法进行求解。所谓静态耦合是指系统处在稳态时的一种耦合结构，下面通过实例简单分析系统的耦合程度。

【例 9-1】 分析图 9-5 所示双变量耦合系统的耦合程度。

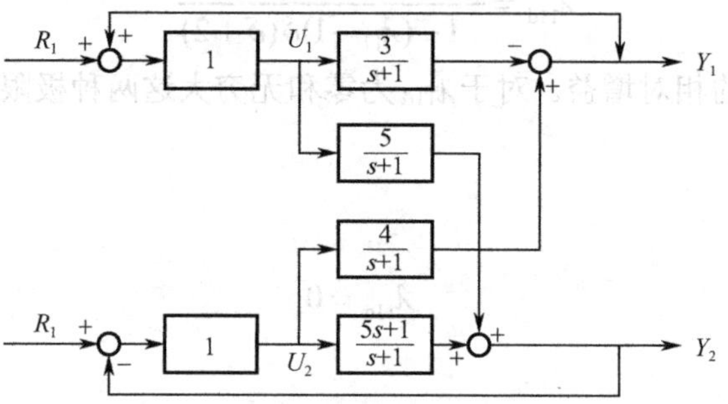

图 9-5 双变量耦合系统框图

解：根据图 9-5，在稳态时有

$$\begin{cases} U_1 = R_1 + Y_1 \\ U_2 = R_2 - Y_2 \end{cases}$$

$$\begin{cases} Y_1 = -3U_1 + 4U_2 \\ Y_2 = 5U_1 + U_2 \end{cases}$$

化简后得

$$\begin{cases} Y_1 = -\dfrac{13}{14}R_1 + \dfrac{1}{7}R_2 \approx 0.9286R_1 + 0.1429R_2 \\ Y_2 = \dfrac{5}{28}R_1 + \dfrac{6}{7}R_2 \approx 0.1786R_1 + 0.8571R_2 \end{cases}$$

由上两式可知，Y_1、Y_2与R_1和R_2均有关，Y_1主要取决于R_1，Y_2主要取决于R_2。方程式中的系数则代表每一个被控变量与每一个控制变量之间的耦合程度。系数越大，则耦合程度越强；反之，系数越小，则耦合程度越弱。

9.2.2 相对增益与相对增益矩阵

对于单回路控制系统进行分析或整定时，首先要计算其开环增益，在多变量系统中也是如此，但是要更复杂一些。对于具有两个被调量和两个调节量的过程，需要考虑四个开环增益。尽管从外表上看只有两个增益闭合在回路中，但是还必须就如何匹配做出选择。至于对一个具有三对以上变量的过程进行设计就更加困难。为了研究过程中的耦合程度，以及解决被控变量与操纵变量的合适配对问题，E. H. Bristol 于 1966 年提出了一种“相对增益和相对增益矩阵”的概念，并且得到了广泛的应用。

1．相对增益与相对增益矩阵

相对增益是一个尺度，确定过程中每个被控变量相对每个控制变量的响应特性，并以此为依据去构成控制系统。相对增益还可以指出过程关联的程度和类型，以及对回路控制性能的影响。

1）开环增益（或称第一放大系数）

在相互耦合的$n \times n$维被控过程中，假设$\boldsymbol{y}$是包含系统所有被调量y_i的列向量，$\boldsymbol{\mu}$是包含控制量μ_j的列向量。为了衡量系统的关联性质，首先在所有其他回路均为开环，即所有其他调节量都保持不变的情况下，得到开环增益矩阵$\boldsymbol{y} = P\boldsymbol{\mu}$。这里记作

$$\boldsymbol{y} = P\boldsymbol{\mu}$$

选择第i个通道，保持所有其他控制量不变，控制量μ_j的改变量为$\Delta\mu_j$时，将导致y_i（$i=1,2,\cdots,n$）产生变化量Δy_i，定义μ_j与y_i之间通道的开环增益，表示为

$$P_{ij} = \left.\frac{\partial y_i}{\partial \mu_j}\right|_{\substack{u_k=\text{const} \\ (k=1,2,\cdots,n,k\neq j)}} \tag{9-7}$$

显然它就是除μ_j到y_i通道以外，其他通道全部断开时所得到的μ_j到y_i通道的静态增益。

2）闭环增益（或称第二放大系数）

仍旧选择第i个通道，将其他所有通道进行闭环并采用积分调节使其他被控量y_k（$k=1,2,\cdots,n,k\neq n$）都保持不变，只改变被控量y_i所得到的变化量Δy_i与μ_j（$j=1,2,\cdots,n$）的变化量$\Delta\mu_j$之比，定义为μ_j到y_i通道的闭环增益，表示为

$$Q_{ij} = \left.\frac{\partial y_i}{\partial \mu_j}\right|_{\substack{y_k=\text{const} \\ (k=1,2,\cdots,n,k\neq j)}} \tag{9-8}$$

3）相对增益与相对增益矩阵

将开环增益与闭环增益之比定义为相对增益，即

$$\lambda_{ij} = \frac{P_{ij}}{Q_{ij}} = \frac{\left.\dfrac{\partial y_i}{\partial \mu_j}\right|_{\substack{\mu_k=\text{const} \\ (k=1,2,\cdots,n,n\neq k)}}}{\left.\dfrac{\partial y_i}{\partial \mu_j}\right|_{\substack{y_k=\text{const} \\ (k=1,2,\cdots,n,n\neq k)}}} \tag{9-9}$$

相对增益矩阵定义为

$$\boldsymbol{\lambda} = \{\lambda_{ij}\} = \begin{bmatrix} \lambda_{11} & \lambda_{12} & \cdots & \lambda_{1j} & \cdots & \lambda_{1n} \\ \lambda_{21} & \lambda_{22} & \cdots & \lambda_{2j} & \cdots & \lambda_{2n} \\ \cdots & \cdots & \cdots & \cdots & \cdots & \cdots \\ \lambda_{i1} & \lambda_{i2} & \cdots & \lambda_{ij} & \cdots & \lambda_{in} \\ \vdots & \vdots & \vdots & \vdots & \vdots & \vdots \\ \lambda_{n1} & \lambda_{n2} & \cdots & \lambda_{nj} & \cdots & \lambda_{nn} \end{bmatrix} \tag{9-10}$$

通过式（9-9）与式（9-10）可以揭示出多变量过程内部的耦合关系，并以此确定输入/输出变量之间应如何配对，以及判断该过程是否需要解耦。

2．相对增益矩阵的求取

若已知被控过程的数学表达式，可按照定义计算法求取相对增益矩阵，即按相对增益的定义对过程的参数表达式进行微分，分别求出开环增益和闭环增益，最后得到相对增益矩阵。下面以图 9-6 为例加以说明。

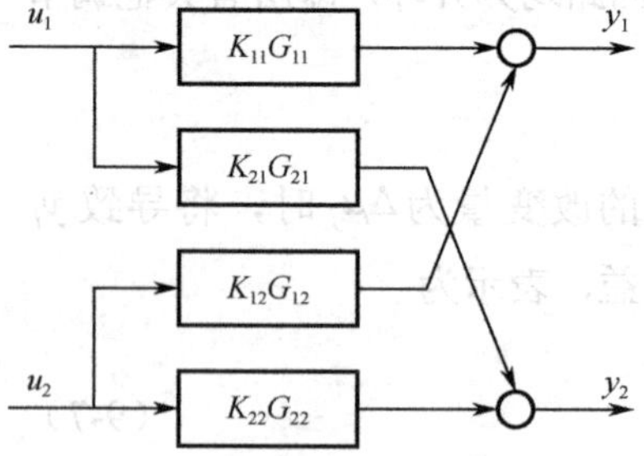

图 9-6　系统耦合过程框图

图 9-6 中，K_{ij} 为传递函数中的静态增益，G_{ij} 为传递函数中的动态特性部分，下面只讨论静态部分。

根据开环增益定义：

$$P_{ij} = K_{ij} = \left.\frac{\partial y_i}{\partial u_j}\right|_u \tag{9-11}$$

可求出第一个被控量相对于第一个控制量之间的开环增益为

$$P_{11} = \left.\frac{\partial y_1}{\partial u_1}\right|_{u_2=\text{const}}$$

同时，可方便求出 $y_1 = K_{11}u_1 + K_{12}\dfrac{y_2 - K_{21}u_1}{K_{22}}$。

由第一个被控量相对于第一个控制量的闭环增益为

$$Q_{11} = \left.\frac{\partial y_1}{\partial u_1}\right|_{y_2=\text{const}} = K_{11} - \frac{K_{12}K_{21}}{K_{22}}$$

因而有

$$\lambda_{11} = \frac{K_{11}}{K'_{11}} = \frac{K_{11}K_{22}}{K_{11}K_{22} - K_{12}K_{21}}$$

同理可得

$$\lambda_{12} = \frac{-K_{12}K_{21}}{K_{11}K_{22} - K_{12}K_{21}}$$

$$\lambda_{21} = \frac{-K_{12}K_{21}}{K_{11}K_{22} - K_{12}K_{21}}$$

$$\lambda_{22} = \frac{K_{11}K_{22}}{K_{11}K_{22} - K_{12}K_{21}}$$

3．相对增益矩阵的性质与耦合特性

根据图 9-6 所示系统相对增益矩阵可知

$$\left.\begin{aligned}\lambda_{11} + \lambda_{12} &= 1\\ \lambda_{21} + \lambda_{22} &= 1\\ \lambda_{11} + \lambda_{21} &= 1\\ \lambda_{12} + \lambda_{22} &= 1\end{aligned}\right\} \tag{9-12}$$

可见，一个双变量耦合过程，$\boldsymbol{\lambda}$ 矩阵中每行元素之和为 1，每列元素之和也为 1。此结论对于 $n \times n$ 维被控过程依然成立。

由式 $\lambda_{11} = \dfrac{K_{11}}{K'_{11}} = \dfrac{K_{11}K_{22}}{K_{11}K_{22} - K_{12}K_{21}}$ 可知：当 K_{12} 和 K_{21} 都很小时，表明 u_2 对 y_1、u_1 对 y_2 的静态耦合作用较弱；如果 K_{12} 和 K_{21} 都为零，表明两个通道彼此独立，此时 u_1 对 y_1 的相对增益 λ_{11} 等于 1，同时 λ_{22} 也等于零。

分析表明，相对增益系数可以反映如下耦合特性：

（1）如果相对增益 λ_{ij} 接近于 1，如 $0.8<\lambda<1.2$，则表明其他通道对该通道的关联作用很小，无须进行解耦系统设计。

（2）如果相对增益 λ_{ij} 小于零或接近于零，则表明使用本通道控制器不能得到良好的控制效果。换句话说，这个通道的变量选配不恰当，应重新选择。

（3）如果相对增益在 $0.3<\lambda<0.7$ 之间或者 $\lambda>1.5$，则表明系统中存在着非常严重的耦合，必须进行解耦设计。

9.2.3 解耦控制系统的设计

在工程实际中，当耦合非常严重时，即使采用最好的回路匹配也得不到满意的控制效果，这时必须进行解耦设计，否则系统不可能稳定。解耦的本质在于设置一个计算网络，用它去抵消过程中的关联，以保证各个单回路控制系统能独立地工作。对多变量耦合系统的解耦，目前用得较多的有前馈补偿法、对角矩阵法和单位矩阵法。解耦设计可分为完全解耦和部分解耦。完全解耦的要求是，在实现解耦之后，不仅调节量与被控量之间一一对应，而且干扰与被控量之间同样产生一一对应关系。

1. 前馈补偿法

前馈补偿法是自动控制中最早出现的一种克服干扰的方法，同样适用于解耦控制系统。图 9-7 所示为应用前馈补偿法来实现双变量解耦控制的系统框图。

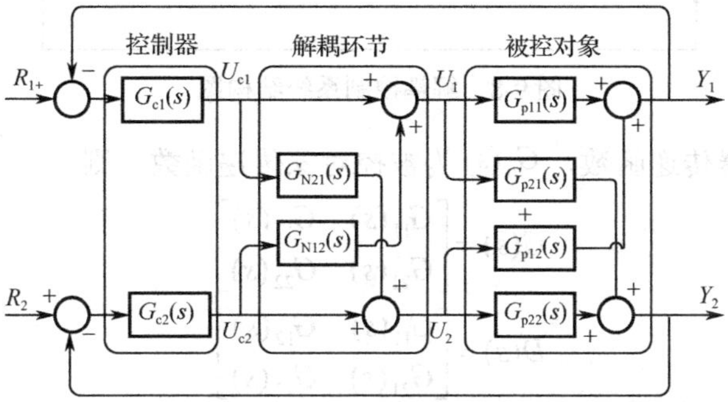

图 9-7 应用前馈补偿法来实现双变量解耦控制的系统框图

如果要实现对 U_{c2} 与 Y_1、U_{c1} 与 Y_2 之间的解耦，根据前馈补偿原理可得

$$Y_1=[G_{p12}(s)+G_{N12}(s)G_{p11}(s)]U_{c2}=0$$

$$Y_2=[G_{p21}(s)+G_{N21}(s)G_{p22}(s)]U_{c1}=0$$

因此，前馈补偿解耦器的传递函数为

$$G_{N12}(s)=-G_{p12}(s)/G_{p11}(s)$$

$$G_{N21}(s)=-G_{p21}(s)/G_{p22}(s)$$

如果要实现对参考输入量 R_1、R_2 和输出量 Y_1、Y_2 之间的解耦，根据前馈补偿原理得

$$Y_1=[G_{cN22}(s)G_{p12}(s)+G_{cN12}(s)G_{p11}(s)]R_2(s)=0$$

$$Y_2=[G_{cN21}(s)G_{p22}(s)+G_{cN11}(s)G_{p21}(s)]R_1(s)=0$$

故

$$G_{cN12}(s)=-\frac{G_{p12}(s)G_{cN22}(s)}{G_{p11}(s)}$$

$$G_{cN21}(s)=-\frac{G_{p21}(s)G_{cN11}(s)}{G_{p22}(s)}$$

这种方法与前馈控制设计所论述方法一样，补偿器对过程特性的依赖性较大。此外，如果输入/输出变量较多，也不宜采用此法。

2. 对角矩阵法

对角矩阵解耦设计是一种常见的解耦方法，尤其对复杂系统应用非常广泛。其目的是通过在控制系统中附加解耦环节矩阵，使该矩阵与被控对象特性矩阵的乘积等于对角阵。现以图 9-8 所示的双变量解耦系统为例，说明对角矩阵法解耦的设计过程。

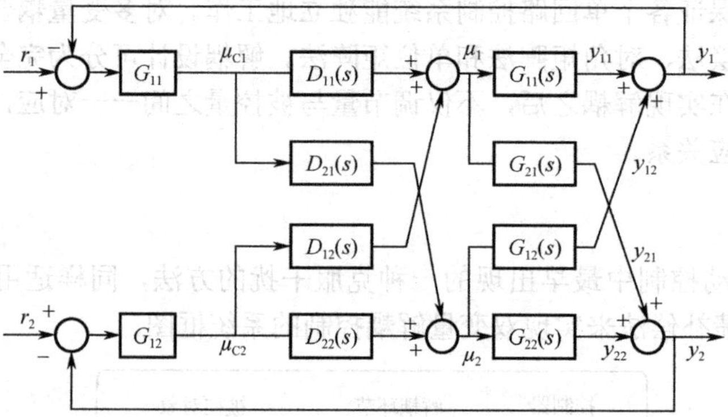

图 9-8 解耦控制系统结构图

图中 $D_{ij}(s)$ 为解耦器传递函数，$G_{ij}(s)$ 为被控对象传递函数，则

$$G(s)=\begin{bmatrix}G_{11}(s) & G_{12}(s)\\ G_{21}(s) & G_{22}(s)\end{bmatrix}$$

$$D(s)=\begin{bmatrix}G_{11}(s) & G_{12}(s)\\ G_{21}(s) & G_{22}(s)\end{bmatrix}$$

根据对角矩阵法解耦设计要求，即

$$\begin{bmatrix}G_{11}(s) & G_{12}(s)\\ G_{21}(s) & G_{22}(s)\end{bmatrix}\begin{bmatrix}D_{11}(s) & D_{12}(s)\\ D_{21}(s) & D_{22}(s)\end{bmatrix}=\begin{bmatrix}G_{p11}(s) & 0\\ 0 & G_{p22}(s)\end{bmatrix} \tag{9-13}$$

式中，$G_{pij}(s)$ 为期望的传递函数。

因此，被控对象的输出与输入变量之间应满足如下矩阵方程：

$$\begin{bmatrix}Y_1(s)\\ Y_2(s)\end{bmatrix}=\begin{bmatrix}G_{p11}(s) & 0\\ 0 & G_{p22}(s)\end{bmatrix}\begin{bmatrix}U_{c1}(s)\\ U_{c2}(s)\end{bmatrix} \tag{9-14}$$

假设 $\begin{bmatrix}G_{11}(s) & G_{12}(s)\\ G_{21}(s) & G_{22}(s)\end{bmatrix}\neq 0$，于是得到解耦器数学模型为

$$\begin{bmatrix} D_{11}(s) & D_{12}(s) \\ D_{21}(s) & D_{22}(s) \end{bmatrix} = \begin{bmatrix} G_{11}(s) & G_{12}(s) \\ G_{21}(s) & G_{22}(s) \end{bmatrix}^{-1} \begin{bmatrix} G_{p11}(s) & 0 \\ 0 & G_{p22}(s) \end{bmatrix}$$

$$= \frac{1}{G_{11}(s)G_{22}(s) - G_{12}(s)G_{21}(s)} \begin{bmatrix} G_{22}(s) & -G_{12}(s) \\ -G_{21}(s) & G_{11}(s) \end{bmatrix} \begin{bmatrix} G_{p11}(s) & 0 \\ 0 & G_{p22}(s) \end{bmatrix}$$

$$= \begin{bmatrix} \dfrac{G_{p11}(s)G_{22}(s)}{G_{11}(s)G_{22}(s) - G_{12}(s)G_{21}(s)} & \dfrac{-G_{12}(s)G_{p22}(s)}{G_{11}(s)G_{22}(s) - G_{12}(s)G_{21}(s)} \\ \dfrac{-G_{p11}(s)G_{21}(s)}{G_{11}(s)G_{22}(s) - G_{12}(s)G_{21}(s)} & \dfrac{G_{11}(s)G_{p22}(s)}{G_{11}(s)G_{22}(s) - G_{12}(s)G_{21}(s)} \end{bmatrix}$$

由上式可知，若已知被控过程的传递函数和期望传递函数，即可求得双变量解耦控制系统的解耦器，经过解耦后，两个控制回路互不相关，成为相互独立的控制回路，并具有期望的被控过程。但上述方法实现的前提是 $G(s)$ 可逆，$D(s)$ 在物理上可实现。

3．单位矩阵法

单位矩阵法是对角矩阵法的一种特殊情况，即期望的对角矩阵为单位阵，也就是说被控对象特性矩阵与解耦环节矩阵的乘积等于单位阵：

$$\begin{bmatrix} G_{11}(s) & G_{12}(s) \\ G_{21}(s) & G_{22}(s) \end{bmatrix} \begin{bmatrix} D_{11}(s) & D_{12}(s) \\ D_{21}(s) & D_{22}(s) \end{bmatrix} = \begin{bmatrix} 1 & 0 \\ 0 & 1 \end{bmatrix}$$

因此，系统输入/输出方程满足如下关系：

$$\begin{bmatrix} Y_1(s) \\ Y_2(s) \end{bmatrix} = \begin{bmatrix} 1 & 0 \\ 0 & 1 \end{bmatrix} \begin{bmatrix} U_{c1}(s) \\ U_{c2}(s) \end{bmatrix} \tag{9-15}$$

经过矩阵运算可以得到解耦器数学模型为

$$\begin{bmatrix} D_{11}(s) & D_{12}(s) \\ D_{21}(s) & D_{22}(s) \end{bmatrix} = \begin{bmatrix} G_{11}(s) & G_{12}(s) \\ G_{21}(s) & G_{22}(s) \end{bmatrix}^{-1}$$

$$= \begin{bmatrix} \dfrac{G_{22}(s)}{G_{11}(s)G_{22}(s) - G_{12}(s)G_{21}(s)} & \dfrac{-G_{12}(s)}{G_{11}(s)G_{22}(s) - G_{12}(s)G_{21}(s)} \\ \dfrac{-G_{21}(s)}{G_{11}(s)G_{22}(s) - G_{12}(s)G_{21}(s)} & \dfrac{G_{11}(s)}{G_{11}(s)G_{22}(s) - G_{12}(s)G_{21}(s)} \end{bmatrix} \tag{9-16}$$

对于两个以上变量的多变量系统，同样可以用上述方法求得解耦的数学模型。

综上所述，可以知道应用不同的综合方法都能达到解耦的目的，但是应用单位矩阵法的优点更为突出。这是由于单位矩阵法进行解耦必然使广义对象特性变为 1，即被调量 1∶1 地快速跟踪调节量的变化，从而改善了动态性能。应该指出，虽然单位矩阵法稳定性强，但其物理实现困难。

4．解耦控制系统的简化设计

由上述解耦控制系统的设计方法可知，它们都是以精确过程数学模型为前提，而工业生产过程影响因素众多，要得到精确的数学模型相当困难。即使得到系统的数学模型，利用它们设计解耦装置往往也比较复杂，在工程上难以实现，必须对获得的过程数学模型进行适当简化，以利于工程应用。下面介绍两种常用的方法。

高阶系统中，如果存在小时间常数，它与其他时间常数的比值为 0.1 左右，则可将此小时

间常数忽略，以降低过程模型阶数。如果几个时间常数的值相近，则可取同一值代替。如某过程的传递函数为

$$G(s)=\begin{bmatrix}\dfrac{2.6}{(2.7s+1)(0.25s+1)} & \dfrac{1.6}{(2.4s+1)(0.3s+1)} & 0\\ \dfrac{1}{4.2s+1} & \dfrac{1}{4.5s+1} & 0\\ \dfrac{2.74}{0.2s+1} & \dfrac{2.6}{0.18s+1} & \dfrac{0.87}{0.25s+1}\end{bmatrix}$$

根据上述简化方程，则上述传递函数可简化为

$$G(s)\approx\begin{pmatrix}\dfrac{2.6}{2.7s+1} & \dfrac{1.6}{2.4s+1} & 0\\ \dfrac{1}{4.5s+1} & \dfrac{1}{4.5s+1} & 0\\ 2.74 & 2.6 & 0.87\end{pmatrix}$$

如果按上述方法简化后解耦装置还是比较复杂，则可以采用更简单的方法，即静态解耦法。例如，一个 2×2 的系统，已经求得解耦装置的传递矩阵为

$$\boldsymbol{D}(s)=\begin{bmatrix}D_{11}(s) & D_{12}(s)\\ D_{21}(s) & D_{22}(s)\end{bmatrix}=\begin{bmatrix}0.3(2.4s+1) & 0.2(s+1)\\ 0.38(2.8s+1) & 0.94\end{bmatrix}$$

采用静态解耦法，解耦装置成为比较环节，也使解耦装置的物理实现简单，即

$$\boldsymbol{D}(s)=\begin{bmatrix}D_{11}(s) & D_{12}(s)\\ D_{21}(s) & D_{22}(s)\end{bmatrix}=\begin{bmatrix}0.3 & 0.2\\ 0.38 & 0.94\end{bmatrix}$$

【例 9-2】 在图 9-9 中，两种料液 q_1 和 q_2 经均匀混合后送出，要求对混合液的流量 q 和成分 a 进行控制。流量 q 和成分 a 分别由 q_1 和 q_2 进行控制。已知 $q_1=q_2=0.25$，$a=0.55$，测得被控过程的特性为 $G_0(s)=\begin{bmatrix}\dfrac{K_{011}}{Ts+1} & \dfrac{K_{012}}{Ts+1}\\ \dfrac{K_{021}}{Ts+1} & \dfrac{K_{022}}{Ts+1}\end{bmatrix}$，两个控制回路相互耦合，其耦合程度用相对增益矩阵进行分析，求系统的解耦控制装置传递函数。

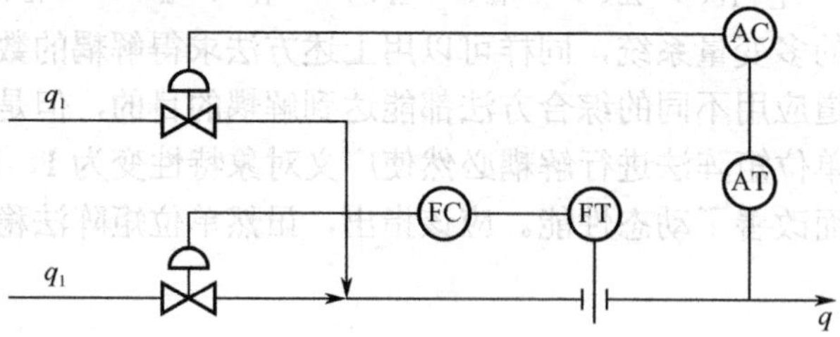

图 9-9 料液混合控制系统

解：系统的静态关系式为

$$\left.\begin{aligned}q&=q_1+q_2\\ a&=\frac{q_1}{q_1+q_2}\end{aligned}\right\}$$

设静态相对增益矩阵为

$$\boldsymbol{\lambda}=\begin{bmatrix}\lambda_{1a} & \lambda_{1q}\\ \lambda_{2a} & \lambda_{2q}\end{bmatrix}$$

式中，$\lambda_{1a}=\dfrac{\dfrac{\partial a}{\partial q_1}|q_2}{\dfrac{\partial a}{\partial q_1}|q}=\dfrac{q_2}{q_1+q_2}=1-a$。

利用静态相对增益矩阵的性质，可得

$$\left.\begin{aligned}\lambda_{2a}&=1-\lambda_{1a}=1-1+a=a\\ \lambda_{1q}&=1-\lambda_{1a}=a\\ \lambda_{2q}&=\lambda_{1a}=1-a\end{aligned}\right\}$$

将已知数据代入后，可得

$$\boldsymbol{\lambda}=\begin{bmatrix}0.5 & 0.5\\ 0.5 & 0.5\end{bmatrix}$$

由上式可知，成分和流量控制系统间存在相同的耦合，无论怎样进行变量匹配，都不能改变彼此间的耦合程度，因而必须进行解耦设计。

当采用对角矩阵法时，设期望的等效过程特性为

$$G_{\mathrm{p}}(s)=G_0(s)\times D(s)=\begin{bmatrix}\dfrac{K_{\mathrm{p11}}}{Ts+1} & 0\\ 0 & \dfrac{K_{\mathrm{p22}}}{Ts+1}\end{bmatrix}$$

则解耦装置的数学模型为

$$D(s)=G_0^{-1}(s)\times G_{\mathrm{p}}(s)=\frac{1}{\Delta}\begin{bmatrix}K_{022}\times K_{\mathrm{p11}} & -K_{012}\times K_{\mathrm{p22}}\\ -K_{021}\times K_{\mathrm{p11}} & K_{011}\times K_{\mathrm{p22}}\end{bmatrix}$$

式中，$\Delta=K_{011}\times K_{022}-K_{012}\times K_{021}$。

当采用单位矩阵法时，解耦装置的数学模型为

$$D(s)=G_0^{-1}(s)\times G_{\mathrm{p}}(s)=\frac{Ts+1}{\Delta}\begin{bmatrix}K_{022} & -K_{012}\\ -K_{021} & K_{011}\end{bmatrix}$$

经过比较可知，采用单位矩阵法所得解耦装置要比采用对角矩阵法多了微分环节，但期望的等效过程特性却比对角矩阵法有很大的改善。

9.3　适应过程参数变化的控制系统

在过程控制系统中，调节器参数的整定是在给定的品质指标和过程特性不变的条件下进行的。但实际的工业生产过程，如成分控制过程、热交换过程、酸碱度等控制过程，由于环境条件的不断变化，致使过程特性也会不断地变化，势必会导致不断地重新整定控制器的参数，否则控制系统的品质指标将会下降，这样既麻烦又不现实。解决的办法是，在同样的输入情况下，当实际过程特性发生变化时，可根据参考模型的输出与实际过程的输出之差设计一个调整装置来自动适应过程特性的变化，通常将这种系统称为适应过程参数变化的控制系统。

在工业现场中过程特性可以用 $K_0\mathrm{e}^{-\tau_0 s}/(T_0 s+1)$ 来近似描述，下面针对此模型中参数

K_0、T_0、τ_0 的变化讨论适应过程参数变化的控制系统。

9.3.1 适应静态增益变化的控制系统

有些工业生产过程，其静态增益 K_0 常发生变化，如果想保持原系统的稳定性不变，则可以通过外加一个自动调整装置，自动维持整个开环静态增益近似不变。图 9-10 所示为适应 K_0 变化的控制系统结构框图。

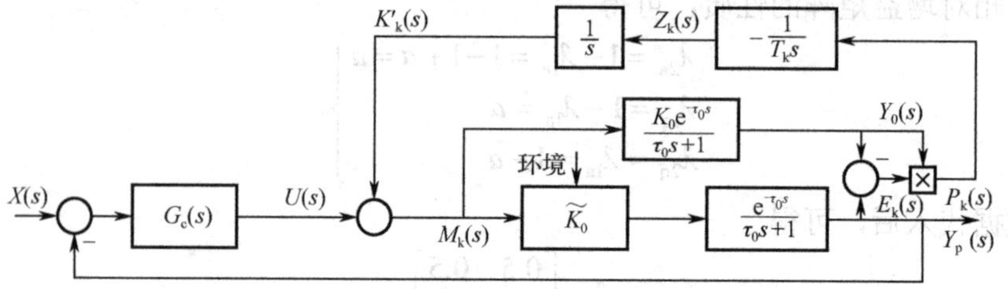

图 9-10 适应 K_0 变化的控制系统结构框图

图 9-10 中，$K_0\mathrm{e}^{-\tau_0 s}/(T_0 s+1)$ 是模拟正常工况下的参考模型，环境变化引起过程静态增益 K_0 变化时用 $\tilde{K}_0$ 表示。$M_\mathrm{k}(s)$ 为包括调节器在内的整个调节环节的输出，不妨假设为

$$M_\mathrm{k}(s)=U(s)+K'_\mathrm{k}(s)$$

或

$$m_\mathrm{k}(t)=u(t)+k'_\mathrm{k}(t)$$

式中，$K'_\mathrm{k}(s)$ 和 $k'_\mathrm{k}(t)$ 分别为外加自动调整环节最终输出的拉普拉斯变换值和时域值。选择模型误差的二次方积分作为控制系统的目标函数，即

$$J=\int e_\mathrm{k}^2(t)\mathrm{d}t \tag{9-17}$$

根据最速下降原理，外加自动调整环节的输出 $k'_\mathrm{k}(t)$ 的变化规律为

$$\frac{\mathrm{d}k'_\mathrm{k}(t)}{\mathrm{d}t}=-\alpha\frac{\partial J}{\partial \tilde{K}_0} \tag{9-18}$$

式中，α 为下降步长，可通过实验确定。由式（9-17）可得

$$\frac{\partial J}{\partial \tilde{K}_0}=2\int e_\mathrm{k}(t)\frac{\partial e_\mathrm{k}(t)}{\partial \tilde{K}_0}\mathrm{d}t \tag{9-19}$$

由图 9-10 有

$$E_\mathrm{k}(s)=M_\mathrm{k}(s)\left(\frac{\tilde{K}_0\mathrm{e}^{-\tau_0 s}}{T_0 s+1}-\frac{K_0\mathrm{e}^{-\tau_0 s}}{T_0 s+1}\right) \tag{9-20}$$

所以有

$$\frac{\partial E_\mathrm{k}(s)}{\partial \tilde{K}_0}=M_\mathrm{k}(s)\frac{\mathrm{e}^{-\tau_0 s}}{T_0 s+1}=\frac{Y_0(s)}{K_0}$$

由于

$$\frac{\partial e_\mathrm{k}(t)}{\partial \tilde{K}_0}=L^{-1}\left[\frac{\partial E_\mathrm{k}(s)}{\partial \tilde{K}_0}\right]=L^{-1}\left[\frac{Y_0(s)}{K_0}\right]=\frac{y_0(t)}{K_0} \tag{9-21}$$

将式（9-21）代入式（9-19）得

$$\frac{\partial J}{\partial \tilde{K}_0}=2\int e_\mathrm{k}(t)\frac{y_0(t)}{K_0}=\frac{2}{K_0}\int e_\mathrm{k}(t)y_0(t)\mathrm{d}t=\frac{2}{K_0}\int p_\mathrm{k}(t)\mathrm{d}t \tag{9-22}$$

将式（9-22）代入式（9-17）得

$$\frac{\mathrm{d}k_k'(t)}{\mathrm{d}t}=-\alpha\frac{2}{K_0}\int p_k(t)\mathrm{d}t=-\frac{1}{T_k}\int p_k(t)\mathrm{d}t \tag{9-23}$$

式中，$T_k=\dfrac{K_0}{2\alpha}$，可得

$$k_k'(t)=-\frac{1}{T_k}\iint p_k(t)\mathrm{d}t\mathrm{d}t$$

$$K_k'(s)=-\frac{1}{T_k}\frac{P_k(s)}{s^2} \tag{9-24}$$

令 $Z_k(s)=-\dfrac{P_k(s)}{T_k(s)}$，则

$$K_k'(s)=\frac{Z_k(s)}{s} \tag{9-25}$$

或

$$z_k(t)=-\frac{1}{T_k}\int p_k(t)\mathrm{d}t$$

整个调整环节的输出 $M_k(s)$ 或 $m_k(t)$ 的结果为

$$M_k(s)=U(s)+\frac{1}{s}Z_k(s) \tag{9-26}$$

或

$$m_k(t)=u(t)+\int z_k(t)\mathrm{d}t \tag{9-27}$$

由以上分析可知，图 9-10 所示控制系统能适应 K_0 的变化，并能最大限度地减小由于 K_0 变化所产生的控制误差。

9.3.2 适应滞后时间变化的控制系统

在许多工业生产过程中，纯滞后时间 τ_0 普遍存在，负荷的变化常常会引起 τ_0 的变化，从而引起系统工作周期的变化，进而影响系统的稳定性和动态过程。为了维持原系统的稳定性不变，可以通过外加一个自动调整装置，自动维持整个开环静态增益近似不变，从而克服滞后时间变化的影响。图 9-11 所示为适应 τ_0 变化的控制系统结构框图。

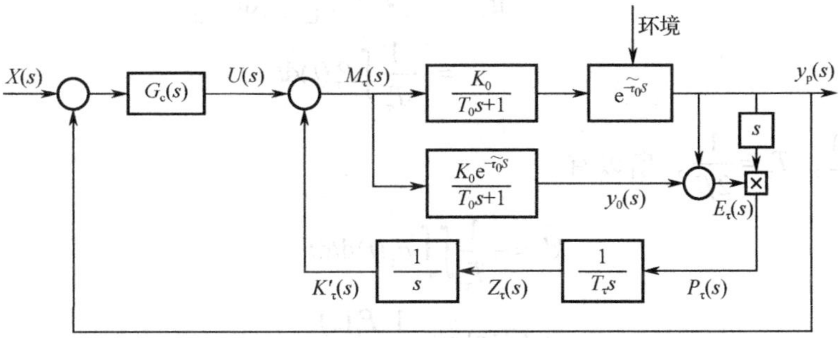

图 9-11 适应 τ_0 变化的控制系统结构框图

图 9-11 中，$K_0\mathrm{e}^{-\tau_0 s}/(T_0s+1)$ 是模拟正常工况下系统的参考模型，假设

$$M_\tau(s)=U(s)+K_\tau'(s) \tag{9-28}$$

$$m_\tau(t)=u(t)+k_\tau'(t) \tag{9-29}$$

式中，$K_\tau'(s)$ 和 $k_\tau'(t)$ 分别为外加自动调整环节最终的拉普拉斯变换值和时域值。若环境变化引

起纯滞后时间 τ_0 变化时用 $\tilde{\tau}_0$ 表示，选择模型误差的二次方积分为控制目标函数，即

$$J=\int e_\tau^2(t)\mathrm{d}t \tag{9-30}$$

依据最速下降原理，此时外加自动调整环节的输出 $k_\tau'(t)$ 的变化规律为

$$\frac{\mathrm{d}k_\tau'(t)}{\mathrm{d}t}=-\beta\frac{\partial J}{\partial\tilde{\tau}_0} \tag{9-31}$$

式中，β 为下降步长，可通过实验确定。

由式（9-30）可得

$$\frac{\partial J}{\partial\tilde{\tau}_0}=2\int e_\tau(t)\frac{\partial e_\tau(t)}{\partial\tilde{\tau}_0}\mathrm{d}t \tag{9-32}$$

由图 9-11 可知

$$E_\tau(s)=M_\tau(s)\left[\frac{K_0\mathrm{e}^{-\tilde{\tau}_0 s}}{T_0 s+1}-\frac{K_0\mathrm{e}^{-\tau_0 s}}{T_0 s+1}\right] \tag{9-33}$$

则有

$$\begin{aligned}\frac{\partial E_\tau(s)}{\partial\tilde{\tau}_0}&=\partial\left\{M_\tau(s)\left[\frac{K_0\mathrm{e}^{-\tilde{\tau}_0 s}}{T_0 s+1}-\frac{K_0\mathrm{e}^{-\tau_0 s}}{T_0 s+1}\right]\right\}/\partial\tilde{\tau}_0\\&=M_\tau(s)\frac{K_0\mathrm{e}^{-\tilde{\tau}_0 s}}{T_0 s+1}(-s)=-sY_\mathrm{p}(s)\end{aligned} \tag{9-34}$$

进而有

$$\frac{\partial J}{\partial\tilde{\tau}_0}=-\frac{\mathrm{d}y_\mathrm{p}(t)}{\mathrm{d}t} \tag{9-35}$$

代入式（9-32）有

$$\frac{\partial J}{\partial\tilde{\tau}_0}=2\int e_\tau(t)\left[-\frac{\mathrm{d}y_\mathrm{p}(t)}{\mathrm{d}t}\right]\mathrm{d}t \tag{9-36}$$

将式（9-35）再代入式（9-31）可得

$$\begin{aligned}\frac{\mathrm{d}k_\tau'(t)}{\mathrm{d}t}&=2\beta\int e_\tau(t)\left[-\frac{\mathrm{d}y_\mathrm{p}(t)}{\mathrm{d}t}\right]\mathrm{d}t\\&=-\frac{1}{T_\tau}\int P_\tau(t)\mathrm{d}t\end{aligned} \tag{9-37}$$

$P_\tau(t)=e_\tau(t)\dfrac{\mathrm{d}y_\mathrm{p}(t)}{\mathrm{d}t}$，$T_\tau=\dfrac{1}{2\beta}$，所以有

$$k_\tau'=-\frac{1}{T_\tau}\iint p_\tau(t)\mathrm{d}t\mathrm{d}t$$

$$K_\tau'(s)=-\frac{1}{T_\tau}\frac{P_\tau(s)}{s^2} \tag{9-38}$$

令 $Z_\tau(s)=-\dfrac{P_\tau(s)}{T_\tau s}$，则有

$$K_\tau'(s)=\frac{Z_\tau(s)}{s}$$

或

$$z_\tau(t) = -\frac{1}{T_\tau}\int p_\tau(t)\mathrm{d}t$$

调整环节的输出结果为

$$M_\tau(s) = U(s) + \frac{1}{s}Z_\tau(s)$$

$$m_\tau(t) = u(t) + \int z_\tau(t)\mathrm{d}t \tag{9-39}$$

上述分析同样论证了图 9-11 所示控制系统的有效性，可最大限度地减小纯滞后时间 τ_0 的变化所产生的控制误差。

9.3.3 适应时间常数变化的控制系统

在工业生产过程中，环境的变化经常引起过程模型中时间常数 T_0 的变化，从而引起过程动态增益的变化。可以通过外加一个自动调节装置，自动维持整个开环增益不变。图 9-12 所示为适应 T_0 变化的控制系统结构框图。

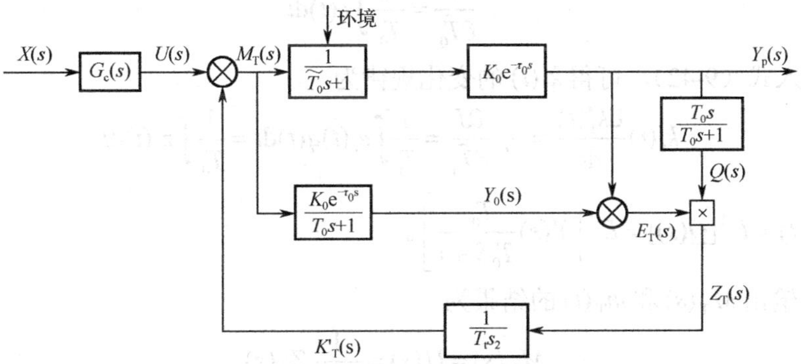

图 9-12 适应 T_0 变化的控制系统结构框图

环境变化引起过程时间常数 T_0 的变化，用 $\tilde{T}_0$ 表示。$M_\mathrm{T}(s)$ 为包括调节器在内的整个调节环节的输出，不妨假设为

$$M_\mathrm{T}(s) = U(s) + K'_\mathrm{T}(s)$$

$$m_\mathrm{t}(t) = u(t) + k'_\mathrm{t}(t) \tag{9-40}$$

式中，$K'_\mathrm{T}(s)$ 和 $k'_\mathrm{t}(t)$ 分别为自动调节环节最终输出的拉普拉斯变换值和时域值。

下面以同样的方式来论证图 9-12 所示控制系统的有效性。选择模型误差的二次方积分作为目标函数，即

$$J = \int e_\mathrm{t}^2(t)\mathrm{d}t \tag{9-41}$$

根据最速下降原理，此时外加调节环节的输出 $k'_\mathrm{t}(t)$ 的变化规律为

$$\frac{\mathrm{d}k'_\mathrm{t}(t)}{\mathrm{d}t} = -\gamma\frac{\partial J}{\partial \tilde{T}_0} \tag{9-42}$$

式中，γ 为下降步长，可通过实验确定。

由式（9-41）可得

$$\frac{\partial J}{\partial \tilde{T}_0} = 2\int e_\mathrm{t}(t)\frac{\partial e_\mathrm{t}(t)}{\partial \tilde{T}_0}\mathrm{d}t \tag{9-43}$$

由图 9-12 所示结构可知

$$E_{\mathrm{T}}(s)=M_{\mathrm{T}}(s)\left(\frac{K_0\mathrm{e}^{-\tau_0 s}}{\tilde{T}_0 s+1}-\frac{K_0\mathrm{e}^{-\tau_0 s}}{T_0 s+1}\right) \tag{9-44}$$

所以有

$$\frac{\partial E_{\mathrm{T}}(s)}{\partial \tilde{T}_0}=\partial\left[M_{\mathrm{T}}(s)\left(\frac{K_0\mathrm{e}^{-\tau_0 s}}{\tilde{T}_0 s+1}-\frac{K_0\mathrm{e}^{-\tau_0 s}}{T_0 s+1}\right)\right]/\partial \tilde{T}_0$$

$$=-\frac{M_{\mathrm{T}}(s)K_0\mathrm{e}^{-\tau_0 s}}{\tilde{T}_0 s+1}\frac{s}{T_0 s+1} \tag{9-45}$$

$$=-Y_{\mathrm{p}}(s)\frac{s}{\tilde{T}_0+1}$$

$$\frac{\partial e_{\mathrm{t}}(t)}{\partial \tilde{T}_0}=L^{-1}\left[\frac{\partial E_{\mathrm{T}}(s)}{\partial \tilde{T}_0}\right]=\frac{-1}{T_0}L^{-1}\left[Y_{\mathrm{p}}(s)\frac{T_0 s}{T_0 s+1}\right]=-\frac{1}{T_0}L^{-1}[Q(s)]=-\frac{1}{T_0}q(t) \tag{9-46}$$

将式（9-46）代入式（9-43），则有

$$\frac{\partial J}{\partial \tilde{T}_0}=\frac{-2}{T_0}\int e(t)\mathrm{d}t \tag{9-47}$$

将式（9-47）代入式（9-42），可得 $k_{\mathrm{t}}'(t)$ 的变化规律为

$$k_{\mathrm{t}}'(t)\frac{\mathrm{d}k_{\mathrm{t}}'(t)}{\mathrm{d}t}=-\gamma\frac{\partial J}{\partial \tilde{T}_0}=\frac{1}{T_{\mathrm{t}}}\int e_{\mathrm{t}}(t)q(t)\mathrm{d}t=\frac{1}{T_0}\int z_1(t)\mathrm{d}t \tag{9-48}$$

式中，$T_{\mathrm{t}}=\dfrac{T_0}{2r}q(t)=L^{-1}[Q(s)]=L^{-1}\left[Y(s)\dfrac{T_0 s}{T_0 S+1}\right]$。

调节环节的输出 $M_{\mathrm{T}}(s)$ 和 $m_{\mathrm{T}}(t)$ 的结果为

$$M_{\mathrm{T}}(s)=U(s)=\frac{1}{T_{\mathrm{t}}s^2}Z_{\mathrm{T}}(s) \tag{9-49}$$

$$m_{\mathrm{t}}(t)=u(t)+\frac{1}{T_1}\iint z_{\mathrm{t}}(t)\mathrm{d}t \tag{9-50}$$

上述分析同样验证了图 9-12 所示控制系统的合理性，可最大限度地减小时间常数 T_0 的变化所产生的控制误差。

9.4 推理控制系统

在实际工业生产中，常常存在被控过程的输出不能直接测量或难以测量，因而无法实现反馈控制；被控过程的扰动无法测量，不能实现前馈控制。如精馏塔塔顶、塔底产品的组分，聚合反应中聚合物的平均分子量的测量等均属于这种情况。对于输出不可测的过程，虽然可以用状态观测器先估计出扰动量，然后进行前馈补偿，但这种方法计算量大，使用起来有一定的局限性。在这种情况下，可采用控制辅助输出量的办法间接控制过程的主要输出量，这就是推理控制的主要思路。

9.4.1 推理控制系统的组成

推理控制（Inferential Control）的主要作用是采用控制辅助输出量的方法间接控制过程的主

要输出量，解决实际生产过程中被控过程的输出变量不能直接测量或难以测量的问题。推理控制是美国学者 Coleman Brosilow 和 Martin Tong 提出来的，他们在建立数学模型的基础上，根据对过程输出性能的要求，通过数学推理，导出控制系统所应具有的结构形式。

图 9-13 中，过程的主要输出 $Y(s)$ 和扰动 $D(s)$ 均不可测量，$Y_s(s)$ 为过程的辅助输出变量；$G_p(s)$ 和 $G_{ps}(s)$ 分别为过程的主、辅控制通道的传递函数；$A(s)$ 和 $B(s)$ 分别为主、辅干扰通道的传递函数；$G(s)$ 代表尚待确定的推理部分的传递函数，其输出为过程的控制输入 $U(s)$。为了克服不可测扰动的影响，其关键是如何设计 $G(s)$。

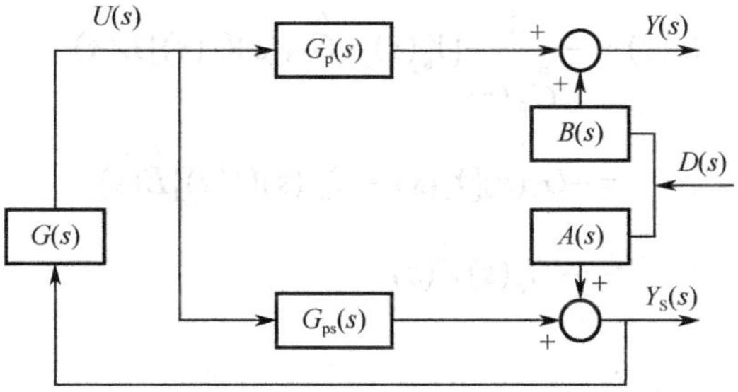

图 9-13　推理控制系统框图

由图 9-13 可得

$$Y_s(s) = A(s)D(s) + G_{ps}(s)G(s)Y_s(s) \tag{9-51}$$

$$Y(s) = B(s)D(s) + G_p(s)G(s)Y_s(s) \tag{9-52}$$

将式（9-51）代入式（9-52）可得

$$Y(s) = B(s)D(s) + \frac{G_p(s)G(s)A(s)}{1 - G_{ps}(s)G(s)}D(s)$$

设

$$E(s) = -\frac{G_p(s)G(s)}{1 - G_{ps}(s)G(s)}$$

推理控制部分的传递函数为

$$G(s) = \frac{E(s)}{G_{ps}(s)E(s) - G_p(s)} \tag{9-53}$$

$$Y(s) = [B(s) - A(s)E(s)]D(s) \tag{9-54}$$

若

$$E(s) = \frac{B(s)}{A(s)} \tag{9-55}$$

则有 $Y_1(s) = 0$。

由以上分析可知，可完全消除不可测扰动 $D(s)$ 对输出 $Y(s)$ 的影响。

式（9-55）表明，推理控制部分的传递函数 $G(s)$ 取决于被控过程通道的动态特性，$G(s)$ 的实现只能通过建立过程的各通道的数学模型来完成。若已知过程各通道动态特性的估计值，则可得 $G(s)$ 的估计值

$$\hat{G}(s) = \frac{\hat{E}(s)}{\hat{G}_{ps}(s)\hat{E}(s) - \hat{G}_p(s)} \tag{9-56}$$

式中，$\hat{E}(s)=\dfrac{\hat{A}(s)}{\hat{B}(s)}$。

过程各通道的数学模型估计值均冠以∧符号以区别于过程本身。推理部分输入则为

$$U(s)=\hat{G}(s)Y_s(s)=\frac{\hat{E}(s)}{\hat{G}_{ps}(s)\hat{E}(s)-\hat{G}_p(s)}Y_s(s) \tag{9-57}$$

为了分析 $G(s)$ 的结构，可将式（9-57）改写为

$$\begin{aligned}U(s)&=-\frac{1}{\hat{G}_p(s)}[Y_s(s)-\hat{G}_{ps}(s)U(s)]\hat{E}(s)\\&=-G_c(s)[Y_s(s)-\hat{G}_{ps}(s)U(s)]\hat{E}(s)\\&=-G_c(s)\hat{Z}(s)\end{aligned} \tag{9-58}$$

式中，$\hat{Z}(s)=[Y_s(s)-\hat{G}_{ps}(s)U(s)]\hat{E}(s)$。

由式（9-58）可画出如图 9-14 所示的推理控制部分的框图。图中虚线左侧部分为推理控制的框图。其中 $G_c(s)=\dfrac{1}{G_p(s)}$，称为推理控制器，它需要适当改造才能实现。$\hat{E}(s)$ 称为估计器，其作用将在下面加以分析。

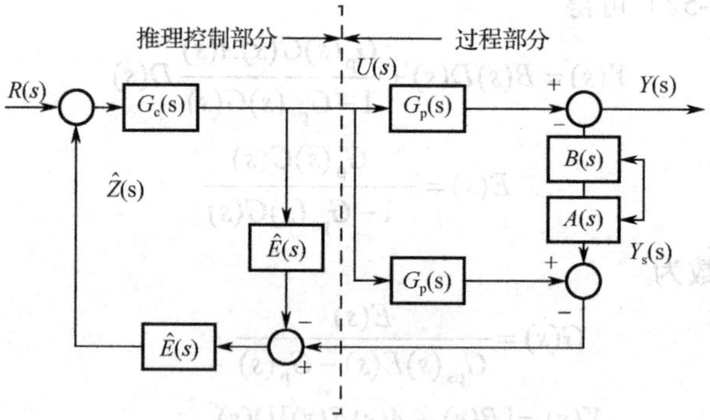

图 9-14　推理控制系统的组成

推理控制部分的主要作用是将不可测干扰 $D(s)$ 对 $Y(s)$ 的影响推理出来得到 $\hat{Z}(s)$，然后将 $\hat{Z}(s)$ 与推理控制器 $G_c(s)$ 相结合，产生控制作用 $U(s)$。由图 9-14 可以看出，推理控制有以下三个基本特征。

1）实现不可测干扰信号的分离

$$Y_s(s)=A(s)D(s)+G_{ps}(s)U(s)$$

$$Y_s(s)-G_{ps}(s)U(s)=A(s)D(s)$$

若 $G_{ps}(s)=\hat{G}_{ps}(s)$，则

$$Y_s(s)-\hat{G}_{ps}(s)U(s)=A(s)D(s)$$

可见推理控制可将 $D(s)$ 对 $Y_s(s)$ 的影响从 $Y_s(s)$ 测量值中分离出来。

2）实现了不可测干扰的估计

已知 $\hat{E}(s)=\dfrac{\hat{B}(s)}{\hat{A}(s)}$，如果 $\hat{A}(s)=A(s)$，$\hat{B}(s)=B(s)$，$\hat{G}_{\rm ps}(s)=G_{\rm ps}(s)$，则估计器 $\hat{E}(s)$ 输出 $\hat{Z}(s)=D(s)A(s)\hat{E}(s)=DB(s)A(s)\dfrac{B(s)}{A(s)}=B(s)D(s)$。

所以估计器 $\hat{E}(s)$ 实现了 $D(s)$ 对 $Y(s)$ 影响的估计，但要保证估计器 $\hat{E}(s)$ 是物理可实现的。

3）可实现理想控制

当 $\Delta R\neq 0$ 时，

$$
\begin{aligned}
Y(s)&=\frac{G_{\rm i}(s)G_{\rm p}(s)}{1+[G_{\rm ps}(s)-\hat{G}_{\rm ps}(s)]\hat{E}(s)G_{\rm i}(s)}R(s)\\
&=\frac{1}{\hat{G}_{\rm p}(s)}G_{\rm p}(s)R(s)=R(s)
\end{aligned}
$$

当 $\Delta D\neq 0$ 时，

$$
\begin{aligned}
Y(s)&=B(s)D(s)-\frac{A(s)G_{\rm p}(s)\hat{E}(s)G_{\rm i}(s)D(s)}{1+[G_{\rm ps}(s)-\hat{G}_{\rm ps}(s)]\hat{E}(s)G_{\rm i}(s)}\\
&=B(s)D(s)-\hat{E}(s)A(s)D(s)\\
&=B(s)D(s)-B(s)D(s)=0
\end{aligned}
$$

可见推理控制系统在模型完全匹配的情况下，既能实现对设定值变化的完全跟踪，也能实现对不可测扰动的完全抑制。

9.4.2 推理-反馈控制系统

图 9-14 所示的推理控制系统是一个由特定的不可测扰动驱动的开环控制系统，它没有考虑其他可能存在的扰动。而且，即使对于该特定的不可测扰动而言，也只有在模型完全匹配的条件下，对设定值的变化才具有良好的跟踪效果。但当模型静态增益存在误差时，系统主要输出总不可避免地存在稳态偏差。为了消除主要输出的稳态偏差，应尽可能引入反馈，构成推理-反馈控制系统，如图 9-15 所示。

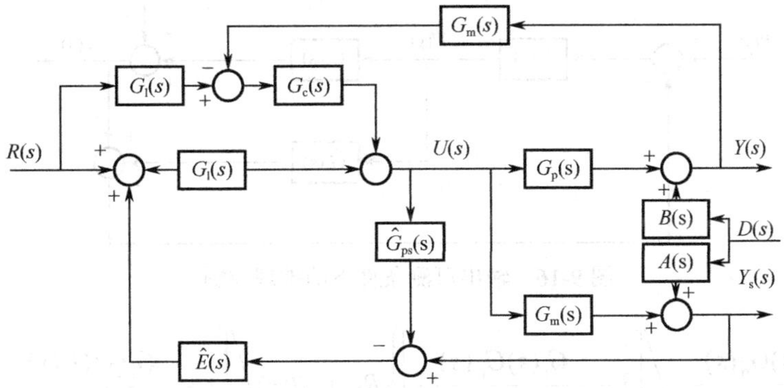

图 9-15　推理-反馈控制系统

图 9-15 中，$G_{\rm m}(s)$ 为主要输出量的测量环节，其时间滞后可能较大。$G_{\rm c}(s)$ 为反馈控制器，考虑到主要输出测量滞后较大，$G_{\rm c}(s)$ 可采用较大的积分时间常数和较小的比例增益的 PI 调节

器，或采用纯积分作用。由于反馈回路的引入，当 $G_1(s)=1$ 时，可保证主要输出 $Y(s)$ 是稳态无差的。但 $G_1(s)$ 一般不取为 1，而要适当选择。选择 $G_1(s)$ 的原则是：假定模型准确，反馈回路的引入不应改变原来推理控制系统的响应。就是说，假定模型准确，在设定值存在扰动的情况下，推理-反馈控制系统的主要输出仍应具有下面的形式：

$$Y(s)=G_{\mathrm{f}}(s)R(s)$$

式中，$G_{\mathrm{f}}(s)$ 为 $Y(s)$ 与 $R(s)$ 间的传递函数。

为此，要求在模型准确时，反馈控制器 $G_{\mathrm{c}}(s)$ 不起作用，即令反馈控制器的输入信号为

$$G_1(s)R(s)-G_{\mathrm{m}}(s)G_{\mathrm{f}}(s)R(s)=0$$

由此得

$$G_1(s)=G_{\mathrm{m}}(s)G_{\mathrm{f}}(s) \tag{9-59}$$

实际情况下，在设定值扰动作用下，有

$$U(s)=G_1(s)R(s)+G_{\mathrm{c}}(s)[G_1(s)R(s)-G_{\mathrm{m}}(s)Y(s)]$$

$$Y(s)=G_{\mathrm{p}}(s)U(s)=[G_1(s)+G_{\mathrm{c}}(s)G_1(s)]G_{\mathrm{p}}(s)R(s)-G_{\mathrm{p}}(s)G_{\mathrm{c}}(s)G_{\mathrm{m}}(s)Y(s)$$

由于反馈控制器采用了积分作用，因而，即便 $\hat{G}_{\mathrm{p}}(s)\neq G_{\mathrm{p}}(s)$，也能保证主要输出的静态跟踪。类似的分析表明，即便模型有误差或存在其他扰动，推理-反馈控制系统的主要输出仍是稳态无偏的。

9.4.3 输出可测条件下的推理控制系统

在输出可测而扰动不可测的情况下，可构成输出可测条件下的推理控制系统。

1. 系统组成

在输出可测而扰动不可测的情况下，推理控制系统简化成图 9-16 所示结构。这里不需要辅助输出，也不需要估计器，仅需要一个估计模型 $\hat{G}_{\mathrm{p}}(s)$。由图可得系统输出为

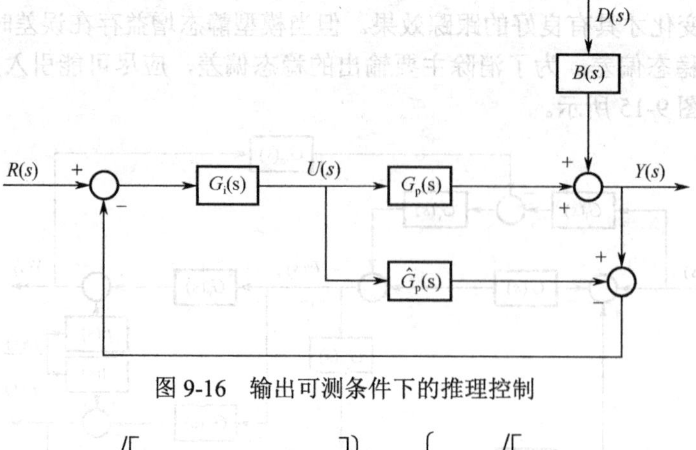

图 9-16 输出可测条件下的推理控制

$$Y(s)=\left\{\frac{G_{\mathrm{i}}(s)G_{\mathrm{p}}(s)}{1-G_{\mathrm{i}}(s)\hat{G}_{\mathrm{p}}(s)}\Bigg/\left[1+\frac{G_{\mathrm{i}}(s)G_{\mathrm{p}}(s)}{1-G_{\mathrm{i}}(s)\hat{G}_{\mathrm{p}}(s)}\right]\right\}R(s)\left\{B(s)\Bigg/\left[1+\frac{G_{\mathrm{i}}(s)G_{\mathrm{p}}(s)}{1-G_{\mathrm{i}}(s)\hat{G}_{\mathrm{p}}(s)}\right]\right\}D(s) \tag{9-60}$$

控制器 $G_{\mathrm{i}}(s)=G_{\mathrm{f}}(s)/\hat{G}_{\mathrm{p}}(s)$，$G_{\mathrm{f}}(s)$ 为惯性滤波器。当 $\hat{G}_{\mathrm{p}}(s)=G_{\mathrm{p}}(s)$ 时，有 $Y(s)=G_{\mathrm{f}}(s)R(s)+$

$[1-G_f(s)]B(s)D(s)$。

上式说明，在模型准确的情况下，输出可测条件下的输出响应与输出不可测条件下的推理控制相同。

2．控制系统的性能

设 $\hat{G}_p(s) \neq G_p(s)$，则系统输出

$$Y(s)=\frac{G_p(s)G_f(s)/\hat{G}_p(s)}{1-G_f(s)[\hat{G}_p(s)-G_p(s)]/\hat{G}_p(s)}R(s)+\frac{1-G_f(s)}{1-G_f(s)[\hat{G}_p(s)-G_p(s)]/\hat{G}_p(s)}B(s)D(s)$$

因为滤波器的静态增益 $G_f(0)=1$，在设定值阶跃扰动作用下，系统输出的稳态偏差为

$$R(0)-Y(0)=\left[1-\frac{G_p^{-1}(0)G_p(0)}{G_p^{-1}(0)G_p(0)}\right]R(0)=0$$

在阶跃不可测扰动作用下，系统输出的稳态偏差为 $Y(0)=0$。

从上面的分析可知，即不管模型是否存在干扰或误差，只要满足 $G_f(0)=1$，系统输出总是无静差的。对这种现象进一步分析如下，将图 9-16 重新安排成图 9-17 所示形式。

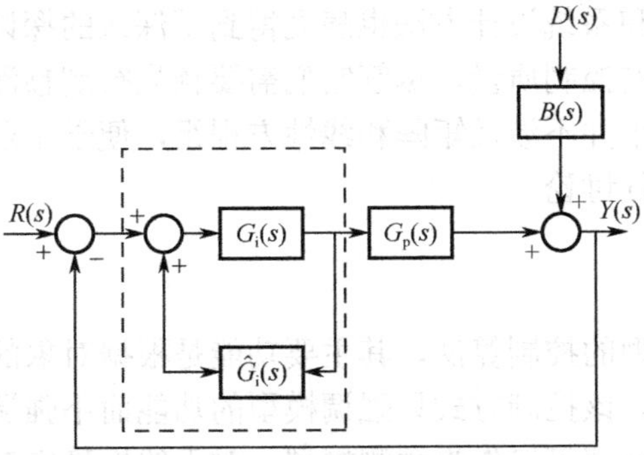

图 9-17　等效反馈控制器

图 9-17 中虚线框内的部分相当于一个反馈控制器，其等效传递函数为

$$\frac{G_i(s)}{1-G_i(s)\hat{G}_p(s)}=\frac{G_f(s)}{\hat{G}_p(s)[1-G_f(s)]}$$

因为滤波器的静态增益 $G_f(0)=1$，从而导致在稳态时等效反馈控制器在理论上具有无穷大的增益，这就是控制系统能消除稳态偏差的原因。

9.5　预测控制系统

预测控制

虽然现代控制理论已经成熟，并在航空航天等领域获得卓有成效的应用，但由于它依赖于较高精度的对象数学模型，因而在工业实际应用中却很难收到预期的效果。为了克服理论和应用之间的不协调，20 世纪 70 年代以来，人们从工业过程的特点出发，寻找对模型精度要求不高而同样能实现高质量控制性能的方法。预测控制就是在这种背景下发展起来的一种新型控制算法，是在工业实践过程中独立发展起来的算法。它一经问世，就在石油、电力和航空等工业

领域中得到了十分成功的应用。各种相近的预测控制有：模型预测启发控制（Model Predictive Heuristic Control，MPHC）、模型算法控制（Model Algorithmic Control，MAC）、动态矩阵控制（Dynamic Matrix Control，DMC）、预测控制（Predictive Control，PC）等。

预测控制采用工业过程中较易得到的对象脉冲响应或阶跃响应曲线，把它们在采样时刻的一系列数值作为描述对象动态特性的信息，从而构成预测模型。这样就可以确定一个控制量的时间序列，使未来一段时间中被调量与经过“柔化”后的期望轨迹之间的误差最小。上述优化过程的反复在线进行，构成了预测控制的基本思想。预测控制也称基于非参数模型的控制，它的系统结构主要由预测模型、参考轨迹、滚动优化、反馈校正等几部分构成。

从预测控制的基本原理来看，这类方法具有下列明显的优点：

（1）建模方便。过程的描述可以通过简单的实验获得，不需要深入了解过程的内部机理。

（2）采用了非最小化描述的离散卷积和模型，系统的鲁棒性好。

（3）采用了滚动优化策略，即在线反复进行优化计算，滚动实施，使模型失配、畸变、干扰等引起的不确定性及时得到弥补，从而得到较好的动态控制性能。

（4）可在不增加任何理论困难的情况下，将这类算法推广到有约束条件、大滞后、非最小相位及非线性等过程，并获得较好的控制效果。

20 世纪 70 年代末期，预测控制算法在热力发电厂、精馏塔和催化裂化等装置上得到了广泛的推广应用，其理论基础和系统设计方法也随之得到了深入的探讨和研究。预测控制算法与 PID 控制算法相比具有更好的控制质量，尽管它们需要预先得到预测模型，且控制算法也比较复杂，但在算法的实现过程中并不涉及矩阵和线性方程组，便于工业实现。本节将就预测控制最基本的概念和一般算法进行讨论。

9.5.1 预测模型

预测控制是一种基于模型的控制算法，其主要功能是根据对象的历史信息和假设的未来输入，预测未来的状态或输出。该控制方式只强调模型的功能而不强调其结构形式，因此，传递函数、状态方程这些传统模型都可以作为预测模型。对于线性稳定对象，甚至阶跃响应、脉冲响应这类非参数模型也可直接作为预测模型使用。此外，非线性系统、分布参数系统等的模型，只要具备上述功能，也可以在预测控制中作为预测模型使用。

在预测控制理论中，需要有一个描述系统动态行为的基础模型，称为预测模型。它应具有预测的功能，即能够根据系统的历史数据和未来的输入，预测系统未来的输出值。

预测模型具有展示系统未来动态行为的功能。任意给出的未来的控制策略，根据预测模型便可预测出系统未来的状态或输出，并进而判断约束条件是否满足及相应的性能指标。这样就为比较不同控制策略的优劣打下了基础。因此，预测模型是实现优化控制的前提。

从被控对象的阶跃响应出发，对象动态特性用一系列动态系数 $a_1, a_2, \cdots, a_p$，即单位阶跃响应在采样时刻的值来描述，称为 p 模型时域长度，a_p 是足够接近稳态值的系数，见图 9-18。

根据线性系统的叠加原理，输入 $\Delta u(k-i)$ 对输出 $y(k)$ 的贡献为

$$y(k)=\sum_{i=1}^{p-1} a_i \Delta u(k-i)+a_p \Delta u(k-p)$$

容易得到系统的预测值为

$$\hat{y}(k+j)=\sum_{i=1}^{p-1} a_i \Delta u(k+j-i)+a_p \Delta u(k+j-p)\text{，}\quad j=1,2,\cdots,n, n<p$$

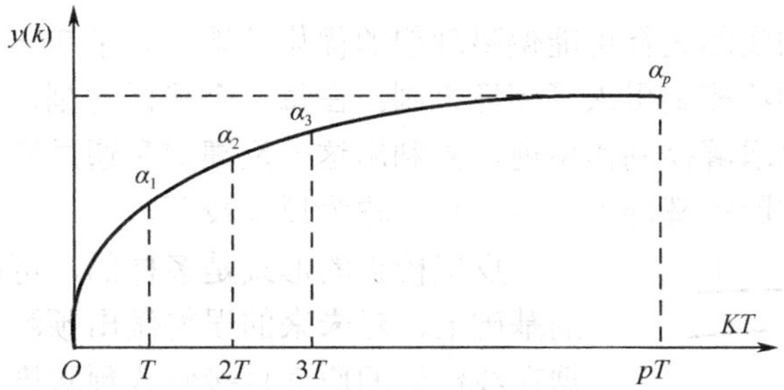

图 9-18　单位阶跃响应曲线

将上式写成矩阵形式：

$$\begin{bmatrix}\hat{y}(k+1)\\ \hat{y}(k+2)\\ \cdots\\ \hat{y}(k+n)\end{bmatrix}=\begin{bmatrix}a_1 & & & \\ a_2 & a_1 & & \\ \vdots & \vdots & \ddots & \\ a_n & a_{n-1} & \cdots & a_1\end{bmatrix}\begin{bmatrix}\Delta u(k)\\ \Delta u(k+1)\\ \vdots\\ \Delta u(k+n-1)\end{bmatrix}+\begin{bmatrix}y_0(k+1)\\ y_0(k+2)\\ \vdots\\ y_0(k+n)\end{bmatrix} \quad (9\text{-}61)$$

式中，$y_0(k+j)=\sum_{i=j+1}^{p-1}a_i\Delta u(k+j-i)+a_p\Delta u(k+j-p)$，$j=1,2,\cdots,n$ 为预估值。

9.5.2 参考轨迹

预测控制是一种基于优化的控制算法，它通过某一性能指标的最优来确定未来的控制作用。这一性能指标涉及系统未来的行为，例如，通常可取对象输出在未来采样点上跟踪某一期望轨迹的方差为最小，但也可取更广泛的形式，如要求控制能量为最小，同时保持输出在某一给定范围内等。性能指标中所涉及的系统未来的动态行为，是根据预测模型未来的控制策略决定的，如图 9-19 所示。

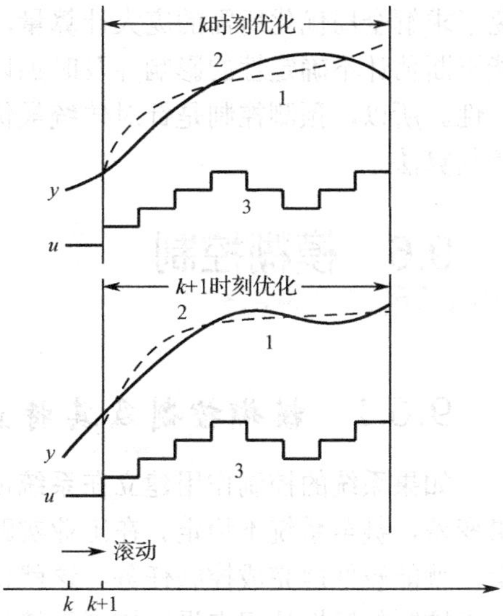

1—参考轨迹；2—预测最优输出；3—最优控制作用

图 9-19　滚动优化

需要指出的是，预测控制中的优化与传统意义下的离散时间系统最优控制有很大差别。通常在工业过程控制中应用的预测控制算法均采用有限时域的滚动优化。在每一个采样时刻，优化性能指标只覆盖该时刻起的未来有限时域，因此是一个以未来有限控制量为优化变量的开环优化问题。求出这些最优控制量后，预测控制并不把它们全部逐一实施，而是只将其中的当前控制量作用于系统，到下一采样时刻，这一优化时域随着时刻的推进同时向前滚动推移。因此，预测控制并不是采用全局的优化性能指标，而是在每一个时刻有一个相对于该时刻的优化性能指标，不同时刻的优化性能指标的相对形式是相同的，但其包含的具体时间区间是不同的。这表明预测控制中的优化不是一次离线优化，而是反复在线进行的，这就是滚动优化的含义，也是预测控制这种优化控制区别于传统最优控制的特点。

9.5.3 优化算法

预测控制是一种闭环控制算法。由于实际系统中不可避免地存在着模型失配、不可知扰动等各种不确定性，系统的实际运行可能偏离理想的优化结果。为了在一定程度上补偿各种不确定因素对系统的影响，预测控制引入了闭环机制。在每一个采样时刻，首先检测对象的实时状态或输入信息，并在优化求解控制作用前，先利用这一反馈信息通过刷新或修正把下一步的预测和优化建立在更接近实际的基础上，这一步骤称为反馈校正。

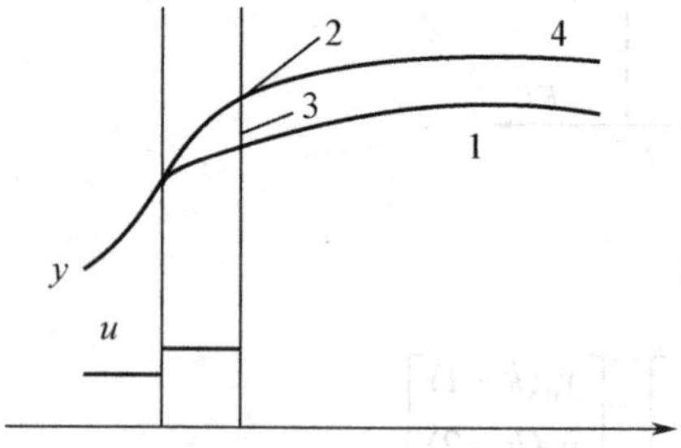

1—k 时刻的预测输出轨线；2—k+1 时刻的实际输出；3—预测误差；4—k+1 时刻经校正后的预测输出轨线

图 9-20 误差校正

反馈校正的形式是多样的，可以在保持预测模型不变的基础上，对未来的误差做出预测并加以补偿，也可以根据在线辨识的原理直接修改预测模型。不论取何种校正形式，预测控制都把优化建立在系统实际的基础上，并力图在优化时对系统未来的动态行为做出较准确的预测。因此，预测控制中的优化不仅基于模型，而且利用了反馈信息，因而构成了闭环优化。误差校正的示意图见图 9-20。

针对以上对预测控制一般原理的介绍，我们不难理解它在复杂的工业环境中受到青睐的原因。首先，对于复杂的工业对象，由于辨识其最小化参数模型要花费很大的代价，往往给基于传递函数或状态方程的控制算法带来困难。而预测控制所需要的模型只强调其预测功能，不苛求其结构形式，从而为系统建模带来了方便。在许多场合下，我们只需测定对象的阶跃响应或脉冲响应，便可直接得到预测模型，而不必进一步导出其传递函数或状态方程，这在工业应用中无疑是有吸引力的。更重要的是，预测控制汲取了优化控制的思想，但用结合反馈校正的滚动时域优化取代了一次性的全局优化，不但避免了求解全局优化所需的庞大计算量，而且在不可避免地存在着模型误差和扰动的工业环境中，能不断估计不确定性的影响并及时加以修正，反而要比只依靠模型的一次性优化具有更强的鲁棒性。所以，预测控制是针对传统最优控制在工业过程中的不适用性进行修正的一种新型优化控制算法。

9.6 模糊控制

9.6.1 模糊控制及其特点

如果系统的控制作用建立在系统模型的基础上，则由于模型本身的不精确性会引起控制效果变差，甚至系统不稳定。在工业实践中，熟练的操作人员能凭借丰富的经验，采取适当的对策，就能较好地完成控制任务。这就使人们想到，能否在不建立数学模型的基础上，充分利用人工控制的感性认识来设计控制系统，模糊控制由此应运而生。模糊控制是基于“专家知识”、采用语言规则表示的一种人工智能控制策略。

模糊控制的突出优点表现在不依赖于系统的数学模型，具有较强的鲁棒性和实时性。经常采用“如果……则……”的基本语言规则。语言规则的条件和结果，通常都是事物或过程的模糊描述。例如，在“如果天很热，则要多喝水”这个规则中，“天很热”和“多喝水”都是一种模糊描述。要由计算机自动实现这条规则，必须将模糊描述和传统数学很好地结合起来，即要借助模糊数学的基础知识。

本节的讨论从模糊数学的基础知识开始，然后介绍基本模糊控制器的工作原理和设计方法，最后提出集中改善模糊控制性能的方案。

9.6.2　预备知识

1．由经典集合到模糊集合

设 U 为论域或全集，它是具有某种特定性质或用途的元素的全体。经典集合中元素属于集合的概率为 0 或 1。

按照 L. A. Zaden 提出的模糊集合的基本定义，论域 U 上的模糊集合 $\tilde{A}$ 由隶属度函数 $\mu_{\tilde{A}}(x)$ 来表征，$\mu_{\tilde{A}}(x)$ 的值反映了 U 中的元素 x 对于 $\tilde{A}$ 的隶属程度，其中 $\mu_{\tilde{A}}(x)$ 在实轴的[0,1]中取值。

因此，模糊集合是经典集合的一种推广，它允许隶属度函数在区间[0,1]内任意取值。换句话说，经典集合的隶属度函数只允许两个值，即 0 或 1，而模糊集合的隶属度函数则是区间[0,1]上的一个连续函数。

2．模糊集合的表示与运算

论域 U 上的模糊集合 $\tilde{A}$ 可以表示为一组元素与其隶属度值的有序对的集合，即

$$\tilde{A}=\{(x,\mu_{\tilde{A}}(x))\mid x\in U\} \tag{9-62}$$

当 U 连续时（如 $U=R$），$\tilde{A}$ 一般可以表示为

$$\tilde{A}=\int_U \frac{\mu_{\tilde{A}}(x)}{x}$$

这里的积分符号并不表示积分，而是表示 U 上隶属函数为 $\mu_{\tilde{A}}(x)$ 的所有点 x 的集合。当 U 取离散值时，$\tilde{A}$ 一般可以表示为

$$\tilde{A}=\sum_U \frac{\mu_{\tilde{A}}(x)}{x} \tag{9-63}$$

隶属度函数通常有高斯型、梯形、三角形、钟型和 S 型等。

这里的求和符号并不表示求和，而是表示 U 上隶属函数为 $\mu_{\tilde{A}}(x)$ 的所有点 x 的集合。

【例 9-3】 论域为 15～35 岁之间的人，模糊集表示“年轻人”，则模糊集的隶属度函数可定义为

$$\mu_{\tilde{A}}(x)=\begin{cases} 1 & 15\leqslant x\leqslant 25 \\ \dfrac{1}{1+\left(\dfrac{x-25}{5}\right)^2} & 25<x\leqslant 35 \end{cases}$$

则年龄为 30 岁的人属于“年轻人”的程度为：$\mu_{\tilde{A}}(30)=0.5$。

模糊集合与普通集合一样也有交、并、补的运算。

假设 $\tilde{A}$ 和 $\tilde{B}$ 为论域 U 上的两个模糊集合，其隶属函数分别为 $\mu_{\tilde{A}}(x)$ 和 $\mu_{\tilde{B}}(x)$，则

模糊集交：$\tilde{C}=\tilde{A}\cap\tilde{B}$，$\mu_{\tilde{C}}(x)=\mu_{\tilde{A}}(x)\wedge\mu_{\tilde{B}}(x)\triangleq\min\{\mu_{\tilde{A}}(x),\mu_{\tilde{B}}(x)\}$；

模糊集并：$\tilde{C}=\tilde{A}\cup\tilde{B}$，$\mu_{\tilde{C}}(x)=\mu_{\tilde{A}}(x)\vee\mu_{\tilde{B}}(x)\triangleq\max\{\mu_{\tilde{A}}(x),\mu_{\tilde{B}}(x)\}$；

模糊集补：$\tilde{C}=\overline{\tilde{A}}$，$\mu_{\tilde{C}}(x)=1-\mu_{\tilde{A}}(x)$。

【例 9-4】 设论域 $U=\{a, b, c, d, e\}$上有两个模糊集分别为

$$\tilde{A}=\frac{0.5}{a}+\frac{0.3}{b}+\frac{0.4}{c}+\frac{0.2}{d}+\frac{0.1}{e}$$

$$\tilde{B}=\frac{0.2}{a}+\frac{0.8}{b}+\frac{0.1}{c}+\frac{0.7}{d}+\frac{0.4}{e}$$

求其交、并、补运算。

解：
$$\tilde{A}\cap\tilde{B}=\frac{0.5\wedge0.2}{a}+\frac{0.3\wedge0.8}{b}+\frac{0.4\wedge0.1}{c}+\frac{0.2\wedge0.7}{d}+\frac{0.1\wedge0.4}{e}$$
$$\tilde{A}\cup\tilde{B}=\frac{0.5\vee0.2}{a}+\frac{0.3\vee0.8}{b}+\frac{0.4\vee0.1}{c}+\frac{0.2\vee0.7}{d}+\frac{0.1\vee0.4}{e}$$
$$\bar{\tilde{A}}=\frac{0.5}{a}+\frac{0.7}{b}+\frac{0.6}{c}+\frac{0.8}{d}+\frac{0.9}{e}$$

3．模糊关系的定义

描述客观事物间联系的数学模型称为关系。经典集合论中的清晰关系精确地描述了元素之间是否相关，相关与否可用 0 或 1 表示。但某些集合之间的关系不能简单地用 0 和 1 表示，如人和人之间关系的“亲密”与否，儿子和父亲之间长相的“相像”与否，家庭是否“和睦”，这些关系就无法简单地用“是”或“否”来描述，而只能描述为“在多大程度上是”或“在多大程度上否”。这些关系就是模糊关系。我们可以将普通关系的概念进行扩展，从而得出模糊关系的定义。

定义：给定论域U和V，直积$U\times V$的一个模糊子集R被称为从U到V的模糊二元关系，R的隶属函数为μ_R；$U\times V\to[0,1]$，它表示序偶对关系R的隶属度。

由定义可见，模糊关系是一种模糊集合，通常选用下列表示方法。

论域$U=\{u_1,u_2,\cdots,u_n\}$到$V=\{v_1,v_2,\cdots,v_n\}$的模糊关系可以写成

$$\tilde{R}=\frac{u_{11}}{(u_1,v_1)}+\frac{u_{12}}{(u_1,v_2)}+\cdots+\frac{u_{1m}}{(u_1,v_m)}+\frac{u_{21}}{(u_2,v_1)}+\cdots+\frac{u_{n1}}{(u_n,v_1)}+\cdots+\frac{u_{nn}}{(u_n,v_m)}$$

式中，分母为序偶，分子为序偶对关系R的隶属度。

如用模糊关系来描述子女与父母长相的“相像”关系，假设儿子与父亲的相像程度为 0.8，与母亲的相像程度为 0.3；女儿与父亲的相像程度为 0.3，与母亲的相像程度为 0.6，则可描述为

$$\tilde{R}=\frac{0.8}{(子，父)}+\frac{0.3}{(子，母)}+\frac{0.3}{(女，父)}+\frac{0.6}{(女，母)}$$

模糊关系常常用矩阵的形式来描述，上述模糊关系可表示为$\tilde{R}=\begin{bmatrix}0.8 & 0.3\\0.3 & 0.6\end{bmatrix}$。

4．模糊关系的基本运算与合成

假设$\tilde{R}$和$\tilde{S}$是论域上$U\times V$的两个模糊关系，分别描述为

$$\tilde{R}=\begin{bmatrix}r_{11} & r_{12} & \cdots & r_{1n}\\r_{21} & r_{22} & \cdots & r_{2n}\\\vdots & \vdots & \vdots & \vdots\\r_{m1} & r_{m2} & \cdots & r_{mn}\end{bmatrix}\quad\tilde{S}=\begin{bmatrix}s_{11} & s_{12} & \cdots & s_{1n}\\s_{21} & s_{22} & \cdots & s_{2n}\\\vdots & \vdots & \vdots & \vdots\\s_{m1} & s_{m2} & \cdots & s_{mn}\end{bmatrix}$$

那么，模糊关系的运算规则可描述如下：

（1）相等，即$\tilde{R}=\tilde{S}\Leftrightarrow r_{ij}=s_{ij}$。

（2）包含，即$\tilde{R}\supseteq\tilde{S}\Leftrightarrow r_{ij}\geqslant s_{ij}$。

（3）并，即 $\tilde{R}\cup\tilde{S}=\begin{bmatrix} r_{11}\vee s_{11} & \cdots & r_{1n}\vee s_{1n} \\ \vdots & \vdots & \vdots \\ r_{m1}\vee s_{m1} & \cdots & r_{mn}\vee s_{mn} \end{bmatrix}$。

（4）交，即 $\tilde{R}\cap\tilde{S}=\begin{bmatrix} r_{11}\wedge s_{11} & \cdots & r_{1n}\wedge s_{1n} \\ \vdots & \vdots & \vdots \\ r_{m1}\wedge s_{m1} & \cdots & r_{mn}\wedge s_{mn} \end{bmatrix}$。

（5）补，即 $\bar{\tilde{R}}=\begin{bmatrix} 1-r_{11} & \cdots & 1-r_{1n} \\ \vdots & \vdots & \vdots \\ 1-r_{m1} & \cdots & 1-r_{mn} \end{bmatrix}$。

设 $\tilde{R}$ 是论域 $X\times Y$ 上的模糊关系，$\tilde{S}$ 是论域 $Y\times Z$ 上的模糊关系，则 $\tilde{R}$ 对 $\tilde{S}$ 的合成定义为

$$\tilde{R}\circ\tilde{S}\Leftrightarrow \mu_{\tilde{R}\circ\tilde{S}}(x,z)=\bigvee_{k}[\mu_{\tilde{R}}(x_i,y_k)\wedge\mu_{\tilde{S}}(y_k,z_j)]$$

5．模糊推理

设 $\tilde{R}$ 是 X 到 Y 的模糊关系，$\tilde{A}$ 是 X 上的一个模糊子集，则由 $\tilde{A}$ 和 $\tilde{R}$ 所推得的模糊子集 $\tilde{S}$ 为

$$\tilde{S}=\tilde{A}\circ\tilde{R}$$

关于模糊数学的更详细内容请参阅相关文献，这里不再详述。

9.6.3　模糊控制的基本原理与控制

模糊控制是一种仿人控制，按照操作人员对一个工业过程的控制过程可以分析模糊控制的基本工作原理。

首先，操作人员通过观测输入量和输入量变化率的精确量，经过思考后可变成模糊量，如温度偏高或偏低、流量较大或变化率很大等。将精确量变成模糊量的过程，称为模糊化。

其次，操作人员根据获得的输入量，通过自己已有的控制经验进行分析判断，从而得出应采取的控制措施。为充分利用操作人员的操作经验，可以先将经验总结成若干条规则，这些规则称为模糊控制规则。依据这些规则，经过一定的模糊推理，可做出模糊决策。

最后，按模糊决策去执行具体的控制动作。因执行的结果是一个精确量，又需要将模糊量经过反模糊化变成精确量。

根据以上分析可知，模糊控制往往针对偏差进行，其本质是反馈控制。总之，模糊控制器是将测量得到的被控对象的状态经过模糊化接口转换为用人类自然语言描述的模糊量，然后根据人类的语言控制规则，经过模糊推理得到输出控制量的模糊取值，控制量的模糊取值再经过清晰化接口转换为执行机构能够接收的精确量。模糊控制的基本原理结构图如图 9-21 所示，它分为三部分，下面分别予以说明。

1．信号检测与输入

被控量由测量变送环节检测出来，经 A/D 转换器转换为数字信号后，送入模糊控制器。

2．模糊控制器处理

它主要完成输入信息的模糊化、模糊推理与决策和输出信息的模糊判决等功能。

3．执行环节

将模糊控制器的输出值送执行机构，控制被控对象按期望的特性运动。

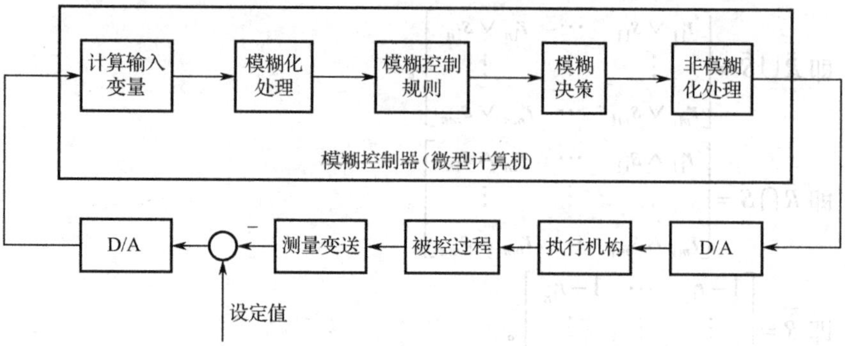

图 9-21 模糊控制的基本原理结构图

9.6.4 模糊控制系统设计

模糊控制系统的控制器不是一般的数字控制器，模糊控制系统的设计主要是如何设计模糊控制器。模糊控制器的基本结构通常由模糊化接口、规则库、模糊推理和清晰化接口四个部分组成，见图 9-22。

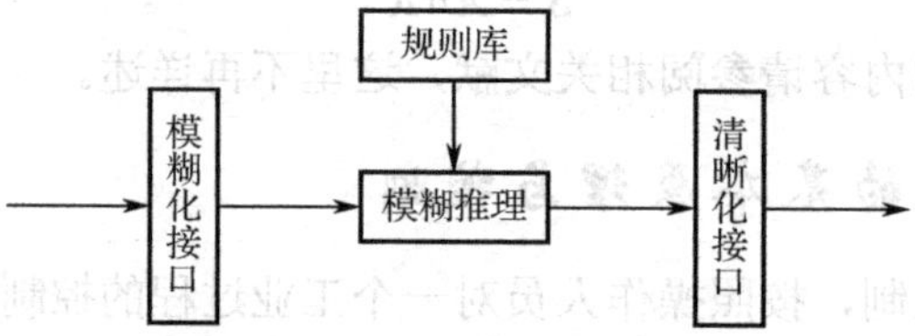

图 9-22 模糊控制器基本组成

模糊控制

1. 模糊化接口

模糊化就是通过在控制器的输入、输出论域上定义语言变量，将精确的输入、输出值转换为模糊的语言值。为了提高实时性，模糊控制器常常以控制查询表的形式出现。该表反映了通过模糊控制算法求出的模糊控制器输入量和输出量在给定离散点上的对应关系。为了能方便地产生控制查询表，在模糊控制器的设计中，通常就把语言变量的论域定义为有限整数的离散论域。

通常取系统的误差值 e 和误差变化率 ec 为模糊控制器的两个输入，在 e 的论域上定义语言变量"误差 E"，在 ec 的论域上定义语言变量"误差变化 EC"；在控制量 u 的论域上定义语言变量"控制量 U"。

在模糊控制器的设计中，通常把语言变量的论域定义为有限整数的离散论域。例如，可以将 E 模糊子集的论域定义为$\{-m, -m+1, \cdots, -1, 0, 1, \cdots, m-1, m\}$；将 EC 模糊子集的论域定义为$\{-n, -n+1, \cdots, -1, 0, 1, \cdots, n-1, n\}$；将 U 的模糊子集论域定义为$\{-l, -l+1, \cdots, -1, 0, 1, \cdots, l-1, l\}$。

查询表对每个变量（输入和输出）都指定一个标准的论域$[-n, +n]$，n 为正整数。论域上定义若干个语言变量（模糊子集），作为规则的条件或结果。过程参数的变化是各不相同的，为了统一到指定论域中来，模糊化的第一个任务是进行论域变换，其变换关系为

$$\bar{x} = \frac{2n}{b-a}\left(x - \frac{a+b}{2}\right) = k\left(x - \frac{a+b}{2}\right) \tag{9-64}$$

式中，$\bar{x}$ 为变换后的参数值；$[a,b]$为过程参数的变化范围；$k = \dfrac{2n}{b-a}$ 称为变换因子。

模糊控制器通常有一维结构和二维结构，一维结构的输入变量只有一个，即偏差 e；二维

结构的输入有两个，分别是误差值 e 和误差变化率 ec。

工程上常常需要将论域$[-n,+n]$之间变化的连续量进行离散化，然后用语言变量表示其模糊子集。例如，可将 E、EC 和 U 划分为{“正大（PB）”，“正中（PM）”，“正小（PS）”，“零（ZO）”，“负小（NS）”，“负中（NM）”，“负大（NB）”}七挡。再根据模糊子集的隶属度函数确定论域中的离散化元素或语言值所对应的模糊集合。挡级多，规则制定灵活，规则细致，但规则多、复杂，编制程序困难，占用的内存较多；挡级少，规则少，规则实现方便，但过少的规则会使控制作用变粗而达不到预期的效果。因此在选择模糊状态时要兼顾简单性和控制效果。

值得注意的是，在实际工作中，论域中的元素与对应的模糊子集的个数以及隶属度函数是根据实际问题人为确定的，并无统一的标准。

2. 规则库

规则库由若干条控制规则组成，这些控制规则根据人类控制专家的经验总结得出，按照 IF …IS …AND …IS …THEN …IS…的形式表达。

例如，在某模糊控制直流电动机调速系统中，模糊控制器的输入为 E（转速误差）、EC（转速误差变化率），输出为 U（电动机的力矩电流值），其模糊控制规则表如表 9-2 所示。

表 9-2　电动机模糊控制规则表

U		*EC*						
		NB	NM	NS	ZO	PS	PM	PB
E	NB	NB	NB	NB	NB	NM	ZO	ZO
	NM	NB	NB	NB	NB	NM	ZO	ZO
	NS	NM	NM	NM	NM	ZO	PS	PS
	ZO	NM	NM	NS	ZO	PS	PM	PM
	PS	NS	NS	ZO	PM	PM	PM	PM
	PM	ZO	ZO	PM	PB	PB	PB	PB
	PB	ZO	ZO	PM	PB	PB	PB	PB

模糊控制规则的生成方法归纳起来主要有以下几种：

（1）根据专家经验或过程控制知识生成控制规则。这种方法通过对控制专家的经验进行总结描述来生成特定领域的控制规则原型，经过反复实验和修正形成最终的规则库。

（2）根据过程的模糊模型生成控制规则。这种方法通过用模糊语言描述被控过程的输入/输出关系，得到过程的模糊模型，进而根据这种关系来得到控制器的控制规则。

（3）根据学习算法获取控制规则。应用自适应学习算法（神经网络、遗传算法等）对控制过程的样本数据进行分析和聚类，生成和在线优化较完善的控制规则。

3. 模糊推理

根据模糊输入和规则库中蕴涵的输入/输出关系，应用推理方法得到模糊控制器的输出模糊值，即

$$\tilde{C}^* = (\tilde{A}^* \times \tilde{B}^*) \circ \tilde{R}$$

式中，$\tilde{A}^*$ 和 $\tilde{B}^*$ 为模糊控制器的实际输入；$\tilde{R}$ 为模糊关系；$\tilde{C}^*$ 为在当前输入下系统的输出。

4．解模糊化及制定查询表

由模糊推理得到的模糊输出值 $\tilde{C}^*$ 是输出论域上的模糊子集，只有其转化为精确控制量 u，才能施加于对象，这种转化的方法叫作清晰化/去模糊化/模糊判决。去模糊化通常有以下两种方法。

1）最大隶属度法

把 $\tilde{C}^*$ 中隶属度最大的元素 U^* 作为精确输出控制量，例如：

$$\tilde{C}^* = \frac{0}{-6}+\frac{0.5}{-5}+\frac{1}{-4}+\frac{0.5}{-3}+\frac{0.1}{-2}+\frac{0}{-1}+\frac{0}{0}+\frac{0.3}{1}+\frac{0}{2}+\frac{0}{3}+\frac{0}{4}+\frac{0}{5}+\frac{0}{6}$$

式中，元素-4 对应的隶属度最大，则根据最大隶属度法得到的精确输出控制量为-4。

这种方法简单易行，算法实时性好，但只考虑了隶属度最大点的控制作用，而对于隶属度较小点的控制作用没有考虑，利用的信息量小。

2）加权平均法

该方法对模糊推理结果中所有元素及其对应的隶属度求加权平均值，并进行四舍五入取整，来得到精确输出控制量，例如：

$$\tilde{C}^* = \frac{0}{-6}+\frac{0.5}{-5}+\frac{1}{-4}+\frac{1}{-3}+\frac{1}{-2}+\frac{0.5}{-1}+\frac{0}{0}+\frac{0}{1}+\frac{0}{2}+\frac{0}{3}+\frac{0}{4}+\frac{0}{5}+\frac{0}{6}$$

$$U^* = \left\langle \frac{0.5\times(-5)+1\times(-4)+1\times(-3)+1\times(-2)+0.5\times(-1)}{0.5+1+1+1+0.5} \right\rangle = 2$$

式中，$\langle\rangle$代表四舍五入取整操作。

清晰化处理后得到的模糊控制器的精确输出量 U^*，经过比例因子可以转化为实际作用于控制对象的控制量。

$$u^* = k_u \cdot U^* + \frac{u_H + u_L}{2}$$

式中，$[u_H, u_L]$为控制量的连续取值范围；k_u 为比例因子，$k_u = \frac{u_H - u_L}{2l}$。

5．模糊控制规则表和模糊控制设计的主要内容

1）模糊控制规则表

综上所述，模糊控制器的工作过程如下：

① 模糊控制器实时检测系统的误差和误差变化率 e^* 和 ec^*；

② 将实际 e^* 和 ec^* 量化为控制器的精确输入 E^* 和 EC^*；

③ E^* 和 EC^* 通过模糊化接口转化为模糊输入 $\tilde{A}^*$ 和 $\tilde{B}^*$；

④ 将 $\tilde{A}^*$ 和 $\tilde{B}^*$ 根据模糊关系进行模糊推理，得到模糊控制输出量 $\tilde{C}^*$；

⑤ 对 $\tilde{C}^*$ 进行清晰化处理，得到控制器的精确输出量 U^*；

⑥ 通过比例因子 k_u 将 U^* 转化为实际作用于控制对象的控制量 u^*。

将③～⑤步离线进行运算，对于每一种可能出现的 E 和 EC 取值，计算出相应的输出量 U，并以表格的形式储存在计算机内存中，这样的表格称为模糊查询表。

2）模糊控制设计内容

① 确定模糊控制器的输入变量和输出变量；

② 确定输入和输出的论域并进行论域变换；
③ 确定各变量的语言取值及其隶属函数；
④ 总结专家控制规则及其蕴涵的模糊关系；
⑤ 选择推理算法；
⑥ 确定清晰化的方法；
⑦ 总结模糊查询表。

习题

9-1 解耦控制系统过程实施中需要注意哪些问题？什么叫部分解耦？它具有什么特点？

9-2 已知3×3系统的静态增益矩阵 $\boldsymbol{K}=\begin{bmatrix}0.58 & -0.36 & -0.36\\ 0.73 & 0.61 & 0\\ 1 & 1 & 1\end{bmatrix}$，试求相对增益矩阵 $\boldsymbol{\lambda}$，并分析该过程是否需要解耦。

9-3 某双输入双输出系统，输入/输出关系如下：

$$\begin{cases}c_1=-2m_1+3m_2\\ c_2=4m_1+m_2\end{cases}$$

（1）求相对增益矩阵；
（2）求正确的变量配对。

9-4 已知某工业过程，经实验获得控制通道和扰动通道的模型为 $G_{f1}(s)=\dfrac{-0.06496}{76s+1}$，$G_{f2}(s)=\dfrac{-14.07}{66s+1}$，$G_{01}(s)=\dfrac{-0.173}{70s+1}$，$G_{02}(s)=\dfrac{36}{65s+1}$，而且该过程的主要输出变量与扰动量均不可测，试设计一推理控制系统，确定估计器 $E(s)$ 和推理控制器 $G_c(s)$ 的数学模型。

9-5 预测控制发展的三个高潮阶段是什么？

9-6 预测控制的三要素是什么？各有什么作用？

9-7 模型预测控制的主要特点是什么？

9-8 介绍几种基于不同模型形式的典型预测控制算法。

9-9 模糊逻辑控制器常规设计的步骤是什么？

9-10 什么是模糊集合？什么是清晰集合？它们各有什么特点？

9-11 试比较隶属函数与特征函数的相同点和不同点。

9-12 已知 $U\times V$ 中的模糊关系 $\tilde{Q}$ 和 $V\times W$ 的模糊关系 $\tilde{R}$ 分别为

$$\tilde{Q}=\begin{bmatrix}1 & 0.3 & 0.5\\ 0.2 & 0.7 & 0.4\\ 0.6 & 0 & 0.8\end{bmatrix},\qquad \tilde{R}=\begin{bmatrix}0.6 & 1 & 0.4\\ 0.4 & 0.2 & 0.5\\ 0.7 & 0.7 & 0.8\end{bmatrix}$$

试求 $U\times W$ 中的合成关系 $\tilde{S}=\tilde{Q}\circ\tilde{R}$ 和 $\tilde{T}=\tilde{R}\circ\tilde{Q}$。

第 10 章 网络化过程控制系统

本章知识点：

- 集散控制系统
- 现场总线过程控制系统
- 工业以太网过程控制系统

基本要求：

- 了解集散控制系统的基本结构、内涵和特点
- 熟悉现场控制单元的硬件结构形式及功能
- 熟悉集散控制系统的网络结构和通信协议
- 了解集散控制系统在工业过程控制中的应用
- 了解现场总线控制系统的基本概念和特点
- 熟悉常见的几种现场总线及其通信模型
- 掌握现场总线控制系统的设计方法
- 了解工业以太网控制系统的基本概念和特点
- 了解 COM 组件标准和 OPC 规范
- 熟悉现代企业的控制与管理网络结构

能力培养：

通过集散控制系统、现场总线过程控制系统和工业以太网过程控制系统等知识点的学习，培养学生理解、分析与设计网络化工程控制系统的基本能力。学生能根据现场技术指标要求及工程实际需求，设计过程控制系统的网络结构，选择符合控制要求和通信标准的控制装置，运用本章所学知识分析、解决工程应用中出现的组网问题，具有一定的工程实践能力。

10.1 集散控制系统

10.1.1 集散控制系统概述

集散控制系统（Distributed Control System，DCS）是 20 世纪 70 年代中期发展起来的计算机控制系统，它综合了计算机技术、控制技术、网络技术和图形显示技术等技术手段，形成了以微处理器为核心的计算机系统。它不仅具有传统的控制功能、集中化的信息管理和操作显示功能，而且还有大规模数据采集、处理的功能以及较强的数据通信能力，为实现高等过程控制、优化控制和生产管理提供了先进的工具和手段。

目前，集散控制技术已发展成为过程控制的主流技术之一。世界上有多种 DCS 产品，广泛应用于石油、化工、发电、冶金、轻工、制药和建材等工业的自动化系统中，成为生产过程控制领域的主流系统。

集散控制系统的主干与核心是基于计算机的控制装置和通信网络。本节将介绍集散控制系统的概念、特点与基本构成，系统通信、系统类型及集散控制系统在过程控制中的应用等。

1. 三种典型的计算机控制系统

基于工业过程计算机的控制系统按总体结构可分为集中型控制系统、分散型控制系统和集散型控制系统三大类。

（1）集中型过程计算机控制系统由一台计算机对大型生产装置或生产过程进行控制和管理，计算机、指示器、记录仪等安装在中央控制室中，现场传感器、执行器等通过电缆或双绞线与之相连，计算机采集过程数据，进行运算并发出控制信号，以这种方式构成的过程计算机控制系统称为集中型过程计算机控制系统。

集中型过程计算机控制系统结构简单，便于实现与维护，但存在如下严重缺点：

- 系统主机过于庞大，一旦出现故障，影响全局，可靠性差。
- 用一台计算机完成多种不同的任务，实时性差，效率低。
- 信息源（检测点）和执行器距离主机远，传输信息的线路费用高。
- 缺乏灵活性与可扩展性。

（2）分散型过程计算机控制系统是将计算机安装在现场附近，就地实现各回路的控制与管理，在布局上形成一种按地理位置分散的控制结构，而对整个系统的管理与操作，则需要技术人员巡回进行。

（3）集散型过程计算机控制系统是吸取了“集中型”与“分散型”的优点，以计算机技术和网络技术为基础，对生产过程进行集中监视、操作和管理，而将控制功能分散到现场的一种过程计算机控制系统。

2. 集散控制系统的组成

集散控制系统以多台分散的控制计算机为基础，集成了多台操作、监控和管理计算机，通过网络构成层次化的体系结构，从下至上依次为生产现场层、过程控制层和操作监视层，另外可以向上扩展生产管理层和决策管理层。这样的结构使得 DCS 分别实现分散控制和集中操作管理。DCS 体系结构如图 10-1 所示，主要组成如下。

1）控制站

控制站（CS）是 DCS 的基础，直接与生产过程的传感器、变送器和执行器连接，具有信号输入、输出、运算、控制和通信功能。控制站硬件主要由输入/输出单元（IOU）、主控单元（MCU）和电源三部分组成。

输入/输出单元（IOU）是控制站的基础，直接与生产过程的输入/输出信号连接，由各种类型的模拟量输入（AI）、数字量输入（DI）、模拟量输出（AO）、数字量输出（DO）、脉冲量输入（PI）和串行接口（SI）模板或模块组成。

主控单元（MCU）是控制站的核心，由控制处理器、输入/输出接口处理器、通信处理器和冗余处理器板卡或模块组成。两个 MCU 互为冗余，即 MCU1 和 MCU2 互为备用，其中一个处于正常工作状态，另一个处于热备用状态，并具有自动诊断和自动切换的功能。

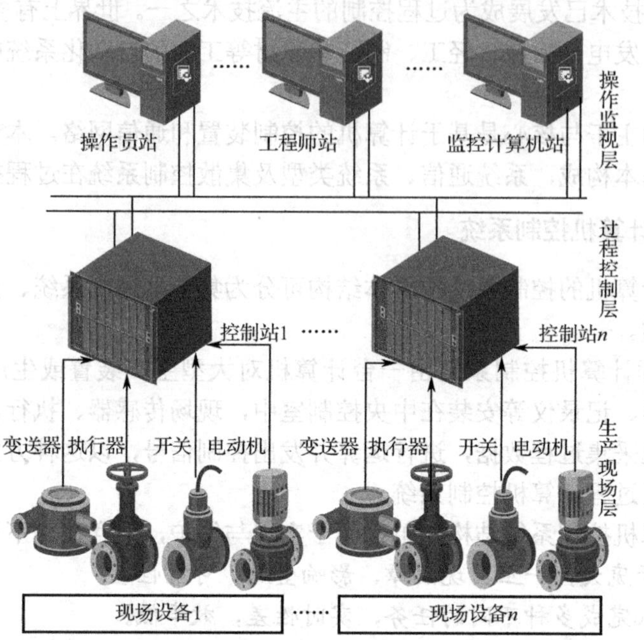

图 10-1 DCS 体系结构

2）操作员站

操作员站是工艺操作员的人机界面（HMI），提供了各类操作监视画面，用于对生产过程进行操作、监视和管理。操作员站一般选用工业计算机（IPC），由主机设备和外部设备组成。其中主机设备有主机、LCD、键盘、鼠标和通信板卡等，外部设备有打印机、专用键盘和辅助操作台等。

3）工程师站

工程师站是控制工程师的人机界面（HMI），提供了各类监控组态软件，用于系统设备组态、控制功能组态和操作画面组态。工程师站一般选用工业计算机（IPC），也可以用操作员站兼作工程师站，不同身份人员以不同的用户登录实现相应功能。

4）监控计算机站

监控计算机站（SCS）为 32 位或 64 位小型机，用来建立生产过程的数学模型，实现高等过程控制策略，实现装置级的优化控制和协调控制；并可以对生产过程进行故障诊断、预报和分析，保证安全生产和优化生产。

5）通信系统

通信系统是 DCS 各单元（也称工作站）的内联网络。全厂范围的中央控制室可通过通信系统汇集分散在各过程控制单元或单元控制室的信息，从而实现信息综合与集中管理。

3. 集散控制系统的特点

1）功能分散

集散控制系统最基本的特点之一就是系统实现了功能分散。所谓功能分散是指对过程参数的检测、运算处理、控制策略的实现、控制信息的输出以及过程参数的实时控制等，都是在现场的过程控制单元中有效、长期、可靠、无人干预地自动进行，从而实现了功能的高度分散，其具体内涵又表现在以下几个方面：

（1）分散负荷。DCS 的过程控制单元是以微处理器为基础的，因此，它能将集中型过程控制中计算机的控制功能（包括常规和复杂控制功能、优化功能、自整定功能等）承担起来，从而分散了负荷，使集中型控制系统中过程计算机负荷过分集中的现象得以改变。

（2）分散显示。分散显示指的是，一方面过程控制单元本身可以与现场的显示装置相连接，随时进行实时显示；另一方面中央操作站可以显示全系统任何一个过程单元的全部信息。在有的集散控制系统中，各本地操作站既可以调用其他各地显示操作站的信息，又可以调用中央操作站的信息。因此，无论是中央操作站还是本地操作站，都具备分散显示功能。

（3）分散数据库。现代 DCS 的过程控制单元都设有本地数据库，而每个本地数据库又属全系统所共有。这样既增加了分散控制功能，又提高了全系统的信息综合能力。

（4）分散通信。现代 DCS 已发展为计算机局域网（如工业以太网），网络节点（即过程控制单元）在局域网中可以互相通信，享有“平等权利”的通信控制权，使通信功能分散，而不需要集中的通信控制器。

（5）分散供电。由于过程控制单元分散于现场，刺激了分散供电装置的发展，分散于现场的供电装置应用先进的固态电子技术和微处理器技术，比较容易地实现了 AC/DC、DC/AC 转换。

过程控制单元的功能如图 10-2 所示。

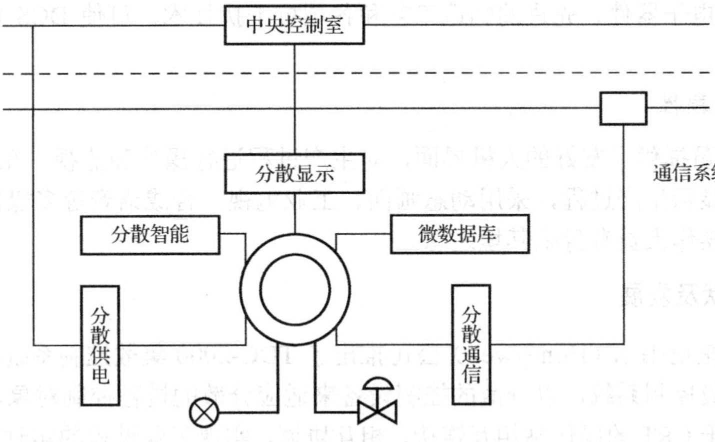

图 10-2　过程控制单元的功能

2）信息综合与集中管理

集散控制系统的另一个重要特点是实现了全系统的信息综合与集中管理。集散控制系统将“集”字放在首位，便说明了系统的集中管理与信息综合的重要。“集中”意味着单元体系功能的高水平发挥。

DCS 的功能分工和逻辑关系是一个树形分支结构或塔形结构。按垂直分解通常可分为三级，即过程控制级、控制管理级和生产管理级，各级既相互联系又相互独立。每一级又可按水平分解成若干子集，同级的子集设备具有类似的功能。

由于集散控制系统采用了计算机局域网技术，使通信功能增强，信息传输速率加快，吞吐量加大，为信息的集中管理奠定了基础。同时，计算机管理系统技术又被融入到集散控制系统中，这就更加促使其向信息综合管理系统发展，管理的内容越来越广。它不但包括生产管理（如产品计划、产品设计、制造、检验等）内容，而且还包括商务管理（如包装运输、产品销售等）的内容。

3）局域网通信技术

现代DCS都采用工业局域网进行通信，在传输实时控制信息的同时，进行全系统的信息综合与管理，并对分散于现场的过程控制单元进行操作。现代DCS的信息传输速率多在5～10Mbps，甚至更高，响应时间仅为数百微秒，误码率可达10^{-10}，这就为工业实时控制和管理提供了条件。大多数DCS都采用光纤作为传输介质，使通信的安全性大大提高。此外，局域网的通信协议也在向标准化迈进。总之，采用局域网通信技术是DCS优于集中型或分散型过程计算机控制系统的主要特征。

4）灵活性和扩展性

硬件采用积木式结构，控制站及其I/O模板或模块可以按需要配置，操作员站、工程师站和监控计算机站也可以按需要配置，用户可以灵活配置成小、中、大各类系统。另外，还可根据企业的财力或生产要求，逐步扩展系统。

5）可靠性和适应性

DCS采用了一系列冗余技术，如控制站主机、I/O板、通信网络和电源等均可双重化，而且采用热备份工作方式，自动检查故障，一旦出现故障立即自动切换，提高了系统的可靠性。DCS采用高性能的电子器件、先进的制造工艺和各项抗干扰技术，可使DCS能够适应恶劣的工作环境。

6）友好性和新颖性

DCS为操作人员提供了友好的人机界面，对生产过程进行操作和监视。在LCD上，以二维或三维图形画面显示生产过程，采用动态画面、工业电视、合成语音等多媒体技术，图文并茂，形象直观，使操作人员有身临其境之感。

4. DCS的现状及发展

1975年，美国霍尼韦尔（Honeywell）公司推出了TDC-2000集散控制系统，这是一个具有许多微处理器的分级控制系统，以分散的控制设备来适应分散的过程控制对象，并将它们通过数据高速公路与基于CRT的操作站相互连接、相互协调，实现工业过程的实时控制与监控，使控制系统的功能分散、负载分散，从而危险分散，克服了集中型计算机控制系统的一个致命弱点。

随后，相继有几十家美国、欧洲和日本的仪表公司也推出了自己的系统，如Forboro公司的Spectrum系统，日本的日立、横河仪表、东芝等公司也推出了自己的系统。我国在1992年由和利时自动化工程公司自主开发设计了HS-DCS-1000系统。

DCS自1975年问世以来，经历了四十多年的时间，随着4C技术及软件技术的迅猛发展，DCS的可靠性、实用性不断提高，系统功能也日益增强，使得DCS得到了广泛的应用，到目前已经广泛应用于电力、石油、化工、制药、冶金、建材、造纸等众多行业。集散控制系统的发展经历了如下四个阶段。

1）第一阶段

1975—1980年为DCS的初创阶段，相应的产品称为第一代DCS。第一代DCS的代表产品有：美国 Honeywell 公司的 TDC-2000 系统、Bailey 公司的 Network-90 系统、Foxboro 公司的 Spectrum 系统、日本横河 YOKOGAWA 公司的 Yawpark 系统、德国 Siemens 公司的 TelepermM 系统等。第一代 DCS 的基本结构如图 10-3 所示。

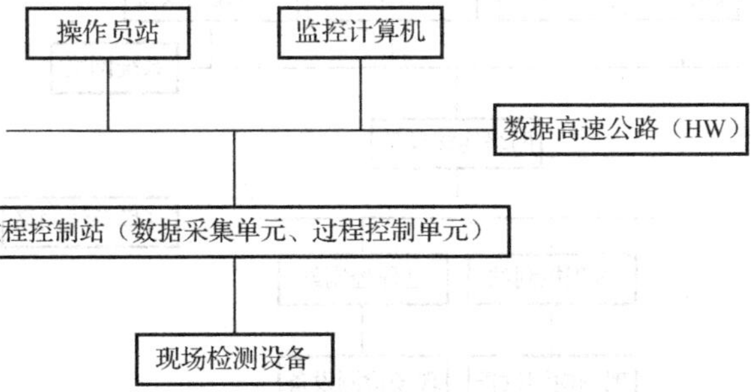

图 10-3　第一代 DCS 的基本结构

这一时期 DCS 的特点是：系统设计重点在过程控制单元，各个公司的系统均采用了当时最先进的微处理器来构成过程控制单元，所以系统的过程控制功能比较成熟可靠；而系统人机界面功能相对较弱，在实际中用 CRT 操作站对现场进行监控，提供的信息量也较少；功能上接近仪表控制系统，各个厂家的系统均由专有产品构成（现场控制站、人机界面工作站、各类功能站及软件）；各个厂家的系统在通信上自成体系，没有形成相互数据通信的标准。各个厂家生产的 DCS 成本高，系统维护运行成本也较高，使得 DCS 的应用范围受到一定的限制。

2）第二阶段（成熟期）

1980—1985 年是 DCS 的成熟期，相应的产品称为第二代 DCS。第二代 DCS 的代表产品有：美国 Honeywell 公司的 TDC-3000 系统、Westing House 公司的 WDPF、Fisher 公司的 PROVOX、日本横河公司的 YEWPACK-MARK 等。第二代 DCS 的基本结构如图 10-4 所示。

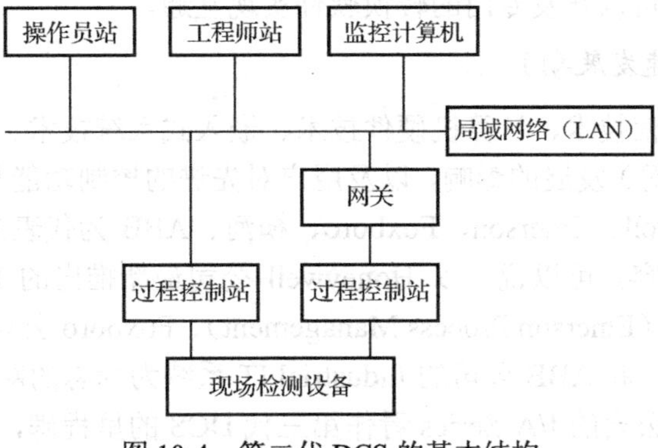

图 10-4　第二代 DCS 的基本结构

3）第三阶段（扩展期）

20 世纪 90 年代为 DCS 的扩展期，无论是硬件还是软件都采用了一系列的高新技术，使 DCS 向更高层次发展。第三代 DCS 的代表产品有：美国 Honeywell 公司的 TDC-3000/UCN、Westing House 公司的 WDPF Ⅱ/Ⅲ、Foxboro 公司的 I/A Series、日本横河公司的 Centum-XL/μXL 等。第三代 DCS 的基本结构如图 10-5 所示。

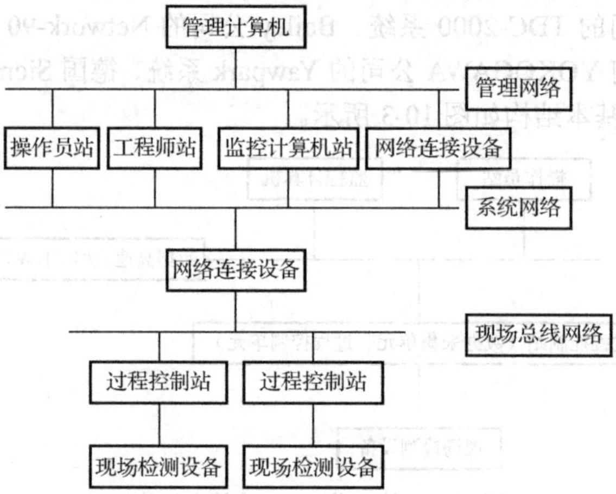

图 10-5　第三代 DCS 的基本结构

这一时期 DCS 的特点是：在功能上实现了进一步扩展，增加了上层网络，增加了生产的管理功能和企业的综合管理功能，形成了过程控制、集中监控和生产管理三层功能结构。这样的体系结构已经使 DCS 成为一个典型的计算机网络系统，而实施直接控制功能的过程控制单元，在功能逐步成熟并标准化之后，成为整个计算机网络系统中的一类功能节点。进入 20 世纪 90 年代以后，人们已经很难比较出各个厂家的 DCS 在过程控制功能方面的差异，而各种 DCS 的差异主要体现在与不同行业应用密切相关的控制方法和高层管理功能方面。

在网络方面，DCS 的开放性改变了过去各个 DCS 厂家自成体系的封闭结构，各厂家已普遍采用了标准的网络产品，如各种实时网络和以太网等。到 20 世纪 90 年代后期，很多厂家将目光转向了只有物理层和数据链路层的以太网及在以太网之上的 TCP/IP 协议。这样在高层（即应用层）虽然还是各个厂家自己的标准，系统间无直接通信，但至少在网络的低层，系统间是可以互通的，高层的协议可以开发专门的转换软件实现互通。

4）第四代 DCS（高速发展期）

受信息技术（网络通信技术、计算机硬件技术、嵌入式系统技术、现场总线技术、各种组态软件技术、数据库技术等）发展的影响，以及用户对先进的控制功能与管理功能需求的增加，各 DCS 厂商（以 Honeywell、Emerson、Foxboro、横河、ABB 为代表）纷纷提升 DCS 的技术水平，并不断地丰富其内容。可以说，以 Honeywell 公司最新推出的 PKS（过程知识系统）、Emerson 公司的 PlantWeb（Emerson Process Management）、Foxboro 公司的 A2、横河公司的 R3（PRM 工厂资源管理系统）和 ABB 公司的 Industrial IT 系统为标志的新一代 DCS 已经形成。

如果把当年 Foxboro 公司的 I/A Series 看作第三代 DCS 的里程碑，则以上几家公司的最新 DCS 可以划为第四代。第四代 DCS 的最主要标志是两个以字母“I”开头的单词：Information（信息）和 Integration（集成）。

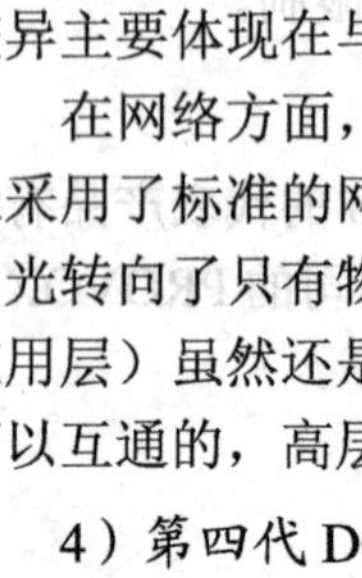

图 10-6　第四代 DCS 的体系结构

第四代 DCS 的体系结构主要分为四层：过程控制级、集中监控级、生产管理级和综合管理级，如图 10-6 所示。一般 DCS 厂商主要提供除综合管理级之外的三层功能，而综合管理级则通过提供开放的数据库接口，连接第三方的管理软件平台（ERP、CRM 和 SCM 等）。所以说，当今 DCS 主要提供工厂（车间）级的所有控制和管理功能，并集成全企业的信息管理功能。

第四代 DCS 的技术特点如下：

（1）DCS 充分体现信息化和集成化。

信息化和集成化基本描述了当今 DCS 正在发生的变化。用户已经可以采集整个工厂车间和过程的信息数据，但是用户希望这些大量的数据能够以合适的方式体现，并帮助决策过程，让用户以其明白的方式，在方便的地方得到真正需要的数据。

信息化体现在各 DCS 已经不是一个以控制功能为主的控制系统，而是一个充分发挥信息管理功能的综合平台系统。DCS 提供了从现场到设备，从设备到车间，从车间到工厂，从工厂到企业集团的整个信息通道。这些信息充分体现了全面性、准确性、实时性和系统性。

DCS 的集成性则体现在两个方面：功能的集成和产品的集成。过去的 DCS 厂商基本上是以自主开发为主，提供的系统也是自己的系统。当今的 DCS 厂商更强调系统的集成性和方案能力，DCS 中除保留传统 DCS 所实现的过程控制功能之外，还集成了 PLC（可编程逻辑控制器）、RTU（采集发送器）、FCS、各种多回路调节器、各种智能采集或控制单元等。此外，各 DCS 厂商不再把开发组态软件或制造各种硬件单元视为核心技术，而是纷纷把 DCS 的各个组成部分采用第三方集成方式或 OEM 方式。例如，多数 DCS 厂商自己不再开发组态软件平台，而转为采用兄弟公司（如 Foxboro 公司以 Wonderware 软件为基础）的通用组态软件平台，或其他公司提供的软件平台（如 Emerson 公司以 Intellution 公司的软件平台为基础）。此外，许多 DCS 厂家甚至连 I/O 组件也采用 OEM 方式，如 Foxboro 采用 Eurothem 的 I/O 模块，横河的 R3 采用富士电机的 Processio 作为 I/O 单元基础，Honeywell 公司的 PKS 系统则采用 Rockweell 公司的 PLC 单元作为现场控制站。

（2）DCS 变成真正的混合控制系统。

过去 DCS 和 PLC 主要通过被控对象的特点（过程控制和逻辑控制）来进行划分，但是，第四代的 DCS 已经将这种划分模糊化了。几乎所有的第四代 DCS 都包容了过程控制、逻辑控制和批处理控制，实现混合控制。这也是为了适应用户的真正控制需求。因为多数的工业企业绝不能简单地划分为单一的过程控制和逻辑控制需求，而是由过程控制为主或逻辑控制为主的分过程组成的。要实现整个生产过程的优化，提高整个工厂的效率，就必须把整个生产过程纳入统一的分布式集成信息系统。例如，典型的冶金系统、造纸过程、水泥生产过程、制药生产过程、发电过程和食品加工过程，大部分的化工生产过程都是由部分的连续调节控制和部分的逻辑联锁控制构成的。

第四代 DCS 几乎全部采用 IEC 61131-3 标准进行组态软件设计。该标准原是为 PLC 语言设计提供的标准。同时一些 DCS（如 Honeywell 公司的 PKS）还直接采用成熟的 PLC 作为控制站。多数的第四代 DCS 都可以集成中小型 PLC 作为底层控制单元。今天的小型和微型 PLC 不仅具备了过去大型 PLC 的所有基本逻辑运算功能，而且还能实现高级运算、通信及运动控制。

（3）DCS 平台开放性与应用服务专业化。

网络技术、数据库技术、软件技术及现场总线技术的发展为开发系统提供了基础；各 DCS 厂家竞争的加剧，促进了细化分工与合作，各厂家放弃了原来自己独立开发的工作模式，变成集成与合作的开发模式，所以开放性自动实现了。第四代 DCS 全部支持某种程度的开放性。开放性体现在 DCS 可以从三个不同层面与第三方产品相互连接：在企业管理层支持各种管理软件平台连接；在工厂车间层支持第三方先进控制产品，如 SCADA 平台、MES 产品、BATCH 处理软件，同时支持多种网络协议；在控制层可以支持 DCS 单元（系统）、PLC、各种智能控制单元及各种标准的现场总线仪表与执行机构。开放性的确有很多好处，但是在考虑开放性的同时，首先要充分考虑系统的安全性和可靠性。在选择设备时，先确定系统的要求，然后根据需求选择必要的设备。尽量不要装备一些不必要的功能，特别是网络功能和外设的选择一定要慎重。随着开放系统和平台技术的发展，产品的选择要更加灵活，软件的组态功能越来越强大，但是每一个特定的应用都需要一个独特的解决方案，所以专业化的应用知识和经验是当今自动化厂商或系统集成商成功的关键因素。各 DCS 厂家在努力宣传各自 DCS 技术优势的同时，更是努力宣传自己的行业方案设计与实施能力。为不同的用户提供专业化的解决方案并实施专业化的服务，将是今后各 DCS 厂家和系统集成商竞争的焦点，同时也是各厂家盈利的主要来源。

第四代 DCS 厂商在提高 DCS 平台集成化的同时，都强调自己在各自应用行业的专业化服务能力。DCS 厂家不仅注重系统本身的技术，还注重如何满足应用要求，并将满足不同行业的应用要求，作为自己系统的最关键技术，这应该是新一代 DCS 的又一重要特点。

10.1.2 集散控制系统的递阶结构

大型集散控制系统多采用多级递阶结构，自下而上可分为过程控制级、集中监控级、生产管理级和综合管理级。下面仅就各级的硬件配置及其功能进行简要介绍。

1. 过程控制级

过程控制级是集散控制系统的最低级，是实现生产过程分散控制的关键。该级的控制装置直接与生产过程相联系，完成现场实时信号的采集、处理、变换、输入、控制、运算和输出等，它的主要硬件有过程控制单元、过程输入/输出单元、信号变换器与备用盘装式仪表等。其主要任务是进行数据采集、直接数字控制，对设备进行监测和对系统进行测试与诊断，以及实施安全化、冗余化措施等。过程控制级由若干深入到控制现场的过程控制单元（PCU）组成。

过程控制单元是 DCS 的核心，系统主要的控制功能由它来完成，包括信号输入、输出、运算、控制和通信。

过程控制单元的信号输入/输出功能包括模拟量输入（AI）、数字量输入（DI）、模拟量输出（AO）和数字量输出（DO），并以输入/输出功能块的形式呈现在用户面前，供用户组成控制回路，如图 10-7 中的 AI 功能块（PT123）和 AO 功能块（PV123）。

过程控制单元的控制功能包括连续控制、逻辑控制和顺序控制。其中常用的连续控制有 PID 控制算法，并以 PID 控制功能块的形式呈现在用户面前，以 PID 控制功能块为核心，可以组成简单控制、前馈控制、串级控制、选择性控制、迟延补偿控制和解耦控制回路等。

单回路 PID 控制系统图用图 10-7 所示的单回路 PID 控制功能块组态图来表示，即用 AI 块、PID 控制块和 AO 块构成一个 PID 控制回路。

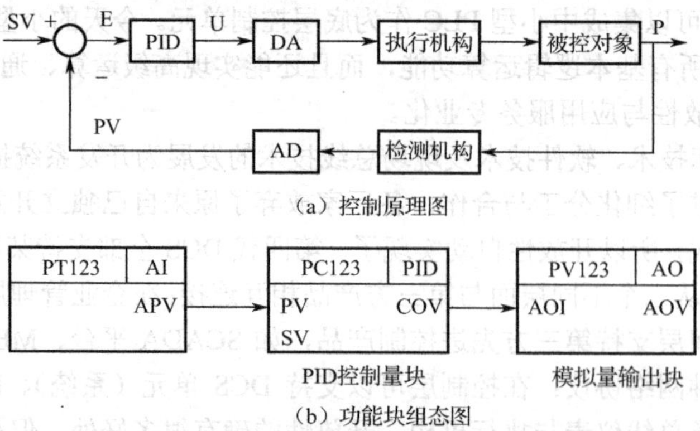

图 10-7　DCS 单回路 PID 控制功能块组态图

过程控制单元的运算功能包括代数运算、信号选择、数据选择、数值限制、报警检查、计算公式和传递函数等，并以运算功能块的形式呈现在用户面前，供用户组成控制回路。例如，前馈控制回路中的前馈补偿器和 Smith 补偿控制回路中的 Smith 补偿器就是运算功能块。

过程控制系统的性能、可靠性等重要指标也都要依靠过程控制单元保证，因此对它的设计、生产及安装都有很高的要求。过程控制单元的硬件一般都采用专门的工业计算机系统，其中除了计算机系统所必需的运算器，即除 CPU、存储器外，还包括现场测量单元、执行单元的输入/输出设备，即过程量 I/O 或现场 I/O。在过程控制单元内部，主 CPU 和内存等用于数据的处理、计算和存储的部分被称为逻辑控制部分，而现场 I/O 则称为现场部分，这两个部分是需要严格隔离的，以防止现场的各种信号，包括干扰信号对计算机的处理产生不利的影响。过程控制单元逻辑部分和现场部分的连接，一般采用与工业计算机相匹配的内部并行总线，常用的并行总线有 Multibus、VME、STD、ISA、PC104、PCI 和 Compact PCI 等。

2. 集中监控级

集散控制系统的集中监控级是为实现集中操作和统一管理而设置的。其主要设备有过程管理级工作站和通信设备等。操作站是由通信电缆将分散于生产现场的过程控制单元（PCU）、过程输入/输出单元（PIU）连接而成的。它不仅是操作中心，而且是控制管理中心操作站，也称集散控制系统的人机接口装置。其构成如图 10-8 所示。

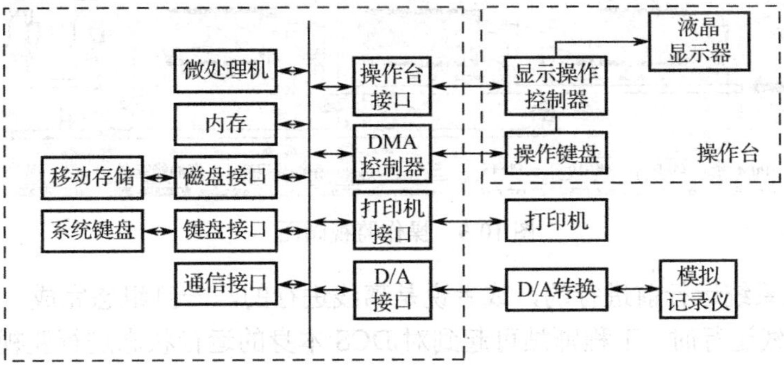

图 10-8　操作站结构框图

工作站通常被放在控制室内，利用 LCD 和键盘可对生产过程进行集中操作和监视，以便实现信息综合和集中管理。工作站可分为操作员级和工程师级。

1）操作员级工作站（即操作员站）

操作员站的功能是为用户提供操作监视画面，如图 10-9 所示，供工艺操作员对生产过程进行操作、监视和管理。

操作员站的操作监视画面一般分为通用画面、专用画面和管理画面三类。其中通用画面有总貌画面、组画面、点画面、趋势画面和报警画面等；专用画面有主控系统画面、数据采集系统画面、操作指导画面和控制回路画面等；管理画面有操作员操作记录、过程点报警记录、系统设备状态记录、系统设备错误记录、事故追忆记录、系统设备状态和功能块汇总画面等。

2）工程师级工作站（即工程师站）

工程师站是 DCS 中的一个特殊功能站，其主要作用是对 DCS 进行应用组态。应用组态是 DCS 应用过程中必不可少的一个环节，因为 DCS 是一个通用的控制系统，在其上可实现各种各样的应用，关键是如何定义一个具体的系统完成什么样的控制，控制的输入、输出量是什么，控制回路的算法如何，在控制计算中选取什么样的参数，在系统中设置哪些人机界面来实现人对系统的管理与监控，还有报警、报表及历史数据记录等各个方面功能的定义。所有这些，都是组态所要完成的工作，只有完成正确的组态，一个通用的 DCS 才能成为一个针对具体控制应用的可行系统。

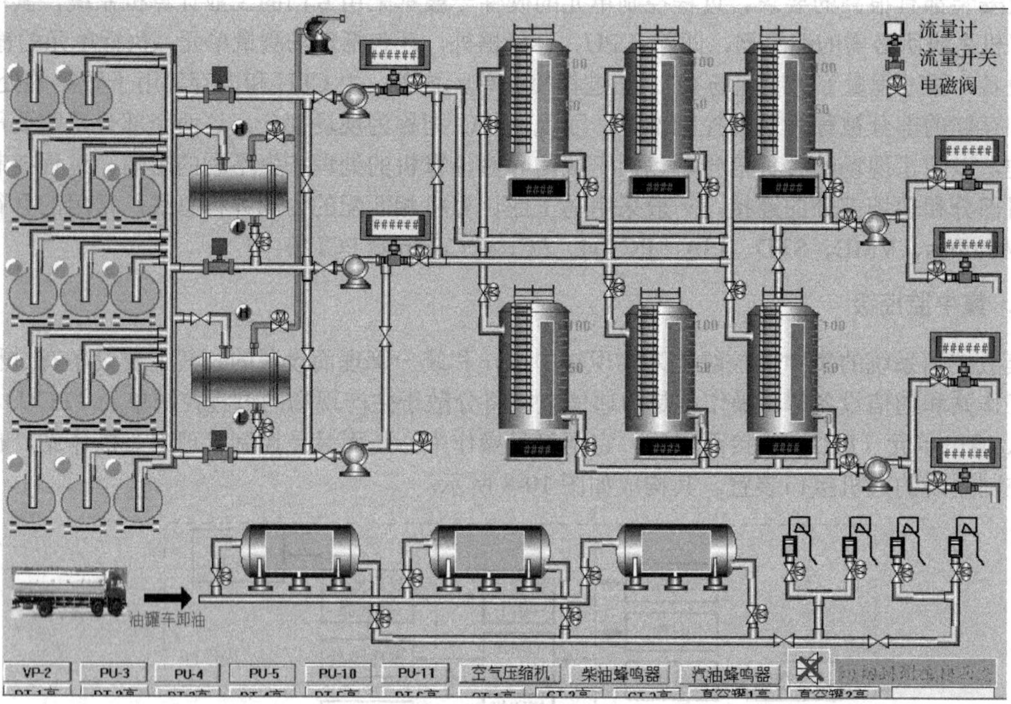

图 10-9　操作监视画面

组态工作是在系统运行前进行的，或者说是离线进行的，一旦组态完成，系统就具备了运行能力。当系统在线运行时，工程师站可起到对 DCS 本身的运行状态进行监视的作用，能够及时发现系统出现的异常，并及时进行处理。在 DCS 在线运行中，也允许进行组态，并对系统的定义进行修改和添加，这种操作称为在线组态。同样，在线组态也是工程师站的一项重要功能。

一般在一个标准配置的 DCS 中，都配有一台专用的工程师站；也有些小型系统没有配置专门的工程师站，而是将其功能合并到某一操作站中。这种情况下，系统只在离线状态具有工程师站功能，而在在线状态下就没有了工程师站的功能。当然也可以将这种具有操作员站和工程师站双重功能的站设置成为随时切换的方式，根据需要使用该站完成不同的功能。

3．生产管理级和综合管理级

集散控制系统的过程控制级和集中监控级实现了生产装置或生产过程的集中操作和分散优化控制，而生产管理级和综合管理级则对整个企业的生产和经营实现最优化管理。

生产管理级的任务是根据订货情况、库存情况、能源情况来规划产品的结构和规模，并对产品进行随时更新，以便适应由于订货情况变化所造成的不可预测事件。此外，生产管理级还可用于对生产状况的观察、产品质量的监测与产品产量的统计，并负责向企业的最高领导传递信息。对于中小规模集散控制系统，生产管理级即为最高级。

综合管理级的任务是处理工程技术、商业事务、人事及其他方面的有关问题，这些处理功能通常被集成在管理软件系统中。通过该管理软件，由公司的经理部、市场部、企划部与人事部等通过对用户信息的收集、订货合同的统计分析、接收订货与期限监测、产品的制造、价格的核算、交货期限的监控等实现对整个生产过程的最优化。

10.1.3 集散控制系统的通信网络

如前所述，集散控制系统的主要功能有两个：一是分散控制单元以适应被控过程分散控制的要求；二是以集中监视和操作管理达到信息综合与掌握全局的目的。与其相对应的两类接口设备分别为“过程接口”和“操作员接口”，这两类接口都是基于微处理器的智能设备，它们之间必须通过通信网络进行相互连接，才能充分发挥上述功能。

智能设备之间必须通过通信网络进行相互连接，才能充分发挥上述功能。由于集散控制系统的过程接口和操作员接口总是分布在一个局部的区域，所以它们的通信网络也称为局部网络（LAN）。它与一般办公室之间的通信网络的不同之处在于：

（1）具有快速的实时响应能力，响应时间一般为 0.01～0.5s，高优先级的媒质存取时间不超过 10ms。

（2）具有极高的可靠性，数据误码率小于 10^{-8}～10^{-11}。

（3）能适应工业现场的各种干扰，如电源干扰、雷击干扰、电磁干扰、地电位差干扰等。

1. 通信网络的形式

集散控制系统的通信网络一般采用两种基本形式，即主-从形式和同等-同等形式。

图 10-10 所示为主-从形式的通信网络。在该网络中，主设备为微型计算机或大型工作站，称为主站，它承担处理网络设备之间的网络通信指挥任务。PC 为从属站，其余从属设备为现场智能变送器、可编程控制器、单回路调节器及各种现场控制单元插板等。在主-从形式中，主站以独立访问每个从属站或从属设备的方式来实现主站与被访问的从属设备之间的数据传送，而从属设备之间不能够直接通信。如果需要在从属设备之间传送信息，则必须首先将信息传送到主站，由主站充当中间桥梁，在确定了传送对象后，主站再依次把该信息传送给指定的从属设备。这种主-从形式具有整体控制的优点。其缺点是整个系统内的通信全部依赖于主站，可靠性较差，因而需要采用辅助的后备主站，以便在主站发生故障时仍能保证网络的正常运行。

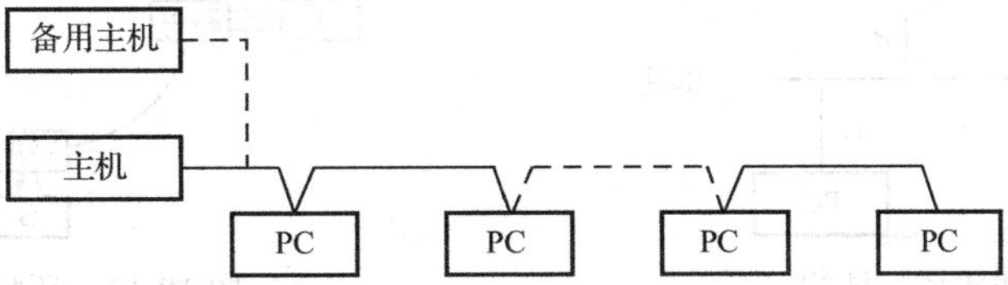

图 10-10　主-从形式的通信网络

图 10-11 所示为同等-同等形式的通信网络。在该网络中，每个网络设备都有权使用和控制网络，都能够向其他网络设备发送或访问信息。该网络的通信方式往往被称为接力式或令牌式，这是因为对网络的控制可以看成是一个设备到另一个设备的依次接力或令牌式传递。这种方式的优缺点正好与主-从形式相反。它的优点是当一个或几个设备发生故障时，并不影响整个通信网络的正常运行，因而可靠性高。其不足之处就在于每个网络设备都有权控制网络的数据通信，那么控制权该由哪个设备占用、占用多长时间及网络通信的类别判定等，这些实现起来既复杂又困难。

图 10-11　同等-同等形式通信网络

2．通信网络拓扑结构的形式

拓扑结构是指网络的节点和站实现互连的方式，通信网络常见的拓扑结构有总线式结构、环状结构和星形结构。

1）总线式结构

在总线式拓扑结构（见图 10-12）中，有一个被称为总线的公共信道，所有站点都通过相应的硬件接口直接连到这一公共信道上。总线上的任何一个站都可以向总线发出数据，发出的数据信号沿着信道传播，总线上的站点都可以接收到数据信号。

总线式拓扑结构的优点是：结构简单，各个节点的通信负担均衡，总线一般是无源的，可靠性较高，易于扩充，增加或减少用户比较方便，总线上的所有站点相当于串接在一条线路上，相比之下，网络需要的电缆数量较少。其缺点是：由于信号在传输中会衰减，因此传输的距离有限，只能覆盖一定的地理范围，一旦某一节点出现故障，隔离较困难；由于需要进行信道访问控制和地址识别，因此会有一些额外的软、硬件开销。

2）环状结构

在环状拓扑网络结构（见图 10-13）中，每一个节点都有输入端口和输出端口，节点间通过线路首尾连接，组成一个闭合回路。每个站点能够接收从一条链路传来的数据，并以同样的速率串行地把数据沿环送到另一端链路上，数据一般以一个方向传输。

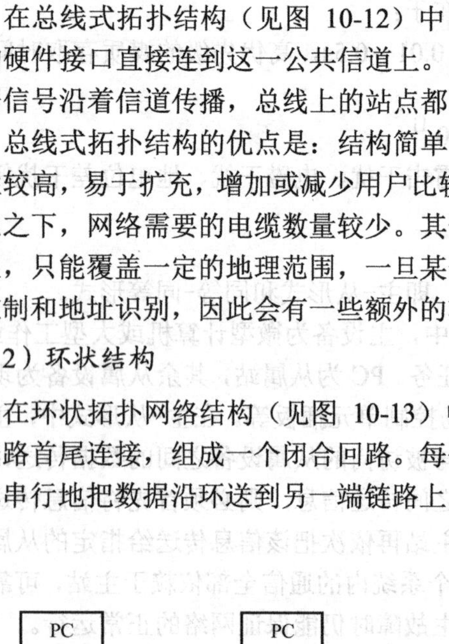

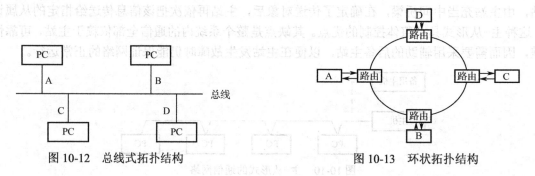

图 10-12　总线式拓扑结构

图 10-13　环状拓扑结构

环状拓扑结构的优点是：结构简单，各个节点的通信负担均衡，所需的电缆长度和总线式拓扑结构相似，传输延迟固定，适合于有特定时间要求的场合；增加和减少一个节点时，仅需要简单的连接工作。其缺点是：网络中一个节点的故障会造成整个网络的故障。

3）星形结构

星形拓扑结构（见图 10-13）由中央节点和通过点到点通信线路接到中央节点的各节点组成。中央节点负责整个网络的通信控制，是网络的控制中枢，中央节点可以与网络中的任何节点进行通信。非中央节点的两个节点之间不能直接通信，但可以在中央节点的控制下，通过中央节点实现数据交换。

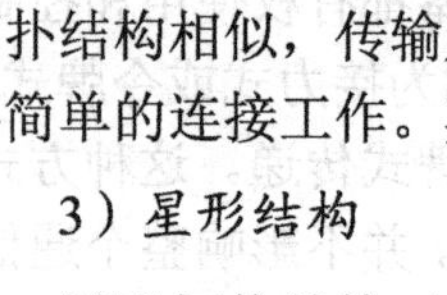

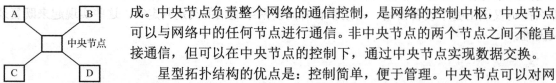

图 10-14　星形拓扑结构

星型拓扑结构的优点是：控制简单，便于管理。中央节点可以对网络进行统一的控制和管理，只要在硬件端口数量允许和满足响应时间的条件下，增加和删除一个节点都不困难，便于维护；中央节点可以逐一对各个节点进行故障检测和定位，在诊断出故障结点后，隔离也很容易，单个外围节点的故障只影响一个设备，不会影响全网。其缺点是：对中央节点的要求较高，负担很重，而且风险集中，一旦中央节点发生故障，整个网络都会受到影响，甚至瘫痪，所以网络对中央节点可靠性和冗余设计的要求较高；相比之下，其他节点的负担较轻。总之，不能均衡、合理地发挥网络的最大作用。

3. 通信存取控制方法

DCS 的各站要交换信息必须通过通信子网，通信子网是各站的共享资源。对通信子网使用权的合理分配调度决定了对各站所提出的请求做出响应的快慢，决定了通信子网的实时性。存取控制方法是通信子网使用分配调度算法的核心，与通信子网的实时性有密切关系。普通局域网络的存取控制方法强调信道利用率，而工业控制网络则强调通信的实时性，就只好牺牲部分信道的利用率以保证实时性。

要保证整个通信子网的实时性，必须满足下列三个时间约束条件。

（1）应限定每个站每次取得通信权的时间上限值。若超过此值，无论本次通信任务是否完成，均应立即释放通信权。这一时间约束条件可防止某站长期霸占通信子网而导致其他各站实时性恶化。

（2）应保证在某一固定的时间周期内，通信子网的每一个站都有机会取得通信权，以防止个别站长时间得不到通信权，而使其实时性太差甚至丧失实时性。只要有一个站出现此情况，整个通信子网的实时性就算没达到要求。这一固定时间周期的长短标志一个通信子网实时性的高低。

（3）对于紧急任务，当其实时性要求临时变得很高时，应给以优先服务。对于实时性要求较高的站，应使其取得通信权的机会比其他站多一些。一般采用静态（固定）的方式赋予某些站较高的优先权，采用动态（临时）的方式赋予某些通信任务比较高的优先权，以使紧急任务及重要站的实时性得到满足。

常见的存取控制方式有：载波侦听多址访问（Carrier Sense Multiple Access，CSMA）方法、CSMA/CD（Carrier Sense Multiple Access with Collision Detection）、令牌总线法、令牌环法、时间片法、轮询法、请求选择法等。如果用上述三条时间约束条件来衡量这些存取控制方式，则有的存取控制方式（如 CSMA、CSMA/CD 等）一条约束条件也不满足；有的存取控制方式（如时间片法、轮询法、请求选择法等）满足部分时间约束条件；有的存取控制方式（如令牌总线法、令牌环法等）满足全部时间约束条件，以获得良好的实时性。

10.1.4 集散控制系统的应用

集散控制系统的应用

集散控制系统在工业中得到了广泛的应用，对于大型装置而言，可以说 DCS 已经成为设备不可分割的一部分。本小节通过一个实际的例子来说明 DCS 的应用情况。在常减压炼油装置中，为了保证减压塔原料的入口温度，在原料进入减压塔之前，先通过一个加热炉对其进行加热。为了适应大处理量的需求，加热炉一般采用一根总管输入，然后分成多支路进行加热，最后再汇总到总管输出。采用这样的设计可以充分利用炉膛内热量均匀加热原料，提高加热炉的热效率。加热炉的控制系统主要有流量控制、温度控制、燃料和送风的控制，如图 10-15 所示。

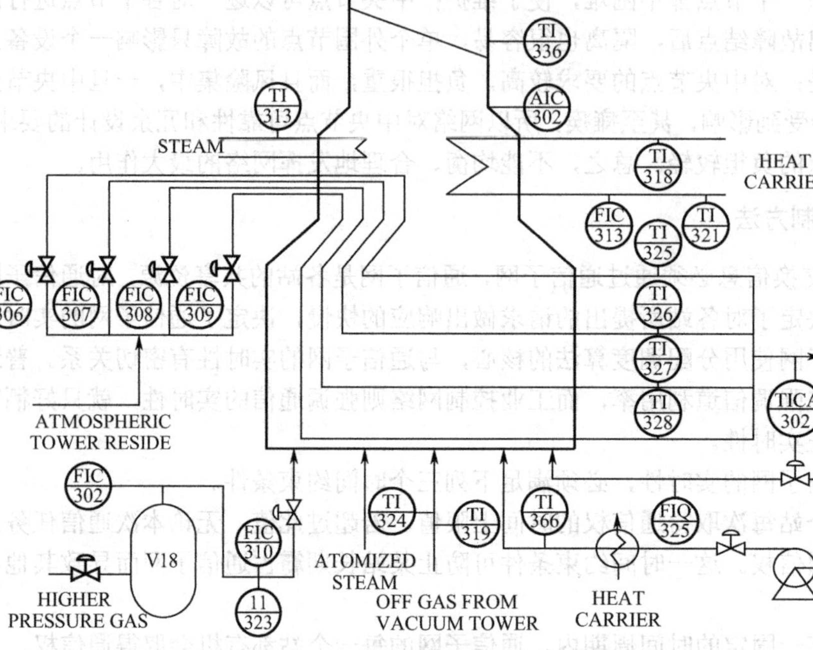

图 10-15 减压塔加热炉控制系统图

减压塔加热炉控制采用 DCS，应用设计的主要内容有 DCS 设备的配置、输入/输出（AI、AO、DI、DO）点的设计、控制回路的设计、操作画面的设计。根据输入/输出点的类型及数量确定控制站中 I/O 板卡的配置，另外，还需配置操作员站和工程师站。表 10-1 列出控制回路及对应的 PID 控制器。

表 10-1 减压塔加热炉 PID 控制器汇总

回路名称	控制器位号	功能描述
支路流量	FIC306、FIC307、FIC308、FIC309	分别控制每条支路的流量
总管温度	TICA302	根据减压塔原料入口温度控制加热炉出口温度
高压燃气压力	FIC302	控制高压燃料气体储罐的压力
高压燃气流量	FIC310	控制高压燃料气体的进气量，从而调节燃烧情况
烟道风量	AIC302	控制烟道的排气量

对于大型装置，一般都包括一个主设备和多个辅助设备，如上述减压塔加热炉通常是作为减压塔的一个辅助设备。因此在设计 DCS 系统时，通常是一套 DCS 系统控制一套大型装置，甚至多套大型装置。目前，一套 DCS 系统通常可以拥有上千个 PID 回路、上万个测点和上千个输出量。而对于一台加热炉，一般只有如表 10-1 所示的 10 余个回路、几十个输入/输出量。因此，一般像加热炉这样的设备仅仅占用 DCS 系统中的一部分资源、几幅画面和几十个测点而已。

10.2　基于现场总线的控制系统

10.2.1　现场总线的基本概念

1. 现场总线及其作用

现场总线控制系统（FCS）是应用在生产现场、微机化测量与控制设备之间实现双向串行、多节点数字通信的系统，也称开放式、数字化、多点通信的底层网络系统。通过现场总线，将分布于生产现场的变送器、执行器和控制器等现场仪表或现场设备构成现场总线网络，在现场总线上构成控制回路。

现场总线控制系统具有完全开放的特点，任何符合现场总线标准的现场仪表或现场设备都能通过现场总线接入系统。按公开、规范的通信协议，把单个分散的测量控制设备变成网络节点，相互实现数据传输与信息交换，以形成各种基于网络的过程控制系统，从而形成一个全数字开放式的彻底分散的控制系统。此外，现场总线还可使生产现场的控制设备与更高管理层网络之间建立起密切的联系，为实现企业的综合自动化创造条件。

现场总线系统突破了集散控制系统中通信由专用网络完成的封闭式信息“孤岛”状况，而把集散控制系统中集中与分散相结合的系统结构，变成了新型的全分布式结构，将控制功能彻底下放到了现场，并依靠现场智能设备本身实现其控制与通信功能。此外，还借助设备的计算、通信能力，在现场即可进行许多复杂的计算，形成独立、完整的现场控制系统，从而大大提高了控制系统运行的可靠性。

2. 现场总线的结构特点

现场总线系统打破了传统控制系统的结构形式。图 10-16 所示为现场总线控制系统与传统控制系统的结构对比。在传统模拟控制系统中采用一对一的设备连线，按控制回路分别进行连接，位于现场的测量变送器与位于控制室的控制器之间，控制器与位于现场的执行器、开关、电动机之间均为一对一的物理连接；而在现场总线中，由于通信能力的提高，现场总线系统可以将它们简单地串在一起。

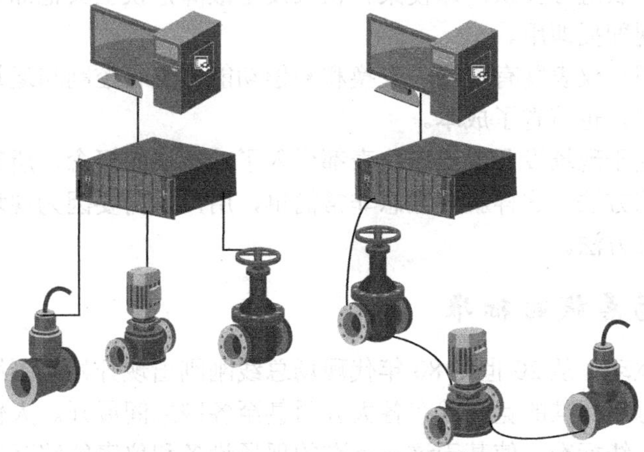

（a）传统控制系统　　（b）现场总线控制系统

图 10-16　传统控制系统与现场总线控制系统结构

现场总线控制系统的全分布特点为系统的大量信息集成提供了基础，全数字特点消除了4～20mA信号传输的瓶颈现象，全开放、互操作特性使用户可以按自己的需要和考虑将不同品牌的产品组成大小随意的系统。除此之外，现场总线系统设备具有诊断数据、操作情况统计和自动故障通告等功能，满足远程诊断和故障定位的需要。

3．现场总线的技术特点

现场总线系统在技术上具有以下特点：

（1）系统的开放性。开放是指对相关标准的一致性、公开性，强调对标准的共识与遵从。一个开放系统，是指它可以与世界上任何地方遵守相同标准的其他设备或系统连接，通信协议一致公开，各不同厂家的设备之间可实现信息交换。现场总线开发者就是要致力于建立统一的工厂底层网络的开放系统。用户按自己的需要和考虑，把来自不同供应商的产品组成大小随意的系统，通过现场总线构筑自动化领域的开放互连系统。

（2）互操作性与互用性。互操作性是指实现互连设备间、系统间的信息传送与沟通；而互用性则意味着不同生产厂家的性能类似的设备可实现相互替换、现场设备的智能化与功能自治性，它将传感测量、补偿计算、工程量处理与控制等功能分散到现场设备中完成，仅靠现场设备即可完成自动控制的基本功能，并可随时诊断设备的运行状态。

（3）系统结构的高度分散性。现场总线构成一种新的全分散式控制系统的体系结构，从根本上改变了现有DCS集中与分散相结合的集散控制系统体系，简化了系统结构，提高了可靠性。

（4）对现场环境的适应性。工作在生产现场前端，作为工厂网络底层的现场总线，是专为现场环境而设计的，可支持双绞线、同轴电缆、光缆、射频、红外线、电力线等，具有较强的抗干扰能力，能采用两线制实现供电与通信，并可满足本质安全防爆要求等。

（5）一对N结构。一对传输线，N台仪表，双向传输多个信号。这种一对N结构使得接线简单、工程周期短、安装费用低、维护方便。如果增加现场仪表或现场设备，只需并行挂到电缆上，无须架设新的电缆。

（6）可控状态。操作员在控制室即可了解现场设备或现场仪表的工作状况，也能对其进行参数调整，还可以预测和寻找事故，始终处于操作员的远程监视与可控状态，提高系统的可靠性、可控性和可维护性。

（7）互换性。用户可以自由选择不同制造商所提供的性能价格比最优的现场设备或现场仪表，并将不同品牌的仪表进行互换。即使某台仪表发生故障，换上其他品牌的同类仪表后，系统仍能照常工作，实现即插即用。

（8）综合功能。现场仪表既有检测、变换和补偿功能，也有控制和运算功能，实现了一表多用，不仅方便了用户，也节省了成本。

（9）统一组态。由于现场设备或现场仪表都引入了功能块的概念，所有制造商都使用相同的功能块，并统一组态方法，这样就使组态非常简单，用户不需要因为现场设备或现场仪表的不同而采用不同的组态方法。

10.2.2 现场总线的标准

现场总线的标准

由于市场利益的驱动，从20世纪80年代现场总线刚刚出现开始，围绕现场总线技术与现场总线标准的竞赛就在各大公司甚至各国之间展开。人们期待一种统一的现场总线标准，使基于这一标准的现场设备和仪表能够互连、互操作和互换，从而实现真正意义上的开放。然而长期以来，有关现场总线的标准问题争论不休，互连、互通、互操作及实时性问题很难解决，不仅已有的 50 种现场总线没有走向统一，而且仍在不断推出新的标准。从各种数字技术的发展经历来看，国际标准开发组织影响力较大。国际电工委员会制定的现场总线国际标准有 IEC 61158 和 IEC 62026，国际标准化组织制定的现场总线国际标准有 CAN。

1. 现场总线的共性与分类

对于世界范围内如此之多的现场总线规范，必须有一个统一的、全面的理解，IEC 61158 标准为工业网络通信提供了这种理解的公共基础：①ISO/OSI 参考模型作为通信任务分解参考；②层规范化，各种类型的现场总线都由一个或多个层规范构成；③服务和协议的差异处理；④工程应用能力。为了便于全面地了解现场总线这一测量与控制领域的新技术，按照传输数据宽度，把较有影响的多种现场总线分为四个大类，如表 10-2 所示。

表 10-2　现场总线分类

分　类	特　点	现场总线实例
位传输现场总线	位传输、快捷、简单	CAN、P-Net、SwiftNet、AS-i、DeviceNet、SDS、Seriplex
设备现场总线	字节传输、单体设备控制	Profibus、ControlNet、WorldFIP、Interbus
狭义现场总线	数据包传输、系统控制	FF-H1
工业以太网	文件传输、网络	FF-HSE、ProfiNet、Modbus-RTPS、EPA、Ethernet、Powerlink、EtherCAT、Vnet/IP、TC-Net

2. 常用现场总线介绍

1）基金会现场总线（FF）

基金会现场总线（Foundation Fieldbus，FF）是在过程自动化领域得到广泛支持和具有良好发展前景的技术。其前身是以美国 Fisher-Rosemount 公司为首，联合 Foxboro、横河、ABB、西门子等 80 家公司制订的 ISP 和以 Honeywell 公司为首，联合欧洲等地 150 家公司制订的 World FIP。屈于用户的压力，这两大集团于 1994 年 9 月合并，成立了现场总线基金会，致力于开发出国际统一的现场总线协议。它在 ISO/OSI 开放系统层增加了用户层。用户层主要针对自动化测控应用的需要，定义了信息存取的统一规则，采用设备描述语言规定了通用的功能块集。由于这些公司具有在该领域掌控现场自控设备发展方向的能力，因而由它们组成的基金会所颁布的现场总线规范具有一定的权威性。图 10-17 所示为基金会现场总线网络结构。

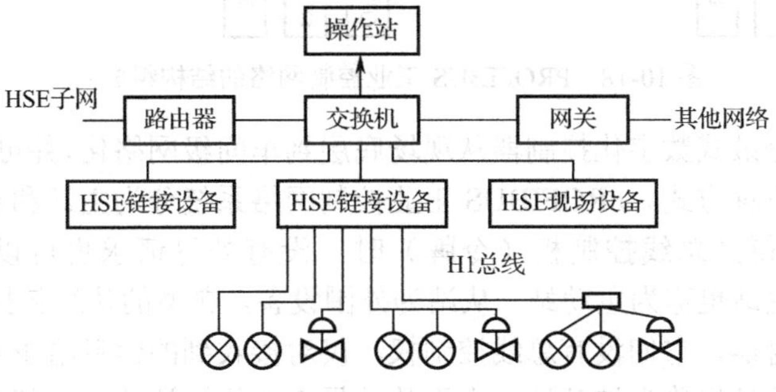

图 10-17　基金会现场总线网络结构

在基金会现场总线网络结构中，现场设备层为 H1 低速现场总线，其传输速率仅为

31.25Kbps，能够连接 2～32 个设备/段；上层为 HSE（High-Speed Ethernet，高速以太网），其传输速率可达 2.5Mbps，可集成多达 32 条 H1 总线，也可支持 PLC 和其他工业设备。基金会现场总线以 ISO/OSI 开放系统互连模型为基础，取其物理层、数据链路层、应用层为 FF 通信模型的相应层次，并在应用层上增加了用户层。

基金会现场总线的主要技术内容包括 FF 通信协议，用于完成开放互连模型中第 2～7 层通信协议的通信栈，作为操作站的设备描述语言和设备描述字典，用于实现测量、控制、工程量转换等功能的功能块，实现系统组态、调度、管理等功能的系统软件技术，以及构筑集成自动化系统、网络系统的系统集成技术。

2）PROFIBUS

PROFIBUS 是过程现场总线的缩写，它是一种国际化、开放式、不依赖于设备生产商的现场总线标准。PROFIBUS 传输速率可在 9.6Kbps～12Mbps 范围内选择。目前当总线系统启动时，所有连接到总线上的装置应该被设成相同的速率。PROFIBUS 广泛适用于制造业自动化、流程工业自动化和楼宇、交通电力等其他领域自动化，是一种用于工厂自动化车间级监控和现场设备层数据通信与控制的现场总线技术，可实现现场设备层到车间级监控的分散式数字控制和现场通信网络，从而为实现工厂综合自动化和现场设备智能化提供可行的解决方案。图 10-18 所示为 PROFIBUS 工业控制网络的结构组成。

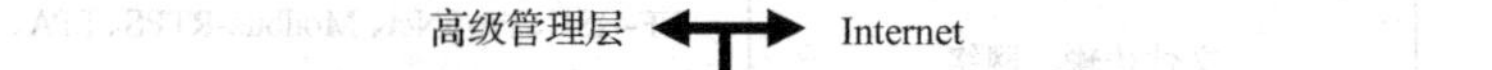

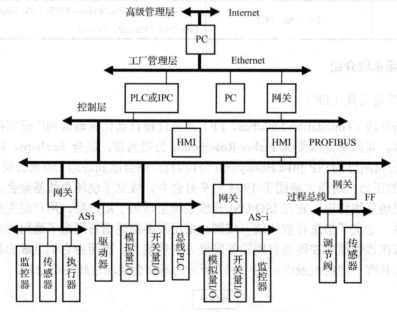

图 10-18　PROFIBUS 工业控制网络的结构组成

PROFIBUS 可使分散式数字化控制器从现场底层到车间级网络化，并可同时实现集中控制、分散控制和混合控制三种方式。PROFIBUS 工业控制网络系统分为主站和从站，主站决定总线的数据通信，当主站得到总线控制权（令牌）时，没有外界请求也可以主动发送信息。在 PROFIBUS 协议中，主站也称为主动站。从站为外围设备，典型的从站包括输入/输出装置、阀门、驱动器和测量发射器，它们没有总线控制权，仅对接收到的信息给予确认或当主站发出请求时向它发送信息。从站也称为被动站。由于从站只需总线协议的一小部分，所以实施起来特别经济。

3）Modbus

Modbus 是全球第一个真正用于工业现场的总线协议，它是于 1979 年由莫迪康（Modicon）公司发明的。莫迪康后来被施耐德收购，目前 Modbus 主要由施耐德公司支持。Modbus 协议是应用于电子控制器下的一种通用语言。通过此协议，控制器相互之间、控制器经由网络（如以太网）和其他设备之间可以通信，它已经成为一个通用工业标准。图 10-19 所示为典型 Modbus 网络结构。

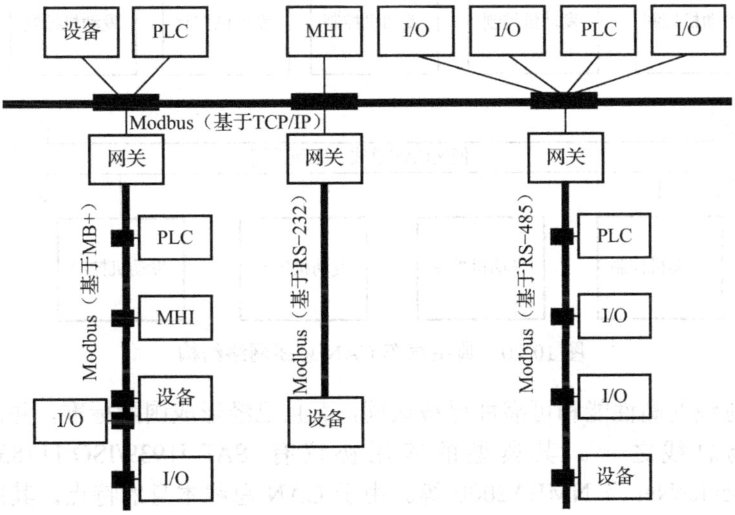

图 10-19　Modbus 网络结构

标准的 Modbus 物理层采用 RS-232 串行通信标准，远距离可以考虑用 RS-422 或者 RS-485 来代替。通信的网络结构为主从模式。值得指出的是，RS-232 和 RS-422 仅支持点对点通信，所以在多点通信的情况下应当采用 RS-485 典型 Modbus 网络结构，每种设备（PLC、HMI、控制面板、驱动程序、动作控制、输入/输出设备）都能使用 Modbus 协议来启动远程操作。在基于串行链路和 TCP/IP 以太网络的 Modbus 上可以进行相互通信。一些网关允许在几种使用 Modbus 协议的总线或网络之间进行通信。

当在 Modbus 网络上通信时，此协议决定了每个控制器需要知道它们的设备地址，识别按地址发来的消息，决定要产生何种行动。如果需要回应，控制器将生成反馈信息并用 Modbus 协议发出。在其他网络上，包含了 Modbus 协议的消息会转换为在此网络上使用的帧或包结构，这种转换也扩展了根据具体的网络解决地址、路径及错误检测的方法。

4）CAN 总线

CAN 总线是控制器局域网（Controller Area Network，CAN）的缩写，属于工业现场总线的范畴，是由以研发和生产汽车电子产品著称的德国 BOSCH 公司开发的，是 ISO 国际标准化的串行通信协议。CAN 总线是国际上应用最广泛的现场总线之一，与一般的通信总线相比，CAN 总线的数据通信具有突出的可靠性、实时性和灵活性。由于其良好的性能及独特的设计，CAN 总线越来越受到人们的重视，它在汽车领域中的应用是最广泛的。图 10-20 所示为典型汽车 CAN 总线网络结构。

在汽车设计中运用微处理器及电控技术是满足安全性、便捷性、舒适性和人性化的最好方法，而且已经得到了广泛的运用。这些系统有 ABS（防抱系统）、EBD（制动力分配系统）、EMS（发动机管理系统）、多功能数字化仪表、主动悬架、导航系统、电子防盗系统、自动空调和自动CD机等。目前，几乎每一辆欧洲生产的轿车都有CAN总线，高级客车上会有两套CAN总线，如图10-20所示，它们通过网关互连。

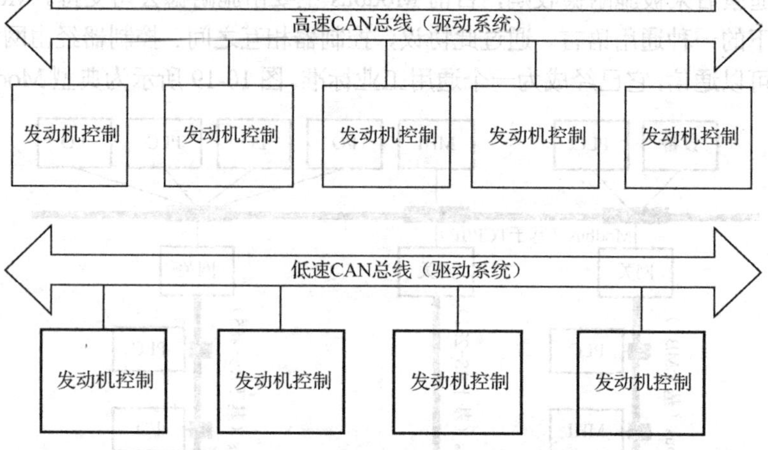

图10-20 典型汽车CAN总线网络结构

现在，CAN总线的高性能和可靠性已被认同，而且已经形成国际标准，并已被公认为几种最有前途的现场总线之一。其典型的应用协议有 SAE J1939/ISO 11783、CANopen、CANaerospace、DeviceNet及NMEA2000等。由于CAN总线本身的特点，其所具有的高可靠性和良好的错误检测能力受到重视，其应用范围目前不再局限于汽车行业，已向自动控制、航空航天、航海、过程工业、机械工业、纺织机械、农用机械、机器人、数控机床、医疗器械及传感器等领域发展，成为当今自动化领域技术发展的热点之一。它的出现为分布式控制系统实现各节点之间实时、可靠的数据通信提供了强有力的技术支持。

10.2.3 基于现场总线的控制系统设计

基于现场总线的控制系统设计

FCS应用于石油、化工、发电、冶金、轻工、制药和建材等过程工业的自动化系统，现以某锅炉汽包水位三冲量控制为例介绍FCS的应用。某锅炉汽包水位三冲量控制系统，主被控量为汽包水位（LT1），副被控量为给水流量（FT2），由于汽包水位有假水位现象，而引入蒸汽流量（FT3）作为前馈量。其控制原理如图10-21所示，现场总线仪表及功能块如图10-22所示，控制回路的功能块组态连线如图10-23所示。

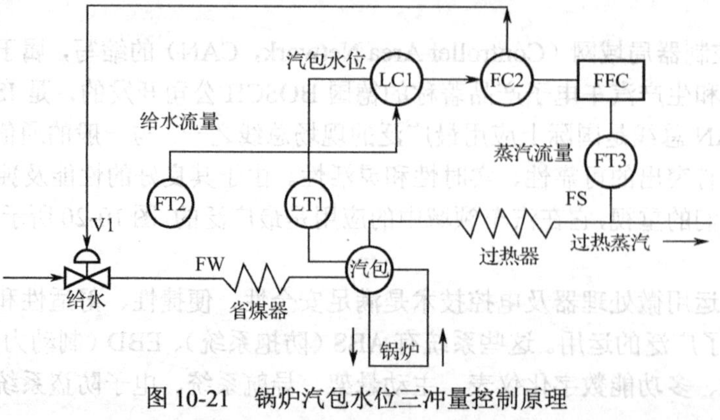

图10-21 锅炉汽包水位三冲量控制原理

该锅炉汽包水位三冲量控制系统由汽包水位变送器、给水流量变送器、蒸汽流量变送器和给水调节阀这四台现场总线仪表组成。汽包水位变送器中有 AI 功能块 LT100 和 PID 控制功能块 LC100，分别对应原理图中 LT1 和 LC1。给水流量变送器中有 AI 功能块 FT200，对应原理图中 FT2。蒸汽流量变送器中有 AI 功能块 FT300 和前馈补偿运算块 FFC30，分别对应原理图中 FT3 和 FFC。给水调节阀中有 PID 控制功能块 FC200 和 AO 功能块 FV200，分别对应原理图中 FC2 和控制量 V1。用这四台现场总线仪表中的功能块组态形成的锅炉汽包水位三冲量控制回路如图 10-23 所示。从图中可以看出，该控制系统完全体现了现场总线的主要特点，比如现场控制层的传感器、变送器和执行器通过现场总线实现全数字化信号传输；输入、输出、运算和控制模块完全分散于生产现场的现场仪表中，实现了彻底的分散控制；现场仪表具有较强的抗干扰能力，可靠性高；现场仪表接线简单，一条总线上挂接四台仪表，既减少了接线工作量，也节省电缆、端子、线盒和桥架等辅助设备。

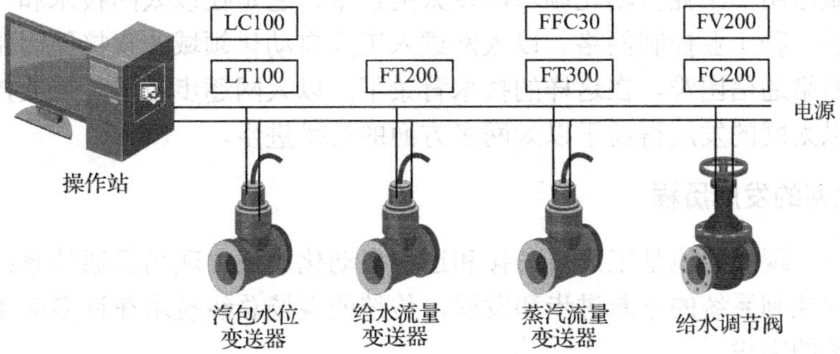

图 10-22 锅炉汽包水位三冲量控制现场总线仪表及功能块

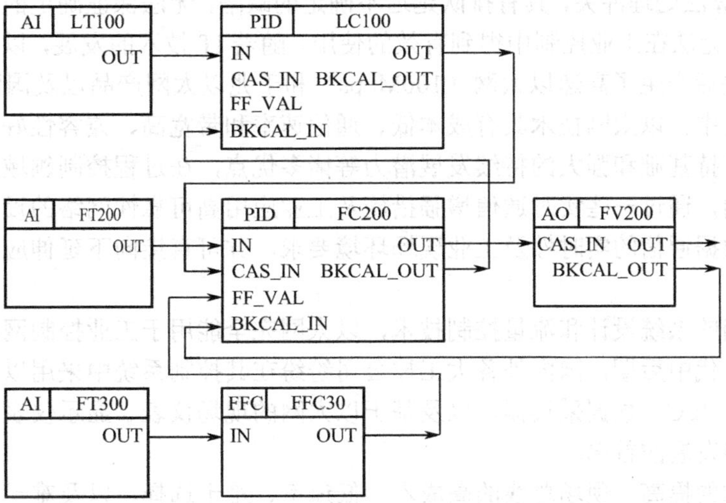

图 10-23 锅炉汽包水位三冲量控制回路的功能块组态连线

10.3 工业以太网

10.3.1 工业以太网概述

1. 工业以太网的定义

工业以太网一般是指在技术上与商业以太网（即 IEEE 802.3 标准）兼容，但在产品设计时，材质的选用、产品的强度、适用性及实时性等方面能够满足工业现场的需要，也就是满足环境性、可靠性、实时性、安全性及安装方便等要求的以太网。

工业以太网是应用于工业自动化领域的以太网技术，它是在以太网技术和 TCP/IP 技术的基础上发展起来的一种工业控制网络。以太网进入工业自动化领域的直接原因是现场总线多种标准并存，异种网络通信困难。在这样的技术背景下，以太网逐步应用于工业控制领域，并且快速发展。工业以太网的发展得益于以太网多方面的技术进步。

2. 工业以太网的发展历程

过去十几年中，现场总线是工厂自动化和过程自动化领域中现场级通信系统的主流解决方案。但随着自动化控制系统的不断进步和发展，传统的现场总线技术在许多应用场合已经难以满足用户不断增长的需求。

以太网是在 1972 年发明的。早期的以太网由于采用了 CSMA/CD 介质访问控制机制，各个节点采用 BEB 算法处理冲突，具有排队延迟不确定的缺陷，无法保证确定的排队延迟和通信响应确定性，使之无法在工业控制中得到有效的使用。随着 IT 技术的发展，以太网的发展也取得了质的飞跃，先后产生了高速以太网（100Mbps）和千兆以太网产品以及国际标准，10Gbps 以太网也在研究之中。以太网技术具有成本低、通信速率和带宽高、兼容性好、软硬件资源丰富、广泛的技术支持基础和强大的持续发展潜力等诸多优点，在过程控制领域的管理层已被广泛应用。事实证明，通过一些实时通信增强措施及工业应用高可靠性网络的设计和实施，以太网可以满足工业数据通信的实时性及工业现场环境要求，并可直接向下延伸应用于工业现场设备间的通信。

通过采用适当的系统设计和流量控制技术，以太网完全能用于工业控制网络。事实也是如此，20 世纪 90 年代中后期，国内外各大工控公司纷纷在其控制系统中采用以太网，推出了基于以太网的 DCS、PLC、数据采集器，以及基于以太网的现场仪表、显示仪表等产品。以太网应为工业控制网络发展的首选。

随着应用需求的提高，现场总线的高成本、低速率、难于选择，以及难于互连、互通、互操作等问题逐渐显露。工业控制网络发展的基本趋势是开放性及透明的通信协议。现场总线出现问题的根本原因在于总线的开放性是有条件、不彻底的。同时，以太网具有传输速率高、易于安装和兼容性好等优势，因此基于以太网的工业控制网络是发展的必然趋势。

3. 工业以太网的特点

工业以太网是应用于工业控制领域的以太网技术，在技术上与商用以太网（IEEE 802.3 标准）兼容，但是实际产品和应用却又完全不同。这主要表现为普通商用以太网产品设计时，材质的选用、产品的强度、适用性及实时性、可互操作性、可靠性、抗干扰性、本质安全性等方面不能满足工业现场的需要，故在工业现场应用的是与商用以太网不同的工业以太网。工业以太网具有应用广泛、通信速率高、资源共享能力强及可持续发展、潜力大等优势，使其广泛应用于现场控制。工业以太网主要具有以下特点：

1）工业以太网的优点

（1）基于 TCP/IP 的以太网采用国际主流标准，协议开放，完善不同厂商设备，容易互连，具有互操作性。

（2）可实现远程访问和远程诊断。

（3）不同的传输介质可以灵活组合，如同轴电缆、双绞线、光纤等。

（4）网络速度快，可达千兆甚至更快。

（5）支持冗余连接配置，数据可达性强，数据有多条通路抵达目的地。

（6）系统容量几乎无限制，不会因系统增大而出现不可预料的故障，有成熟可靠的系统安全体系。

（7）可降低投资成本。

虽然优点很多，但不可否认的是，工业以太网在引入工业控制领域时也存在一些不足，这也是它没有完全取代其他网络的原因。工业以太网主要的不足有以下几个方面。

2）工业以太网的不足

（1）实时性问题。传统以太网由于采用载波监听多路访问/冲突检测的通信方式，在实时性要求较高的场合下，重要数据的传输会产生传输延滞。

（2）可靠性问题。以太网若采用 UDP，它提供不可靠的无连接数据报文传输服务，不提供报文到达确认、排序及流量控制等功能，因此报文可能会丢失、重复及乱序等。

（3）安全性问题。安全性问题主要是本质安全和网络安全。工业以太网由于工作在工业环境之中，因此必须考虑本质安全问题；另外，由于使用了 TCP/IP，因此可能会像商业网络一样，被病毒、黑客等非法入侵与非法操作而产生安全威胁。

（4）总线供电问题。网络传输介质在用于传输数字信号的同时，还为网络节点设备提供工作电源，称为总线供电。工业以太网的总线供电问题还没有完美的解决方案。

10.3.2　OPC 技术

计算机网络为各类设备的互连以及各类应用系统之间的数据交换提供了硬件基础。但大量的来自不同厂商和系统的设备及应用系统都各自有着自己的数据格式与通信规范，如不同厂商的 DCS，如何能够使得这样繁杂的设备与应用系统之间相互进行信息与数据的交换，是一个十分棘手而且必须解决的问题。同时，由于生产规模的扩大和过程复杂程度的提高，工业控制软件设计也面临着巨大的挑战，即要集成数量和种类不断增多的现场信息。在传统的控制系统中，智能设备之间及智能设备与控制系统软件之间的信息共享是通过驱动程序来实现的，不同厂家的设备又使用不同的驱动程序，迫使工业控制软件中包含了越来越多的底层通信模块。另外，由于相对特定应用的驱动程序一般不支持硬件特点的变化，这样使得工业控制软硬件的升级和维护极其不便。还有，在同一时刻，两个客户一般不能对同一个设备进行数据读/写，因为它们拥有不同的、相互独立的驱动程序。同时对同一个设备进行操作，可能会引起存取冲突，甚至导致系统崩溃。

设想假如能够定义一个统一的接口标准，使得所有的数据及通信规范都遵循，这样就可以保证任何两台设备或者任何两个系统之间的数据交换成为可能。目前，一种基于微软公司组件对象模型（Component Object Model，COM）技术的工业自动化软件的接口应运而生，它就是在 OLE（Object Linking and Embedding）基础上开发出来的一种为过程控制专用的接口，称为 OPC+OLE for process control。它是一种应用软件与现场设备之间的数据存取规范，能够很好地解决从不同数据源获取数据的问题，目前在工业界已经得到广泛的应用。

1. OPC 规范

OPC 规范是一个工业标准，是在 Microsoft 公司的合作下，由全世界在自动化领域中处于领先地位的软、硬件提供商协作制定的。OPC 基金会的会员单位在世界范围内超过 270 个，包括了世界上几乎全部的工业自动化软、硬件提供商。ABB、霍尼韦尔（Honeywell）、西门子（Siemens）、横河（Yokogawa）、艾斯本（Aspen）等国际著名公司都是这个组织的成员。符合 OPC 规范的软、硬件已被广泛应用，给工业自动化领域带来了勃勃生机。

OPC 是一个基于 COM 技术的接口标准，为工业自动化软件面向对象的开发提供了统一的标准，提高了工业自动化软件与硬件，以及软件之间的互操作。OPC 提供了一种从不同数据源（包括硬件设备和应用软件）获得数据的标准方法。该方法定义了应用 Microsoft 操作系统在基于 PC 的客户机之间交换自动化实时数据的方法。采用这项标准后，硬件开发商将取代软件开发商为自己的硬件产品开发统一的 OPC 接口程序，而软件开发者可免除开发各种驱动程序的繁重工作，充分发挥自己的特长，把更多的精力投入到其核心产品的开发上。这样不但可避免开发的重复性，也提高了系统的开放性和可互操作性。

OPC 采用客户/服务器结构，一个 OPC 客户程序同多个厂商提供的 OPC 服务器连接，并通过 OPC 服务器，从不同的数据源存取数据，如图 10-24 所示。

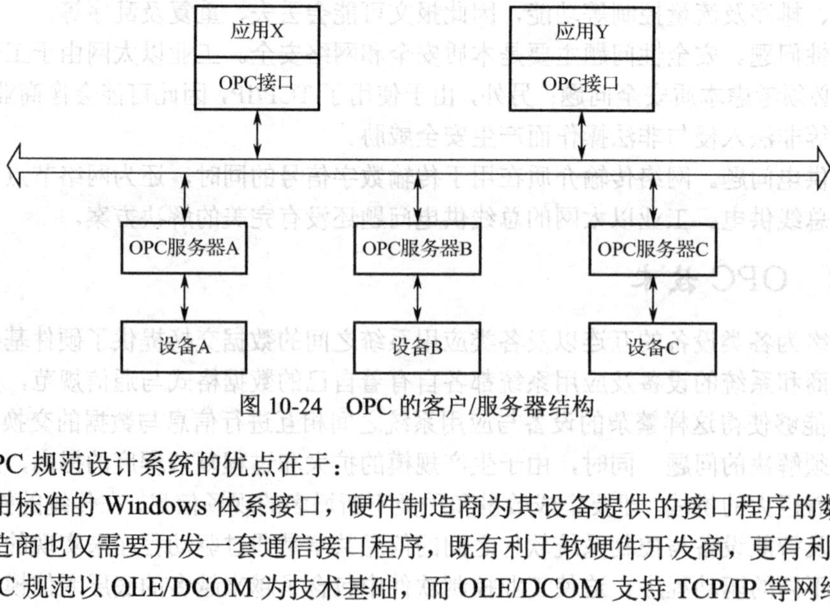

图 10-24 OPC 的客户/服务器结构

采用 OPC 规范设计系统的优点在于：

（1）采用标准的 Windows 体系接口，硬件制造商为其设备提供的接口程序的数量减少到一个，软件制造商也仅需要开发一套通信接口程序，既有利于软硬件开发商，更有利于最终用户。

（2）OPC 规范以 OLE/DCOM 为技术基础，而 OLE/DCOM 支持 TCP/IP 等网络协议，因此可以将各个子系统从物理上分开，分布于网络的不同节点上。

（3）OPC 按照面向对象的原则，将一个应用程序（OPC 服务器）作为一个对象封装起来，只将接口方法暴露在外面，客户以统一的方式去调用这个方法，从而保证软件对客户的透明性，使得用户完全从低层开发中脱离出来。

（4）OPC 实现了远程调用，使得应用程序的分布与系统硬件的分布无关，便于系统硬件配置，使得系统的应用范围更广。

（5）采用 OPC 规范，便于系统的组态，将系统复杂性简化，可以大大缩短软件开发周期，提高软件运行的可靠性和稳定性，便于系统的升级与维护。

（6）OPC 规范了接口函数，不管现场设备以何种形式存在，客户都以统一的方式去访问，从而实现系统的开放性，易于实现与其他系统的接口。

OPC 规范是包括一整套接口、属性和方法的标准集，提供给用户用于过程控制和工业自动化应用。Microsoft 的 OLE/COM 技术定义了各种不同的软件部件如何交互使用和分享数据，从而使得 OPC 能够提供通用接口用于各种过程控制设备之间的通信，不论过程中采用什么软件和设备。

OPC 技术规范定义了一组接口规范，包括 OPC 自动化接口（automation interface）和 OPC 自定义接口（custom interface）。OPC 服务器通常支持两种类型的访问接口，它们分别为不同的编程语言环境提供访问机制。自动化接口通常是为基于脚本编程语言而定义的标准接口，可以使用 Visual Basic、Delphi、PowerBuilder 等编程语言开发 OPC 服务器的客户应用。同时，自定义接口也是专门为 C++等高级编程语言而制定的标准接口。OPC 技术规范定义的是 OPC 服务器程序和客户机程序进行通信的接口或通信的方法，已发布的 OPC 规范主要有数据存取、报警与事件处理、历史数据存取及批处理等服务器规范。

2. OPC 的特点及其应用领域

OPC 技术的应用对工业控制系统的影响是基础性和革命性的，主要表现在以下几个方面：

（1）OPC 解决了设备驱动程序开发中的异构问题。随着计算机技术的不断发展、用户需求的不断提高，以 DCS 集散控制系统为主体的工业控制系统功能日趋强大，结构日益复杂，规模也越来越大。一套大型工业控制系统往往选用了几家甚至十几家不同公司的控制设备或系统集成为一个大的系统，但由于缺乏统一的标准，开发商必须对系统的每一种设备都编写相应的驱动程序。而且，当硬件设备升级、修改时，驱动程序也必须跟随修改。同时，一个系统中如果运行不同公司的控制软件，也存在着互相冲突的风险。

有了 OPC 后，由于有了统一的接口标准，硬件厂商只需提供一套符合 OPC 技术的程序，软件开发人员也只需编写一个接口，而用户可以方便地进行设备的选型和功能的扩充，只要它们提供了 OPC 支持，所有的数据交换都通过 OPC 接口进行，而不论连接的控制系统或设备是哪个具体厂商提供的。

（2）OPC 解决了现场总线系统中异构网段之间数据交换的问题。现场总线系统仍然存在多种总线并存的局面，因此系统集成和异构控制网段之间的数据交换面临许多困难。有了 OPC 作为异构网段集成的中间件，只要每个总线段提供各自的 OPC 服务器，任一 OPC 客户端软件都可以通过一致的 OPC 接口访问这些 OPC 服务器，从而获取各个总线段的数据，并可以很好地实现异构总线段之间的数据交互。而且，当其中某个总线的协议版本做了升级时，也只需对相对应总线的程序做升级修改。

（3）OPC 可作为访问专有数据库的中间件。实际应用中，许多控制软件都采用专有的实时数据库或历史数据库，这些数据库由控制软件的开发商自主开发。对这类数据库的访问不像访问通用数据库那么容易，只能通过调用开发商提供的 API 函数或其他特殊的方式。然而不同开发商提供的 API 函数是不一样的，这就带来和硬件驱动器开发类似的问题：要访问不同监控软件的专有数据库，必须编写不同的代码，这显然十分烦琐。采用 OPC 则能有效地解决这个问题，只要专有数据库的开发商在提供数据库的同时也能提供一个访问该数据库的 OPC 服务器，那么当用户要访问时也只需按照 OPC 规范的要求编写 OPC 客户端程序而无须了解该专有数据库特定的接口要求。

(4) OPC 便于集成不同的数据，为控制系统向管理系统升级提供了方便。当前控制系统的趋势之一就是网络化，控制系统内部采用网络技术，控制系统与控制系统之间也用网络连接，组成更大的系统，而且，有时整个控制系统与企业的管理系统也用网络连接，控制系统只是整个企业网的一个子网。在实现这样的企业网络过程中，OPC 也将发挥重要作用。企业的信息集成，包括现场设备与监控系统之间、监控系统内部各组件之间、监控系统与企业管理系统之间及监控系统与 Internet 之间的信息集成。OPC 作为连接件，具有一套标准的 COM 对象、方法和属性，可提供方便的信息流通和交换。无论是管理系统还是控制系统，无论是 PLC、DCS 还是 FCS，都可以通过 OPC 快速可靠地彼此交换信息，即 OPC 是整个企业网络的数据接口规范。因而，OPC 提升了控制系统的功能，增强了网络的功能，提高了企业管理的水平。

(5) OPC 使控制软件能够与硬件分别设计、生产和发展，并有利于独立的第三方软件供应商的产生与发展，从而形成新的社会分工，有更多的竞争机制，为社会提供更多更好的产品。OPC 技术在工业控制领域应用的主要方面包括：

① 数据采集。现在众多硬件厂商提供的产品均带有标准的 OPC 接口，OPC 实现了应用程序和工业控制设备之间高效、灵活的数据读/写，可以编制符合标准 OPC 接口的客户端应用软件完成数据的采集任务。

② 历史数据访问。OPC 提供了读取存储在过程数据存档文件、数据库或远程终端设备中的历史数据，以及对其操作、编辑的方法。

③ 报警和事件处理。OPC 提供了 OPC 服务器发生异常时，以及 OPC 服务器设定事件到来时向 OPC 客户发送通知的一种机制，通过使用 OPC 技术，能够更好地捕捉控制过程中的各种报警和事件并给予相应的处理。

④ 数据冗余技术。工控软件开发中，冗余技术是一项最为重要的技术，它是系统长期稳定工作的保障。OPC 技术的使用可以更加方便地实现软件冗余，而且具有较好的开放性和可互操作性。

⑤ 远程数据访问。借助 Microsoft 的 DCOM（分散式组件对象模型）技术，OPC 实现了高性能的远程数据访问能力，从而使得工业控制软件之间的数据交换更加方便。

10.3.3 现代生产企业网络结构

以下将以一个典型的具有现代企业工业以太网络的石化企业为例，说明对于一个现代化的流程企业所应该具有的网络结构与应用系统。

从逻辑结构看，该企业仍然应该具有如图 10-25 所示的三层结构。PCS 层的应用系统相对简单，主要应该包含所有生产装置的 DCS 系统，大型旋转设备的 PLC 系统，其他仪表、控制、监视等生产过程系统，以及建立在底层生产控制系统之上的先进控制系统等。由于各个 DCS 厂家、PLC 厂家以及其他设备的生产厂商的系统相互之间是不透明的，因此需要采用实时数据库将底层的生产数据集中采集与存储，从而为生产管理与企业运行提供信息。而数据的采集与存储就需要 OPC 及中间件等技术的保证。

MES 层包含了大部分的生产管理系统，主要功能是实现以生产综合指标为目标的生产过程的优化管理、优化计划和优化运行。其中优化管理应包括设备集成管理（设备动态管理及其预测维护）、库存管理、计量管理和质量管理；优化计划应包括生产排产优化、生产动态调度和公用工程调度；优化运行则应包括物流管理、成本核算与控制、生产监控和生产车间管理。MES

层是企业生产过程正常运行的保证，它下面连接着 PCS 层，通过实时数据库获取了大量的生产过程数据，通过本层系统的处理并结合通过关系数据库获得的 ERP 层的目标数据，给出已进行的生产调整指令和生产状况的评价，直接指导生产，并进一步为企业决策提供依据。鉴于本章主要内容不是讨论企业信息化建模问题，因此各个子系统的详细内容不再赘述。系统的逻辑结构如图 10-26 所示。

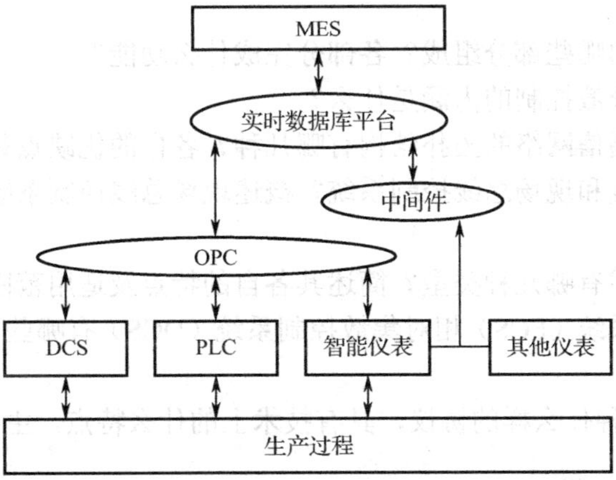

图 10-25　PCS 层应用系统及数据库之间的关系

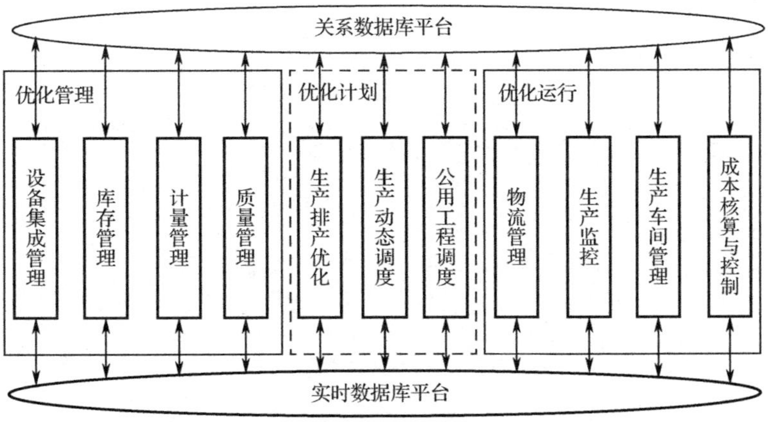

图 10-26　MES 层应用系统及数据库之间的关系

从网络系统的逻辑结构看，软件系统应该包含这样几个部分：实时数据库系统、关系数据库系统、安全管理、网络均衡、门户系统、应用服务器、中间件、数据备份系统等；硬件系统包括各类服务器、交换机、存储设备、接入设备等。

以上给出了一个典型的流程企业的网络系统结构，但针对一个具体企业还要根据企业的特点，综合考虑企业的需求设计相关的网络系统及应用系统。不同企业之间也是千差万别的，虽然在概念层次、体系结构上，不同企业间的网络结构等是可以互相借鉴的，但在具体的信息系统设计、具体的网络结构设计、具体的网络系统实施、应用软件配置、管理流程的规划等方面，都应该是各具特色的。

习题

10-1 概述集散控制系统（DCS）的设计思想、系统结构及其功能。讨论 DCS 系统的优点及其存在的问题。

10-2 集散控制系统由哪些部分组成？各部分完成什么功能？

10-3 集散控制系统分散控制的内涵是什么？

10-4 集散控制系统通信网络的拓扑结构有哪几种？各自的优缺点是什么？

10-5 什么是现场总线和现场总线控制系统？概述现场总线控制系统（FCS）的设计思想、系统结构及其功能。

10-6 PROFIBUS 总线有哪几种类型？简述其各自的特点及适用范围。

10-7 现场总线控制系统（FCS）相对集散控制系统（DCS）有哪些不同？试讨论 FCS 的优越性。

10-8 简述 OPC 是一种什么样的协议，具有技术上的什么特点，主要应用于什么场合。

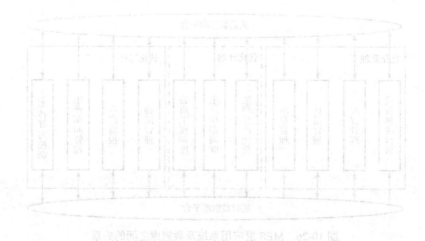

第 11 章

典型生产过程控制与工程设计

本章知识点：

- 典型生产过程控制
- 过程控制系统的工程设计方法

基本要求：

- 了解电厂锅炉的各种控制要求，熟悉它们的控制方案
- 掌握锅炉燃烧过程控制系统的设计方法
- 了解精馏塔的控制任务，熟悉各变量之间的关系
- 掌握精馏过程控制系统的设计方法
- 了解工程设计的基本要求与基本内容
- 了解项目报告、施工图的设计方法及抗干扰问题的解决方案

能力培养：

通过电厂锅炉和精馏这两个典型生产过程的控制系统设计及过程控制工程设计方法的学习，培养学生分析生产过程、设计控制系统的能力。使学生能根据生产过程的特点及工艺指标需求，掌握典型过程控制系统的分析与设计方法，建立起工程设计的基本概念，并了解设计步骤和设计内容。

11.1　典型生产过程控制

11.1.1　电厂锅炉的过程控制

火力发电厂简称火电厂，是利用煤、石油、天然气作为燃料生产电能的工厂，它的基本生产过程是：燃料在锅炉中燃烧加热水，使其成蒸汽，将燃料的化学能转变成热能，蒸汽压力推动汽轮机旋转，热能转换成机械能，然后汽轮机带动发电机旋转，将机械能转变成电能。

锅炉控制是火力发电生产过程自动化的重要组成部分，它的主要任务是根据负荷设备（汽轮机）的需要，供应一定规格（压力、温度、流量和纯度）的蒸汽。根据火力发电厂的流程图 11-1 可以看出，汽轮机的蒸汽用量随着电网的负荷和汽轮机周围环境的变化而改变。同时，锅炉的燃料品质、鼓风量等都存在着一定量的波动。所以对于锅炉的整个过程的自动控制存在多变量耦合、扰动量多、滞后大等特点，控制过程比较复杂。通常的设计思想是，在可能的情况下，将其划分为几个相互独立的控制区域。当某些通道与其他通道的关联较小时，则将其忽略，按单变量自治系统的设计方法进行设计；当有的通道与其他通道关联较强时，则只能以多

变量耦合控制系统的设计方法进行设计。根据锅炉生产工艺特点，通常将锅炉控制系统划分为锅炉汽包水位控制、过热蒸汽温度控制、锅炉燃烧控制和炉膛负压控制四部分。图 11-2 所示为基于 PLC 的锅炉控制系统结构图。

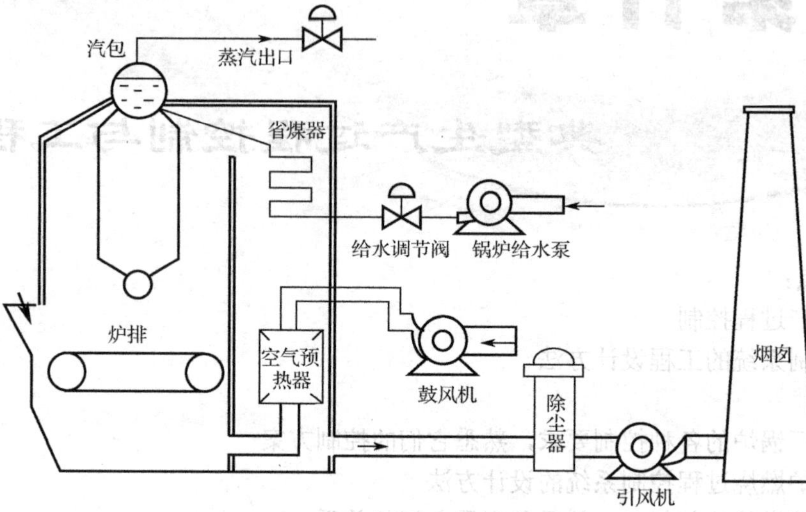

图 11-1　火力发电厂锅炉生产工艺流程图

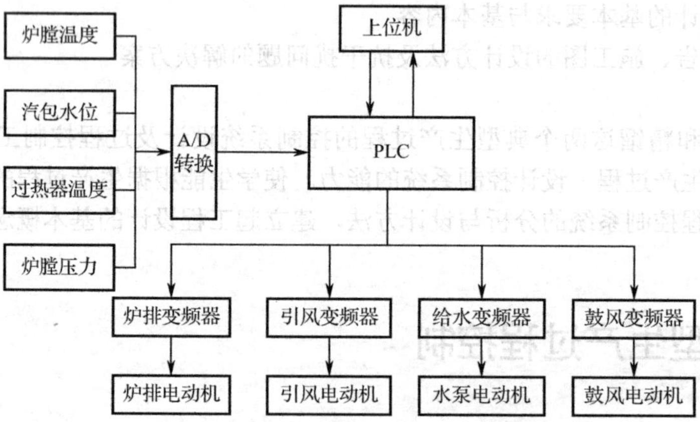

图 11-2　基于 PLC 的锅炉控制系统结构图

1．汽包水位控制

汽包水位控制的任务是将锅炉的汽包水位控制在锅炉生产允许的范围内。这是锅炉运行的主要指标，也是锅炉能提供符合质量要求的蒸汽负荷的必要条件。如果汽包水位过低，则汽包内的水量较少，当蒸汽负荷很大时，水的汽化速度和水量变化速度都很快，如不及时控制，可能会使汽包内的水全部汽化，导致锅炉烧坏或爆炸；相反，当水位过高则会影响汽包的汽水分离，产生蒸汽带液现象，使过热器管壁结垢而损坏，同时还会使过热蒸汽温度下降，损坏汽轮机叶片，影响运行的安全性与经济性。总之，汽包水位过高或过低所产生的后果都极为严重，必须严格加以控制。

1）锅炉汽包水位的动态特性

汽包及蒸发管储存着蒸汽和水，储存量的多少是以被控制量水位表征的，通常情况下汽包的流入量是给水量，流出量是蒸汽量，当给水量等于蒸汽量时，汽包水位就恒定不变。锅炉在运行的过程中，由于负荷、燃烧状况、给水流量等诸多干扰因素的影响，所以锅炉汽包水位是经常变化的。其中影响汽包水位的主要因素有：给水流量扰动，包括给水压力及调节阀开度等的变化；来自蒸汽负荷的扰动，包括主蒸汽调节阀开度、蒸汽管道阻力等的变化。下面分别分析两种主要干扰作用下的汽包水位变化情况。

（1）给水流量扰动下对象的动态特性。图 11-3 所示为给水量扰动下水位阶跃响应曲线。

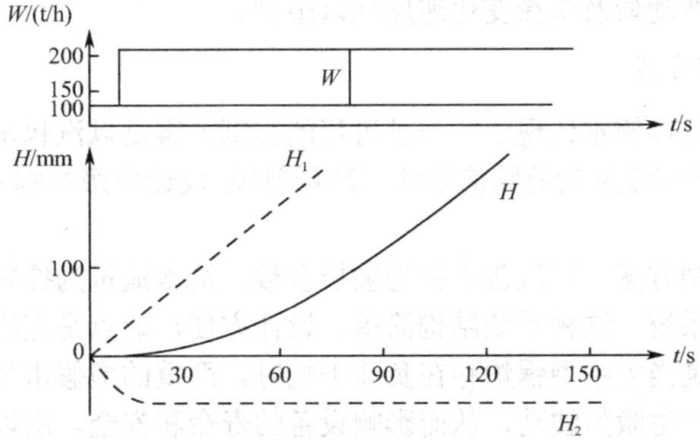

H_1—只考虑储水量变化的水位反应曲线；H_2—只考虑水面下汽包容积变化的水位反应曲线；H—实际水位反应曲线

图 11-3　给水量扰动下水位阶跃响应曲线

在给水流量突然增加的瞬间，锅炉的蒸发量还未改变，给水流量大于蒸发量，但水位一开始并不立即增加，这是因为温度较低的给水进入省煤器，以及水循环系统的流量增加了，从原有的饱和汽水混合物中吸取了一部分热量，使水面下的汽包容积有所减小。事实上经过一段迟延甚至水位下降后，才能因给水不断从省煤器进入汽包而使水位上升。由 H 曲线可以清楚地看出给水被控对象内扰动的特点是：给水扰动刚刚加入时，由于给水的过冷度影响，水位 H 的变化很慢，经过一段时间之后其变化速度才逐渐增加，最后变为按一定速度直线上升，这时就是物质不平衡在起主要作用了，如果给水量和蒸汽量不能平衡，水位就不能确定。

（2）蒸汽流量扰动下对象的动态特性。蒸汽流量扰动下水位的阶跃响应曲线如图 11-4 所示。

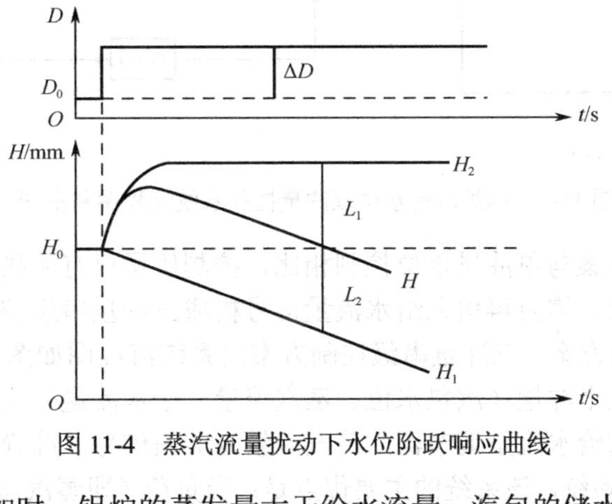

图 11-4　蒸汽流量扰动下水位阶跃响应曲线

当蒸汽流量突然增加时，锅炉的蒸发量大于给水流量，汽包的储水量应等速下降，又因为汽包是无自平衡对象，所以水位的变化曲线应如图 11-4 中曲线 H_1 所示：实际上当蒸发量突然增加时，在汽水循环系统中的蒸发强度也将成比例地增大，使汽水混合物中汽包的容积增大；

又因炉膛内的发热量并不能及时增加，从而使汽包压力不断下降，降低了饱和温度，促使蒸发速度加快，汽包膨胀，加大了汽水混合物的总体积，使水位变化过程如图 11-4 中曲线 H_2 所示。两曲线的叠加，即图中的曲线 H，由图 11-4 可知，负荷变化时汽包水位的动态特性具有特殊的形式：负荷增加时，蒸发量大于给水量，但水位不是下降反而迅速上升；负荷突然减小时，水位却先下降，然后迅速上升，这就是“虚假水位”现象。汽轮机甩负荷扰动下的“虚假水位”现象是相当严重的，这给组成水位自动调节系统带来了困难。为了维持水位在允许的范围内，运行中应对负荷的一次变动量及负荷变化速度加以限制。

2）汽包水位的控制方案

考虑到锅炉汽包存在虚假水位现象，一种可行的控制方案是以汽包水位为主被控参数、给水流量为副被控参数、蒸汽流量为前馈信号的三冲量前馈-反馈串级控制系统，采用这种控制方案的理由分析如下：

（1）单冲量水位控制方案。以汽包水位为被控参数、给水流量为控制参数构成的单回路控制系统称为单冲量控制系统。这种系统结构简单、设计方便，缺点是克服给水自发性干扰和负荷干扰的能力差。尤其是当大中型锅炉存在负荷干扰时，严重的虚假水位将导致给水调节阀产生误动作，使汽包水位产生激烈波动，从而影响设备的寿命和安全。所以单冲量的控制方案不宜采用。

（2）双冲量水位控制方案。在汽包水位的控制中，最主要的干扰是蒸汽负荷的变化。如果根据蒸汽流量的变化来校正虚假水位的误动作，就能使调节阀动作准确及时，减少水位的波动，改善控制质量。也就是说，若将蒸汽流量作为前馈信号就构成了双冲量控制系统。图 11-5 所示是双冲量控制系统的流程图及框图，这实际上是一个前馈-反馈复合控制系统。

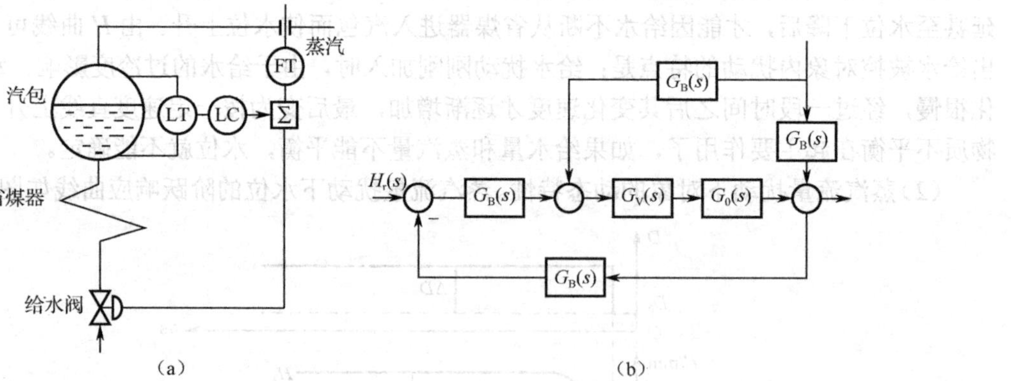

图 11-5　锅炉汽包水位双冲量控制系统流程图和框图

显而易见，该控制方案与单冲量水位控制相比，控制质量已有明显改善，但它对于给水系统的干扰仍不能有效克服，需要再引入给水流量信号构成三冲量串级控制系统。

（3）三冲量串级控制方案。三冲量串级控制方案的系统流程图如图 11-6 所示。该控制系统由主、副两个调节器和三个冲量（汽包水位、蒸汽流量、给水流量）构成。其中，主调节器为水位调节器，副调节器为给水流量调节器，蒸汽流量为前馈信号。准确地说，该系统应称为三冲量前馈-反馈串级控制系统，该系统的主要优点是：当负荷（即蒸汽流量）变化时，它早于水位偏差进行前馈控制，能及时地调节调节阀的给水流量，以跟踪蒸汽流量的变化，维持进出汽包的物料平衡，从而有效地克服虚假水位的影响，抑制水位的动态偏差；当蒸汽流量不变时，由给水流量为副被控量构成的副回路，可及时消除给水流量的自身干扰（主要由给水压力的波动引起)。汽包水位是主被控量，主调节器采用 PI 调节规律的控制过程中，它根据水位偏差调节给水流量的设定值；稳态时，它可使汽包水位等于设定值。由此可见，三冲量前馈-反馈串级控制系统在克服虚假水位的影响、维持水位稳定、提高给水控制质量等多方面都优于前述两种控制系统，是现场广泛采用的汽包水位控制方案。

2. 过热蒸汽温度控制

1）控制要求与过程特性

由工艺可知，过热蒸汽温度过高，则过热器容易损坏，也会使汽轮机内部引起过度的热膨胀，严重影响运行的安全；过热蒸汽温度过低，则使汽轮机的效率降低，同时也使通过汽轮机的蒸汽湿度增加，引起叶片磨损。因此，过热蒸汽温度是影响安全和经济的重要参数，一般要求保持在 15℃的范围内。例如，30 万千瓦的机组锅炉过热蒸汽温度为 565±5℃。

过热蒸汽温度控制系统的控制任务是使过热器出口温度维持在允许范围内，并且使过热器的管壁温度不超过允许的工作范围。影响过热蒸汽温度的外界因素很多，如蒸汽流量、减温水量、流经过热器的烟气温度和流速等的变化都会影响过热蒸汽的温度。各种阶跃干扰对过热蒸汽温度的阶跃响应曲线如图 11-7 所示。

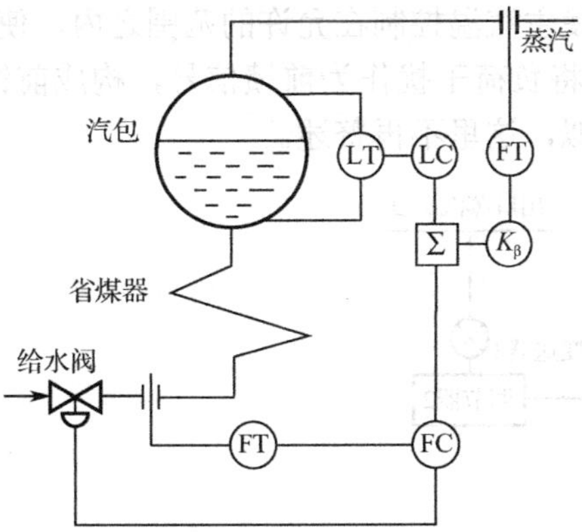

图 11-6 锅炉汽包水位三冲量控制系统流程图

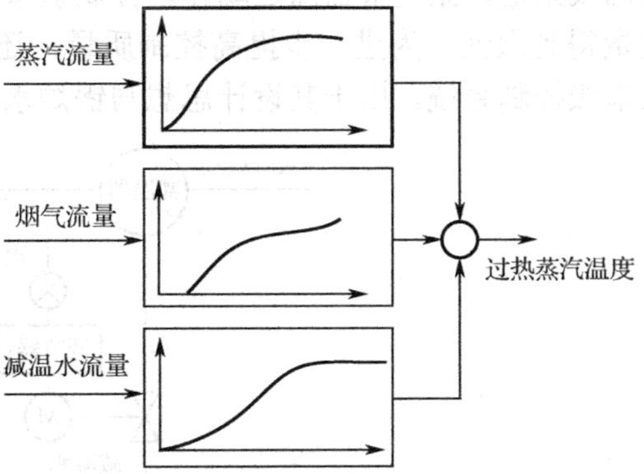

图 11-7 干扰对过热蒸汽温度的阶跃响应曲线

由图 11-7 可知，在各种阶跃干扰作用下，其动态特性都有时延和惯性，只是时延和惯性的大小不同而已。

2）过热蒸汽温度控制方案

对蒸汽温度调节方法的基本要求是：调节惯性或延迟时间小，调节范围大，对热循环热效率影响小，结构简单可靠及附加设备消耗少。由于蒸汽流量的变化是负荷干扰，因而不能作为控制变量；若采用烟气侧干扰作为控制变量，则会使锅炉的结构复杂，给设计制造带来困难，也不宜作为控制变量；为了保护过热器，保证机组安全运行，在锅炉设计时，已经设置了喷水减温装置，若采用减温水流量作为控制变量则既简单又易行。目前过热蒸汽控制方案有单回路控制和串级控制两种。

（1）单回路控制方案。蒸汽温度单回路控制系统在运行过程中，改变减温水流量，实际上是改变过热器出口蒸汽的热焓，也改变进口蒸汽温度，如图 11-8 所示。

但是由于管壁金属的热容量比较大，使之有较大的热惯性，加上管道较长有一定的传递滞后，使得减温水流量与过热蒸汽温度之间存在较大的时延和惯性；另外，在工艺上，锅炉给水与减温水常常合用一根总管，这样会导致减温水自身波动频繁。针对上述存在的问题，如果设计简单控制系统则无法满足生产工艺的要求。为此，需要设计较为复杂的控制系统，以提高控制质量。

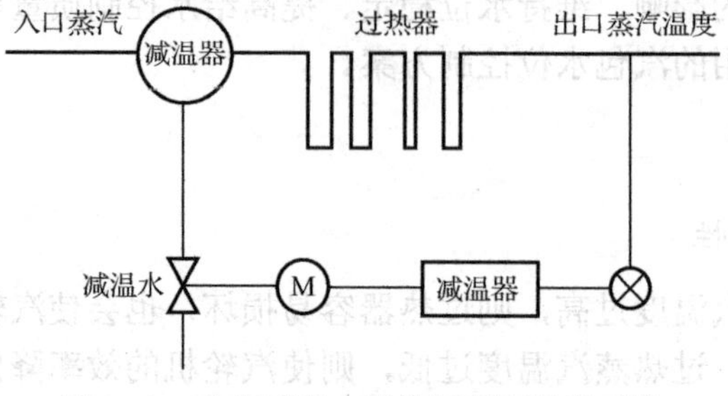

图 11-8　改变减温水量控制蒸汽温度系统

（2）串级控制方案。过热蒸汽温度串级控制系统，减温器出口温度为副参数，以提高对过热蒸汽温度的控制质量。如图 11-9 所示，该控制系统是将减温器后的汽温信号 T_2 作为副被控参数构成副回路，当减温水自身出现波动时，T_2 比主汽温 T 能提前感受到它的影响，并使副调节器及时动作，使减温水的干扰能够及时得以克服。当主汽温因受其他干扰（如烟道气）而偏离给定值时，主汽温信号 T 经测量、变送反馈至主调节器，使主调节器发出控制指令改变副调节器的设定值，副调节器随之动作，控制调节阀，从而使主汽温控制在允许的范围之内，使控制质量得到保证。为进一步提高控制质量，还可以考虑将负荷干扰作为前馈信号，构成前馈-反馈串级控制系统。由于其设计思想与锅炉水位控制类似，这里不再赘述。

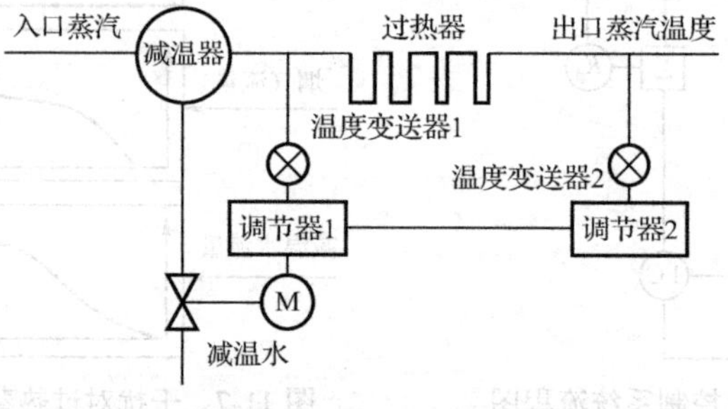

图 11-9　过热蒸汽温度串级调节系统原理图

3. 锅炉燃烧过程控制

1）锅炉燃烧过程的控制任务

燃烧控制目标首先是保证锅炉安全燃烧且主汽压力应稳定在设定值，其次是经济燃烧（体现为空气过剩系数恰当），保证锅炉的安全、经济运行。其具体任务又可分为：①使锅炉出口蒸汽压力保持稳定；②保证燃烧过程的经济性和对环境保护的要求；③使炉膛负压保持恒定；④确保燃烧过程的安全性。

上述各项任务是互相关联的，为了完成上述任务，有三个可供选择的调节量，即燃料量、送风量和引风量。它们的作用分别为：①当负荷干扰使蒸汽压力变化时，通过调节燃料量（或送风量）使之稳定；②在蒸汽压力恒定的情况下，欲使燃料量消耗最少、燃烧尽量完全以保证较高的热效率，必须随时调节燃料量与送风量的比值；③为保证锅炉燃烧的安全性，必须使炉膛严格保持在微负压（-19.6～-78.4Pa）状态。否则，当负压太小甚至为正时，炉膛内热烟气及火焰则会向外冒出，影响设备和操作人员的安全；反之，当负压太大时，大量冷空气将会进入炉膛，导致热量损失增加，降低热效率。可通过调节引风量实现微负压的控制。

依据上述锅炉燃烧过程的控制任务，该控制系统的设计原则是：当生产负荷发生变化时，燃料量、送风量和引风量应同时协调动作，达到既要适应负荷变化，又要使燃料量和送风量成一定比例，还要使炉膛负压保持一定的数值；当生产负荷相对稳定时，应保持燃料量、送风量和引风量也相对稳定，并能迅速消除外界干扰对它们各自的影响。

2）锅炉燃烧过程控制

（1）锅炉燃烧基本控制方案。影响蒸汽压力的外界因素主要是蒸汽负荷的变化与燃料量的波动。当蒸汽负荷及燃料量波动较小、对燃烧的经济性要求不高时，可以采用调节燃料量以控制蒸汽压力的简单控制方案；而当燃料量波动较大、对燃烧的经济性又有较高要求时，则需采用燃料量/空气量对蒸汽压力的串级/比值控制方案。在串级/比值控制方案中，由于燃料量是随蒸汽负荷而变化的，所以为主动量，它与空气量（从动量）组成单闭环比值控制系统，使燃料量与空气量保持一定比例，以确保燃烧的充分性。图 11-10 所示为燃烧过程基本控制方案。

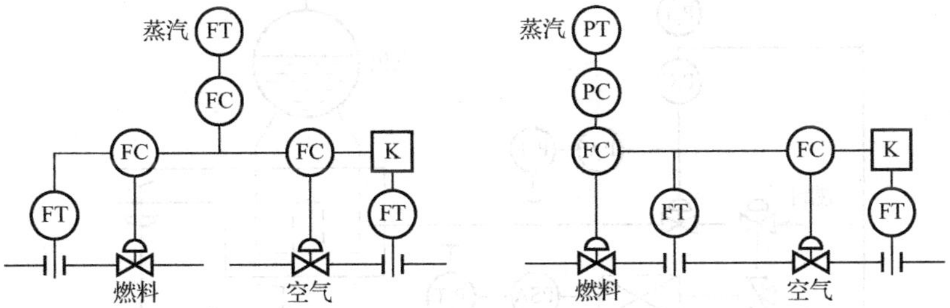

图 11-10　燃烧过程基本控制方案

图 11-10 所示基本控制方案是将蒸汽压力调节器 PC 作为串级控制的主调节器，其输出同时作为燃料流量调节器和空气流量调节器 FC 的设定值，燃料流量调节器和空气流量调节器则构成各自的副回路，用以迅速克服它们自身的干扰。该方案一方面可以克服蒸汽负荷的干扰而确保蒸汽压力的恒定，同时燃料量和空气量的比值则通过燃料流量调节器和空气流量调节器的正确动作而得到间接保证。

（2）燃烧过程的改进型控制方案。串级/比值控制方案是将蒸汽压力与燃料流量构成串级控制，而送风量则随燃料量的变化而变化，从而构成比值控制，这样可以确保燃料量与送风量的比例。但该控制方案的缺点是，当负荷发生变化时，送风量的变化必然落后于燃料量的变化，导致燃烧不充分。为此可设计图 11-11 所示的燃烧过程的改进型控制方案，以保证燃料量与送风量的比值最优。

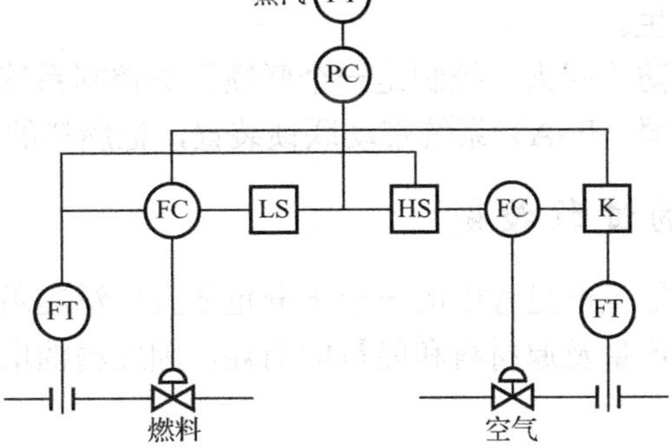

图 11-11　燃烧过程的改进型控制方案

改进方案在蒸汽负荷减小、压力增大时，可通过低值选择器 LS 先减少燃料量，而当蒸汽负荷增加、压力减小时，可通过高值选择器，进而可使两种情况下的燃烧均较为充分后，减少空气量；HS 先加大空气量，再加大燃料量，从而可使两种情况下的燃烧均较为充分。

3）炉膛负压控制与安全保护控制方案

炉膛负压是反映燃烧工况稳定与否的重要参数，是运行中要控制和监视的重要参数之一。炉内燃烧工况一旦发生变化，炉膛负压随即发生相应变化。因此，监视和控制炉膛负压对于保证炉内燃烧工况的稳定，以及分析炉内燃烧工况、烟道运行工况、某些事故的原因均有极其重要的意义。

图 11-12 所示为锅炉燃烧过程炉膛负压控制及安全保护控制系统。由图可知，该控制系统又由三个子系统构成。

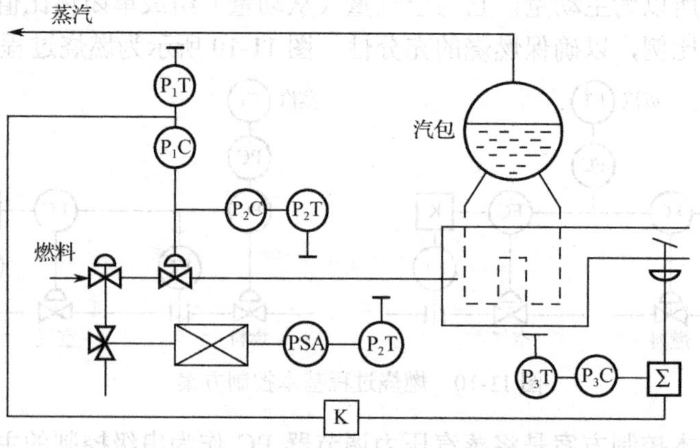

图 11-12 炉膛负压控制及安全保护控制系统

（1）炉膛负压控制。炉膛负压控制一般可通过控制引风量来实现。当锅炉负荷变化较大时，单回路控制系统难以满足工艺要求。这是因为当负荷变化后，燃料与送风量均将变化，引风量只有在炉膛负压产生偏差时，才能由引风调节器去控制，这样引风量的变化总是落后于送风量，从而造成炉膛负压的较大波动。为解决这一问题，可将反映负荷变化的蒸汽压力作为前馈信号，组成前馈-反馈复合控制。其中，前馈控制器通常采用静态前馈补偿，其补偿系数为 K，通常把炉膛负压控制在-20Pa 左右。

（2）防“脱火”控制。防“脱火”控制通常可以采用自动选择性控制方案。在烧嘴背压正常的情况下，由蒸汽压力控制器控制燃料阀，维护锅炉出口蒸汽压力相对稳定。当烧嘴背压过高时，为避免“脱火”现象，此时背压控制 PC 通过低值选择器 LS 控制燃料阀，使烧嘴背压下降，以免“脱火”现象的发生。

（3）防“回火”控制。防“回火”控制是一个联锁保护控制系统。在烧嘴背压过低时，为避免“回火”现象，由继电器（PSA）系统带动联锁装置，把燃料的上游阀切断。

11.1.2 精馏塔的过程控制

精馏操作是炼油、化工等生产过程中的一个十分重要且广泛应用的环节。精馏塔的控制直接影响到工厂的产品质量、产量及原材料和能量的消耗，因此精馏塔的自动控制长期以来一直受到人们的高度重视。

精馏塔是一个内在机理非常复杂的被控设备。在精馏操作过程中，被控参数多，可供选用的操作参数也多，它们之间又有各种不同的组合，而且各参数间还存在相互关联，对控制作用的响应也比较缓慢；不同工艺要求下精馏塔的结构也各不相同且控制要求又较高，所有这些都给精馏塔的控制带来一定难度。

1．精馏生产过程

精馏就是将一定浓度的溶液送入精馏装置使它反复地进行部分汽化和部分冷凝，从而得到预期的塔顶与塔底产品的操作。完成这一操作过程的相应设备除精馏塔本体外，还有再沸器、冷凝器、回流罐和回流泵等辅助设备。目前，工业上所采用的一般连续精馏装置的流程如图 11-13 所示。

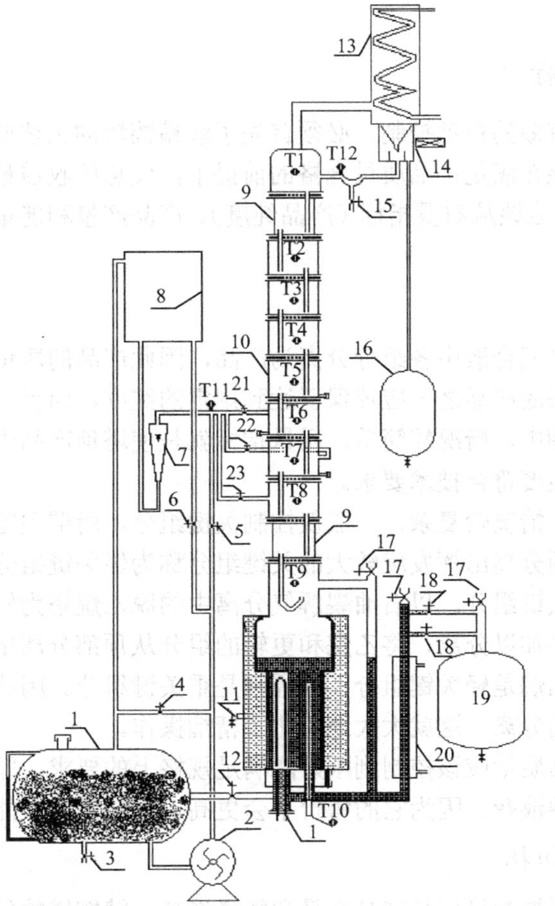

1—储料罐；2—进料泵；3—放料阀；4—料液循环阀；5—直接进料阀；6—间接进料阀；7—流量计；8—高位槽；9—玻璃观察段；10—精馏塔；11—塔釜取样阀；12—釜液放空阀；13—塔顶冷凝器；14—回流比控制器；15—塔顶取样阀；16—塔顶液回收罐；17—放空阀；18—塔釜出料阀；19—塔釜储料罐；20—塔釜冷凝器；21—第六块板进料阀；22—第七块板进料阀；23—第八块板进料阀；T1～T12—温度测点

图 11-13 精馏装置流程图

原料 F 从精馏塔中段某一块塔板上进入，这块塔板就称为进料板。进料板把全塔分为两段，进料板以上部分称为精馏段；进料板以下部分称为提馏段。进入塔内的溶液，由于各组分的沸点不同，沸点低的组分（易挥发组分）较易汽化而往上走；沸点高的组分（难挥发组分）则更多地随液体往下流，与塔内上升蒸汽在各层塔板上充分接触，在逆流作用下进行传质和传热。

下流的液体到达塔釜后，一部分被连续地引出成为塔底产品 B；另一部分则在再沸器中被载热体加热汽化后又返回塔中。塔内上升的蒸汽依次经过所有的塔板，使蒸汽中易挥发组分逐渐增浓，上升到塔顶的蒸汽在冷凝器中被冷凝成为液体，经回流罐和回流泵后，一部分成为塔顶产品 D 连续引出，另一部分则引回到顶部的塔板上，作为塔内冷却液，称为回流量 L。

在连续精馏过程中，原料液 F 连续不断地进入塔内，塔顶产品 D 和塔釜产品 B 也连续不断地分别从塔顶和塔釜取走。当操作达到稳定时，每层塔板上液体和蒸汽的浓度均保持不变，而且原料 F、塔顶产品 D 和塔釜产品 B 的浓度和流量也都保持定值。

精馏过程可以在常压下进行，也可以在高于或低于大气压下进行。当所分离的溶液在常压下是气相时，则必须在加压下进行精馏；而分离高沸点的溶液，则常常在减压（真空）下进行精馏。

2．精馏塔的控制目标

为了对精馏塔实施有效的自动控制，必须首先了解精馏塔的工艺操作目标。一般来说，精馏塔的工艺操作目标应该在满足产品质量合格的前提下，使总的收益最大或总的成本最小。因此，精馏塔的控制要求，应该从质量指标（产品纯度）、产品产量和能量消耗三个方面进行综合考虑。

1）质量指标

精馏操作的目的是将混合液中各组分分离为产品，因此产品的质量指标必须符合规定的要求。也就是说，塔顶或塔底产品之一应该保证达到规定的纯度，而另一产品也应保证在规定的范围内。在二元组分精馏中，情况较简单，质量指标就是使塔顶产品中轻组分纯度符合技术要求或塔底产品中重组分纯度符合技术要求。

在多元组分精馏中，情况较复杂，一般仅控制关键组分。所谓关键组分，是指对产品质量影响较大的组分。从塔顶分离出挥发度较大的关键组分称为轻关键组分，从塔底分离出挥发度较小的关键组分称为重关键组分。以石油裂解气分离中的脱乙烷塔为例，它的目的是把来自脱甲烷塔底部产品作为进料加以分离，将乙烷和更轻的组分从顶部分离出，比乙烷重的组分从底部分离出。这时，显然乙烷是轻关键组分，丙烯则是重关键组分。因此，对多元组分的分离可简化为对二元关键组分的分离，这就大大地简化了精馏操作。

在精馏操作中，产品质量应该控制到刚好能满足规格上的要求，即处于“卡边”生产。生产超过规格的产品是一种浪费，因为它的售价不会更高，只徒然增大能耗，降低产量而已。

2）产品产量和能量消耗

精馏塔的另两个重要控制目标是产品产量和能量消耗。精馏塔的任务，不仅要保证产品质量，还要有一定的产量。另外，分离混合液也需要消耗一定的能量，这主要是再沸器的加热量和冷凝器的冷却量消耗。此外，塔的附属设备及管线也要散失一部分热量和冷量。从定性的分析可知，使分离所得的产品纯度越高，产品产量越大，则所消耗的能量越多。

在精馏过程中，通常将产品的产量与进料中该产品的组分量之比定义为产品的回收率（即生产效率）。显然，当进料产品的组分一定时，该产品的产量与回收率成正比。生产效率不等于经济效益，经济效益除了需确保质量、提高产量外，还要尽可能降低消耗（主要是能量消耗）。因此，在精馏塔操作中，质量指标、产品回收率和能量消耗均是控制目标。其中质量指标是必要条件，在质量指标一定的条件下，应使产品的产量尽可能提高，同时能量消耗尽可能降低。

3. 精馏塔的变量分析

精馏塔的进、出料流程图如图 11-14 所示。

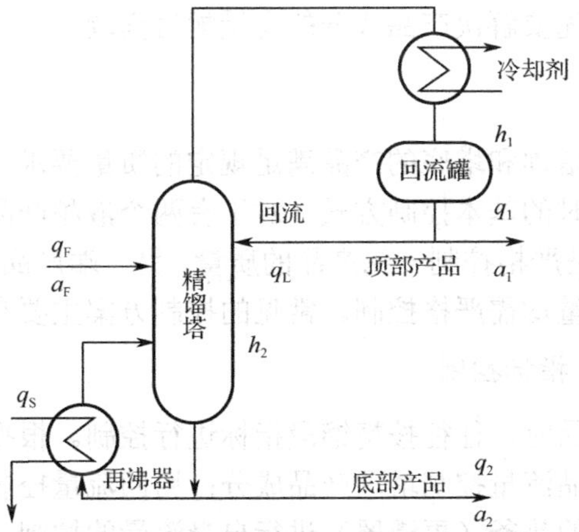

图 11-14　精馏塔的进、出料流程图

影响精馏过程的主要因素概括如下：①进料量；②进料浓度；③进料温度和进料状态（可以用液化率来度量）；④再沸器的加热量；⑤冷凝器的冷却量（在上述模型建立过程做了冷凝器为全冷器的简化假设，即假定了冷却量不变化，实际中冷却量的变化是主要的扰动因素之一，会影响到回流物料的温度，从而影响全塔操作）；⑥回流量；⑦塔顶采出量；⑧塔底采出量；⑨塔压的影响（在上述模型建立过程中做了塔压恒定的简化假设，实际中塔压的变化也是主要的扰动因素之一，会影响到全塔操作，所以塔压控制是精馏过程的一个重要控制回路）。上述各种干扰中，有些是可控的，有些是不可控的，下面对这些变量进行分析。

1）不可控干扰

进量流量 q_F 是不可控的，一般情况下，塔的进料由前一工序决定；而进料成分 a_F 的变化也是无法控制的，它也由前一工序决定，不过在大多数情况下 a_F 的变化是缓慢的。所以，进料流量 q_F 及进料成分 a_F 的变化是精馏过程中的主要干扰量。其他干扰如进料温度、进料热焓等，可以通过各自的控制系统使它们保持相对稳定。

2）被控量与控制量

除了上述主要干扰量以外，在精馏过程中，还存在八种参数变量，它们分别是：塔顶产品的成分 a_1 和塔底产品的成分 a_2、回流罐液位 h_1 和塔底液位 h_2、塔顶产品流量 q_1 和塔底产品流量 q_2、回流量 q_L 及再沸器加热用蒸汽流量 q_S。

显而易见，为了实现精馏过程的首要控制目标和保证精馏过程的正常进行，塔顶产品的成分 a_1 与塔底产品的成分 a_2、回流罐液位 h_1 与塔底液位 h_2 应为被控量，而塔顶产品流量 q_1 与塔底产品流量 q_2、回流量 q_L 与再沸器加热用蒸汽流量 q_S 应分别作为控制量。

由此可知，在精馏塔控制中，控制变量与被控变量之间的配对关系共有 24 种选择。

3）变量配对原则

在选取变量配对时一般应遵循如下原则：①要求输入变量对输出变量的影响大、反应速度快；②尽量采用“参数就近”的原则并力求使塔的能量平衡控制与物料平衡控制间的相互关联最小；③控制装置尽可能简单且易于实现。实践表明，在上述 24 种可能的变量配对选择中，要想同时满足上述诸项要求是比较困难的，只能在设计中进行认真的研究与比较，从中选出相对合理的配对方案。

由生产工艺的要求可知，精馏产品（塔顶及塔底的馏出物）的成分控制具有极其重要的意义。因此，在变量配对时首先要解决产品成分的变量配对问题。

4. 精馏塔的控制方案

精馏塔的控制目标是使塔顶和塔底的产品满足规定的质量要求。为使问题简化，这里仅讨论塔顶和塔底产品均为液相时的基本控制方式。对于有两个液相产品的精馏塔来说，质量指标控制可以有两种情况：一种是严格控制一端产品的质量，另一端产品质量控制在一定的范围内；另一种方法是产品两端的质量均需严格控制。常见的控制方案主要有以下几种。

1）按精馏段（即塔顶）指标控制

当塔顶采出液为主要产品时，往往按精馏段指标进行控制。根据变量配对的要求，通常采用的控制方案是：用塔顶产品流量控制塔顶产品成分；用回流量控制回流罐液位；用塔底产品流量控制塔底液位；用蒸汽的热釜（再沸器）进行自身流量的控制，如图 11-15 所示。

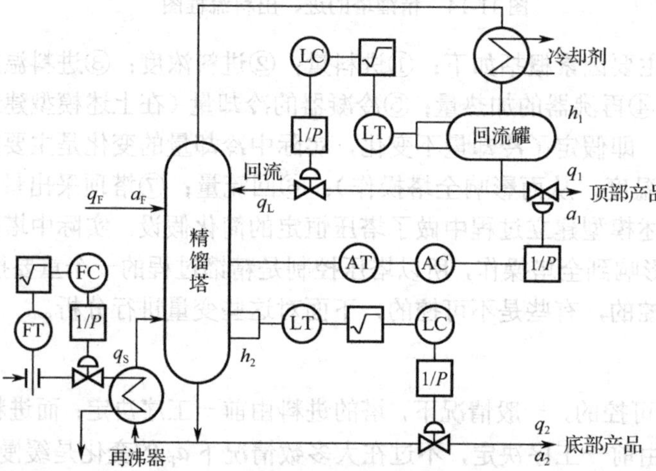

图 11-15 塔顶产品成分控制方案

在该控制方案中，选用物料平衡控制方式，即用塔顶产品流量或塔底产品流量来保证塔顶成分达到规格要求；同时应以塔的上、下两端产品中流量较小、参数就近者作为控制量去控制塔顶的产品质量。根据这一原则，选用塔顶产品流量作为控制量则比较合适。其中，调节器的输出均通过电/气转换后变成气压信号，经气动阀门定位器进行功率放大，进而推动气动薄膜调节阀，这样做的目的主要是为了本质安全防爆，以确保生产安全。

这种控制方案的优点是控制作用迟延小，反应迅速，所以对克服进入精馏段的扰动和保证塔顶产品是有利的，这是精馏塔控制中最常用的方案。

2）按提馏段（即塔底）指标控制

当塔釜液为主要产品时，常常按提馏段指标控制。如果是液相进料，也常采用这类方案。这是因为在液相进料时，进料量的变化首先影响到塔底产品浓度，塔顶或精馏段塔板上的温度不能很好地反映浓度的变化，所以用提馏段控制比较及时。因为该生产过程要将产品从塔底分离出来，并严格控制其质量要求，而对塔顶产品组分只要保持在一定范围内即可。一般采用的控制方案如图 11-16 所示。由图可知，用塔底产品流量控制塔底产品成分，以保证控制质量；

对塔顶产品只进行流量控制；用回流量控制回流罐液位，用蒸汽量控制塔底液位，使精馏操作能正常进行。

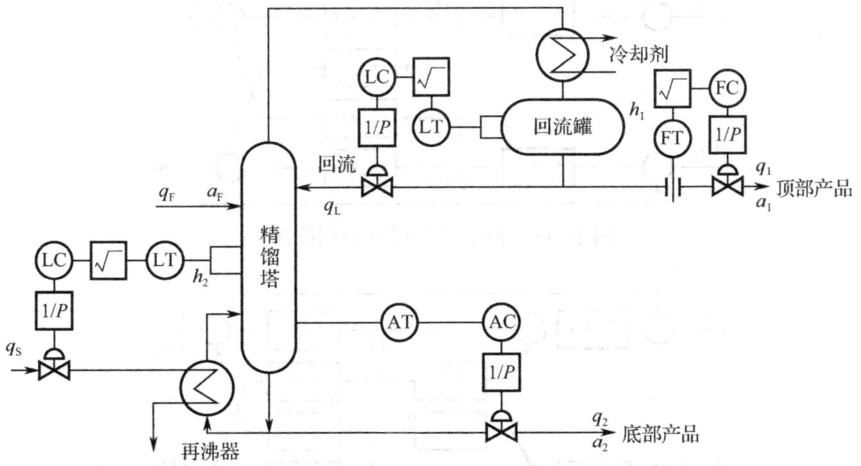

图 11-16　塔底产品成分控制方案

3）两端产品质量均需控制

当塔顶和塔底产品均需达到规定的质量指标时，就需要设置塔顶和塔底两端产品的质量控制系统。通常采用的控制方案如图 11-17 所示。

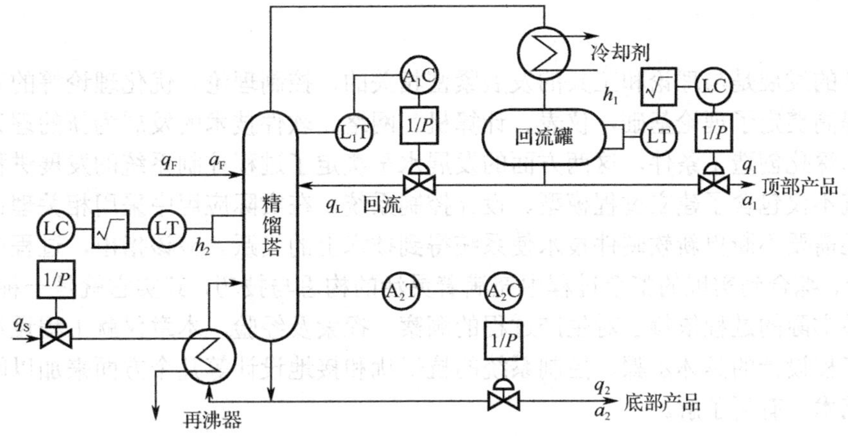

图 11-17　两端产品成分控制方案

在该控制方案中，用回流量控制塔顶产品成分，用塔底流量控制塔底产品成分，其目的是保证两端产品的控制质量；用塔顶流量控制回流罐液位，用蒸汽流量控制再沸器液位，使精馏操作能正常进行。但是，由精馏操作的内在机理可知，当改变回流量时，不仅影响塔顶产品组分的变化，同时也会引起塔底产品组分的变化；同理，当控制塔底的加热用蒸汽流量时，也将引起塔内温度的变化，从而不但使塔底产品组分产生变化，同时也将影响到塔顶产品组分的变化。可见这是一个 2×2 的多变量耦合系统，其控制框图如图 11-18 所示。

显然此时应进行解耦设计，两端产品成分解耦控制方案的设计思想是：为使回流量的变化只影响塔顶组分而不影响塔底组分，设计了解耦装置 $D_{21}(s)$，使蒸汽阀门预先动作，予以补偿；同样，为使蒸汽量的变化只影响塔底组分而不影响塔顶组分，设计了另一个解耦装置 $D_{12}(s)$，使回流阀预先动作，予以补偿，从而实现了两端产品质量的解耦控制。关于解耦装置数学模型

$D_{21}(s)$、$D_{12}(s)$的取得，可根据不变性原理的前馈补偿法进行设计，其框图如图 11-19 所示。

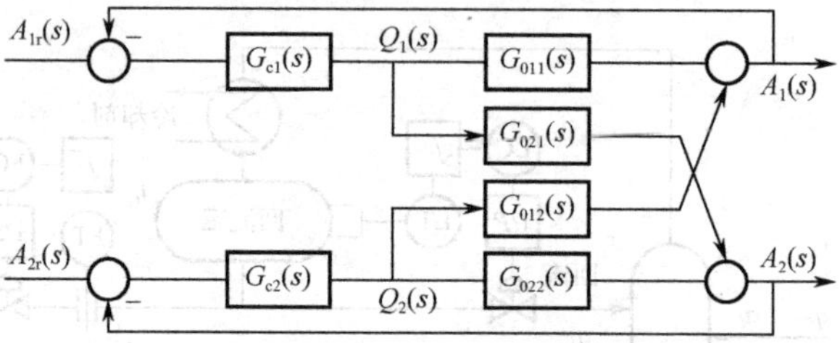

图 11-18　两端产品成分控制框图

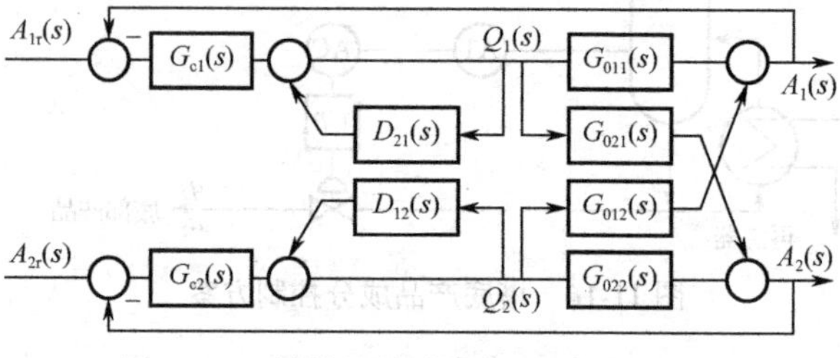

图 11-19　前馈补偿法解耦控制系统框图

11.2　过程控制系统的工程设计

过程控制的发展是与理论和工具的发展紧密相关的，控制理论、优化理论等的发展为过程控制的水平提高奠定了理论基础，仪表、计算机、网络、软件技术的发展为新的理论在过程控制中的应用和深化创造了条件，这两方面的发展水平决定了过程控制系统的发展进程。当然，过程控制系统不仅包含了建立过程模型、设计控制系统，在实际应用中采用相关理论进行分析综合，而且还需要不断更新软硬件技术使系统得到技术上的飞跃。应该指出，过程控制系统从其分析、设计、综合到实现的整个过程中充满着灵活的构思与技巧，其实它就是一种实现艺术。这个理论联系实际的过程依赖于对生产过程的洞察、探索及经验。本章仅就工程设计的目的和主要内容、工程设计的具体步骤、控制系统的抗干扰和接地设计等几个方面来加以阐述，希望能对“实现艺术”有所了解。

11.2.1　工程设计的目的和主要内容

1. 目的

过程控制系统的工程设计是指用图样资料和文件资料表达控制系统的设计思想和实现过程，并能按图样进行施工。设计文件和图样一方面要提供给上级主管部门，以便对该建设项目进行审批，另一方面则作为施工建设单位进行施工安装的主要依据。因此，工程设计既是生产过程自动化项目建设中的一项极其重要的环节，也是自动化类专业的学生强化工程实际观念，运用“过程控制工程”的知识进行全面综合训练的重要实践过程。

过程控制系统的工程设计要求设计者既要掌握大量的专业知识，还要懂得设计工作的程序。换句话说，既要掌握控制工程的基本理论，又要熟悉自动化技术工具（控制、检测仪表）及常用元件材料的性能、使用方法及型号、规格、价格等信息，还要学习本专业的有关工程实践知识，如工程设计的程序和方法、仪表的安装和调校等。为达到此目的，需要设计者大量查阅有关文献资料，从中学习工程设计的方法和步骤，训练和提高图纸资料和文件资料的绘制与编制能力。

过程控制系统的工程设计，不管具体过程和控制方案如何，其基本的设计程序和方法是相似的。我国在 20 世纪 70～90 年代分别制定了有关控制工程设计的施工图内容及深度的规定，是自动化专业人员进行控制工程设计的指导性文件，必须认真学习并在实践中加以贯彻。

2. 主要内容

过程控制系统工程设计的主要内容包括：①在熟悉工艺流程、确定控制方案的基础上，完成工艺流程图和控制流程图的绘制；②在仪表选型的基础上完成有关仪表信息的文件编制；③完成控制室的设计及其相关条件的设计；④完成信号联锁系统的设计；⑤完成仪表供电、供气系统图及管线平面图的绘制，以及控制室与现场之间水、电、气（汽）的管线布置图的绘制；⑥完成与过程控制有关的其他设备、材料的选用情况统计及安装材料表的编制；⑦完成抗干扰和安全设施的设计；⑧完成设计文件的目录编写等。

11.2.2 工程设计的具体步骤

工程设计可分为新建项目的工程设计、老厂的改造扩建工程设计、国外项目的工程设计和引进项目的配套工程设计等几类，此外，还有工程设计开发和有关试验装置的设计。

过程控制工程设计常用的方法通常有两种。一种是由工艺专业人员提出技术条件，由电气自动化与工艺专业人员一起讨论确定控制方案，这种设计方法比较容易确定出合理恰当的控制方案。但是，由于各自的技术角度不同，目标与出发点各异，在确定技术方案的过程中容易出现技术冲突。第二种方法是由工艺专业人员确定控制方案，由电气自动化专业人员进行工程设计。该方法更多地是从工艺角度出发来制定技术方案，更有利于生产过程，比较适合于一些新工艺、试验工艺等。国外公司通常会采用这种做法。该方法要求工艺人员要有足够的自动化知识。应掌握自动化工程设计的工作流程，熟悉自动化工程设计的标准规范。

1. 过程控制工程设计步骤

按照国际通用设计体制要求，过程控制工程设计阶段的工作可归纳为以下步骤：

1）熟悉工艺流程

自动化设计人员熟悉工艺流程是过程控制工程设计的第一步，对工艺熟悉和了解的深度将是做出良好工程设计的重要因素。在该阶段还需收集工艺中有关的物性参数和重要数据。

2）确定过程控制方案，绘制流程图

了解工艺流程，并在与工艺人员充分协商后，定出各检测点、控制系统，确定全工艺流程的自控方案，在此基础上可画出工艺控制流程图（PCD），并配合工艺系统专业人员完成各版（演示版、施工版等）管道仪表流程图（PID）。

确定方案时应当遵循以下几个原则：

（1）工业生产的安全性要求是生产的第一重要的因素，因此首先应当确定一个控制方案的安全要求，切不可为了节省资金而降低安全性。生产安全性要求主要是指生产现场的安全条件。因为需要在现场生产设备上安装传感器或变送器进行测量，所安装的这些仪表通常是电动仪表，如果现场出现易燃易爆物质，如可燃性气体、可燃性粉尘，当电动仪表发生故障产生火花时则有可能发生爆炸。需要确定易燃易爆物质的危险程度、出现危险情况的可能性，据此确定防爆等级，确定采用何种防爆仪表。

（2）需要确定整体自控方案的水平。自控方案的水平涉及总预算情况、工艺生产线的先进程度、生产的总控制要求等内容。应当综合诸多因素确定一个适当的自控方案的水平。

（3）方案确定过程中应当遵循宜简不宜繁的原则，尽量减少所用仪表的数量，即可用简单方法解决的问题不采用复杂方法，可测可不测的变量不测；可控可不控的变量不控；可测的不控；可简单控制的不复杂控制。控制系统越复杂越容易出现故障。

（4）工艺上需要测量或控制的变量是有条件的。首先该变量是可测的，或测量代价适当。控制某个变量需要有适当的操纵变量与之相配合，如果没有则该变量不能实现控制。一般来说不能通过改变生产负荷来控制某个变量。

（5）除了测量那些与产品产量、产品质量有关的参数之外，还需要测量那些关系到人身安全情况（有毒介质）、设备安全情况（设备内压力）、设备运行状况（如泵出口压力）的参数。

（6）应测量那些关系到环境保护的参数，如三废排放量等。

（7）应测量那些与技术经济指标有关的参数，如蒸汽消耗量、冷却水消耗量、导热油流量、原料消耗量、最终产品及中间产品量等。

3）仪表选型，编制有关仪表信息的设计文件

在仪表选型中，首先要确定采用常规仪表还是 DCS 系统。然后根据确定的控制方案和所有的检测点，按照工艺提供的数据及仪表选型的原则，查阅产品目录和厂家的产品样本与说明书，调研产品的性能、质量和价格，选定检测、变送、显示、控制等各类仪表的规格、型号，并编制出自控设备表或仪表数据表等有关仪表信息的设计文件。采用 DCS、FCS、PLC、SIS 系统时，需要编制 DCS、FCS、PLC、SIS 规格书。

4）控制室设计

自控方案确定，仪表选型后，根据工艺特点，可进行控制室的设计。采用常规仪表时，首先考虑仪表盘的正面布置，画出仪表盘布置图等有关图纸。然后均需完成控制室布置图及控制室与现场信号连接的有关设计文件。在进行控制室设计时，还应向土建、暖通、电气等专业提出有关设计条件。

5）节流装置和调节阀的计算

控制方案已定，所需的节流装置、调节阀的位置和数量也都已确定，根据工艺数据和有关计算方法进行计算，分别列出仪表数据表中调节阀及节流装置计算数据与结果，并将有关条件提供给管道专业人员，供管道设计之用。

6）仪表供电、供气系统的设计

自控系统工作还需要供电（自动化装置电源）、供气（压缩空气作为气动仪表、气动调节阀的气源）。为此需按照仪表的供电、供气负荷大小及配制方式，完成仪表供电系统图、仪表空气管道平面图（或系统图）等设计文件。

7）依据施工现场的条件，完成控制室与现场间联系的相关设计文件

土建、管道等专业的工程设计深入开展后，按照现场的仪表设备的方位、控制室与现场的相对位置及系统的联系要求，进行仪表管线的配制工作。在此基础上可列出有关的表格和绘制相关的图纸。

8）根据有关的其他设备、材料的选用等情况，完成有关的设计文件

除了进行仪表设备的选用外，在这些仪表设备的安装过程中，还需要选用一些有关的其他设备材料。对这些设备材料需根据施工要求进行数量统计，编制仪表安装材料表。

9）设计工作基本完成后，编写设计文件目录等文件

在设计开始时，先初定应完成的设计内容，待整个工程设计工作基本完成后，要对所有设计文件进行整理，并编制设计文件目录、仪表设计规定、仪表施工安装要求等工程设计文件。

上述设计方法和顺序，仅仅是原则性的提法，在实际工程设计中各种设计文件的编（绘）制，应按过程控制工程设计的程序进行。

2．控制软件系统整合

首先安装控制程序，同时需要在 DCS 上实现先进控制，并解决与原来常规控制系统的双向无扰切换与安全保护功能等问题（如利用 watchdog 功能对先进控制软件与 DCS 的 PID 控制问题的通信故障、先进控制软件停运等进行保护）。正常运行后，以真实数据进行控制性能校验，测试图形界面的显示正确性。最后对控制策略进行开环测验，以验证控制策略的优劣。在静态测试条件下，对控制软件进行性能示范，以展示软件的运行功能。对适当的控制行为进行验证，从中校正任何辨识方面的问题。

3．试运行阶段

试运行阶段是系统设计与现场实施相互交叉的阶段。就先进控制的实施而言，此阶段应该对现场人员进行必要的培训，不仅让他们掌握现场的操作，也使他们具备一定的理论知识。同时验证此控制系统设计的正确性、有效性。从设计的角度出发，通过现场实施，可以得到系统实现中的反馈信息，发现设计中存在的问题，并加以改正，如被控变量的调节和控制区间设置，控制器整定参数的修订，约束的设定，软测量计算的修正，以及模型的修正等，最终完成整个系统的设计工作。

11.2.3　控制系统的抗干扰和接地设计

控制系统的抗干扰和接地设计

仪表及控制系统的干扰是普遍存在的，若不对仪表或系统存在的干扰采取措施加以消除，轻者会影响仪表或系统的精度，重者会使其无法工作，甚至会造成安全事故。所以，分析干扰的来源，采取相应的消除措施，也是工程设计的一项重要内容。

1．干扰源

仪表及控制系统的干扰主要来自以下几个方面：

1）电磁辐射干扰

电磁辐射干扰主要是由雷电、无线电广播、电视、雷达、通信及电力网络与电气设备的暂态过程而产生的。电磁辐射干扰的共同特点是空间分布范围广、强弱差异大、性质比较复杂。

2）引入线传输干扰

这类干扰主要通过电源引入线和信号引入线传输给仪表和系统。

（1）电源引入线传输干扰。工业控制机系统的正常供电电源均由电网供电。一方面，电网

会受到所有电磁波的干扰而在线路上产生感应电压和电流；另一方面，电网内部的变化，如开关操作、大型电力设备的启/停、电网短路等也会产生冲击电压和电流。所有这些干扰电压和干扰电流都将通过输电线路传至电源变压器的一次侧，如果不采取有效的防范措施，往往会导致工业控制机系统经常发生故障。

（2）信号引入线传输干扰。信号引入线的干扰通常有两种来源：一是电网干扰通过传感器供电电源或共用信号仪表（配电器）的供电电源传播到信号引入线上；二是直接由空间电磁辐射在信号引入线上产生电磁感应。信号引入线传输干扰会引起I/O接口工作异常和测量精度的降低，严重时还会引起元器件的损伤或损坏。

3）接地系统的干扰

工业控制系统存在多种接地方式，其中包括模拟地、逻辑地、屏蔽地、交流地和保护地等。接地系统混乱会使大地电位分布不均，导致不同接地点之间存在电位差而产生环路电流，影响系统正常工作。

4）系统内部干扰

这类干扰主要由系统内部元器件相互之间的电磁辐射产生，如逻辑电路相互辐射及对模拟电路的影响，模拟地与逻辑地的相互不匹配使用等。

2．抗干扰措施

针对上述种种干扰，通常采用如下抗干扰措施：

1）隔离

隔离的方法很多，其中最常用的是可靠绝缘、合理布线和采用合适的隔离器件（如隔离变压器、光耦合隔离器）等。可靠绝缘是指导线绝缘材料的耐压等级、绝缘电阻必须符合规定。合理布线是指通过不同的布线方式，尽量减小干扰对信号的影响。例如，当动力线与信号线平行敷设时两者之间必须保持一定的间距；两者交叉敷设时，要尽可能垂直；当电线需要导管时，不能将电源线和信号线及不同幅值的信号线穿在同一导管内；当采用金属汇线槽敷设时，不同信号幅值的导线、电缆与电线需用金属板隔开。对于供电电源，常用的隔离方法是采用隔离变压器隔断其与电力系统的电气联系。

2）屏蔽

屏蔽是用金属导体将被屏蔽的元件、组合件、电路、信号线等包围起来，如在信号线外加上屏蔽层，将导线穿过钢制保护管或敷设在钢制加盖汇线槽内等。这种方法对抑制电容性噪声耦合特别有效。应当注意非磁性屏蔽体对磁场无屏蔽效果。除了采用磁性体屏蔽外，还可用双绞线代替两根平行导线以抑制磁场的干扰。

3）滤波

对由电源线或信号线引入的干扰，可设计各种不同的滤波电路进行抑制。例如，在信号线与地之间并接电容，可减小共模干扰；在信号两极间加装Ⅱ型滤波器，可减小差模干扰。

4）避雷保护

避雷保护的方法通常是将信号线穿在接地的金属导管内，或敷设在接地的、封闭的金属汇线槽内，使因雷击而产生的冲击电压与大地短接。对于易受雷击的场所，最好在现场安装避雷器；对于备用的多芯电缆，也应使其一端接地，以防止雷击时感应出高电压。

3. 接地系统及其设计

在上述种种抗干扰措施中，有相当部分是和接地系统有关的，因而有必要对接地系统的作用和设计方法进行讨论。

1）接地系统的作用及类型

接地系统的主要作用是保护人身与设备的安全和抑制干扰。不良的接地系统，轻者使仪表或系统不能正常工作，重者则会造成严重后果。

接地系统的类型主要分为两类，即保护性接地和工作接地。

（1）保护性接地。保护性接地是指将电气设备、用电仪表中不应带电的金属部分与接地体之间进行良好的金属连接，以保证这些金属部分在任何时候都处于零电位。在过程控制系统中，需要进行保护性接地的设备有：仪表盘（柜、箱、架）及底盘；各种机柜、操作站及辅助设备；配电盘（箱）；用电仪表的外壳；金属接线盒、电缆槽、电缆桥架、穿线管、铠装电缆的铠装层等。一般情况下，DC 24V 供电或低于 DC 24V 供电的现场仪表、变送器、就地开关等无须做保护性接地。

（2）工作接地。正确的工作接地可抑制干扰，提高仪表的测量精度，保证仪表系统能正常、可靠地工作。工作接地中又可分为信号回路接地、屏蔽性接地和本质安全接地。简述如下：

① 信号回路接地是指由仪表本身结构所形成的接地和为抑制干扰而设置的接地。前者如接地型热电偶的金属保护套管和设备相连时，则必须与大地连接；后者如 DDZ-Ⅲ仪表放大器公用端的接地等。

② 屏蔽性接地是指对电缆的屏蔽层、排扰线、仪表外壳、未做保护接地的金属导线（管）、汇线槽及强雷击区室外架空敷设的多芯电缆的备用芯线等所做的接地处理。

③ 本质安全接地是指本质安全仪表系统为了抑制干扰和具有本质安全性而采取的接地措施。

2）接地系统的设计

接地系统的设计内容主要有以下几个方面；

（1）接地系统图的绘制。接地系统如图 11-20 所示。由图可知，它一般由接地线（包括接地支线、接地分干线、接地总干线）、接地汇流排、公用连接板、接地体等几部分组成。

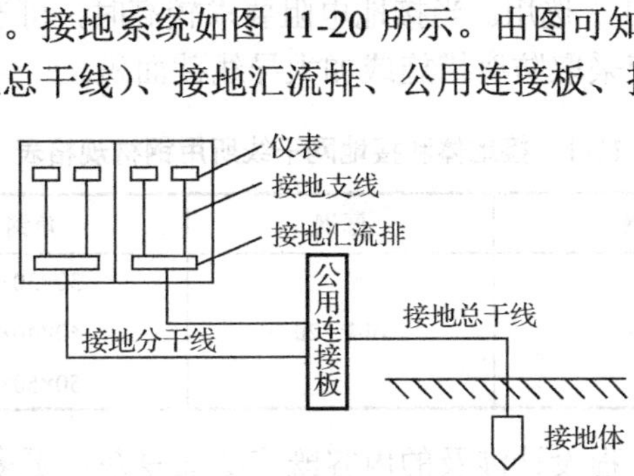

图 11-20　接地系统

（2）接地连接方式的确定。接地连接方式主要根据接地系统的类型分为保护性接地方式、工作接地方式和特殊要求接地方式。

① 保护性接地方式是指将用电仪表、可编程控制器、集散控制系统、工业控制机等电子设备的接地点直接和厂区电气系统接地网相连。

② 工作接地方式（包括信号回路与屏蔽接地）需根据不同情况采取不同的接地方式：当厂区电气系统接地网接地电阻较小、设备制造厂又无特殊要求时，工作接地可直接与电气系统

接地网相连；当电气系统接地网接地电阻较大或设备制造厂有特殊要求时，应独立设置接地系统。

③ 特殊要求接地方式主要有：本质安全仪表应独立设置接地系统并要求与电气系统接地网或其他仪表系统接地网相距 5m 以上。同一信号回路、同一屏蔽层只能用一个接地点，否则会因地电位差的存在而形成地回路给仪表引入干扰；各仪表回路和系统也尽可能采用一个信号回路接地点，否则须用变压器耦合型隔离器或光电耦合型隔离器，将各接地点之间的直流信号回路隔离开。信号回路的接地位置则随仪表的类型不同而有所不同。如接地型一次仪表则在现场接地；二次仪表的信号公共线、电缆（线）的屏蔽层、排扰线等则在控制室接地；如果有些系统的信号回路、信号源和接收仪表的公共线都要接地，则需在加装隔离器后分别在现场和控制室接地。

3）接地体、接地线和接地电阻的选择

埋入地中并和大地接触的金属导体称为接地体；用电仪表和电子设备的接地部分与接地体连接的金属导体称为接地线；接地体对地电阻和接地线电阻的总和称为接地电阻。上述数值的选择是接地系统设计的重要内容之一。

（1）接地电阻是接地系统的一个非常重要的参数，接地电阻越小，说明接地性能越好；接地电阻大到一定数值，系统就不能实现接地目的。接地电阻小到何种程度，将受技术和经济因素制约，因此有必要选择合适的数值。保护性接地电阻值一般为 4Ω，最大不超过 10Ω。若制造厂无明确要求，设计者可按具体情况决定，一般为 1～10Ω；若控制系统与电力系统共用接地体，则可采用与电气系统相同的接地电阻值。

（2）接地线的选择方法是：接地线应使用多股铜芯绝缘电线或电缆。其中，接地总干线、接地分干线和接地支线的截面积可分别选为 16～100mm^2、4～25mm^2 和 1～2.5mm^2，工作接地的接地线应接到接地端子或接地汇流排。接地汇流排宜采用 25mm×6mm 的铜条，并设置绝缘支架支撑。

（3）为了满足系统接地电阻的要求，可将多个接地体用干线连接成接地网。接地体和干线一般用钢材，其规格可按表 11-1 选用。当接地电阻要求较高时，可选用铜材。对安装在腐蚀性较强场所的接地体和干线，应采取防腐措施或加大导线截面积。

表 11-1　接地体和接地网干线所用钢材规格表

名　　称	扁钢	圆钢	角钢	钢管
规格/mm	25×4	ϕ14～20	30×30×4 40×40×4 50×50×5	45×3.5 57×3.5

总之，过程控制系统的工程设计涉及的内容既广泛又复杂，更多的内容还需结合具体工程项目进一步补充和完善。

习题

11-1 锅炉控制的基本任务是什么？它有哪些主要的控制系统？

11-2 在锅炉水位控制中，可能的控制方案有哪几种？试分别说明它们的优缺点。

11-3 精馏塔控制的基本任务是什么？它有哪两类控制方案？

11-4 精馏过程的主要干扰有哪些？被控参数和控制参数又有哪些？

11-5 为什么说两端产品成分同时控制的过程是一个耦合过程？除了用前馈补偿法进行解耦外，还可以采用什么解耦控制方法？

11-6 在工程设计中，设计文件和图样有什么作用？设计者应具备哪些基本素质？

11-7 工程设计的主要内容有哪些？

11-8 仪表及控制系统存在哪些干扰？克服这些干扰的主要措施有哪些？

11-9 在过程控制系统中，有效接地有何重要意义？

11-10 在接地系统中，什么是保护性接地？它是怎样实现的？在什么情况下，又不需要保护性接地？

11-11 工作接地有什么重要意义？它又有哪些类型？

11-12 接地电阻的大小对接地系统的性能有何影响？如何确定接地电阻的大小？

参 考 文 献

[1] 潘永湘，杨延西，赵跃. 过程控制与自动化仪表（第 2 版）[M]. 北京：机械工业出版社，2007.

[2] 邵裕森，戴先中. 过程控制工程（第 2 版）[M]. 北京：机械工业出版社，2000.

[3] 李国勇，何小刚，阎高伟. 过程控制系统（第 2 版）[M]. 北京：电子工业出版社，2013.

[4] 严爱军，张亚庭，高学金. 过程控制系统[M]. 北京：北京工业大学出版社，2010.

[5] 张早校. 过程控制装置及系统设计[M]. 北京：北京大学出版社，2010.

[6] 王淑红. 过程控制工程[M]. 北京：化学工业出版社，2013.

[7] 王再英，刘淮霞，陈毅静. 过程控制系统与仪表[M]. 北京：机械工业出版社，2006.

[8] 徐兵. 过程控制[M]. 北京：机械工业出版社，2004.

[9] 鲁照权，方敏. 过程控制系统[M]. 北京：机械工业出版社，2014.

[10] 邵裕森，戴先中. 过程控制工程[M]. 北京：机械工业出版社，2000.

[11] 杨三青，王仁明，曾庆山. 过程控制[M]. 武汉：华中科技大学出版社，2008.

[12] 刘美，司徒莹，禹柳飞. 化工仪表及自动化[M]. 北京：中国石化出版社，2014.

[13] 俞金寿，孙自强. 过程自动化及仪表[M]. 北京：化学工业出版社，2007.

[14] 李亚芬. 过程控制系统及仪表[M]. 大连：大连理工大学出版社，2010.

[15] 林德杰. 过程控制仪表及控制系统[M]. 北京：机械工业出版社，2009.

[16] 居滋培. 过程控制系统及其应用[M]. 北京：机械工业出版社，2011.

[17] 施仁. 自动化仪表与过程控制[M]. 北京：电子工业出版社，2011.

[18] 欣斯基（F.G.Shinskey），萧德云，吕伯明. 过程控制系统应用、设计与整定（第 3 版）[M]. 北京：清华大学出版社，2004.

[19] 王福利. 控制系统分析与设计：过程控制系统[M]. 北京：清华大学出版社，2014.

[20] 俞金寿，孙自强. 过程控制系统[M]. 北京：机械工业出版社，2015.

[21] 李国勇. 神经・模糊・预测控制及其 MATLAB 实现[M]. 北京：电子工业出版社，2013.

[22] 席裕庚. 预测控制[M]. 北京：国防工业出版社，2013.

[23] 王立新. 模糊系统与模糊控制教程[M]. 北京：清华大学出版社，2003.

[24] 金以慧. 过程控制[M]. 北京：清华大学出版社，1993.

[25] 王耀南. 智能控制理论及应用[M]. 北京：机械工业出版社，2008.

[26] 易继锴，侯媛彬. 智能控制技术[M]. 北京：北京工业大学出版社，2014.

[27] 黄德先，王京春，金以慧. 过程控制系统[M]. 北京：清华大学出版社，2011.

[28] 周荣富，陶文英. 集散控制系统[M]. 北京：北京大学出版社，2011.

[29] 王振力，孙平，刘洋. 工业控制网络[M]. 北京：人民邮电出版社，2012.

[30] 夏继强，刑春香. 现场总线工业控制网络技术[M]. 北京：电子工业出版社，2008.

[31] 博尔曼. 工业以太网的原理与应用[M]. 北京：国防工业出版社，2011.

[32] 韩兵，于飞. 现场总线控制系统应用实例[M]. 北京：化学工业出版社，2006.

[33] 俞金寿. 集散控制系统原理及应用[M]. 北京：化学工业出版社，1985.

[34] 吕贤瑜，周祥. 集散控制与现场总线技术[M]. 北京：机械工业出版社，2011.

[35] 陆会明，朱耀春. 控制装置标准化通信：OPC 服务器开发设计与应用[M]. 北京：机械工业出版社，2010.

[36] 许洪华. 现场总线与工业以太网技术[M]. 北京：电子工业出版社，2007.

[37] 欣斯基（美），萧德云，吕伯明. 过程控制系统[M]. 北京：清华大学出版社，2014.

[38] 何衍庆. 工业生产过程控制[M]. 北京：化学工业出版社，2010.

[39] 张保顺. 自动化仪表与过程控制[M]. 北京：电子工业出版社，2003.

[40] 李靖宇. 基于现场总线的锅炉控制系统[M]. 昆明：昆明理工大学，2006.

[41] 刘兴高. 精馏过程的建模、优化与控制[M]. 北京：科学出版社，2007.

[42] 戴连奎，于玲，田学民，等. 过程控制工程[M]. 北京：化学工业出版社，2012.

反侵权盗版声明

举报电话：（010）88254396；（010）88258888

传　　真：（010）88254397

E-mail：　dbqq@phei.com.cn

通信地址：北京市海淀区万寿路 173 信箱

电子工业出版社总编办公室

邮　　编：100036